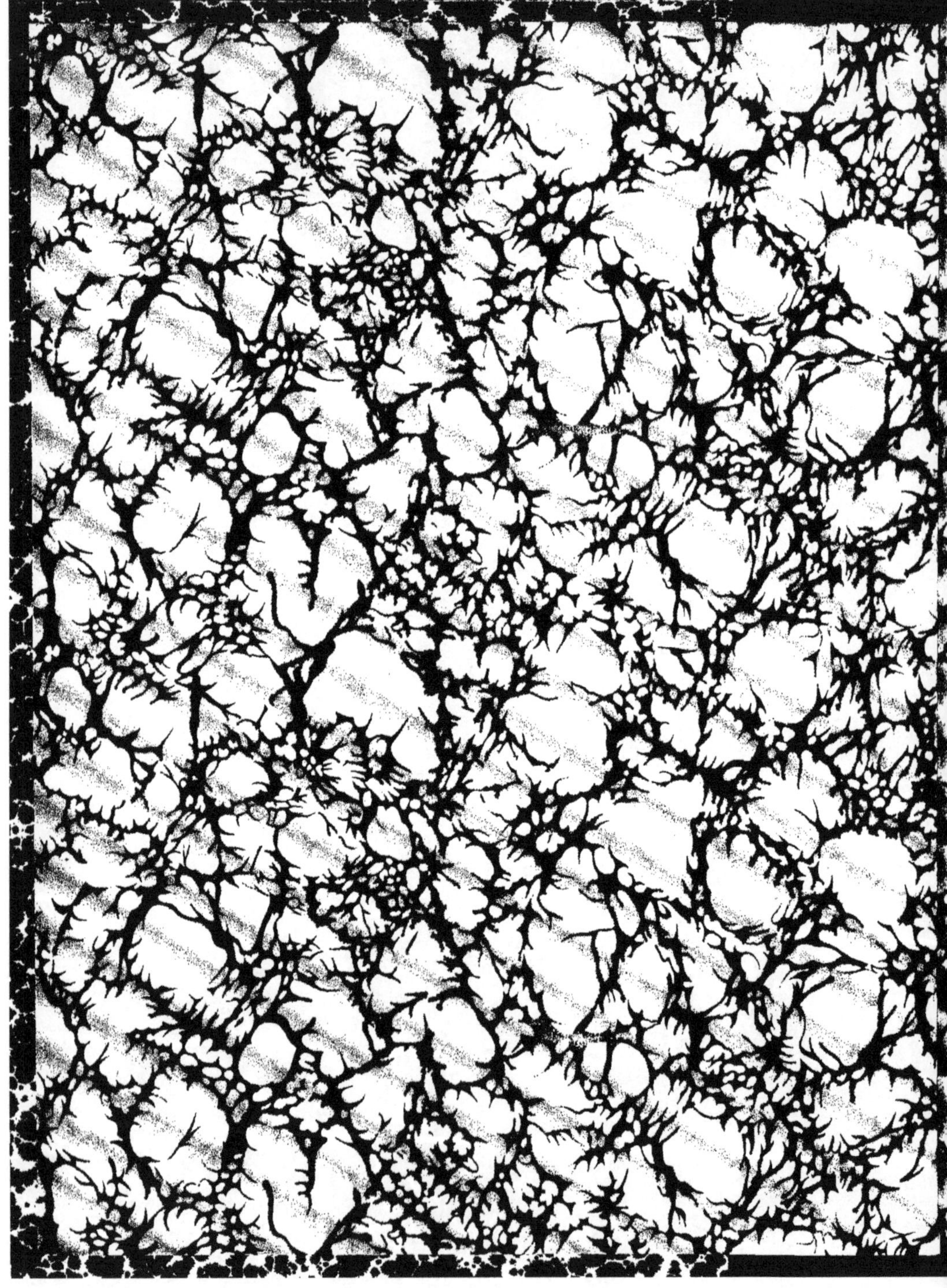

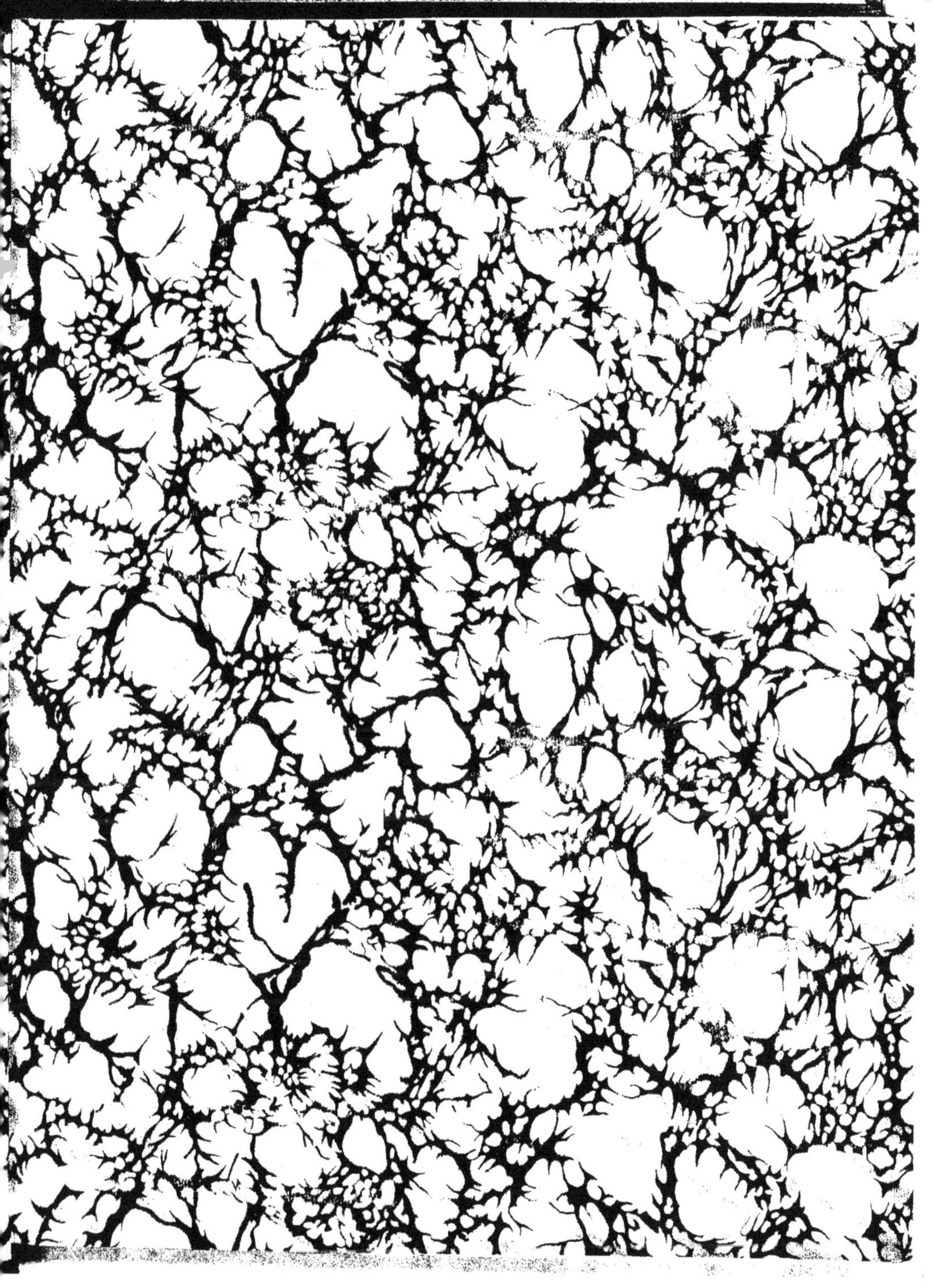

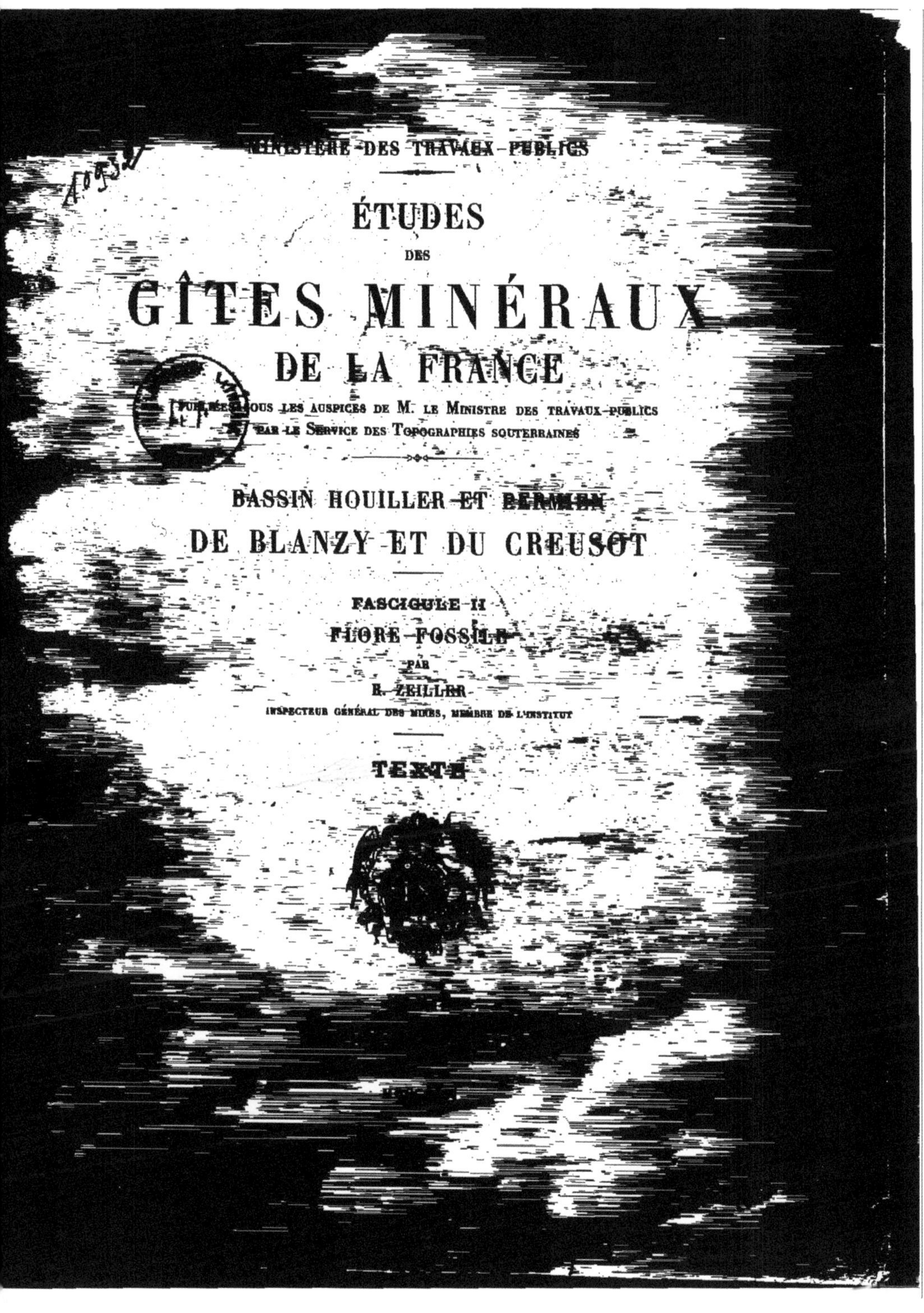

MINISTÈRE DES TRAVAUX PUBLICS

ÉTUDES
DES
GÎTES MINÉRAUX
DE LA FRANCE

PUBLIÉES SOUS LES AUSPICES DE M. LE MINISTRE DES TRAVAUX PUBLICS
PAR LE SERVICE DES TOPOGRAPHIES SOUTERRAINES

BASSIN HOUILLER ET PERMIEN
DE BLANZY ET DU CREUSOT

FASCICULE II

FLORE FOSSILE

PAR

R. ZEILLER

INSPECTEUR GÉNÉRAL DES MINES, MEMBRE DE L'INSTITUT

TEXTE

BASSIN HOUILLER ET PERMIEN
DE BLANZY ET DU CREUSOT

MINISTÈRE DES TRAVAUX PUBLICS

ÉTUDES
DES
GÎTES MINÉRAUX
DE LA FRANCE

PUBLIÉES SOUS LES AUSPICES DE M. LE MINISTRE DES TRAVAUX PUBLICS
PAR LE SERVICE DES TOPOGRAPHIES SOUTERRAINES

BASSIN HOUILLER ET PERMIEN
DE BLANZY ET DU CREUSOT

FASCICULE II
FLORE FOSSILE

PAR

R. ZEILLER
INSPECTEUR GÉNÉRAL DES MINES, MEMBRE DE L'INSTITUT

TEXTE

PARIS
IMPRIMERIE NATIONALE

MDCCCCVI

ÉTUDES SUR LA FLORE FOSSILE

DU BASSIN HOUILLER ET PERMIEN

DE BLANZY ET DU CREUSOT

CHAPITRE PREMIER.

EXPOSÉ GÉNÉRAL.

Dans la première partie du présent ouvrage[1], M. Delafond a étudié, au point de vue stratigraphique, la constitution du bassin de Blanzy et du Creusot, en y comprenant le petit bassin de Bert, et il a fait connaître en détail l'allure et la consistance des gisements de combustible qui y sont exploités.

Il a été recueilli, au cours de l'exploitation de ces gisements, de très nombreux et très beaux échantillons de plantes fossiles, non seulement dans la formation houillère, mais dans les formations permiennes, et il a paru utile de leur consacrer une étude spéciale, tant en vue de préciser les niveaux géologiques dont ils proviennent qu'à raison de l'intérêt que beaucoup d'entre eux présentent par eux-mêmes au point de vue paléobotanique, les uns offrant des formes spécifiques nouvelles, d'autres consistant en espèces déjà connues, mais assez complets et bien conservés pour fournir à leur égard des renseignements dignes d'être notés.

Avant d'exposer les résultats qu'a donnés l'examen de ces échantillons, je rappellerai brièvement comment est constitué, dans ses traits généraux, le bassin de Blanzy et du Creusot, sur les divers points duquel ils ont été récoltés. Ainsi que l'a montré M. Delafond, au beau travail de qui je ne puis que me référer, ce bassin se présente sous la forme d'une bande allongée, affectant à peu près la direction N.E.-S.O., longue au total d'une centaine de kilomètres sur une largeur maxima de 14 kilomètres vers son milieu; des dépôts

[1] Bassin houiller et permien de Blanzy et du Creusot. Fascicule I: Stratigraphie, par M. Delafond, inspecteur général des mines. In-4°, vi-125 pages avec 29 figures. Atlas in-fol. de 13 planches. Paris. 1902.

IMPRIMERIE NATIONALE.

charbonneux d'importance variable s'y montrent le long des deux bords, S. E. et N. O., correspondant en réalité à deux cuvettes parallèles originairement séparées par une dorsale granitique, ultérieurement démantelée et érodée, et sur l'emplacement de laquelle se sont déposées des roches d'âge permien, appartenant les unes à l'Autunien, les autres à la formation des Grès rouges, au Saxonien. Il y a donc, en fait, deux bassins distincts, celui du S. E., le bassin de Blanzy, le plus important, et celui du N. O., le bassin du Creusot, composé d'une série de gisements indépendants, échelonnés à plus ou moins grande distance les uns des autres.

De nombreuses concessions de mines ont été instituées sur ces bassins. Ce sont, en allant du N. E. au S. O., sur le bassin de Blanzy, occupant une longueur de quelque 50 kilomètres, les concessions de Saint-Bérain, des Fauches, de Longpendu, de Montchanin, les concessions de la Compagnie de Blanzy, savoir : les Perrins, les Crépins, le Ragny, Blanzy, la Theurée-Maillot, les Badeaux et les Porrots; et enfin la concession de Perrecy-les-Forges. Le bassin N. O. est jalonné, en suivant la même direction du N. E. vers le S. O., par les concessions du Creusot, des Petits-Châteaux, de Pully et de Granchamp, séparées les unes des autres par des distances de 10 à 15 kilomètres. Enfin à l'extrémité S. O., à une trentaine de kilomètres de la concession de Grandchamp, se trouve le bassin de Bert, avec ses deux concessions contiguës de Bert et de Montcombroux.

Bien que l'exploitation des gisements houillers ait pris dès avant la fin du XVIIIe siècle une certaine activité dans la région de Blanzy et du Creusot, il semble que pendant longtemps les empreintes végétales mises au jour au cours des travaux n'aient aucunement fixé l'attention. Brongniart ne paraît pas avoir reçu d'échantillons de ce bassin lorsqu'il préparait son *Histoire des végétaux fossiles*, car il ne cite dans cet ouvrage aucune empreinte qui en provienne. La première mention relative à la flore fossile du bassin de Blanzy et du Creusot dont j'aie connaissance consiste dans une liste de plantes des terrains houillers d'Autun et de Blanzy publiée par Manès en 1847 [1]; elle comprend, sans parler des espèces signalées seulement dans la région d'Autun, quelque quarante espèces indiquées par l'auteur comme observées à Saint-Bérain, à Blanzy ou au Creusot, et dont un bon nombre sont en effet répandues dans les dépôts houillers de la région; mais à côté d'elles en figurent d'autres, en

[1] W. MANÈS, Statistique minéralogique, géologique et minérallurgique du département de Saône-et-Loire, p. 119-121. Mâcon, 1847.

proportion notable, telles, par exemple, que « *Pecopteris lonchitica, Pec. Serlii, Nevropteris gigantea, Nevr. tenuifolia, Sigillaria reniformis* », qui sont spéciales à la flore westphalienne et n'ont certainement jamais été rencontrées dans le bassin; la mention qui en est faite repose donc, à n'en pas douter, sur des déterminations erronées, ainsi, du reste, que l'a déjà fait observer M. Grand'-Eury[1], de sorte que l'on ne peut faire aucun fond sur les indications contenues dans cette liste. Dix ans plus tard, en 1857, Coquand signalait à Charmoy des *Walchia* identiques à ceux de Lodève et assimilait en conséquence, au point de vue du niveau géologique, les dépôts permiens de ces deux localités[2]. Enfin, en 1860, M. Manigler donnait à son tour des listes sommaires de plantes fossiles du bassin[3], mais réduites parfois à de simples noms génériques, empruntées d'ailleurs en partie au travail de Manès, et auxquelles il n'y a pas lieu de s'arrêter.

Ce n'est qu'en 1877 que furent données par M. Grand'Eury, dans son ouvrage classique sur la *Flore carbonifère du département de la Loire et du Centre de la France*, des listes paléobotaniques un peu complètes, et cette fois d'une valeur indiscutable, tant d'après ses propres observations sur place que d'après l'examen des échantillons du bassin de Blanzy et du Creusot compris dans les collections du Muséum. Dans ce travail, M. Grand'Eury indiquait les couches de Saint-Bérain comme renfermant une flore tout à fait comparable à celle de la partie la plus élevée du système stéphanois et comme devant ainsi correspondre à l'étage des Calamodendrées; il plaçait à peu près sur le même niveau les couches de couronnement du Montceau, d'après la flore observée par lui dans les découverts Maugrand et Saint-François, où les Calamariées et Calamodendrées lui avaient paru très abondantes. Il assimilait, par contre, aux couches inférieures de Saint-Etienne le faisceau des grandes couches de Blanzy, qu'il plaçait vers le haut de l'étage des Cordaïtées, à raison de la fréquence des Cordaïtes, admettant ainsi la possibilité d'une lacune correspondant à l'étage des Filicacées. Il rapportait au même niveau les

(1) GRAND'EURY, Flore carbonifère du département de la Loire et du centre de la France, p. 510.

(2) H. COQUAND, Mémoire géologique sur l'existence du terrain permien et du représentant du grès vosgien dans le département de Saône-et-Loire et dans les montagnes de la Serre (Jura). (*Bull. Soc. Géol. Fr.*, 2e sér., XIV, p. 15.)

(3) MANIGLER, Notes sur le bassin houiller du centre de la France : Études géologiques et stratigraphiques du terrain houiller et des assises supérieures du bassin de Blanzy et du Creusot. (*Bull. Soc. ind. min.*, 1re sér., V, p. 721, 751-752.)

couches de Longpendu, à raison de l'analogie de leur flore avec celle des couches inférieures du Montceau.

Quant aux couches du Creusot, sans formuler un avis ferme, les documents recueillis lui paraissant insuffisants, M. Grand'Eury se demandait si elles ne seraient pas contemporaines de celles d'Épinac, considérées par lui comme d'âge intermédiaire entre le système de Rive-de-Gier et le système de Saint-Étienne.

Il reconnaissait en outre à Charmoy une flore « de caractère permien aussi accusé pour le moins que celle des schistes bitumineux des environs d'Autun ».

Enfin l'examen de la flore du bassin de Bert lui permettait de rapporter au Permien, sans doute possible, vu la présence de nombreux *Callipteris*, les couches de ce bassin, qui avaient été considérées jusqu'alors comme appartenant au terrain houiller.

Le travail de M. Grand'Eury ayant montré l'intérêt que pouvait offrir, pour la détermination du niveau des couches de houille, l'étude des plantes fossiles qu'on y rencontre, les exploitants des principales mines du bassin s'attachèrent dès lors à la récolte des empreintes végétales. Aux mines de Blanzy, M. Mathet, ingénieur en chef de la Compagnie, constitua une admirable collection d'échantillons, souvent remarquablement conservés, recueillis dans les travaux tant à ciel ouvert que souterrains poursuivis par la Compagnie, collection que son successeur M. Suisse tint à honneur à son tour de compléter et d'augmenter, et qui a continué à s'enrichir encore sous la direction de M. Coste. De même, au Creusot, M. Raymond, ingénieur en chef des mines de MM. Schneider et Cie, réunit une série remarquablement complète d'empreintes de plantes, provenant non seulement des mines du Creusot, de Montchanin ou de Longpendu, mais des autres mines du bassin, ainsi que des dépôts permiens de la région.

Ce sont ces deux collections qui m'ont fourni la presque totalité des matériaux utilisés pour le présent travail, et je tiens à adresser ici mes plus vifs remerciements aux ingénieurs et directeurs des mines de Blanzy et du Creusot pour la complaisance inépuisable qu'ils ont mise à m'ouvrir ces belles collections et à m'en faciliter l'étude, et pour la généreuse libéralité avec laquelle ils m'ont autorisé à conserver pour les collections de l'École nationale supérieure des Mines les échantillons les plus intéressants.

Je tiens à remercier également M. Pellissier, directeur des mines de Bert, ainsi que son prédécesseur, M. Manigler, pour la belle série d'échantillons qu'ils ont bien voulu, à ma demande, récolter dans les travaux de ces mines et dont ils ont fait don également à l'École des Mines.

Enfin j'ai mis à profit les échantillons du bassin que j'ai pu voir dans les collections du Muséum d'histoire naturelle de Paris, en particulier une série intéressante d'empreintes, de conservation malheureusement un peu imparfaite, recueillies à Perrecy-les-Forges dans les couches permiennes du puits de Romagne.

J'ai, d'ailleurs, fait moi-même plusieurs courses sur le terrain en compagnie et sous la direction si spécialement compétente de mon camarade et ami M. Delafond, ainsi que de M. Raymond pour la région de Charmoy, et j'ai pu ainsi récolter sur place un certain nombre d'échantillons intéressants, notamment dans les couches autuniennes de Charmoy et de Courmarcou.

La presque totalité des espèces dont j'ai pu constater la présence dans le bassin de Blanzy et du Creusot étant des espèces depuis longtemps connues et ayant fait l'objet de descriptions détaillées dans les ouvrages consacrés soit à la flore du terrain houiller de Commentry, soit à la flore du bassin houiller et permien d'Autun, il m'a paru qu'il n'y aurait aucune utilité, dans le présent travail, à les décrire à nouveau, non plus qu'à en redonner la synonymie détaillée. On ne trouvera donc, dans les pages qui vont suivre, de descriptions spécifiques que pour les formes qui m'ont paru nouvelles, et dont le nombre est, comme on le verra, des plus restreints.

Pour les autres, je me suis borné à renvoyer aux ouvrages dans lesquels on en trouvera les descriptions les plus complètes et les figures les plus instructives, en mentionnant toujours ceux dans lesquels l'espèce a été pour la première fois définie et a pris date ainsi dans la nomenclature; j'ai eu soin, en général, de citer particulièrement les ouvrages français, comme devant être plus accessibles aux ingénieurs de nos bassins du centre de la France qui pourraient avoir le désir de déterminer eux-mêmes les empreintes recueillies dans leurs exploitations. J'ai, d'ailleurs, fait figurer tous les échantillons qui m'ont paru mériter d'être reproduits, soit à raison des renseignements paléobotaniques nouveaux qu'ils fournissaient, soit à raison de leur bonne conservation et de l'intérêt qu'il y avait à les utiliser pour donner une figure exacte de telle ou telle espèce, soit simplement, dans quelques cas, pour permettre de constater la présence d'une espèce donnée sur un point ou sur un autre du bassin, et je tiens à remercier ici M. Sohier du soin particulier qu'il a apporté à la reproduction photographique de ces échantillons et à la transformation de ses clichés en planches phototypiques. Pour les échantillons particulièrement intéressants au point de vue paléobotanique, j'ai fait connaître en détail les observations qu'ils m'ont fournies, concernant, par exemple, la constitution de l'appareil végétatif ou celle des organes de fructification.

J'indiquerai, pour chaque espèce, les différentes localités du bassin où la présence en a été constatée, et utilisant les renseignements ainsi recueillis j'examinerai, dans un dernier chapitre, les résultats qu'il est possible d'en déduire pour la détermination du niveau géologique des différents groupes de couches, houillères ou permiennes, du bassin.

CHAPITRE II.

ESPÈCES OBSERVÉES.

Fougères et Ptéridospermées.

Il est établi aujourd'hui, par les découvertes récentes de MM. Oliver et Scott[1], de M. Kidston[2], de M. Grand'Eury[3], de M. David White[4], qu'une partie des frondes filicoïdes de la flore paléozoïque, de la flore houillère et permienne notamment, et vraisemblablement le plus grand nombre d'entre elles, ont appartenu, non à des Fougères, malgré leur extrême ressemblance avec les appareils foliaires de ces dernières, mais à des végétaux gymnospermes, voisins des Cycadinées, que MM. Oliver et Scott ont proposé de désigner sous le nom de Ptéridospermées et qui doivent constituer une classe spéciale dans l'embranchement des Gymnospermes.

Il en est ainsi pour plusieurs Sphénoptéridées, pour quelques Pécoptéridées, telles que *Pecopteris Pluckeneti* et, apparemment, *Pec. Sterzeli*, et, à ce qu'il semble, pour toutes les Aléthoptéridées, y compris probablement les *Callipteridium* et les *Callipteris*, ainsi que pour toutes les Odontoptéridées et Névroptéridées. Il semblerait dès lors commandé de séparer ces frondes des Fougères véritables, avec lesquelles elles n'ont qu'une ressemblance purement exté-

(1) F. W. Oliver and D. H. Scott, On Lagenostoma Lomaxi, the seed of Lyginodendron (*Proc. Roy. Soc. London*, LXXI, p. 477-481, 7 mai 1903; LXXIII, p. 4-5, 21 janv. 1904); On the structure of the palæozoic seed Lagenostoma Lomaxi (*Phil. Trans. Roy. Soc. London*, Ser. B, vol. 197, p. 193-247, pl. 4-10; 1904).

(2) R. Kidston, On the fructification of Neuropteris heterophylla, Brongniart (*Proc. Roy. Soc. London*, LXXII, p. 487, 3 dec. 1903; *Phil. Trans. Roy. Soc.*, Ser. B, vol. 197, p. 1-5; pl. 1, 1904).

(3) Grand'Eury, Sur les graines des Névroptéridées (*Comptes rendus Acad. sc.*, CXXXIX, 4 juillet 1904, p. 23-27; 14 nov. 1904, p. 782-786); Sur les graines trouvées attachées au Pecopteris Pluckeneti Schlot. (*ibid.*, CXL, 3 avril 1905, p. 920-923, 2 fig.).

(4) David White, The seeds of Aneimites (*Smiths. Miscell. Collect.*, XLVII, p. 322-331, pl. XLVII, XLVIII; 10 dec. 1904).

rieure et dont elles s'éloignent par la constitution toute différente de leurs appareils fructificateurs ainsi que par divers caractères de structure anatomique.

J'ai cru préférable néanmoins de laisser, dans le présent travail, toutes les frondes à apparence filicoïde groupées les unes à côté des autres, conformément à ce qu'on faisait antérieurement lorsqu'on les rangeait effectivement parmi les Fougères d'après les seuls caractères observables sur les échantillons stériles. Il m'a paru en effet que, dans l'état actuel de nos connaissances, une division de ces frondes en deux groupes, l'un classé parmi les Cryptogames vasculaires, et l'autre parmi les Gymnospermes, serait impossible à réaliser sans trop d'incertitudes : sans doute il ne semble pas qu'il puisse y avoir d'hésitation pour les Névroptéridées et les Odontoptéridées, qui paraissent constituer un groupe vraiment naturel et homogène, et qui pourraient dès lors sans difficulté être transportées en bloc des Fougères dans les Gymnospermes; mais il n'en va pas aussi simplement pour les autres groupes, qui sont loin d'offrir la même homogénéité. Parmi les Aléthoptéridées, on ne saurait affirmer absolument que toutes les espèces qui, par le mode de découpure et la nervation de leurs pennes, doivent être classées dans le genre *Alethopteris*, soient bien, sans exception, des Ptéridospermées : il semble notamment qu'il puisse y avoir un doute pour l'espèce à petites pinnules qui sera décrite plus loin sous le nom d'*Alethopteris minuta* et qui, tout en offrant l'apparence d'une simple réduction de l'*Aleth. Grandini*, ne laisse pas de ressembler beaucoup, comme aspect général, à divers *Pecopteris* connus pour être d'incontestables Marattiacées. En ce qui concerne les *Callipteridium* et les *Callipteris*, si sérieuses que soient les présomptions qui tendent à les faire regarder comme des Ptéridospermées, on ne possède encore aucune observation positive qui permette de fixer leur place avec certitude, et il serait peut-être prématuré de trancher la question dans un sens plutôt que dans l'autre. La découverte inattendue de M. Grand'Eury relative au *Pecopteris Pluckeneti*, dont il a trouvé les pennes chargées de petites graines, prouve que, si la plupart des *Pecopteris* sont, à n'en pas douter, des Fougères, quelques autres peuvent nous réserver des surprises, et qu'il eût été imprudent d'affirmer l'homogénéité du genre. Quant aux Sphénoptéridées, c'est, comme on le sait depuis longtemps, un groupe éminemment hétérogène, comprenant, parmi ceux de ses représentants qui appartiennent réellement aux Fougères, des membres de familles très différentes de cette classe, et l'on en est, pour certains types de frondes fertiles de *Sphenopteris*, à se demander si les appareils fructificateurs qu'elles portent sont bien des sporanges de Fougères ou ne sont pas plutôt des microsporanges, c'est-à-dire des sacs polliniques de Gymnospermes; pour les *Diplotmema*, ce qu'on sait des rapports de certains d'entre eux avec les *Heterangium* donne à penser qu'une partie au moins des espèces de ce type appartient aux Ptéridospermées[1], mais on ne saurait cependant rien affirmer.

Dans ces conditions, il faudrait logiquement faire trois groupes : les Fougères, les formes d'attribution incertaine, et les Ptéridospermées, et encore serait-on exposé à laisser parmi les Fougères des frondes que leurs fructifications filicoïdes auraient fait classer comme telles, tandis qu'il s'agirait en réalité d'appareils mâles de Ptéridospermées. Des espèces que l'on ne peut actuellement classer que sous un même nom générique, à raison des caractères morphologiques de leurs appareils foliaires, se trouveraient ainsi séparées les unes des autres sans qu'on pût toujours être sûr que cette disjonction fût réellement justifiée, et les avantages théoriques que présenterait un tel classement se trouveraient balancés par les inconvénients et les difficultés pratiques qu'il comporterait. C'est pour ces motifs que je me suis résolu, ainsi que je l'ai dit, à laisser réunies toutes les frondes filicoïdes, Fougères et Ptéridospermées, et à m'en tenir pour elles, quant à présent, à l'ancienne classification, sans méconnaître ce qu'il peut y avoir d'irrationnel à conserver un même nom générique, tel que celui de *Pecopteris*, par exemple, pour des espèces qu'on sait appartenir en réalité à des embranchements différents; mais cette classification ancienne a toujours été connue pour essentiellement artificielle, et du moment où on la prend comme telle, c'est-à-dire comme constituant simplement un mode de groupement pratique pour les frondes stériles, telles que celles auxquelles on a le plus souvent affaire, et comme fournissant le moyen de les déterminer, il me semble qu'on peut continuer à en faire usage, du moins à titre provisoire, et que les avantages en sont supérieurs aux inconvénients.

Au surplus aurai-je soin, pour diminuer ces inconvénients dans la mesure du possible et pour éviter tout risque de fausse interprétation sur les rapports mutuels des formes ainsi réunies les unes à côté des autres, d'indiquer pour chaque groupe générique, et, le cas échéant, pour chaque espèce, ce qu'on sait

[1] R. Zeiller, Une nouvelle classe de Gymnospermes : les Ptéridospermées (*Revue générale des sciences pures et appliquées*, 30 août 1905, p. 721, 725).

de ses affinités naturelles et de la place à lui donner, soit parmi les Cryptogames vasculaires, soit parmi les Gymnospermes.

Genre SPHENOPTERIS Brongniart.

1822. **Filicites** (Sect. **Sphenopteris**) Brongniart, *Class. végét. foss.*, p. 33.
1826. **Sphænopteris** Sternberg, *Ess. Fl. monde prim.*, I, fasc. 4, p. xv. Brongniart, *Prodr.*, p. 50.

Les observations de MM. Oliver et Scott ont établi que certains *Sphenopteris* westphaliens s'étaient reproduits par graines et par conséquent n'étaient pas des Fougères : tel est le cas, en particulier, du *Sphen. Hœninghausi* Brongniart, dont ils ont démontré [1] les rapports avec des graines du genre *Lagenostoma* Williamson, et dont les inflorescences mâles ont été observées récemment par M. Kidston [2], qui a reconnu qu'elles appartenaient au genre *Crossotheca,* interprété jusqu'alors comme un type de fronde fertile de Fougère du groupe des Marattiacées.

Mais en ce qui concerne les *Sphenopteris* de la flore stéphanienne, beaucoup moins nombreux d'ailleurs et moins variés que ceux de la flore westphalienne, on n'a recueilli jusqu'ici aucune observation positive, et les deux seules espèces rencontrées dans le bassin de Blanzy et du Creusot paraissent être l'une et l'autre, la première certainement, la seconde avec beaucoup de probabilité, de véritables Fougères, ainsi qu'on le verra par ce que j'en dirai ci-après.

SPHENOPTERIS (DISCOPTERIS) CRISTATA Brongniart (sp.).

Pl. I, fig. 1, 2; Pl. II, fig. 1, 2; Pl. III, fig. 3 *a* à 3 *d*.

1835 ou 1836. **Pecopteris cristata** Brongniart, *Hist. végét. foss.*, I, p. 356, pl. 125, fig. 4, (*an* fig. 5?).
1838. **Sphenopteris cristata** Presl, *in* Sternberg, *Ess. Fl. monde prim.*, II, fasc. 7-8, p. 131. Zeiller, *Fl. foss. terr. houill. de Commentry*, 1re part., p. 64, pl. III, fig. 1, 2.

Cette belle espèce, sans être positivement commune à Blanzy, y a été recueillie à plusieurs reprises en grands échantillons bien conservés, dont le

[1] F. W. Oliver and D. H. Scott, *loc. cit.* (*Proc. Roy. Soc. London*, LXXI, p. 477; LXXIII, p. 4; *Phil. Trans. Roy. Soc.*, Ser. B, vol. 197, p. 193).

[2] R. Kidston, Preliminary note on the occurrence of microsporangia in organic connection with the foliage of Lyginodendron (*Proc. Roy. Soc. London*, LXXVI-B, p. 358-360, pl. 6; 8 juin 1905).

principal intérêt réside en ce que certains d'entre eux sont fertiles, et dont il m'a paru utile de faire figurer les meilleurs.

La différence d'inclinaison des pennes que l'on observe d'un côté à l'autre du rachis principal sur les deux portions de frondes stériles représentées fig. 1 et fig. 2, Pl. I, montre qu'il s'agit là de pennes primaires et non de fragments comprenant l'axe principal de la fronde. L'échantillon fig. 1, qui n'a pu être représenté qu'en partie, porte de chaque côté de l'axe sept pennes, longues d'environ 0 m. 15; celles de gauche font, à leur base, avec le rachis un angle à peu près constant d'environ 30°; du côté droit les pennes inférieures sont beaucoup plus étalées, partant du rachis sous des angles de 50° à 55°, mais à mesure qu'on s'élève, les pennes se redressent graduellement, si bien que les trois pennes supérieures ne font plus avec le rachis que des angles d'à peu près 30°, affectant ainsi une direction presque exactement symétrique de celles de gauche; il est plus que probable, d'après cette dyssymétrie partielle, que ces pennes de droite étaient situées sur le bord inférieur du rachis, et celles de gauche sur le bord supérieur.

De même sur l'échantillon de la figure 2, dont la moitié supérieure a seule été représentée, les pennes latérales de gauche sont, dans la région inférieure, beaucoup plus étalées que celles de droite, les angles d'insertion des unes et des autres étant respectivement de 60° à 80° et de 35° à 45°, la dyssymétrie ne disparaissant que vers le sommet de la penne, qui est ici conservée presque jusqu'à sa pointe terminale.

Ces échantillons confirment ainsi les observations faites sur les spécimens recueillis à Commentry quant au degré de division et aux dimensions des frondes du *Sphen. cristata*. Ils montrent également la forme triangulaire des pennes primaires, dont la largeur paraît aller en décroissant régulièrement de la base au sommet, tandis que les pennes secondaires affectent un contour linéraire ou linéaire-lancéolé, leur largeur restant presque constante sur les deux tiers environ de leur longueur ou du moins n'offrant qu'une réduction graduelle à peine sensible.

Je ferai remarquer en passant que les figures 1 et 2, Pl. I, bien conformes à tous égards à celles que j'ai données dans la *Flore fossile du terrain houiller de Commentry*, ne peuvent laisser de doute sur la complète identité avec le type de Brongniart : les pennes moyennes et inférieures de la figure 2, Pl. I, sont notamment aussi semblables que possible à celles de la figure 4, pl. 125, de l'*Histoire des végétaux fossiles*, et en même temps les pennes inférieures de ce même échantillon, non représentées sur la figure 2, se montrent absolument pareilles déjà à celles de la région supérieure de la fig. 1. Je ne crois donc pas qu'il y ait lieu de faire aucune différence entre la forme du Stéphanien du centre de la France, que M. Sterzel proposait[1] de distinguer sous le nom de *Sphenopteris cristata, forma Zeilleri*, et la forme type de Brongniart.

A titre de renseignement sur les dimensions que pouvaient atteindre les frondes du *Sphen. cristata*, je mentionnerai encore, parmi les échantillons stériles recueillis à Blanzy, un fragment de penne primaire trouvé dans les travaux du découvert Sainte-Hélène, dont le rachis, large de 7 millimètres et plus, se suit sur 36 centimètres de longueur, portant d'un même côté huit pennes secondaires larges de 4 à 5 centimètres, à bords parallèles, ne s'effilant en pointe que vers le haut, et empiétant légèrement les unes sur les autres par leurs bords; aucune d'entre elles n'est complète; la plus longue se suit sur 20 centimètres, et il y a lieu de penser, d'après la convergence de leurs bords, qu'elles atteignaient au moins 26 à 30 centimètres de longueur. On peut conjecturer que la penne primaire à laquelle appartenait ce fragment devait, lorsqu'elle était complète, mesurer au moins 60 et peut-être 75 centimètres de longueur, avec une largeur de 40 à 50 centimètres, dimensions sensiblement supérieures aux évaluations que j'avais données en décrivant cette espèce dans la *Flore fossile du terrain houiller de Commentry*, et desquelles ressortait déjà pour les frondes une taille très considérable.

Enfin, je dois citer un état particulier de conservation, ou pour mieux dire d'altération, observé sur quelques échantillons de *Sphen. cristata* recueillis à Blanzy, et consistant dans la disparition complète du limbe, les nervures seules ayant persisté. C'est ce que l'on voit assez fréquemment sur certaines feuilles de notre flore actuelle qui, à la suite d'un séjour plus ou moins prolongé à la surface du sol, sont réduites à leur squelette libéroligneux, conservant jusqu'à leurs nervilles les plus fines, mais entièrement dépouillées de leur parenchyme. Au premier coup d'œil on croirait avoir affaire, avec ces échantillons, à une espèce à part, à pinnules divisées en segments absolument filiformes; mais l'un d'entre eux, plus complet, montre, attachées sur le même rachis, d'un côté des pennes ainsi réduites à leur appareil libéroligneux, et de l'autre des pennes encore munies de leur limbe et reconnaissables, sans hési-

[1] J. T. Sterzel, Weitere Beiträge zur Revision der Rothliegendflora der Gegend von Ilfeld am Harz (*Central-Bl. f. Mineralogie, Geol. u. Palaeont.*, 1901, p. 590).

tation possible, comme *Sphen. cristata;* il ne s'agit donc là que de fragments de frondes de cette espèce, ayant subi une macération plus ou moins prolongée.

Quant aux échantillons fertiles, les deux meilleurs d'entre eux sont représentés sur la Planche II, fig. 1 et fig. 2. Celui de la figure 1 est reproduit dans son entier, à la seule exception des deux pennes supérieures de gauche, dont la plus élevée, longue de 4 centimètres, ne laisse voir que son extrême base, à 3 centimètres au-dessous de l'angle supérieur de la figure; il montre la face inférieure d'un fragment de penne primaire, chargé de fructifications sur toute son étendue; cependant les pennes de troisième ordre situées à la base des pennes secondaires, sur le bord inférieur (catadrome) de celles-ci, sont demeurées stériles sur une partie au moins de leur longueur, ainsi qu'on peut le voir sur la figure 1 à la base des trois pennes supérieures du côté droit, et mieux encore sur la figure grossie 1*b* qui reproduit, mais avec une orientation différente, la plus élevée de ces trois pennes basilaires; on reconnaît ainsi, sans doute possible, au mode de division et de dentelure de ces pennes, qu'on a affaire au *Sphen. cristata.*

L'autre échantillon, celui de la fig. 2, consiste en une portion de penne secondaire, reconnaissable comme telle au parallélisme de ses bords, longue de 18 centimètres, et vue par sa face supérieure. Le sommet de cette penne est stérile sur 6 à 7 centimètres de longueur et déterminable au premier coup d'œil comme *Sphen. cristata;* les pennes latérales inférieures sont fertiles sur toute leur étendue, portant sur chaque pinnule des sores bisériés, au nombre de 12, six de chaque côté de la nervure médiane, sur les pinnules les plus longues, au nombre de 2 seulement sur les plus courtes, avoisinant l'extrémité des pennes. Le rachis principal et les rachis des pennes latérales se montrent plus ou moins profondément canaliculés, ce qui prouve qu'on a affaire, comme je l'ai dit, à la face supérieure de la penne; mais sur la plupart des pinnules fertiles le limbe de la région fructifiée a complètement ou presque complètement disparu, à l'exception seulement de quelques lambeaux qui subsistent çà et là sur les bords de la nervure médiane. Les sores se trouvent ainsi mis à découvert par leur face contiguë au limbe, circonstance tout à fait exceptionnelle chez les Fougères ainsi conservées en empreintes, et qui permet, jointe à l'étude de l'autre échantillon, celui de la figure 1, de se rendre bien compte de leur constitution. Ils se présentent avec un contour circulaire plus ou moins régulier, de 1 millimètre environ de diamètre, les plus petits mesurant

$0^{mm},75$ à $0^{mm},80$ et les plus développés $1^{mm},15$ à $1^{mm},20$. Sur l'échantillon de la figure 2, où on les voit par leur face ventrale, ils se montrent assez profondément déprimés au centre, en forme d'entonnoirs surbaissés, et le plus souvent cette dépression centrale est remplie par un petit noyau de roche, qui se détache en blanc sur le fond noir charbonneux; sur la plupart d'entre eux on distingue une courte nervule partant de la nervure médiane et s'arrêtant à leur centre, et sur les plus fortement déprimés, à dépression remplie par un peu de roche, on constate que la nervule court à la surface de cette petite plaquette de roche et s'arrête au point correspondant au centre du sore, ainsi, d'ailleurs, que le fait voir la figure grossie 2 *a*. Il ressort de ces constatations que la nervule sorifère, après un certain parcours, se détachait du limbe et se redressait normalement à lui, pour constituer un « réceptacle » sur lequel s'attachaient les sporanges, conformément à ce qui a lieu chez les Cyathéacées. Les sporanges les plus inférieurs, étant légèrement réfléchis vers le bas, laissaient entre eux et la surface du limbe un espace vide en forme de cône surbaissé, et c'est ce vide qui a été, sur beaucoup de points, rempli par les sédiments et dont la petite plaquette centrale de roche mentionnée tout à l'heure nous offre aujourd'hui le moulage.

Si l'on passe à l'examen de l'autre face de la fronde, telle qu'elle se montre sur l'échantillon de la figure 1, où les sores sont vus en dessus, on les voit se présenter avec une forme globuleuse (Pl. II, fig. 1 *a*, 1 *b*, 1 *b'*; Pl. III, fig. 3 *a*, 3 *b*, 3 *b'*), d'un diamètre moyen de 1 millimètre, composés de sporanges serrés les uns contre les autres, et offrant l'apparence de sores de *Cyathea* ou d'*Alsophila*, avec cette seule différence que les sporanges sont un peu moins nombreux et ont individuellement un tout autre aspect, étant dépourvus d'anneau élastique. Ces sores sont disposés, d'ailleurs, comme ceux de l'échantillon fig. 2, bisériés sur chaque segment des pennes de dernier ordre : les segments inférieurs, les plus développés, portent en général de 6 à 7 sores, les suivants 4 ou 5, et vers l'extrémité des pennes, où le limbe ne se divise plus en segments latéraux, les sores sont simplement rangés en deux séries de part et d'autre de l'axe même de la penne; c'est, du reste, ce que l'on peut vérifier sur la fig. 1 de la Pl. II en l'examinant avec un peu d'attention, ou, plus aisément, sur les figures grossies Pl. II, fig. 1 *a*, 1 *b*, 1 *b'*, et Pl. III, fig. 3 *a*, cette dernière figure montrant l'extrémité d'une penne avec deux séries de sores seulement.

Dans chacun de ces sores le nombre des sporanges visibles est, en général, de 20 à 25; sur les plus développés, il s'élève à 30, parfois à 32; je n'en ai pas vu où ce dernier chiffre fût dépassé; les moins fournis n'en comptent que 15 ou 16, et sur les pennes basilaires demeurées en partie stériles, on observe même, à la limite de la région fructifiée, des sores rudimentaires ne comprenant que 7 ou 8 sporanges, mais il s'agit là de réductions anormales. Les sores étant globuleux, il est à présumer que, tout au moins sur ceux qui sont le plus fournis, un certain nombre de sporanges, les plus rapprochés de la base, demeurent invisibles, étant masqués par ceux qui sont insérés au-dessus d'eux sur le réceptacle; c'est, du reste, ce que l'on peut constater sur l'échantillon de la fig. 2, où l'on voit souvent une première rosette circulaire formée de 12 à 14 sporanges rayonnant autour du centre commun, débordée sur tout ou partie de son pourtour par un deuxième cercle de sporanges constituant le contour apparent du sore. Il faut donc, en tenant compte de ces sporanges basilaires qui doivent rester invisibles sur les sores vus en dessus, estimer à 35 sporanges environ l'effectif habituel par sore, le maximum devant être d'à peu près 45.

Ces sporanges, étant ainsi réunis en bouquets et étroitement pressés les uns contre les autres, ne montrent d'ordinaire à la surface des sores que leur région apicale, affectant, comme on le voit sur les figures grossies Pl. II, fig. 1 *a* à 1 *c*, et Pl. III, fig. 3 *a* à 3 *c*, surtout sur celles qui sont le plus fortement grossies, un contour tantôt circulaire de $0^{mm},15$ à $0^{mm},20$ de diamètre, tantôt elliptique de $0^{mm},15$ à $0^{mm},20$ de largeur sur $0^{mm},30$ et parfois $0^{mm},35$ de longueur. Leur surface se montre divisée en un réseau de cellules à parois latérales en relief, larges d'environ 25 à 30 μ, tantôt à peu près isodiamétriques, tantôt, et le plus souvent, plus longues que larges, mais ne présentant en général pas de différences sensibles d'un point à l'autre d'un même sporange. Cependant, sur un certain nombre de sporanges, de ceux en particulier qui sont le plus allongés, c'est-à-dire qui laissent voir une portion plus étendue de leur région latérale, on distingue un fuseau longitudinal, large de 30 à 50 μ, formé de cellules beaucoup plus étroites, larges seulement de 10 à 15 μ, à parois moins épaisses, qui correspond évidemment à la ligne de déhiscence. Ce fuseau de cellules rétrécies est visible sur l'un des sporanges de la fig. 1 *c*, Pl. II, à 13 millimètres à la fois du bord gauche et du bord inférieur de la figure, ainsi que sur les deux sporanges supérieurs du côté droit de la fig. 3 *c'*, Pl. III. Tantôt ce fuseau est nettement délimité, et bordé immédiatement par des cellules beaucoup plus larges; tantôt, et plus généralement, il y a passage graduel, mais toujours très rapide, des cellules rétrécies aux cellules de largeur normale. Le plus souvent, comme sur les figures que je viens de citer, on ne peut suivre ce fuseau que sur une partie de sa longueur; mais l'un des sores de l'échantillon fig. 1, Pl. II, se trouvant incomplet, dépouillé des sporanges de sa région supérieure, les sporanges de sa région équatoriale apparaissent sur toute leur étendue, affectant un contour pyriforme, disposés en rosette autour d'une saillie centrale qui représente le réceptacle, et l'un d'eux (Pl. III, fig. 3 *c*″) montre dans toute son étendue son fuseau de cellules rétrécies, qui s'étend depuis le point d'attache jusqu'au centre du contour circulaire qui limite le sporange vers l'extérieur. Ce fuseau de cellules était donc, ainsi qu'on pouvait le présumer, placé sur la face ventrale du sporange, et l'examen de l'échantillon fig. 2, Pl. II, confirme cette constatation, les sporanges basilaires de chaque sore, vus ici par leur face dorsale, ne laissant voir à leur surface que de grandes cellules à parois épaisses.

En général, ces sporanges ne sont pas ouverts; cependant quelques-uns d'entre eux, en très petit nombre, semblent entre-bâillés par une fente longitudinale partant de leur sommet et occupant la place où se montre, sur d'autres, le fuseau de cellules rétrécies. Tel est le cas notamment d'un ou deux des sporanges du principal sore de la fig. 3 *b*, Pl. III, représenté plus fortement grossi sur la fig. 3 *c* : on voit, en effet, à mi-hauteur de cette figure, près du bord de droite, un sporange dont l'ouverture ne paraît pas douteuse, et il semble qu'il en soit de même pour le sporange le plus voisin du bord supérieur de la figure, vers la gauche.

Les mesures faites sur divers points de l'un et de l'autre des deux échantillons dont j'ai parlé donnent, pour les dimensions de ces sporanges, une longueur moyenne de $0^{mm},4$ à $0^{mm},5$, comptée du point d'attache au sommet, avec un diamètre de $0^{mm},15$ à $0^{mm},20$ dans leur portion la plus élargie. Ces sporanges étaient évidemment assez coriaces, à en juger par le relief accusé de leur réseau de cellules, et ils présentent ainsi les caractères de sporanges d'Eusporangiées; mais la constitution de leur paroi n'était pas complètement uniforme, et il est plus que probable que les grandes cellules, à parois épaisses, de la région apicale et dorsale devaient, en se contractant, déterminer la déhiscence du sporange suivant l'axe du fuseau de cellules rétrécies de la face ventrale, jouant ainsi le même rôle que les cellules de l'anneau ou de la plaque élastique chez les Leptosporangiées.

En traitant successivement par les réactifs oxydants et par l'ammoniaque quelques-uns de ces sporanges, détachés de la roche avec précaution, j'ai réussi à obtenir, par la dissolution de la paroi, la mise en liberté de leur contenu sous la forme de petites masses ovoïdes allongées mesurant environ $0^{mm},25$ de largeur sur $0^{mm},6$ à $0^{mm},7$ de longueur; la comparaison de ces dimensions avec celles des sporanges, mesurées directement sur l'échantillon, montre qu'il y a eu, sous l'action des réactifs, un regonflement notable, de près de 50 p. 100 en valeur linéaire. La maturité n'étant sans doute pas complète, les corps reproducteurs qui constituent le contenu des sporanges sont toujours restés ainsi agglomérés en masse compacte, et il ne m'a été possible d'en isoler aucun. Toutefois sur les bords des préparations obtenues la transparence est suffisante pour qu'on puisse se rendre compte de leur forme et de leurs dimensions : on reconnaît ainsi qu'ils affectent la forme de tétraèdres à arêtes arrondies, à faces plus ou moins déprimées, de 40 à 50 μ de diamètre (Pl. III, fig. 3 *d*). On pourrait se demander si ce sont là des spores, ou bien des tétrades formées chacune de quatre spores; mais ils ne présentent aucun indice de division en cellules plus petites, et au contraire sur quelques-uns d'entre eux on distingue assez nettement les trois lignes divergeant à 120°, qu'on observe généralement sur les spores, pour qu'il ne me paraisse pas pouvoir rester de doute sur l'interprétation : ce sont des corps unicellulaires, et non des tétrades, et cette forme même de tétraèdres à faces déprimées, qui s'observe assez fréquemment chez les Fougères, tend à montrer qu'il s'agit bien ici de spores, et non de grains de pollen, et qu'ainsi le *Sphenopteris cristata* est bien une véritable Fougère.

Les fructifications du *Sphen. cristata* étant constituées comme je l'ai indiqué, il reste à examiner à quel type générique de la classification naturelle cette espèce doit être rattachée. Par leur constitution comme par leur mode de groupement, les sporanges du *Sphen. cristata* présentent une identité presque complète avec ceux d'un *Sphenopteris* du terrain houiller d'Asie Mineure que j'ai rapporté, sous le nom de *Discopteris Rallii*[1], au genre *Discopteris* de Stur, la seule différence consistant en ce que chez ce dernier les sores sont moins fournis, et que, sur les sporanges, le passage des cellules rétrécies du fuseau ventral aux grandes cellules des régions apicale et dorsale se fait plus graduellement; mais ce ne sont là que des différences spécifiques de peu d'impor-

[1] R. Zeiller, Observations sur quelques Fougères des dépôts houillers d'Asie Mineure (*Bull. Soc. Bot. Fr.*, XLIV, p. 205-207; 1897); Étude sur la flore fossile du bassin houiller d'Héraclée, p. 17-19 (*Mém. Soc. Géol. Fr.*, *Paléont.*, VIII, mém. n° 21).

IMPRIMERIE NATIONALE.

tance, et il est certain que les deux espèces doivent être placées l'une auprès de l'autre dans le même genre. Seulement l'attribution au genre *Discopteris* peut elle-même être discutée, malgré la ressemblance que semblent offrir ces fructifications avec celles du *Discopteris Schumanni* Stur, telles que les montrent les figures de la *Carbon-Flora* [1], Stur n'ayant pas publié de figures grossies des sporanges de ses *Discopteris*, et la description qu'il donne ne concordant pas complètement avec ce que l'on observe sur les deux espèces dont je viens de parler, *Sphen. Rallii* et *Sphen. cristata*.

Il définit, en effet, les *Discopteris* comme ayant des « sores *disciformes* », composés de 70 à 100 sporanges disposés sans ordre sur un « réceptacle *hémisphérique* », concave chez le *Disc. karwinensis*, convexe chez le *Disc. Schumanni* [2]. On peut même, à raison de cette différence dans la disposition du réceptacle entre l'une et l'autre espèce, se demander si elles appartiennent bien réellement au même genre, étant donné en outre que chez l'une, le *Disc. Schumanni*, les sores sont placés au voisinage immédiat de la nervure médiane, à l'intérieur du limbe, tandis que chez le *Disc. karwinensis*, ils semblent placés sur un lobe apical spécial, et comme au delà des bords du limbe (*ausserhalb des Blattrandes* [3]).

Dans ces conditions, il m'a paru que l'examen des échantillons originaux de Stur pouvait seul faire la lumière, et, sur ma demande, la Direction de l'Institut I. R. Géologique de Vienne, à qui j'adresse ici mes plus vifs remerciements, a bien voulu m'envoyer en communication les échantillons de *Disc. karwinensis* représentés sur les fig. 2 et 4, pl. LIV, de la *Carbon-Flora*, et, à défaut des échantillons fig. 5 et 7, pl. LVI, de *Disc. Schumanni*, momentanément emballés et inaccessibles par suite de remaniement de la collection, un bon échantillon fertile de cette dernière espèce.

L'examen de ces échantillons m'a permis de me convaincre qu'on avait réellement affaire, chez ces deux espèces, au même type de fructification, ainsi que l'avait admis Stur, et qu'il y avait en même temps identité de disposition et de constitution avec les fructifications du *Sphen. cristata*, dont l'attribution au genre *Discopteris* s'est trouvée ainsi mise hors de doute. C'est, du reste, ce que montre la comparaison des différentes figures de la Pl. III, où j'ai repré-

(1) D. Stur, Die Carbon-Flora der Schatzlarer Schichten, Abth. 1, pl. LVI, fig. 4-7 (*Abhandl. k. k. geol. Reichsanst.*, t. XI).

(2) *Ibid.*, p. 140, 141, 142, 148.

(3) *Ibid.*, p. 141.

senté les trois espèces aux mêmes grossissements de 12 fois (fig. 1 *a*, 2 *a*, 3 *a*), de 20 fois (fig. 1 *b*, 1 *b'*, 2 *b*, 3 *b*, 3 *b'*), et de 44 fois (fig. 1 *c*, 1 *c'*, 2 *c*, 3 *c*, 3 *c'*, 3 *c''*).

La fig. 1 reproduit, en vraie grandeur, l'échantillon de *Disc. karwinensis* représenté par Stur, en double grandeur, sur la fig. 2 de sa pl. LIV. Il m'a paru inutile de faire figurer à nouveau l'échantillon de la fig. 4 de la même planche, qui montre la face supérieure d'une penne fertile et sur lequel les sores, couverts par le limbe, ne se révèlent que par leur relief et ne laissent rien voir de leur constitution; il n'y a ainsi à retenir de cet échantillon que ce bombement de la face supérieure du limbe, interprété par Stur comme indiquant un réceptacle convexe en dessus et concave en dessous. Il semblerait, il est vrai, sur la fig. 2 de la pl. LIV, qui montre la face inférieure du limbe, que les sores soient en effet concaves de ce côté, mais ce n'est là qu'une apparence, provenant de ce que l'échantillon est éclairé en sens inverse de ceux qui l'avoisinent sur la même planche, ce qui donne une impression fausse du relief: les fig. 1 et 1 *a* de la Pl. III montrent bien qu'en réalité les sores sont fortement saillants, et se présentent en relief à peu près hémisphérique sur la face inférieure du limbe aussi bien que sur la face supérieure: ils sont donc globuleux, comme ceux du *Sphen. cristata*, et non disciformes comme Stur l'avait indiqué. On voit, en outre, sur la fig. 1 *a*, particulièrement pour le sore terminal, que ces sores sont simplement voisins de la marge, et que les lobes sur lesquels ils sont fixés ne sont autre chose que les lobes normaux des pinnules, et ne sauraient être considérés comme des appendices (*Anhängsel*)[1] sorifères extramarginaux : ces sores sont donc seulement plus éloignés de l'axe médian que ceux des *Disc. Schumani* et *Disc. cristata*, mais on observe chez les Cyathéacées vivantes des différences semblables, d'une espèce à l'autre d'un même genre, les sores étant tantôt plus rapprochés et tantôt plus éloignés de la nervure médiane, et il n'y a pas à s'arrêter à cette différence de position.

Quant à la constitution des sores, il suffit de comparer les fig. 1 *a* à 1 *c'* aux fig. 3 *a* à 3 *c'* pour constater qu'ils ne présentent, par rapport à ceux du *Disc. cristata*, que des différences de détail; ils sont seulement un peu plus gros, et les sporanges dont ils sont composés un peu plus petits au contraire, et par conséquent plus nombreux, que chez cette dernière espèce. Le diamètre des sores, chez le *Disc. karwinensis*, est, en effet, habituellement de 1 millimètre

[1] STUR, *loc. cit.*, p. 146.

à 1^{mm},25, atteignant parfois 1^{mm},50, ainsi que l'a indiqué Stur, tandis que chez le *Disc. cristata* les dimensions extrêmes sont 0^{mm},75 et 1^{mm},20; les sporanges, à contour elliptique, ont, en général, de 0^{mm},11 à 0^{mm},13 de largeur, les dimensions minima et maxima étant 0^{mm},10 et 0^{mm},16, et la longueur ne variant guère qu'entre 0^{mm},16, plus habituellement 0^{mm},18, et 0^{mm},20. Le nombre de ces sporanges, compté directement sur plusieurs sores, varie de 44 à 54; et le chiffre de 70, que Stur a indiqué, plutôt, à ce qu'il semble, d'après une estimation que d'après un dénombrement direct, ne me paraît pas devoir être jamais atteint, du moins si l'on ne compte que les sporanges visibles; mais les sores étant globuleux, il faut admettre qu'à leur base un certain nombre de sporanges, qu'on peut estimer peut-être à 15 ou 20 au maximum, demeurent cachés sous les autres, ce qui donnerait de 60 à 75 pour l'effectif total, tandis que chez le *Disc. cristata* il paraît devoir être de 35 à 45 au maximum; on observe d'ailleurs, il est à peine besoin de le rappeler, chez les Cyathéacées actuelles des variations encore plus étendues d'une espèce à l'autre d'un même genre.

Dans tous les cas, les sporanges offrent exactement le même aspect que ceux du *Disc. cristata,* à cela près seulement que le réseau de cellules est un peu plus fin et présente un relief moins accusé; mais on voit sur les fig. 1 *c* et 1 *c'* que ce réseau est également formé de cellules à peu près uniformes, sans trace d'anneau et presque sans différenciation d'un point à un autre; on distingue cependant sur quelques sporanges, ainsi qu'on peut le constater à la loupe sur les fig. 1 *c* et 1 *c',* un mince fuseau médian formé de deux ou trois files contiguës de cellules plus étroites, bien que moins différentes de leurs voisines que chez le *Disc. cristata.* Il y a donc identité complète de structure.

La fig. 2, Pl. III, reproduit l'échantillon fertile de *Disc. Schumanni* qui m'a été communiqué et qui comprend deux portions de pennes fertiles vues en dessous, ne laissant presque rien voir de leur limbe, mais évidemment identiques à celles des fig. 5 et 7, pl. LVI, de la *Carbon-Flora.* L'examen de cet échantillon confirme l'identité de constitution des fructifications de cette espèce avec celles du *Sphen. cristata,* que l'examen attentif de ces deux figures m'avait déjà conduit à admettre : elles montrent, en effet, de même que les fig. 2 à 2 *b* de la Pl. III, des sores visiblement globuleux, à relief hémisphérique, comme ceux des échantillons de Blanzy; mais ce que ces figures ne pouvaient montrer, et ce que m'a permis de constater l'examen de l'échantillon communiqué, encore que les sporanges, peut-être insuffisamment avancés, laissent un peu à désirer comme conservation, c'est l'identité de constitution que présentent, de part et d'autre, les sporanges des deux espèces : ceux du *Disc. Schumanni* montrent, en effet, à leur surface (fig. 2 *c*, Pl. III) le même réseau de cellules, bien qu'il ne soit pas d'une netteté parfaite, que ceux du *Disc. cristata*, et les seules différences que l'on puisse relever consistent en ce que, chez le *Disc. Schumanni*, les sporanges sont un peu plus saillants et sont surtout plus nombreux, les sores étant sensiblement plus gros, ainsi que le montre la comparaison des fig. 2 *a* et 3 *a* : leur diamètre varie, en effet, de $1^{mm},4$ à $1^{mm},7$. Les sporanges dont ils sont formés mesurent de $0^{mm},15$ à $0^{mm},20$ dans le sens de la largeur, et de $0^{mm},25$ à $0^{mm},30$ en moyenne dans le sens de la longueur; ils sont par conséquent à peu près identiques, comme dimensions, à ceux du *Disc. cristata*. Leur nombre varie, dans chaque sore, de 30 à 60, et là non plus je n'ai pas trouvé de chiffres aussi élevés que ceux indiqués par Stur, qui dit avoir compté jusqu'à 100 sporanges sur un sore mesurant, il est vrai, 2 millimètres de diamètre, et plus développé, par conséquent, que ne le sont les sores les plus larges de l'échantillon fig. 2, Pl. III. Il faudrait, sans doute, pour avoir l'effectif total, augmenter encore ces chiffres du quart ou du tiers de leur valeur, afin de tenir compte des sporanges situés au-dessous du contour apparent des sores et restés conséquemment invisibles.

Si on laisse de côté cette différence dans le nombre des sporanges de chaque sore, qui n'a qu'une importance très secondaire, il est clair que le *Disc. cristata* se rapproche surtout du *Disc. Schumanni* : il a, en effet, comme lui, ses sores très rapprochés de la nervure médiane, et, en outre, on observe chez ce dernier, à la base des sores, la même dépression en forme d'entonnoir que j'ai constatée sur l'échantillon de *Disc. cristata* de la fig. 2, Pl. II (fig. 2 *a*), où la penne fertile est vue par sa face supérieure; c'est cette dépression que Stur a signalée comme un réceptacle convexe en dessous, tout en reconnaissant que les sporanges devaient être fixés sur le bouton saillant correspondant, sur la face inférieure, au centre du relèvement par lequel ladite dépression se traduit sur cette face [1], ce qui, soit dit en passant, impliquait nécessairement des sores globuleux, et non disciformes.

J'ajoute que la différence qu'il y a, à ce point de vue, entre le *Disc. Schumanni* et le *Disc. karwinensis*, où le sore fait relief sur la face supérieure du

[1] Stur, *loc. cit.*, p. 152.

limbe, me paraît devoir être imputée vraisemblablement à ce que chez ce dernier le centre du sore serait plus rapproché du plan général du limbe, la portion libre de la nervure sorifère étant peut-être un peu plus courte et sans doute aussi plus oblique sur le plan du limbe, ainsi que le donnerait à penser notamment la forme de certains sores, tels que celui des fig. 1 *b*, 1 *c*, Pl. III, qui semble vu plutôt un peu de côté que tout à fait de face. Là encore il ne s'agit, en tout cas, que d'une différence d'ordre secondaire, et à laquelle on ne peut attribuer qu'une valeur d'ordre spécifique.

En fin de compte, chez les trois espèces dont je viens de parler, ainsi que chez le *Disc. Rallii,* les sores affectent bien la même constitution, et les sporanges dont ils sont composés présentent eux-mêmes une structure identique : ce sont des sporanges coriaces, sans anneau, offrant, par leur aspect général comme par leur déhiscence au moyen d'une fente ventrale, tous les caractères extérieurs de sporanges de Marattiacées. Il n'y aurait donc pas à hésiter à ranger les *Discopteris* parmi les Marattiacées, s'ils ne présentaient, au point de vue du mode de constitution des sores, une différence qui a été relevée par M. Bower [1] : tandis, en effet, que les sores des Marattiacées vivantes, ainsi que des types de la flore paléozoïque dont l'attribution à cette famille est le plus certaine, affectent une disposition « radiée unisériée », les *Discopteris* ont des sores plurisériés, globuleux, formés, ainsi qu'on l'a vu, de plusieurs séries étagées de sporanges, comme le sont aujourd'hui ceux des Cyathéacées. Sans doute il faudrait, pour se prononcer en toute certitude sur le classement de ce genre, pouvoir étudier la structure des sporanges et en suivre le développement; mais si l'on s'en tient aux caractères extérieurs, les seuls que l'on soit à même d'observer, cette différence de constitution des sores ne me paraît pas être un motif dirimant pour faire écarter l'attribution des *Discopteris* aux Marattiacées, celles-ci ayant été beaucoup plus variées à l'époque primaire qu'elles ne le sont aujourd'hui et pouvant fort bien avoir compris alors des formes à sores de constitution plus complexe que les sores simplement unisériés.

J'ai constaté, dans le bassin de Blanzy et du Creusot, la présence du *Sphen.* (*Discopteris*) *cristata* sur les points suivants :

Mines de *Blanzy :* fonçage du puits Saint-Louis, entre 40 et 60 mètres de profondeur; découvert Saint-François; découvert Sainte-Hélène; découvert du Magny.

[1] F. O. Bower, Studies in the morphology of spore-producing members. III. Marattiaceæ (*Phil. Trans. Roy. Soc. London,* vol. 189 B, p. 66).

Mines de *Perrecy :* couches houillères supérieures.

Mines du *Creusot :* puits Saint-Paul, au mur de la Grande couche.

SPHENOPTERIS MATHETI Zeiller.

Pl. IV, fig. 1 à 6; Pl. V, fig. 1, 2; Pl. VI-VII, fig. 1.

1888. **Sphenopteris Matheti** Zeiller, *Fl. foss. terr. houill. de Commentry*, 1re partie, p. 49, pl. I, fig. 3-6.

1888. *An* **Sphenopteris biturica** Zeiller, *ibid.*, p. 46, pl. I, fig. 2?

Le *Sphenopteris Matheti* a été trouvé à Blanzy en nombreux échantillons, dont quelques-uns de très grande taille, qui fournissent d'utiles renseignements sur la constitution de la fronde, et de l'un à l'autre desquels on peut suivre les variations assez étendues que cette belle espèce était susceptible de présenter, au point de vue notamment du degré de découpure plus ou moins profond des pinnules ou segments de dernier ordre.

Parfois, comme sur la plupart des échantillons recueillis à Commentry, et ainsi que je l'avais indiqué en les décrivant, les pinnules se montrent profondément divisées en lobes linéaires, séparés par des sinus aigus très étroits, et le limbe se réduit à une bande de 0mm,5 à 1 millimètre de largeur, bordant les nervures; c'est ce que montre la figure grossie 5 de la Pl. IV, empruntée précisément à l'un des échantillons figurés dans la *Flore fossile du terrain houiller de Commentry*. Mais sur d'autres échantillons les sinus séparatifs des lobes apparaissent moins profonds, et les lobes eux-mêmes moins accusés, avec un limbe plus développé, comme on le voit sur la figure grossie 6, empruntée de même à l'un des échantillons de Commentry originairement figurés; il en est également ainsi sur l'échantillon de Blanzy représenté Pl. IV, fig. 3, 3 *a*, dont les pennes de dernier ordre ne diffèrent de celles de la fig. 6, Pl. IV, que par leurs dimensions plus grandes, cette différence de taille provenant de ce qu'elles appartiennent à une région de la fronde plus éloignée du sommet. Ces trois figures grossies 3 *a*, 5 et 6, montrent ainsi les principales étapes entre les formes à pinnules ou segments très profondément découpés et les formes à découpures relativement peu profondes, à lobes faiblement saillants, telles qu'on peut les voir sur la fig. 1 de la Pl. IV, les fig. 1 et 2 de la Pl. V et le grand échantillon de la Pl. VI-VII.

Dans quelques cas, l'apparence plus ou moins découpée que présentent les pinnules dépend simplement de la conservation plus ou moins incomplète du limbe, comme on peut le constater sur la fig. 4 de la Pl. IV, où, sur certaines pennes, notamment du côté droit de la figure, les pinnules semblent profondément incisées, tandis que celles des pennes voisines, plus intactes, se montrent beaucoup moins divisées, avec des lobes peu saillants séparés seulement par des échancrures faiblement accusées.

Outre ces variations dans le degré de découpure, on remarque, en passant d'un échantillon à l'autre, et souvent d'une penne à une autre sur un même échantillon, que le mode de terminaison des lobes est lui-même quelque peu variable, ces lobes se montrant tantôt franchement arrondis, tantôt obtusément aigus; mais c'est la forme arrondie qui paraît être la plus habituelle.

Les échantillons recueillis à Blanzy ont permis, d'autre part, de reconnaître une particularité que n'avaient pas offerte, par suite de leur étendue beaucoup moindre, les échantillons de Commentry, à savoir l'hétéromorphisme des pennes situées à la base des pennes secondaires, sur le bord inférieur (catadrome) de celles-ci. Ces pennes hétéromorphes (***Aphlebia***) apparaissent au premier coup d'œil sur le grand échantillon représenté partiellement sur la Pl. VI-VII : cet échantillon, qui mesure 0 m. 62 de longueur et offre de chaque côté du rachis 19 pennes consécutives, doit représenter, non une portion de fronde avec son rachis principal, comme on pourrait être porté à le penser d'après ses dimensions, mais seulement une penne primaire, ainsi que le prouve la dyssymétrie évidente que présente le degré d'inclinaison des pennes d'un côté à l'autre du rachis, les unes se détachant sous des angles de 40° à 50° et les autres sous des angles de 60° à 66°, ces dernières, plus étalées, étant probablement celles du côté inférieur; à la base de chacune de ces grandes pennes latérales, on remarque, insérée dans l'angle inférieur des deux rachis, une penne différente des pennes normales, divisée dès la base en deux branches presque égales, le segment basilaire inférieur étant à lui seul presque aussi développé que le reste de la penne; la branche principale de la penne est elle-même bipinnatifide, divisée en segments étroits, presque filiformes, qui se ramifient sous des angles aigus, les dernières divisions se terminant en pointe très aiguë. On constate, d'ailleurs, à mesure qu'on s'élève le long de l'axe de cette grande penne primaire pour se rapprocher de son sommet, que l'hétéromorphisme des pennes basilaires latérales va en s'atténuant peu à peu : leur segment inférieur perd peu à peu de son importance, le limbe des segments latéraux va en s'élargissant et en se rapprochant de la forme normale, et dans la région voisine du sommet la penne basilaire n'offre plus, par rapport à celles qui la suivent, qu'une différence peu marquée, ainsi qu'on peut le voir sur le bord extrême de droite de la Pl. VI-VII.

Ces mêmes pennes hétéromorphes se retrouvent, du reste, sur tous les échantillons tant soit peu étendus et correspondant à des régions de la fronde suffisamment éloignées du sommet. Sur l'échantillon fig. 3, Pl. IV, qui est très probablement un fragment de penne primaire, on peut en constater la présence à la base de la penne secondaire de droite, bien qu'ici la penne hétéromorphe soit peu développée et qu'elle n'apparaisse pas nettement sur la figure. Sur l'échantillon fig. 1 de la même Planche, les pennes hétéromorphes sont au contraire très nettement différenciées et très visibles.

Parmi les échantillons que j'avais eus en mains lorsque j'ai décrit les Fougères du terrain houiller de Commentry, et sur aucun desquels je n'avais remarqué cet hétéromorphisme des pennes, il s'en trouvait un cependant d'assez grandes dimensions pour qu'on pût s'étonner de n'y pas observer cette particularité, c'est celui que j'avais signalé[1] comme recueilli à Blanzy par M. Mathet et donné par lui au Muséum d'histoire naturelle, et comme offrant la région supérieure d'une fronde, avec plusieurs pennes primaires longues probablement d'une vingtaine de centimètres; il importait évidemment, pour s'assurer que tous ces échantillons appartenaient bien à une seule et même espèce, de vérifier la présence de ce caractère particulier sur ceux qui, d'après les régions de la fronde auxquelles ils correspondaient, paraissaient susceptibles de le présenter. Or, en dégageant plus complètement l'axe principal de l'échantillon en question, j'ai fait apparaître ces pennes hétéromorphes, un peu moins différenciées par rapport aux autres qu'elles ne le seraient sur des régions plus basses de la fronde, mais bien reconnaissables à leur division dès la base en deux branches égales, dont l'inférieure s'étale en partie sur le rachis : l'une de ces pennes hétéromorphes est, notamment, très visible, à la base de la penne supérieure du côté droit, sur la fig. 4, Pl. IV, qui reproduit une partie de cet échantillon.

A mesure qu'on se rapproche, soit du sommet, soit des bords de la fronde, l'hétéromorphisme va d'ailleurs en s'atténuant, ainsi qu'on le remarque sur le grand échantillon de la Pl. VI-VII; et sur les portions de pennes primaires les plus voisines du sommet il disparaît presque complètement, comme on le

[1] Flore fossile du terrain houiller de Commentry, 1re partie, p. 51.

IMPRIMERIE NATIONALE.

constate sur l'échantillon fig 2, Pl. IV, où la penne basilaire du côté inférieur ne diffère plus des suivantes que par sa moindre longueur.

Par contre, dans les régions de la fronde les plus divisées, la pinnule la plus basse, du côté inférieur, des pennes de troisième ordre affecte elle-même une légère tendance à l'hétéromorphisme, offrant un contour général moins allongé et sa nervure latérale inférieure étant presque comparable à la nervure médiane par son importance et son degré de ramification. C'est ce qu'on peut constater notamment sur l'échantillon fig. 4 de la Pl. IV à la base de la deuxième penne, du côté supérieur, de la penne de droite la plus élevée.

J'ajoute qu'un examen plus attentif de ce même échantillon fig. 4 m'a fait reconnaître que, contrairement à ce que j'avais primitivement indiqué, les pennes latérales n'avaient pas tout à fait la même inclinaison d'un côté à l'autre de l'axe : celles du côté droit se détachent en effet du rachis sous des angles d'environ 60°, et celles de gauche sous des angles de 53° à 54° seulement. Il faut donc, à raison de cette dyssymétrie, considérer cet échantillon comme étant encore un fragment de penne primaire seulement, et non comme offrant la région supérieure de la fronde avec son axe principal.

Par contre, deux des échantillons recueillis à Blanzy me semblent présenter bien réellement l'axe principal de la fronde, avec des pennes primaires attachées sur lui : ce sont ceux que reproduisent, mais dans une partie assez restreinte seulement de leur étendue, les figures 1 et 2 de la Planche V. L'échantillon fig. 2 offre un rachis épais portant deux pennes tripinnatifides, à la base de chacune desquelles est insérée une penne nettement hétéromorphe (*Aphlebia*), divisée en étroits segments linéaires, malheureusement incomplets; en outre, d'autres pennes hétéromorphes, moins développées, mais constituées de même et différant tout autant des pennes normales, se montrent à la base des pennes latérales de deuxième ordre : l'une, en particulier, est nettement visible, sur la penne primaire dirigée vers le bas, à 2 centimètres de son insertion, du côté droit; on en reconnaît une autre, en examinant la figure à la loupe, sur la penne primaire du haut, du côté gauche, à 7 centimètres au-dessous du bord supérieur de la figure, mais celle-ci est restée en grande partie engagée dans la roche. La disposition presque rigoureusement symétrique de ces deux grandes pennes tripinnatifides permet, ce me semble, d'affirmer que ce sont bien là des pennes primaires, bien qu'elles soient notablement moins développées et moins divisées que celles des fig. 1, 3 et 4 de la Pl. IV ou que celle de la Pl. VI-VII; les pennes latérales qu'elles portent sont d'ailleurs visiblement, avec leur penne basilaire hétéromorphe, les homologues des pennes secondaires de ces mêmes échantillons.

On remarque, en suivant la penne primaire supérieure à partir de sa base, que les pennes secondaires vont, du moins jusqu'à une certaine distance, en s'allongeant et se développant peu à peu; les pennes primaires se rétrécissaient donc plus ou moins notablement à leur base et affectaient ainsi un contour général quelque peu différent de celui des pennes secondaires, qui présentent, comme on le voit notamment sur la Pl. VI-VII, un contour très étroitement triangulaire, avec des bords presque parallèles jusqu'aux deux tiers ou aux trois quarts de leur longueur. Ces pennes primaires se montrent, sur l'échantillon fig. 2, Pl. V, étalées à angle droit sur le rachis principal et même légèrement réfléchies en arrière à leur base, la penne hétéromorphe devant correspondre, comme sur les pennes secondaires, à l'angle inférieur des deux rachis.

L'échantillon représenté en partie sur la figure 1 de la Pl. V se compose d'un large rachis, long de 21 centimètres, portant d'un même côté deux pennes distantes à leur base de 15 centimètres; les pennes du côté opposé manquent, la plaque de schiste étant cassée le long du bord du rachis. Ces deux pennes sont assez fortement arquées à leur origine, et leur axe ne tarde pas à se recourber légèrement vers le bas. J'ai pu, à la base de la penne figurée, dégager au burin la naissance de la penne hétéromorphe qui devait se trouver insérée dans l'angle des deux rachis, mais il eût fallu, pour la suivre, faire sauter le rachis qui la recouvre, et je n'ai pu, dans ces conditions, la mettre assez en évidence pour qu'elle fût visible sur la photographie; mais on distingue assez bien les pennes hétéromorphes situées à la base des pennes secondaires, et l'on constate, comme sur l'échantillon de la Pl. VI-VII, que cet hétéromorphisme s'atténue peu à peu à mesure qu'on s'avance vers le sommet de la penne, de telle sorte qu'à partir du tiers environ de la longueur de celle-ci, les pennes basilaires inférieures ne diffèrent plus très sensiblement des pennes normales. Comme forme générale, les deux pennes primaires de cet échantillon se montrent légèrement contractées à la base, affectant un contour ovale-lancéolé; mais les différences de longueur et de développement de leurs pennes latérales sont beaucoup moins accentuées que sur l'échantillon fig. 2.

Sur ces deux échantillons, le rachis principal se montre formé d'une bande médiane évidemment résistante, large de 7 à 10 millimètres, comprise entre deux bandes d'un noir moins vif, larges chacune de 6 à 7 millimètres, et de consistance visiblement moins coriace, qui empiètent sur la base d'attache des pennes primaires; il a fallu, sur l'échantillon fig. 1, faire sauter cette sorte d'aile latérale pour pouvoir suivre le rachis secondaire jusqu'à son insertion. La bande médiane doit, suivant toute vraisemblance, correspondre au faisceau libéroligneux, le contour externe correspondant à la zone corticale plus molle, et plus complètement écrasée. Les mêmes apparences se retrouvent d'ailleurs sur le rachis de la grande penne primaire de la Pl. VI-VII, du moins dans sa région inférieure.

Le rapprochement de ces divers échantillons permet de se rendre compte de la taille considérable que devaient offrir les frondes du *Sphen. Matheti :* la portion de penne primaire représentée en partie sur la Pl. VI-VII mesurant 0 m. 62 de longueur, on reste probablement au-dessous de la réalité en estimant à 0 m. 75 ou 0 m. 80 la longueur totale de cette penne lorsqu'elle était complète; le fragment de penne primaire de la fig. 1, Pl. IV, offrant, dans ses différents éléments, tels que largeur et écartement des pennes latérales, des dimensions supérieures de moitié, on est amené à attribuer à la penne dont il provient une longueur d'au moins 1 m. 20 avec une largeur de 0 m. 40 à 0 m. 50, et si l'on admet qu'on a affaire là à l'une des pennes primaires les plus grandes qui aient pu se rencontrer, on arrive déjà pour la fronde à une largeur d'au moins 2 mètres. Si, d'autre part, on tient compte de ce que les pennes primaires, à en juger d'après les échantillons partiellement représentés sur la Pl. V, ne se touchaient pas par leurs bords, mais laissaient entre elles un certain intervalle, on est amené à penser que les frondes devaient avoir une longueur au moins double ou triple de leur largeur et qu'elles atteignaient par conséquent 5 à 6 mètres pour le moins.

Aucun échantillon, jusqu'à présent, n'a montré le moindre indice de fructifications; il est probable cependant qu'on a affaire ici à une véritable Fougère, étant donné la ressemblance que le *Sphen. Matheti* présente, au point de vue de la forme et du mode de découpure des pinnules, avec le *Sphen. chærophylloides* Brongniart du Westphalien, lequel a été trouvé avec des frondes fertiles et appartient, comme type de fructification, au genre *Renaultia* Zeiller; il est vrai qu'aucun des échantillons figurés de cette dernière espèce ne montre de pennes hétéromorphes (*Aphlebia*) comparables à celles que possède le *Sphen.*

Matheti, mais Stur dit en avoir observé sur deux échantillons du terrain houiller de Belgique appartenant aux collections du Jardin botanique de l'État[1], et d'ailleurs la présence d'*Aphlebia*, constatée sur plusieurs types de frondes du terrain houiller dont l'attribution aux Fougères ne semble pas contestable, plaiderait elle-même en faveur de cette attribution. Il est donc présumable, sans qu'on puisse affirmer que le *Sphen. Matheti* appartienne au genre *Renaultia*, qu'il représente une véritable Fougère et non une Ptéridospermée.

J'incline à penser qu'il faut réunir au *Sphen. Matheti* le *Sphen. biturica* que j'avais cru, dans mon travail sur la Flore de Commentry, devoir considérer comme une espèce distincte; j'ai constaté en effet, sur les échantillons plus nombreux de *Sphen. Matheti* que j'ai eus en mains, que l'on retrouvait chez celui-ci des pinnules à lobes aussi aigus que chez le *Sphen. biturica;* et si les pennes secondaires de ce dernier sont un peu plus effilées, offrent un contour général un peu plus nettement triangulaire, la différence, par rapport aux pennes plus linéaires du *Sphen. Matheti*, n'est pas assez accentuée pour constituer un caractère distinctif bien sérieux. Je n'ose cependant affirmer leur identité réciproque, à raison du doute que laissent subsister les échantillons de *Sphen. biturica* sur l'existence de pennes hétéromorphes à la base des pennes secondaires : l'échantillon que j'ai figuré[2] n'a malheureusement pas les pennes basilaires inférieures très bien conservées, mais d'après ce qu'on en voit, il ne semble pas qu'il y ait d'hétéromorphisme; sans doute il n'est pas impossible que ces pennes aient été divisées à leur base en deux branches presque égales, comme les pennes hétéromorphes du *Sphen. Matheti* et que la branche étalée sur le rachis ne soit pas visible sur l'échantillon, mais il semble, étant donné le développement des pennes secondaires, qu'il devrait y avoir, au point de vue de la largeur et du mode de découpure des segments, une différence sensible entre ce qu'on voit de la penne basilaire et les pennes de troisième ordre qui viennent à sa suite, ce qui ne paraît pas avoir lieu. Toutefois, la conservation, je le répète, n'est pas assez complète pour qu'il soit possible de rien affirmer dans un sens ou dans l'autre.

La question de l'identité avec le *Sphen. Matheti* peut également se poser pour le *Sphen. Fayoli*[3], mais celui-ci paraît avoir, avec un contour plus trian-

[1] Stur, Die Carbon-Flora der Schatzlarer Schichten, Abth. I, p. 47-48 (*Hapalopteris typica* Stur = *Renaultia chærophylloides* Brongniart [sp.]).

[2] Flore fossile du terrain houiller de Commentry, pl. I, fig. 2.

[3] Flore fossile du terrain houiller de Commentry, p. 48, pl. I, fig. 1.

gulaire pour les pennes de dernier ordre, un limbe sensiblement plus épais et presque coriace; il a en outre les pennes d'avant-dernier ordre beaucoup plus rapprochées et empiétant les unes sur les autres de près de moitié de leur largeur. Il me paraît donc devoir être maintenu comme espèce autonome, au moins jusqu'à plus ample informé.

Enfin on pourrait songer encore à identifier au *Sphen. Matheti* un *Sphenopteris* du Permien de la Thuringe et du Stéphanien du bassin de la Sarre décrit par M. Potonié sous le nom d'*Ovopteris Weissi*(1), et qui ressemble beaucoup à l'espèce de Blanzy et de Commentry; l'une des figures grossies publiées en dernier lieu par M. Potonié, et représentant une penne de dernier ordre(2), semble notamment calquée sur une penne de troisième ordre de *Sphen. Matheti;* il y a cependant quelques différences, consistant d'une part en ce que les pennes de dernier et d'avant-dernier ordre sont sensiblement plus espacées sur les échantillons de la Thuringe et surtout du bassin de la Sarre, lesquels affectent ainsi un aspect beaucoup plus lâche, et d'autre part en ce que, sur ces échantillons, où les pennes de dernier ordre ne mesurent que 7 à 10 millimètres de longueur, les pennes basilaires sont encore nettement hétéromorphes, transformées en *Aphlebia* à étroits segments aigus. Sur les échantillons homologues de *Sphen. Matheti,* à pennes de dernier ordre aussi courtes, tels que celui de la fig. 2, Pl. IV, les pennes basilaires sont, comme je l'ai fait remarquer, presque entièrement semblables aux pennes normales et ne se distinguent plus que par leur moindre longueur, de sorte qu'il y a là une différence d'une certaine importance, à raison principalement de laquelle les deux espèces me paraissent devoir être, au moins jusqu'à nouvel ordre, distinguées l'une de l'autre.

Étant donné la ressemblance que j'ai signalée plus haut du *Sphen. chærophylloides* avec le *Sphen. Matheti,* je présume qu'il faut rapporter à ce dernier la Fougère de Longpendu signalée par M. Grand'Eury sous le nom de *Sphen. chærophylloides*(3), celui-ci ne montant pas dans le terrain houiller jusqu'à un niveau aussi élevé, et la présence du *Sphen. Matheti* à Longpendu étant attestée par divers échantillons de la collection du Creusot.

(1) Potonié, Die Flora des Rothliegenden von Thüringen, p. 46, pl. IV, fig. 1 (1893); Abbildungen u. Beschreibungen fossiler Pflanzen-Reste der palaeozoischen u. mesozoischen Formationen, Lief. I (1903), 8, fig. 1, 2.

(2) Potonié, *ibid.*, fig. 2 A.

(3) Grand'Eury, Flore carbonifère du département de la Loire, p. 509.

J'ai constaté, pour le *Sphen. Matheti*, les provenances suivantes :

Mines de *Longpendu*.

Mines de *Blanzy* : découvert Saint-Hélène; puits Saint-Louis, à 139 m. 50 et à 288 mètres; — région de Montmaillot : puits Saint-Paul; puits Sainte-Barbe, galerie du bâtardeau à 70 mètres.

Genre ZYGOPTERIS Corda.

1845. **Zygopteris** Corda, *Beitr. z. Fl. d. Vorw.*, p. 81. Renault, *Comptes rendus Acad. sc.*, LXXXII, p. 992; *Ann. sc. nat.*, 6e sér., Bot., III, p. 5.

Les observations qu'on a pu faire sur la structure des tiges et des pétioles des *Zygopteris* ne permettent pas de douter que ce soient de véritables Fougères, ou tout au moins des Filicinées certaines, la question restant incertaine de savoir si les Botryoptéridées, parmi lesquelles ils viennent se ranger, étaient isosporées, ou bien hétérosporées comme l'avait admis Renault, qui les regardait comme intermédiaires entre les Fougères proprement dites et les Hydroptérides[1].

ZYGOPTERIS PINNATA Grand'Eury (sp.).

1876. **Schizopteris pinnata** Grand'Eury, *in* Renault, *Ann. sc. nat.*, 6e sér., Bot., III, p. 8, 23; pl. 1, fig. 12, 13. Grand'Eury, *Flore carb. du dép. de la Loire*, p. 200, pl. XVII, fig. 1.

1879. **Zygopteris (Schizopteris pinnata)** Schimper, *Handb. der Paläont.*, IIte Abth., p. 141, fig. 112 (1-4).

1888. **Zygopteris pinnata** Zeiller, *Fl. foss. bass. houill. de Valenciennes*, p. 46, fig. 30; *Fl. foss. terr. houill. de Commentry*, 1re partie, p. 77, pl. XXXII, fig. 5-7.

J'ai reconnu, parmi les échantillons du bassin de Blanzy et du Creusot que j'ai pu examiner, quelques exemplaires de cette espèce, mais dont aucun ne m'a offert de particularité méritant d'être signalée. Ils provenaient des localités suivantes :

Mines de *Saint-Bérain* : puits de la Charbonnière, étage de 100 mètres, au mur de la couche du Bois-Perrot.

Mines de *Blanzy* : découvert Saint-Hélène; puits du Magny, travers-bancs de l'étage de 427 mètres.

[1] B. Renault, Flore fossile du bassin houiller et permien d'Autun et d'Épinac, 2e partie, p. 33-59. — R. Zeiller, Éléments de paléobotanique, p. 73.

Genre DIPLOTMEMA Stur.

1877. **Diplothmema** Stur, *Culm-Flora*, II, p. 226, 233 (pars); *Zur Morph. u. Syst. d. Culm u. Carb. Farne*, p. 183 (pars); *Carbon-Flora*, I, p. 283 (pars).

On n'a jusqu'ici aucune donnée précise sur la constitution des appareils fructificateurs des frondes comprises dans ce groupe générique, dont on ne saurait d'ailleurs affirmer absolument la complète homogénéité; mais le fait que des tiges de Cycadofilicinées appartenant au genre *Heterangium* Corda ont été trouvées en rapport avec des frondes assimilables au *Diplotmema elegans* Brongniart (sp.) permet de conclure qu'une partie au moins, et peut-être la totalité des *Diplotmema* appartiennent, non aux Fougères, mais aux Ptéridospermées. La bifurcation caractéristique de leurs axes foliaires semble, d'ailleurs, fournir un argument dans le même sens, cette bifurcation des rachis se retrouvant chez la plupart des Ptéridospermées et paraissant, comme je l'ai dit ailleurs[1], pouvoir être invoquée en faveur de l'attribution à ce groupe. On n'a, d'ailleurs, en ce qui concerne les deux espèces dont je vais parler, que ces présomptions générales, mais elles sont assez sérieuses pour qu'on puisse regarder les *Dipl. Busqueti* et *Dipl. Ribeyroni* comme devant être rangés avec beaucoup plus de vraisemblance parmi les Ptéridospermées que parmi les Fougères.

DIPLOTMEMA BUSQUETI Zeiller.

Pl. VIII, fig. 1 à 4.

1888. **Diplotmema Busqueti** Zeiller, *Fl. foss. terr. houill. de Commentry*, 1re partie, p. 87, pl. IV, fig. 6-8.

1877. **Pecopteris subnervosa** Grand'Eury (*non* Rœmer), *Flore carb. du dép. de la Loire*, p. 61.

Lorsque j'ai décrit cette espèce dans la *Flore fossile du terrain houiller de Commentry*, j'avais signalé[2] un échantillon de Blanzy montrant l'insertion, sur le rachis primaire, de deux pennes primaires bipartites; c'est cet échantillon que représente la figure 1 de la Planche VIII. On y voit une penne bipartite, divisée en deux sections divergentes partant de l'extrémité d'un axe nu, long de 8 centimètres et large de 5mm,5, qui s'incurve à sa base et vient s'attacher

[1] R. Zeiller, *Revue générale des sciences pures et appliquées*, 30 août 1905, p. 725.

[2] *Loc. cit.*, p. 88-89.

sur un axe de 8 à 10 millimètres de largeur, strié ou plissé longitudinalement. Cet axe étant quelque peu oblique par rapport au plan qui contient l'empreinte, j'ai pu le suivre sur l'autre face de l'échantillon et l'y dégager jusqu'à la naissance d'un nouvel axe latéral de 7 à 8 millimètres de largeur, qui se partage, à 7 centimètres environ de sa base d'insertion, en deux pennes feuillées divergentes. Ce deuxième axe latéral est représenté sur la figure 1, Pl. VIII, par un tracé en pointillé blanc, ainsi que la portion de l'axe principal sur lequel il s'insère, située sur la face postérieure de l'échantillon.

La figure 2 reproduit cette deuxième penne bipartite telle que la montre, non la face postérieure de l'échantillon fig. 1, mais la contre-empreinte de cette face postérieure, et l'on voit que, de même que la première penne bipartite, celle de la figure 1, elle se présente par sa face supérieure, offrant comme elle des rachis de dernier ordre plus ou moins canaliculés, avec des pinnules légèrement bombées tournant du même côté la face convexe de leur limbe. En faisant glisser la figure 1 de 4 centimètres environ vers la gauche et un peu obliquement vers le bas, de manière à superposer la bifurcation figurée en pointillé sur la figure 1 à la bifurcation de la penne fig. 2, on replacerait ces deux pennes dans leur véritable position, étalées dans deux plans parallèles distants à peu près de 2 centimètres, tournant l'une et l'autre la face supérieure de leur limbe vers l'observateur, mais ayant leurs axes de symétrie croisés à 110° l'un sur l'autre.

J'avais, dans la description que j'ai donnée de cet échantillon en 1888, indiqué par erreur ces deux pennes comme insérées « *sur les deux bords opposés* » de l'axe commun dont elles dépendent, alors qu'en réalité, ainsi que le montre la figure 1, elles s'attachent l'une et l'autre *sur le même bord* de cet axe, à savoir du côté interne et concave de l'arc de courbure suivant lequel il s'infléchit. Les deux insertions sont, comme je l'avais dit, distantes d'une dizaine de centimètres : la figure 1 les représente un peu moins éloignées l'une de l'autre, le repérage de la partie cachée, située sur la face postérieure de l'échantillon, n'ayant pas été fait avec assez de précision.

Les axes nus qui forment la partie inférieure de chacune de ces deux pennes bipartites et offrent l'apparence d'un pétiole portant à son sommet deux lames feuillées divergentes, sont eux-mêmes striés en long comme l'axe commun plus important dont ils dépendent, et l'on voit à leur base ces stries, correspondant vraisemblablement à des faisceaux libéroligneux, s'incurver pour venir se raccorder à celles de l'axe commun, sans que l'insertion soit accusée par aucun

IMPRIMERIE NATIONALE.

indice d'articulation comme on en observe en général à la base d'insertion des frondes sur une tige ou sur un rhizôme. Il y a ainsi continuité manifeste entre l'axe principal et les axes latéraux, comme entre les rachis de divers ordres d'une même fronde, et c'est ce qui m'a conduit à considérer, ainsi que je l'ai fait, cet axe principal comme une portion de rachis primaire portant deux pennes primaires bipartites. Ces deux pennes sont, comme je l'ai déjà fait remarquer, insérées sur le même bord de ce rachis, et l'orientation identique de leurs faces supérieures est la conséquence naturelle de cette disposition; leurs axes de symétrie sont seulement déplacés l'un par rapport à l'autre, tant par suite de la courbure en arc du rachis primaire que de l'inflexion assez forte vers le bas que présente à sa base l'axe de la penne fig. 1. Il n'est pas douteux qu'entre ces deux pennes une autre penne semblable leur faisant face devait s'insérer sur le bord opposé du rachis primaire, mais on voit sur la figure 1 que ce bord opposé manque sur une étendue notable, avec la penne qu'il devait porter, la cassure de l'échantillon entamant ce rachis primaire sur une bonne partie de sa largeur.

Il y a lieu de penser, ainsi que je le disais déjà en 1888, que les frondes du *Dipl. Busqueti*, de même que celles du *Mariopteris muricata*, devaient être plus ou moins grimpantes, et comparables comme port, soit à celles des *Lygodium*, soit à celles de certains *Mertensia*, dont le rachis, sans être vraiment volubile, prend du moins son appui sur les plantes avoisinantes. On voit sur l'échantillon fig. 2, à la partie supérieure de la figure, qu'une partie au moins des rachis secondaires se prolongeaient en une pointe nue plus ou moins longue, ainsi que cela a lieu également chez le *Mariopteris muricata* et chez le *Dipl. Ribeyroni*, pointe qui était peut-être susceptible de s'accrocher aux supports situés à portée [1].

De même que dans les autres gisements, il n'a été recueilli dans le bassin de Blanzy et du Creusot aucun échantillon de cette espèce offrant le moindre indice de fructifications; mais il est probable, comme je l'ai dit, qu'on a affaire ici, non à une Fougère, mais à une Ptéridospermée.

M. Grand'Eury a reconnu [2] qu'il fallait rapporter au *Dipl. Busqueti* l'espèce qu'il avait mentionnée en 1877 sous le nom de *Pecopteris subnervosa*, mais dont il n'avait donné alors qu'une description trop succincte pour qu'on pût la

(1) R. Zeiller, Flore fossile du bassin houiller et permien d'Autun et d'Épinac, 1re partie, p. 36, 38.

(2) Grand'Eury, Géologie et paléontologie du bassin houiller du Gard, p. 270.

reconnaître; ce nom spécifique n'aurait, d'ailleurs, en aucun cas, pu être conservé, F. Rœmer l'ayant employé en 1860 [1] pour une espèce différente, avec laquelle M. Grand'Eury recommandait lui-même de ne pas confondre celle à laquelle il appliquait ce même nom.

En tenant compte de cette identification et des indications de M. Grand'-Eury [2], je signalerai pour le *Dipl. Busqueti* les provenances suivantes :

Mines de *Saint-Bérain :* puits de la Charbonnière, étage de 60 mètres, au toit du faisceau inférieur.

Mines de *Longpendu :* toit de la 2e couche à l'étage de 110 mètres; mur de la 4e couche à l'étage de 120 mètres (parties droites).

Mines de *Blanzy :* découvert Sainte-Hélène, Grande couche supérieure; puits du Magny, travers-bancs de l'étage de 427 mètres, au delà de la faille du Magny.

Mines de *Perrecy :* couches stéphaniennes.

Mines du *Creusot.*

PERMIEN.

Mines de *Perrecy* (Saxonien inférieur) : 2e couche permienne.

DIPLOTMEMA RIBEYRONI Zeiller.

1888. **Diplotmema Ribeyroni** Zeiller, *Fl. foss. terr. houill. de Commentry,* 1re part., p. 91, pl. IV, fig. 3-5; *Fl. foss. bass. houill. et perm. d'Autun,* 1re part., p. 37, pl. IX A, fig. 1.

Cette espèce paraît rare dans le bassin de Blanzy et du Creusot, où je ne l'ai observée qu'une seule fois, à savoir à *Blanzy,* au découvert Maugrand.

Genre PECOPTERIS Brongniart.

1822. **Filicites** (Sect. **Pecopteris**) Brongniart, *Class. végét. foss.,* p. 33.

1826. **Pecopteris** Sternberg, *Ess. Fl. monde prim.,* I, fasc. 4, p. XVII. Brongniart, *Prodr.,* p. 54 (*pars*).

Un nombre important d'espèces de *Pecopteris* ont été, comme on sait, trouvées à l'état fertile, avec des sporanges coriaces, tantôt indépendants, comme dans le genre *Dactylotheca* Zeiller, tantôt soudés en synangium, comme dans les genres *Asterotheca* Presl, *Scolecopteris* Zenker et *Ptychocarpus* Weiss, et ont

[1] F. Rœmer, Beiträge zur geologischen Kenntniss des nordwestlichen Harzgebirges, IVte Abth., p. 192, pl. XXXI, fig. 11.

[2] Grand'Eury, Flore carbonifère du département de la Loire, p. 508, 509, 510.

pu être rapportées aux Marattiacées; mais pour celles qui n'ont été observées qu'à l'état stérile, on ne peut rien affirmer quant à leur attribution, bien que certaines d'entre elles paraissent assez voisines de formes spécifiques reconnues comme des Marattiacées pour qu'il y ait lieu de penser qu'elles appartiennent également à cette famille. Une seule espèce, le *Pec. Pluckeneti*, a été trouvée par M. Grand'Eury pourvue de graines attachées sous la face inférieure du limbe, au voisinage du bord des lobes, et a dû être classée dès lors parmi les Ptéridospermées; mais il est vraisemblable, comme je le dirai, qu'il doit en être de même pour le *Pec. Sterzeli*.

PECOPTERIS (ASTEROTHECA) ARBORESCENS Schlotheim (sp.).

1820. **Filicites arborescens** Schlotheim, *Petrefactenkunde*, p. 404; pl. VIII, fig. 13.

1828. **Pecopteris arborescens** Brongniart, *Prodr.*, p. 56; *Hist. végét. foss.*, I, p. 310, pl. 102, fig. 1, 2; pl. 103, fig. 2, 3.

Je n'ai vu cette espèce représentée dans le bassin de Blanzy et du Creusot que sur un seul point, à savoir aux mines du *Creusot :* puits Saint-Paul, au mur de la Grande couche.

PECOPTERIS (ASTEROTHECA) CYATHEA Schlotheim (sp.).

1820. **Filicites cyatheus** Schlotheim, *Petrefactenkunde*, p. 403; pl. VII, fig. 11.

1828. **Pecopteris cyathea** Brongniart, *Prodr.*, p. 56; *Hist. végét. foss.*, I, p. 307, pl. 101, fig. 1-4.

Le *Pecopteris cyathea*, l'une des Fougères les plus communes de la flore stéphanienne, a été, comme on devait s'y attendre, rencontré sur un grand nombre de points du bassin de Blanzy et du Creusot, à l'état fertile aussi bien qu'à l'état stérile. Les échantillons que j'ai eus sous les yeux venaient des provenances suivantes :

Mines de *Saint-Bérain :* puits Saint-Léger n° 1, étage de 160 mètres, 1re couche intermédiaire; puits de la Charbonnière, étage de 100 mètres, mur de la couche du Bois-Perrot.

Mines de *Longpendu :* 2e et 3e couches; recherches des Fauches.

Mines de *Montchanin :* puits de Ségur, à 130 mètres et à 373 mètres; puits Wilson, amas supérieur et couche Anatole.

Mines de *Blanzy :* puits Lambert; puits des Crépins (concession des Crépins); — puits Harmet; puits Saint-Louis, à 140 mètres; découvert Sainte-

Hélène; puits du Magny, travers-bancs de l'étage de 427 mètres, au delà de la faille du Magny; — région de Montmaillot : puits Saint-Paul, à 40 mètres; puits Saint-Amédée, à 324 mètres, au toit de la 1re couche; puits Louvot, couches supérieures; — région des Porrots : puits Ramus, à 300 mètres.

Mines du *Creusot* : puits Saint-Paul, au toit et au mur de la Grande couche, entre la Grande couche et la petite veine du mur, et à la petite veine du mur; puits Chaptal, petite veine du mur, et 2e veine du mur; découvert de la Croix, au mur de la Grande couche.

PERMIEN.

Mines de *Bert* (Autunien) : travaux du puits des Mandins.

Mines de *Perrecy* (Saxonien inférieur) : puits de Romagne, couches supérieures.

PECOPTERIS (ASTEROTHECA) CANDOLLEI Brongniart (sp.).

1833 ou 1834. **Pecopteris Candolliana** Brongniart, *Hist. végét. foss.*, I, p. 305, pl. 100, fig. 1. Potonié, *Abbild. u. Beschr. foss. Pflanzen-Reste*, Lief. I, 10, fig. 1-3.

1833 ou 1834. **Pecopteris affinis** Brongniart (*non* Schlotheim sp.), *Hist. végét. foss.*, I, p. 306, pl. 100, fig. 2, 3.

Sans être commun, le *Pecopteris Candollei* a été rencontré à diverses reprises dans le bassin de Blanzy et du Creusot; sa présence a été constatée sur les points suivants :

Mines de *Saint-Bérain* : puits Saint-Léger n° 1, étage de 160 mètres; 1re couche intermédiaire.

Mines de *Longpendu*.

Mines de *Blanzy* : découvert Saint François; découvert du Magny; — région des Porrots : puits Ramus, à 300 mètres.

Mines du *Creusot*[1].

PERMIEN.

Mines de *Bert* (Autunien)[2].

Mines de *Perrecy* (Saxonien inférieur) : puits de Romagne, couches supérieures.

[1] Grand'Eury, Flore carbonifère du département de la Loire, p. 510.
[2] *Ibid.*, p. 519.

PECOPTERIS (ASTEROTHECA) EUNEURA Schimper.

1877. **Pecopteris euneura** Schimper, *in* Grand'Eury, *Flore carb. du dép. de la Loire*, p. 71, pl. VII, fig. 3.

Parmi les échantillons que j'ai eus en mains, provenant de la région qui fait l'objet de la présente étude, je n'en ai vu aucun appartenant à cette espèce; mais elle a été signalée par M. Grand'Eury[1] dans la région de *Montchanin* et *Longpendu*, ainsi qu'à *Blanzy* dans les travaux de Lucy portant sur la Grande couche inférieure.

PECOPTERIS (ASTEROTHECA) ALETHOPTEROIDES Grand'Eury.

1877. **Pecopteris alethopteroides** Grand'Eury, *Flore carb. du dép. de la Loire*, p. 71, pl. VII, fig. 4.

M. Grand'Eury a constaté la présence de cette espèce à *Saint-Bérain*, ainsi qu'au *Creusot*[2], mais elle ne s'est pas trouvée représentée parmi les échantillons du bassin que j'ai pu examiner.

PECOPTERIS (ASTEROTHECA) HEMITELIOIDES Brongniart.

1833 ou 1834. **Pecopteris hemitelioides** Brongniart, *Hist. végét. foss.*, I, pl. 108, fig. 1, 2; p. 314. Zeiller, *Fl. foss. bass. houiller et permien de Brive*, p. 15, pl. III, fig. 1-3. Sterzel, *Fl. d. Rothlieg. im Plauenschen Grunde*, p. 21, pl. II, fig. 1-4 A.

1893. **Pecopteris Zeilleri** Sterzel, *ibid.*, p. 23, pl. II, fig. 4 B, 5-8.

1893. **Pecopteris subhemitelioides** Sterzel, *ibid.*, p. 28, pl. II, fig. 9; pl. III, fig. 1, 2.

D'assez nombreux fragments de pennes de cette espèce, bien reconnaissable aux nervures toujours simples de ses pinnules, ont été rencontrés sur divers points du bassin houiller de Blanzy et du Creusot, sans qu'aucun d'entre eux m'ait offert de particularité digne d'être notée.

Je n'hésite pas, d'ailleurs, à comprendre sous ce même nom spécifique les formes distinguées par M. Sterzel sous les noms de *Pec. Zeilleri* et de *Pec. subhemitelioides* et qu'il a d'ailleurs indiquées lui-même[3] comme devant très probablement être rattachées au *Pec. hemitelioides* Brongniart.

(1) Grand'Eury, Flore carbonifère du département de la Loire, p. 508, 509.

(2) *Ibid.*, p. 510.

(3) Sterzel, *loc. cit.*, p. 20, p. 30, note 1.

J'ai constaté la présence de cette espèce dans les localités suivantes :

Mines de *Longpendu :* mur de la couche supérieure; 2e couche; toit de la 4e couche, à l'étage de 120 mètres (parties droites).

Mines de *Montchanin :* puits Sainte-Barbe; puits des Mésarmes.

Mines de *Blanzy :* puits Valentin et puits Trémeau (région du Ragny); — puits de l'Étang-Denis; puits Saint-Louis, à 139 mètres; découvert Saint-François; découvert Sainte-Eugénie; découvert Sainte-Hélène; découvert Lucy; puits du Magny, travers-bancs de l'étage de 427 mètres, à 330 mètres du puits; puits Saint-Paul, travers-bancs de l'étage de 40 mètres; — région des Porrots : puits Ramus à 22 mètres et à 136 mètres.

Mines de *Perrecy :* puits de Romagne, 3e et 4e couches houillères, et toit de la grande couche d'anthracite.

Mines du *Creusot :* puits Chaptal, mur de la Grande couche et petite veine du mur.

PERMIEN.

Mines de *Bert* (Autunien)[1].

PECOPTERIS (ASTEROTHECA) OREOPTERIDIA Schlotheim (sp.).

1820. **Filicites oreopteridius** Schlotheim, *Petrefactenkunde*, p. 407; pl. VI, fig. 9.

1828. **Pecopteris oreopteridius** Brongniart, *Prodr.*, p. 56.

1833 ou 1834. **Pecopteris oreopteridia** Brongniart, *Hist. végét. foss.*, I, pl. 104, fig. 2, (an fig. 1?); pl. 105, fig. 1-3; p. 317. Zeiller, *Fl. foss. terr. houill. de Commentry*, 1re part., p. 136, pl. XV, fig. 6-8.

Le *Pecopteris oreopteridia* s'est montré, représenté par des fragments de pennes plus ou moins étendus, sur divers points du bassin de Blanzy et du Creusot, bien conforme aux échantillons de différentes provenances figurés sous ce nom par Brongniart et après lui par différents auteurs, et en particulier à ceux que j'ai figurés du terrain houiller de Commentry.

Mais, d'après M. Potonié[2], cette espèce aurait été identifiée à tort par Brongniart et par tous les paléobotanistes qui l'ont suivi au *Filicites oreopteridius* de Schlotheim, auquel il faudrait, par contre, rapporter le *Pecopteris densifolia* Gœppert (sp.); il a proposé en conséquence, pour le *Pec. oreopte-*

[1] Grand'Eury, Flore carbonifère du département de la Loire, p. 519.

[2] H. Potonié, Die Flora des Rothliegenden von Thüringen, p. 68-71, p. 72-76. 1893.

ridia Brongniart (*non* Schlotheim) le nom de *Pec. pseudoreopteridia.* J'avoue ne pas pouvoir, malgré un examen attentif des raisons par lui données, me ranger à l'opinion de mon savant confrère et ami de Berlin. Réserves faites en ce qui concerne la figure 1, pl. 104, de l'*Histoire des végétaux fossiles*, les autres figures publiées par Brongniart me paraissent concorder parfaitement avec la figure type de Schlotheim, et il me semble en particulier y avoir identité presque absolue entre cette dernière et la figure 2, pl. 105, de Brongniart : l'aspect général de la penne, la forme des pinnules, à bords faiblement convergents, très légèrement unies entre elles à leur base, présentant parfois une légère tendance à la décurrence du côté inférieur, sont, ainsi que la nervation, aussi semblables que possible de part et d'autre, et je crois en conséquence devoir persister à considérer l'espèce décrite et figurée par Brongniart comme identique à celle de Schlotheim. J'indiquerai un peu plus loin, en parlant du *Pec. densifolia*, les motifs qui me déterminent, d'autre part, à ne pas adhérer à la réunion que M. Potonié veut en faire avec le *Pec. oreopteridia.*

La présence du *Pec. oreopteridia* a été constatée dans le bassin de Blanzy et du Creusot, sur les points suivants :

Mines de *Montchanin* et de *Longpendu*[1].

Mines de *Blanzy :* découvert Sainte-Hélène; puits Saint-Louis, à 100 mètres; puits du Magny, travers-bancs de l'étage de 427 mètres; puits Sainte-Barbe (Montmaillot) à 220 mètres.

PERMIEN.

Charmoy (Autunien).

PECOPTERIS (ASTEROTHECA) DAUBREEI Zeiller.

Pl. IX, fig. 1 à 4.

1888. **Pecopteris Daubreei** Zeiller, *Fl. foss. terr. houill. de Commentry*, 1re part., p. 147, pl. XV, fig. 1-5; *Fl. foss. bass. houiller et permien de Brive*, p. 18, pl. IV, fig. 1-4.

1833 ou 1834. **Pecopteris aspidioides** Brongniart (*non* Sternberg), *Hist. végét. foss.*, I, p. 311, pl. 112, fig. 2.

Bien que j'aie donné à deux reprises déjà des figures de cette espèce, il m'a paru qu'il pouvait y avoir intérêt à en compléter la connaissance par des

[1] Grand'Eury, *Flore carbonifère du département de la Loire*, p. 509.

reproductions phototypiques, toujours plus exactes que de simples dessins, et en en figurant en même temps des formes un peu différentes de celles que j'avais observées à Commentry et dans la région de Brive.

Les fig. 3 et 4 de la Pl. IX ne font que reproduire les portions les mieux conservées des deux échantillons représentés respectivement sur les fig. 4 et 3 de la pl. XV de la *Flore fossile de Commentry* : ces figures, complétées par les grossissements qui les accompagnent, montrent la découpure du bord des pinnules, ou du moins des plus développées d'entre elles, en lobes arrondis à peine saillants, séparés par des crénelures très peu profondes; ces pinnules ne sont, d'ailleurs, lobées que sur les deux tiers ou les trois quarts de leur longueur, leur portion terminale demeurant entière. On voit sur l'échantillon fig. 3, qui appartient à une région de passage entre les pennes à pinnules entières et les pennes à pinnules lobées, que, les unes à côté des autres, des pinnules de même taille sont tantôt munies et tantôt dépourvues de lobes. On distingue en outre, sur ce même échantillon, et principalement sur la figure grossie 3 *a*, la fine villosité qui couvre la face supérieure du limbe et qui rend souvent la nervation presque indiscernable. Ainsi que je l'ai dit, c'est par cette villosité et par le mode de découpure des pinnules que le *Pec. Daubreei* se distingue du *Pec. oreopteridia*, dont les pinnules ne sont pas velues et présentent, lorsqu'elles sont lobées, des lobes beaucoup plus développés et plus saillants.

La fig. 1 reproduit un fragment de penne, dont les pinnules, plus petites que celles des échantillons que j'avais antérieurement figurés, concordent exactement comme dimensions avec celles du *Pec. aspidioides* de Brongniart; il semble que ce soit là la taille minima des pinnules. L'échantillon est vu par la face inférieure, le limbe étant conservé sous forme de mince pellicule charbonneuse, et l'on peut, sur la fig. 1, discerner à la loupe la nervation, qui, si l'on avait affaire simplement à l'empreinte de la face supérieure, serait probablement à peu près invisible.

C'est ce qui a lieu sur l'échantillon fig. 2, où l'on a précisément affaire à une simple empreinte en creux, et où l'on peut à peine saisir çà et là quelques indices de la nervation. Cet échantillon montre bien le passage des pinnules lobées aux pinnules entières, avec quelques irrégularités semblables à celles que présente le fragment de penne de la fig. 3, des pinnules entières apparaissant parfois entre des pinnules lobées, comme on le voit sur la penne supérieure de la fig. 2 *a*.

Le *Pec. Daubreei* paraît être assez peu répandu dans le bassin de Blanzy et du Creusot; je ne l'ai observé que dans les localités suivantes :

Mines de *Montchanin* : puits Wilson, étage de 24 mètres.

Mines de *Blanzy* : découvert Saint-François; découvert Sainte-Hélène.

Mines du *Creusot* : puits Chaptal, étage de 170 mètres, toit de la petite veine du mur.

PECOPTERIS (ASTEROTHECA) TRUNCATA Rost.

Pl. X, fig. 1.

1839. **Pecopteris truncata** Rost, *De filic. ectyp.*, p. 28. Germar, *Verst. d. Steink. v. Wettin u. Löbejün*, p. 43, pl. XVII. Grand'Eury, *Géol. et paléont. du bass. houill. du Gard*, p. 273, pl. XX, fig. 1.

Cette espèce, signalée par M. Grand'Eury dans le bassin de la Loire et dans celui du Gard, mais rare, à ce qu'il semble, partout, s'est montrée à Blanzy, représentée par un seul échantillon, que je figure sur la Planche X : il offre la face inférieure d'une portion de fronde chargée sur toute son étendue de fructifications constituées par des sores arrondis, formés en général de six sporanges soudés en synangium, ainsi qu'on le voit sur les figures grossies de la Pl. X. Ce nombre de sporanges, qui s'élève parfois à sept, peut-être même à huit, mais n'est jamais inférieur à cinq, atteste, avec la grosseur des synangium, qui mesurent en moyenne $1^{mm},25$ à $1^{mm},5$ de diamètre, qu'on a bien affaire là au *Pec. truncata*, et non au *Pec. oreopteridia* ou au *Pec. Platoni* Gr. Eury, chez lesquels les synangium n'ont que $0^{mm},60$ à 1 millimètre et ne sont en général formés que de quatre sporanges, quelquefois de cinq.

L'échantillon fig. 1, Pl. X, montre en outre, conformément aux figures données par Germar, qu'au voisinage des bords de la fronde, les pennes de dernier ordre simplement pinnées, formées de pinnules légèrement élargies à la base et quelque peu décurrentes du côté inférieur, sont remplacées par de grandes pinnules simples, longues de 12 à 18 millimètres, larges de 3 à 4 millimètres, légèrement écartées les unes des autres, et munies d'une très forte nervure médiane.

Sur toutes les pinnules, quelle que soit leur taille, les synangium sont disposés de part et d'autre de la nervure médiane en deux séries parallèles, et étroitement contigus dans chaque série; aucune des grandes pinnules terminales ne présente plus de deux séries de synangium, contrairement à ce que j'ai observé quelquefois chez le *Pec. Platoni*[1]; mais les synangium dont elles sont garnies sont souvent légèrement élargis dans le sens transversal, affectant alors un contour presque rectangulaire, large de $1^{mm},5$ sur 1 millimètre de hauteur. Ils sont, sur ces grandes pinnules, au nombre de 10 à 15 sur chaque rangée; sur les petites pinnules, longues de 3 à 5 millimètres, qui appartiennent aux pennes de dernier ordre plus éloignées des bords de la fronde, ils sont au nombre de 2 à 4 de chaque côté de la nervure médiane, offrant en général un contour circulaire ou elliptique de $1^{mm},25$ à $1^{mm},5$ de diamètre.

Les sporanges dont ils sont formés sont presque toujours très étroitement soudés les uns aux autres en une sorte de calotte surbaissée, offrant à son centre une pointe ou un bouton légèrement saillant, qui correspond à leur sommet commun; la soudure est parfois si intime qu'il est presque impossible de se rendre compte avec certitude du nombre des sporanges entrant dans la constitution du synangium; assez souvent, cependant, on distingue de légers sillons rayonnants, aboutissant à la périphérie à des échancrures du contour, et correspondant aux lignes de commissure des sporanges, qu'on peut alors dénombrer exactement et qui, comme il a été dit, se montrent en général groupés par six, beaucoup plus rarement par cinq ou par sept; il se pourrait que le nombre de huit fût atteint exceptionnellement, conformément à ce qu'indique la description de Germar, ainsi que la figure grossie donnée par M. Grand'Eury, mais je n'ai pu arriver à une certitude à cet égard. Quelquefois, le fond des sillons séparatifs se relève en une crête légèrement saillante, apparemment imputable à la compression mutuelle des sporanges le long de leur ligne de commissure; quelquefois aussi les sporanges présentent un pli saillant dirigé à peu près dans leur plan médian, et sans doute imputable également à une compression latérale. Les apparences sont ainsi assez diverses, tout à fait conformes, d'ailleurs, à ce que montrent les figures 6, 7 et 8 de Germar.

Considérés isolément, ces sporanges mesurent environ $0^{mm},5$ de largeur sur $0^{mm},75$ de longueur comptée dans le sens radial; ils paraissent avoir été assez coriaces, et l'on distingue à leur surface de grandes cellules allongées dans le sens du rayon du synangium, sans aucune trace de différenciation d'un point à l'autre de la surface. Aucun indice ne permet de se rendre compte si,

[1] Flore fossile du terrain houiller de Commentry, 1re part., p. 143, 145; *Bull. Soc. Géol. Fr.*, 3e sér., XIII, pl. IX, fig. 1.

à la maturité, ces sporanges se disjoignaient et s'écartaient les uns des autres pour s'ouvrir sur leur face ventrale par une fente médiane, comme cela paraît avoir été le cas chez la plupart des *Asterotheca*, ou bien s'ils demeuraient unis et ne s'ouvraient que par un pore apical comme cela devait sans doute avoir lieu chez les *Ptychocarpus*[1]; la première hypothèse est cependant la plus vraisemblable, ces synangium offrant extérieurement, à part le nombre un peu plus grand des sporanges qui les constituent, l'aspect habituel des synangium d'*Asterotheca*.

Ainsi que je l'ai dit, l'échantillon figuré sur la Pl. X est le seul de cette espèce que j'aie vu dans le bassin de Blanzy et du Creusot; il a été recueilli aux mines de *Blanzy*, dans le découvert Sainte-Hélène.

PECOPTERIS (ASTEROTHECA?) DENSIFOLIA Gœppert (sp.).

1864. **Cyatheites densifolius** Gœppert, *Foss. Fl. d. perm. Form.*, p. 120, pl. XVII, fig. 1, 2.

1869. **Pecopteris densifolia** Schimper, *Trait. de pal. vég.*, I, p. 503. Renault, *Cours bot. foss.*, III, p. 113, pl. 18, fig. 1, 2; (*an* pl. 19, fig. 1-6?). Zeiller, *Fl. foss. terr. houill. de Commentry*, 1re part., p. 152, pl. XVI, fig. 1-4.

J'ai signalé un peu plus haut l'opinion émise au sujet de cette espèce par M. Potonié, qui la regarde comme identique au *Filicites oreopteridius* de Schlotheim et qui tient en même temps ce dernier pour différent du *Pec. oreopteridia* de Brongniart. Il s'agit là, on ne saurait le contester, de formes très voisines; mais M. Potonié reconnait en fait, parmi elles, deux types spécifiques distincts, le *Cyatheites densifolius* Gœppert, d'une part, et le *Pec. oreopteridia* Brongniart, d'autre part. La question se résume donc à savoir auquel de ces deux types doit être rapporté le *Filicites oreopteridius*. J'ai déjà fait valoir, en parlant du *Pec. oreopteridia*, les raisons qui me portent à admettre l'identité des formes décrites sous ce même nom spécifique par Schlotheim d'abord, puis par Brongniart, la fig. 2, pl. 105, de l'*Histoire des végétaux fossiles* ne me paraissant, en particulier, différer de la figure type de Schlotheim par aucun caractère saisissable. D'autre part le *Cyatheites densifolius* me semble différer assez nettement du *Filicites oreopteridius* par ses pinnules plus grandes, plus longues par rapport à leur largeur, à bords plus parallèles, et surtout par la contraction très nette, presque névroptéroïde, qu'elles présentent à leur base du côté antérieur et qui est des plus visibles à la fois sur la figure de grandeur

[1] B. Renault, Flore fossile du bassin houiller et permien d'Autun, 2e part., p. 11.

naturelle et sur la figure grossie données par Gœppert. Ce dernier caractère, sans parler de la décurrence plus ou moins accentuée de la nervure médiane, fait totalement défaut chez le *Filicites oreopteridius* aussi bien que chez le *Pec. oreopteridia* Brongniart, et me paraît avoir une valeur spécifique réelle. Je ne saurais donc me rallier, ni à l'opinion de M. Potonié, ni à celle qu'a exprimée dans un travail récent M. Sterzel[1], qui, après les avoir antérieurement considérés comme distincts, réunit le *Pec. densifolia* au *Pec. oreopteridia*, sans hésiter d'ailleurs à comprendre sous ce dernier nom et l'espèce de Brongniart et celle de Schlotheim.

J'ajoute qu'à raison même des caractères fournis par le mode d'insertion à apparence névroptéroïde des pinnules et par la décurrence de leur nervure médiane, M. Potonié s'est demandé[2] si les échantillons de Commentry que j'ai figurés comme *Pec. densifolia* ne devraient pas être rapportés plutôt au *Pec. imbricata* Gœppert (sp.)[3]; il est de fait que, d'après la figure grossie donnée par Gœppert, cette dernière espèce présenterait le même mode d'insertion des pinnules et la même décurrence de la nervure médiane que le *Cyatheites densifolius*, et ne différerait de ce dernier que par la forme plus trapue et parfois légèrement ovalaire de ses pinnules, plus élargies par rapport à leur longueur; la conclusion à tirer de cette ressemblance serait que peut-être il faudrait réunir sous un même nom spécifique le *Pec. densifolia* et le *Pec. imbricata*; mais la figure de cette dernière espèce est si imparfaite, l'échantillon étant lui-même extrêmement incomplet et paraissant très insuffisamment conservé, que, même au cas où l'identité serait établie, il n'y aurait, à mon avis, pas lieu d'en faire état. Au surplus les échantillons de Commentry que j'ai décrits comme *Pec. densifolia*, de même que ceux du bassin de Blanzy et du Creusot que je leur assimile, se rapportent beaucoup plus exactement, par la forme plus allongée de leurs pinnules, à bords plus parallèles, au *Cyatheites densifolius* qu'au *Neuropteris imbricata*.

Les échantillons de *Pec. densifolia* recueillis dans le bassin de Blanzy et du Creusot n'offrent, au reste, aucune particularité de nature à être signalée et n'ajoutent rien à la connaissance de l'espèce, qui là pas plus qu'ailleurs n'a été trouvée fructifiée. M. Renault lui a rapporté des pennes fertiles silicifiées

(1) J. T. Sterzel, Die Flora des Rothliegenden von Ilfeld am Harz, p. 420 (*Central-Bl. f. Min., Geol. u. Paläont.*, 1901, p. 417-427).

(2) Potonié, Die Flora des Rothliegenden von Thüringen, p. 71.

(3) *Neuropteris imbricata* Gœppert, Foss. Fl. d. perm. Form., p. 100, pl. X, fig. 1, 2.

provenant des environs d'Autun, dont les pinnules portent plusieurs séries de synangium constitués comme ceux des *Asterotheca;* mais, comme je l'ai fait observer dans mon étude sur la flore houillère de Commentry, cette attribution, bien que fondée sur une grande ressemblance de forme et de nervation des pinnules, n'est peut-être pas tout à fait hors de doute.

Les localités où a été rencontré le *Pec. densifolia* sont les suivantes :

Mines de *Longpendu :* toit de la 4e couche, à l'étage de 120 mètres; toit de la 6e couche, à l'étage de 110 mètres (parties droites).

Mines de *Blanzy :* découvert Sainte-Hélène.

PERMIEN.

Mines de *Bert* (Autunien)[1].

PECOPTERIS (SCOLECOPTERIS) POLYMORPHA Brongniart.

1834. **Pecopteris polymorpha** Brongniart, *Hist. végét. foss.*, I, p. 331, pl. 113.

1834. **Pecopteris Miltoni** Brongniart (*non* Artis sp.), *Hist. végét. foss.*, I, p. 333 (*pars*), pl. 114, fig. 1-7 (*non* fig. 8).

De même que le *Pecopteris cyathea*, le *Pec. polymorpha* s'est montré des plus abondants dans le bassin de Blanzy et du Creusot, sans, d'ailleurs, qu'aucun des échantillons recueillis ait présenté quelque particularité digne d'être notée. J'ai constaté sa présence dans les localités suivantes :

Mines de *Saint-Bérain :* puits Saint-Léger n° 1, mur de la couche supérieure, 1re couche intermédiaire, et toit de la couche du Bois-Perrot; puits de la Charbonnière, à 60 mètres, toit du faisceau inférieur, et à 100 mètres, mur de la couche du Bois-Perrot.

Mines de *Longpendu :* 2e, 4e, 5e et 6e couches (parties droites).

Mines de *Montchanin :* puits de Ségur, à 373 mètres; toit du grand amas Quétel; puits Wilson, à l'étage de 24 mètres; puits des Mésarmes.

Mines de *Blanzy :* puits des Crépins (concession des Crépins); — puits de l'Étang-Denis; puits de la Chassagne; puits Saint-Louis, à 100 mètres, à 118 mètres, à 139 mètres, à 205 mètres, à 222 mètres; puits Jules Chagot; bure des compresseurs, à 70 mètres; découvert Saint-François; découvert Sainte-Eugénie; découvert Maugrand; découvert Sainte-Hélène; découvert

(1) Grand'Eury, Flore carbonifère du département de la Loire, p. 519.

du Magny; puits du Magny, travers-bancs de l'étage de 427 mètres, au delà de la faille du Magny; — région de Montmaillot : puits Saint-Paul; puits Saint-Amédée; puits Sainte-Barbe; puits Louvot; — région des Porrots : puits Ramus, à 20 mètres, à 32 mètres, à 60 mètres, à 67 mètres, à 117 mètres, à 300 mètres.

Mines de *Perrecy* : mur de la grande couche.

PERMIEN.

Mines de *Bert* (Autunien).

Mines de *Perrecy* (Saxonien inférieur) : puits de Romagne, couches supérieures.

PECOPTERIS PSEUDO-BUCKLANDI Andræ.

Pl. XIV, fig. 1.

1851. **Pecopteris pseudo-Bucklandii** Andræ, *in* Germar, *Verst. d. Steink. v. Wettin u. Löbejün*, p. 106, pl. XXXVII. Zeiller, *Fl. foss. bass. houiller et permien de Brive*, p. 21, pl. V, fig. 5.

L'échantillon des mines de Bert représenté sur la Pl. XIV, fig. 1, offre exactement les caractères constatés par Andræ sur le *Pec. pseudo-Bucklandi* de Löbejün, et que j'ai retrouvés sur des échantillons du bassin de Brive provenant de l'extrême sommet du Stéphanien ou des couches de passage du Stéphanien au Permien.

Comme l'indique son nom, cette espèce ressemble singulièrement au *Pec. Bucklandi* Brongniart, et lui a même été réunie par M. Kidston[1] et par M. Potonié[2]; je crois cependant devoir, jusqu'à plus informé, la considérer comme distincte, à raison de la constance, sur tous les échantillons du Stéphanien supérieur ou du Permien que j'ai eus sous les yeux, des caractères qui ont paru à Andræ de nature à la différencier d'avec le *Pec. Bucklandi* et qui consistent d'une part dans sa nervation plus serrée, d'autre part dans l'allure des sinus séparatifs des pinnules. M. Potonié a fait observer, il est vrai, en ce qui concerne la nervation, qu'avec des pinnules à peu près de même longueur, les nombres maxima de nervures relevés sur la figure grossie de Brongniart atteignaient les nombres minima relevés sur celle d'Andræ ou sur l'échantillon de Kammerberg figuré par lui-même. Il n'en reste pas moins une diffé-

(1) R. Kidston, On the Fossil Flora of the Radstock Series of the Somerset and Bristol Coal Field (*Trans. Roy. Soc. Edinburgh*, XXXIII, p. 372).

(2) H. Potonié, Die Flora des Rothliegenden von Thüringen, p. 96, pl. XXIII, fig. 3.

rence appréciable entre les chiffres moyens, qui, pour des pinnules de 8 à 9 millimètres de longueur, sont de 13 à 14 pour le *Pec. Bucklandi* et de 17 à 18 pour le *Pec. pseudo-Bucklandi*, chiffres peu différents sans doute en valeur absolue, mais auxquels n'en correspondent pas moins des apparences sensiblement différentes et immédiatement saisissables à l'œil, comme celles que l'on constate, au même point de vue, entre le *Nevropteris heterophylla* Brongniart et le *Nevr. rarinervis* Bunbury, que l'on n'a jamais hésité à séparer, bien que, chez le premier, le nombre des nervures par centimètre puisse s'abaisser, exceptionnellement, au point de devenir égal à ce qu'il est normalement chez le second.

A ce caractère s'ajoute, d'ailleurs, celui qui est fourni par les sinus séparatifs des pinnules : chez le *Pec. Bucklandi* Brongniart, les pinnules sont légèrement décurrentes du côté inférieur, et il en résulte pour les sinus qui les séparent une incurvation très nette vers le bas, qui, comme l'a fait remarquer Andræ, fait totalement défaut sur l'échantillon de Löbejün qu'il a figuré, et qui manque également sur les échantillons de Brive, sur ceux de Bert, ainsi que sur celui que j'ai vu de la mine d'Ibantelly dans les Basses-Pyrénées[1], et sur l'échantillon du Permien inférieur de la Thuringe figuré par M. Potonié.

Et si, par eux-mêmes, ces caractères différentiels peuvent ne pas sembler bien importants, il faut remarquer qu'ils correspondent en même temps à des différences de niveau dont il doit être tenu compte. Le *Pec. Bucklandi*, de Camerton, appartient au Westphalien supérieur; il a été retrouvé par M. Grand'Eury assez abondant à Communay et à Rive-de-Gier, à la base du Stéphanien, mais il devient de plus en plus rare à mesure qu'on s'élève dans ce dernier terrain[2]. Le *Pec. pseudo-Bucklandi*, avec les caractères que je viens de rappeler, n'a été observé qu'à l'extrême sommet du Stéphanien ou à la partie inférieure du Permien. Peut-être ne représentent-ils l'un et l'autre que deux formes successives d'un seul et même type spécifique, mais étant donné la constance des caractères distinctifs qu'ils présentent, suivant qu'ils appartiennent à l'un ou à l'autre de ces niveaux, il me paraît y avoir, tout au moins au point de vue géologique, et jusqu'à démonstration plus complète de leur identité, intérêt à les cataloguer sous des noms différents.

(1) Zeiller, Notes sur la flore des gisements houillers de la Rhune et d'Ibantelly (*Bull. Soc. Géol. Fr.*, 3e sér., XXIII, p. 483, 485. 1895).

(2) Grand'Eury, Flore carbonifère du département de la Loire, p. 75.

Le *Pec. pseudo-Bucklandi* n'a jamais, jusqu'ici, été trouvé à l'état fructifié, mais il semble avoir avec le *Pec. polymorpha* des affinités assez étroites pour que son attribution aux Fougères ne puisse guère être mise en doute.

Je n'ai observé le *Pec. pseudo-Bucklandi*, dans la région étudiée, que dans les couches autuniennes des mines de *Bert*, au puits des Mandins.

PECOPTERIS INTEGRA Andræ (sp.).

Pl. XIV, fig. 2.

1849. **Sphenopteris integra** Andræ, *in* Germar, *Verst. d. Steink. v. Wettin u. Löbejün*, p. 67, pl. XXVIII, fig. 1-4.

1869. **Pecopteris integra** Schimper, *Traité de pal. vég.*, I, p. 530. Zeiller, *Fl. foss. terr. houill. de Commentry*, 1re part., p. 160, pl. XVII, fig. 2.

Bien qu'il ait des pinnules sensiblement plus petites que les échantillons de Wettin qui ont servi de base à l'établissement de cette espèce, l'échantillon de Blanzy représenté sur la fig. 2, Pl. XIV, me paraît devoir être rapporté, sans doute possible, au *Pec. integra*, à raison de la forme tout à fait caractéristique de ses pinnules, décurrentes vers le bas du côté postérieur, nettement contractées à leur base du côté antérieur, et séparées les unes des autres par un étroit sinus arqué, plus ou moins profond, ainsi que le montre la figure grossie 2 *a*.

C'est ce caractère, si apparent sur les figures publiées par Germar, qui avait conduit Andræ à ranger cette espèce parmi les *Sphenopteris*, et il me paraît trop constant et trop important pour me permettre d'adhérer à l'opinion de M. Potonié, qui considère (1) le *Pec. integra* comme identique au *Pec. pinnatifida* Gutbier (sp.). On trouve bien chez ce dernier, du moins sur certaines pennes, des pinnules quelque peu décurrentes vers le bas et en même temps contractées en avant comme chez le *Pec. integra*, mais les figures mêmes de M. Potonié qui offrent des pinnules ainsi conformées (2) montrent que cette incision antérieure est loin d'être aussi profonde et aussi constante chez le *Pec. pinnatifida* que chez le *Pec. integra*. Chez le *Pec. pinnatifida*, la forme des pinnules varie rapidement d'un point à un autre d'une même penne, non seulement primaire, mais souvent même de dernier ordre : si l'on s'éloigne de l'extrémité de la penne, on voit succéder bientôt aux pinnules décurrentes, plus ou moins soudées entre elles, des pinnules indépendantes, contractées

(1) H. Potonié, Die Flora des Rothliegenden von Thüringen, p. 89, 91.

(2) *Ibid.*, pl. XI, fig. 2 *a*, 2 *b*.

IMPRIMERIE NATIONALE.

en arrière comme en avant, à insertion presque névroptéroïde, d'où l'attribution qu'avait faite Gutbier de l'espèce en question au genre *Nevropteris* [1]; puis à ces pinnules entières, névroptéroïdes, succèdent à leur tour des pinnules plus ou moins profondément lobées, qui passent à de véritables pennes pinnatifides. C'est ce que montrent très nettement et les figures de l'échantillon type de Gutbier, et l'une des figures publiées par M. Potonié [2], tandis qu'on ne voit absolument rien de semblable sur les échantillons de Wettin décrits par Andræ comme *Sphenopteris integra*, bien que deux d'entre eux offrent des pennes de grande taille et très suffisamment étendues pour qu'on ne puisse douter qu'elles offriraient ces mêmes variations, tout au moins dans une certaine mesure, si elles appartenaient réellement au *Pec. pinnatifida;* des pinnules aussi grandes que nous les montre la fig. 1, pl. XXVIII, de l'ouvrage de Germar, seraient certainement, à en juger par ce qu'on observe sur les figures de Gutbier et sur la fig. 1, pl. X, de M. Potonié, complètement indépendantes les unes des autres, contractées en arrière aussi bien qu'en avant, et quelques-unes d'entre elles au moins seraient déjà pourvues de lobes, si l'on avait affaire au *Pec. pinnatifida*.

Je ne crois donc pas, à en juger par les figures publiées et par les divers échantillons que j'ai eus en mains, qu'il soit possible d'identifier ces deux espèces, *Pec. pinnatifida* et *Pec. integra*, la forme de pinnules que l'on observe constamment, et à l'exclusion de toute autre chez celui-ci, n'apparaissant chez celui-là que d'une façon tout à fait instable et momentanée, comme transition entre des pinnules plus complètement soudées et des pinnules nettement indépendantes, à base névroptéroïde, à limbe d'abord entier, puis lobé, qui ne s'observent pas chez le *Pec. integra*. M. Potonié ajoute, d'ailleurs, après avoir affirmé l'identité des deux espèces sans discuter leurs différences apparentes, que cette identité lui aurait sans doute échappé s'il n'avait retrouvé sur des échantillons tout d'abord assimilés par lui au *Pec. integra* les pennes fertiles caractéristiques du *Pec. pinnatifida* [3]; mais en admettant que ces échantillons appartinssent bien au *Pec. integra*, cette observation prouverait seulement, à mon sens, que cette dernière espèce avait des pennes fertiles semblables à celles du *Pec. pinnatifida*, et appartenait, au point de vue de

[1] *Neuropteris pinnatifida* Gutbier, Abdr. u. Verst. d. Zwick. Schwarzkohl., p. 61, pl. VIII, fig. 1-3 (fig. 1 *a*); Verst. d. Rothlieg. in Sachs., p. 13, pl. V, fig. 1-4 (fig. 1 *g*).

[2] H. Potonié, *loc. cit.*, pl. X, fig. 1.

[3] H. Potonié, *loc. cit.*, p. 91.

son mode de fructification, au même type générique, c'est-à-dire probablement au genre *Crossotheca*, la ressemblance, si complète fût-elle, de pennes fertiles ainsi dépourvues de limbe ne pouvant à elle seule constituer une preuve de l'identité spécifique. Il est fort possible qu'on ait affaire là à deux espèces voisines, mais les données actuelles ne me paraissent pas en autoriser la réunion en une seule.

Aucun échantillon fertile de *Pec. integra* n'a été jusqu'à présent signalé, réserve faite, bien entendu, de l'assimilation qu'a proposée M. Potonié et que je viens de discuter. Il semble bien probable, à juger par son aspect général, que cette espèce doive être rangée parmi les vraies Fougères; cependant on ne saurait l'affirmer, et il convient peut-être de se montrer prudent à cet égard, à raison même de l'identification admise par M. Potonié, étant donné que certaines frondes fertiles du type des *Crossotheca* ont été, comme je l'ai dit, reconnues par M. Kidston comme des appareils mâles de Ptéridospermées. Des découvertes ultérieures permettront seules de trancher définitivement la question.

Je n'ai constaté la présence du *Pec. integra*, dans le bassin de Blanzy et du Creusot, que sur un seul point, à savoir au puits du Magny des mines de *Blanzy*, dans le travers-bancs de l'étage de 427 mètres, où l'on en a recueilli plusieurs spécimens au delà de la traversée de la faille du Magny.

PECOPTERIS cf. GRANDIFOLIA Fontaine et White (sp.).

Pl. XVII, fig. 6.

1880. **Callipteridium grandifolium** Fontaine et I. C. White, *Permian or Upper Carboniferous Flora*, p. 58, pl. XV, fig. 1-4; pl. XVI, fig. 2-4.

Si fragmentaire que soit l'échantillon du Permien de Charmoy représenté sur la fig. 6, Pl. XVII, il m'a paru devoir être figuré comme indiquant l'existence, dans ces couches permiennes, d'un type de Fougère particulier, à pinnules ovales-linéaires, attachées par une base très réduite, à nervation névroptéroïde, assez difficile, au premier abord, à classer génériquement. On voit, il est vrai, en examinant à la loupe la fig. 6, que les pinnules les plus élevées s'attachent, du côté postérieur, par une base de plus en plus élargie, bien qu'offrant toujours une contraction plus ou moins accentuée, et tendent ainsi à se rapprocher dans une certaine mesure des *Pecopteris* névroptéroïdes, tout en présentant, du côté antérieur, une contraction basilaire beaucoup plus accentuée qu'on ne l'observe habituellement chez les espèces de ce groupe, puisqu'elle arrive ici presque jusqu'à la nervure médiane.

L'échantillon est évidemment trop incomplet pour qu'on puisse prétendre, en ce qui le concerne, à une détermination certaine; cependant il me semble pouvoir être tout au moins rapproché d'une espèce des couches permo-houillères de la Virginie occidentale, que MM. W. Fontaine et I. C. White ont décrite sous le nom de *Callipteridium grandifolium* : la nervation, d'apparence névroptéroïde, la rapproche en effet des *Callipteridium* plutôt que des *Pecopteris*, mais elle n'offre pas de pinnules fixées directement sur le rachis entre les bases des pennes de dernier ordre, et ne peut, en conséquence, être classée dans le genre *Callipteridium* si l'on prend pour type de celui-ci, comme l'a indiqué Weiss, le *Neuropteris mirabilis* Rost, ou autrement dit le *Filicites pteridius* Schlotheim. Quoi qu'il en soit de son appellation générique, cette espèce présente sur les pennes appartenant à la région moyenne de la fronde, comme forme normale de pinnules [1], des pinnules pécoptéroïdes de grande taille, longues d'environ 1^cm^,5, légèrement contractées à leur base, au moins du côté antérieur; ainsi constituées, ces pennes se rangeraient sans difficulté dans le genre *Pecopteris*, dans le groupe des formes névroptéroïdes, dans le voisinage, par exemple, du *Pec. densifolia*, dont le *Pec. grandifolia* différerait surtout par ses nervures plus ascendantes et plus divisées. Plus bas, ces pinnules simples font place, comme chez le *Pec. polymorpha*, à de grandes pinnules lobées, ou, pour mieux dire, à des pennes simplement pinnatifides [2]; mais, dans les régions plus élevées de la fronde, on observe des pinnules plus courtes, plus écartées, fortement contractées à la base, surtout du côté antérieur, et affectant ainsi un contour ovale [3] tout à fait semblable à celui des pinnules de l'échantillon fig. 6, Pl. XVII; la nervation est, en même temps, parfaitement conforme à celle de cet échantillon (fig. 6*a*), et la concordance est si complète, à tous les points de vue, que je suis porté à croire qu'on a bien affaire, avec cet échantillon de Charmoy, à un fragment de penne de *Pec. grandifolia*. Il me paraîtrait toutefois peu prudent de conclure, sur un spécimen aussi incomplet, à une identification spécifique formelle, et je me borne à signaler celle-ci comme possible, en attendant que peut-être un jour d'autres récoltes fournissent des renseignements plus décisifs.

(1) Fontaine et I. C. White, Permian Flora, pl. XV, fig. 2, 2*a*.
(2) *Ibid.*, pl. XV, fig. 1.
(3) *Ibid.*, pl. XV, fig. 3, 4, 4*a*; et surtout pl. XVI, fig. 3.

Quant à la place à attribuer au *Pec. grandifolia,* l'échantillon fructifié que lui attribuent MM. Fontaine et White [1] ferait songer à une Marattiacée analogue aux *Danæa* ou *Danæites;* mais on ne peut faire que des présomptions à cet égard.

L'échantillon dont j'ai parlé a été recueilli par M. Raymond dans les couches autuniennes de *Charmoy*, dans le talus de la route, au sud du pont de la Sorme.

PECOPTERIS (PTYCHOCARPUS) UNITA Brongniart.

1835 ou 1836. **Pecopteris unita** Brongniart, *Hist. végét. foss.*, I, p. 342, pl. 116, fig. 1-5. Zeiller, *Fl. foss. terr. houill de Commentry*, 1re part., p. 162, pl. XVIII, fig. 1-5. Renault, *Fl. foss. terr. houill. et perm. d'Autun*, 2e part., p. 10, fig. 4, 5.

Sans être aussi commun que le *Pec. cyathea* ou le *Pec. polymorpha*, le *Pec. unita* s'est montré assez répandu dans le bassin de Blanzy, où sa présence a été constatée sur les points suivants :

Mines de *Saint-Bérain* [2].

Mines de *Longpendu :* 4e et 6e couches.

Mines de *Montchanin :* puits des Mésarmes.

Mines de *Blanzy :* puits des Crépins; puits Saint-Louis, à 139 mètres; découvert Saint-François; découvert Maugrand; découvert Sainte-Hélène; découvert du Magny; puits du Magny, travers-bancs de l'étage de 427 mètres, au delà de la faille du Magny; puits Saint-Paul.

Mines de *Perrecy :* couches houillères supérieures.

PECOPTERIS ELAVERICA Zeiller.

Pl. XI, fig. 1 à 3.

1888. **Pecopteris elaverica** Zeiller, *Fl. foss. terr. houill. de Commentry*, 1re part., p. 171, pl. X, fig. 3-5.

Il a été recueilli dans les couches de Longpendu quelques fragments de frondes du *Pec. elaverica*, qui n'avait encore été observé qu'à Commentry; aussi m'a-t-il paru utile de figurer les meilleurs de ces échantillons, qui ajoutent, sur la constitution des frondes de cette espèce, quelques renseignements à ceux qu'avaient fournis les échantillons de Commentry.

[1] *Loc. cit.*, pl. XVI, fig. 4.

[2] Grand'Eury, Flore carbonifère du département de la Loire, p. 510.

J'avais indiqué, en décrivant cette espèce, les fragments de frondes dont j'avais donné la figure comme me paraissant devoir représenter plutôt des portions de pennes primaires que des portions de frondes avec leur axe principal, mais en faisant toutes réserves sur cette interprétation. Elle me semble maintenant mise hors de doute par les échantillons fig. 1 et fig. 3 de la Pl. XI, dont les pennes latérales présentent, de part et d'autre de leur axe commun d'insertion, des différences d'inclinaison manifestes, les pennes du côté droit partant de l'axe sous un angle notablement plus ouvert que celles du côté gauche. C'est ainsi que, sur la fig. 3, les pennes de gauche sont inclinées d'environ 60° sur le rachis, et celles de droite de 80°; sur la fig. 1, les angles d'insertion sont de 45° à 50° pour les pennes de gauche, de 70° à 75° pour les pennes de droite; on observe en outre, sur la gauche de ce même échantillon, un autre fragment de fronde, moins étendu que celui qui occupe la partie droite, mais visiblement orienté de même, et il est clair que ce sont là les fragments de deux pennes primaires consécutives, dépendant d'un même rachis principal. Le *Pec. elaverica* avait donc des frondes quadripinnatifides, et même probablement quadripinnées dans leur région inférieure, à en juger par le degré de division des pennes les plus basses de l'échantillon représenté sur la fig. 3, pl. X, de la *Flore fossile de Commentry*.

Les deux fragments de pennes primaires que l'on voit sur l'échantillon de Longpendu, fig. 1, Pl. XI, devaient appartenir à la région moyenne de la fronde, celui de la fig. 3, un peu moins divisé, occupant une position peu différente, mais cependant un peu plus élevée. Quant à l'échantillon de la fig. 2, il représente le sommet d'une penne primaire, ou peut-être d'une fronde.

Sur ces trois échantillons, les pennes de dernier ordre offrent la même constitution qu'avaient déjà montrée les échantillons de Commentry, formées de pinnules à sommet ogival, plus ou moins complètement soudées les unes aux autres, et finalement représentées seulement, comme sur les fig. 3, 3*a*, par de simples dents. Ces pinnules sont parcourues par une nervure médiane très fine, décurrente à la base, souvent un peu incurvée en avant à son sommet (fig. 2*a*), de laquelle partent, sur les pinnules soudées seulement en partie les unes aux autres, quelques nervules latérales très fines, presque toutes simples; lorsque les pinnules se soudent plus complètement (fig. 3, 3*a*), il n'y a plus qu'une nervure pour chaque dent, sans nervules latérales, ainsi que je l'avais constaté déjà sur les échantillons de Commentry.

On remarque en outre, sur ces échantillons, que ces nervures et nervules présentent en général à leur sommet un léger renflement terminal en forme de massue allongée (fig. 2 *a*, 3 *a*), correspondant peut-être à une glande.

Le *Pec. elaverica* appartient évidemment, dans le genre *Pecopteris*, au groupe du *Pec. unita*, mais on ne peut affirmer, d'après cette seule ressemblance, que ce soit bien une véritable Fougère, bien qu'il en ait toutes les apparences et que cette attribution soit infiniment vraisemblable.

Les échantillons que j'ai mentionnés sont les seuls, à ma connaissance, par lesquels le *Pec. elaverica* se soit montré représenté dans le bassin de Blanzy; ils proviennent des mines de *Longpendu*, toit de la 5e couche, à l'étage de 110 mètres, parties droites.

PECOPTERIS FEMINÆFORMIS Schlotheim (sp.).

Pl. XII, fig. 1 à 3.

1820. **Filicites fœminæformis** Schlotheim, *Petrefactenkunde*, p. 407; pl. IX, fig. 16.

1881. **Pecopteris fœminæformis** Sterzel, *Paläont. Charakt. d. ob. Steink. u. d. Rothl. im erzgeb. Beck.*, p. 116. Zeiller, *Fl. foss. terr. houill. de Commentry*, 1re part., p. 174, pl. XVIII, fig. 6; pl. XXXI, fig. 6; *Fl. foss. bass. houill. et perm. de Brive*, p. 25, pl. VI, fig. 4-6. Potonié, *Abbild. u. Beschr. foss. Pflanzen-Reste*, Lief. I, 11, fig. 1, 2.

1893. **Goniopteris fœminæformis** Sterzel, *Fl. d. Rothlieg. im Plauenschen Grande*, p. 41, pl. V, fig. 8; pl. VI, fig. 1-3 (*an* fig. 4?). C. de Stefani, *Fl. carb. e perm. della Toscana*, p. 30, pl. II, fig. 28.

1845. **Pecopteris elegans** Germar, *Verst. d. Steink. v. Wettin u. Löbejün*, p. 45, pl. XV.

Le *Pec. feminæformis* a été recueilli sur un assez grand nombre de points du bassin de Blanzy en échantillons bien conformes à ceux que l'on connaît de cette espèce de nombreuses localités de la France et de l'étranger, et toujours à l'état de fragments de pennes stériles. Il m'a paru, cependant, intéressant de reproduire sur la Pl. XII quelques-uns d'entre eux, qui, à défaut de renseignements plus complets sur cette espèce, m'ont paru de nature à fournir du moins quelques indications sur le mode de constitution de ces frondes.

J'avais indiqué, dans mon étude sur la flore fossile de Commentry, les frondes de cette espèce comme me paraissant avoir dû être tripinnées, les pennes bipinnées dont on rencontre habituellement des fragments devant, à mon avis, être considérées comme des pennes primaires plutôt que comme des frondes avec leur axe principal, à raison de la différence d'inclinaison que présentent souvent les pennes de dernier ordre d'un côté à l'autre de l'axe commun dont elles dépendent. D'autre part, M. Sterzel, dans son travail sur la flore permienne du Plauensche Grund, dit n'avoir vu aucun échantillon qui vienne à l'appui de cette interprétation[1], bien que l'un de ceux qu'il a lui-même figurés[2] ne laisse pas d'offrir déjà, d'un côté à l'autre de son rachis principal, une différence d'inclinaison appréciable pour les pennes latérales.

Aucun échantillon jusqu'ici n'a, il est vrai, montré ces pennes bipinnées insérées sur un axe commun, qui serait l'axe de la fronde; mais à défaut de cette constatation directe, les échantillons que je figure sur la Pl. XII me semblent pouvoir être invoqués en faveur de l'idée que j'avais émise. L'un d'entre eux, dont la figure 3 ne reproduit qu'une assez faible partie, montre deux de ces pennes bipinnées disposées l'une à côté de l'autre, orientées de même, ayant leurs rachis, conservés sur 16 à 18 centimètres de longueur, presque exactement parallèles entre eux, paraissant en un mot, d'après leur situation mutuelle, avoir dépendu toutes deux d'un même rachis principal. On ne saurait toutefois tirer de là qu'une simple présomption, et je n'aurais garde d'attribuer une valeur exagérée à la disposition relative de ces deux pennes, qui peut, à tout prendre, n'être que fortuite. Mais le caractère sur lequel je m'étais fondé, de la dyssymétrie que présentent les pennes de dernier ordre au point de vue de leur inclinaison, d'un côté à l'autre des rachis sur lesquels elles viennent s'attacher, me paraît devoir être pris en sérieuse considération.

Il s'observait déjà sur l'une des figures données par Brongniart[3], qui montre d'un côté du rachis trois pennes étalées presque à angle droit, tandis que de l'autre côté l'inclinaison n'est que de 45° ou 50°; mais de ce côté le rachis ne porte qu'une seule penne, et l'on peut supposer qu'elle a été relevée accidentellement. Aussi les deux échantillons fig. 1 et 2, Pl. XII, m'ont-ils semblé intéressants, en ce qu'ils montrent tous deux des fragments de pennes suffisamment étendus, avec des pennes de dernier ordre assez nombreuses et affectant de chaque côté du rachis une orientation assez constante pour qu'on ne puisse regarder comme fortuites les différences d'inclinaison qu'elles présentent. C'est ainsi que sur la fig. 2 les pennes de gauche partent du rachis sous un angle à peu près constant de 30°, tandis que du côté droit l'angle d'insertion varie de 45° à 55°, sans parler des pennes supérieures, qui

(1) Sterzel, *loc. cit.*, p. 43.
(2) *Ibid.*, pl. V, fig. 8.
(3) *Pecopteris arguta* Brongniart, Hist. végét. foss., I, pl. 108, fig. 4.

semblent avoir été accidentellement rabattues vers le bas. Sur l'échantillon fig. 1, les pennes du côté supérieur font toutes avec le rachis un même angle de 55° à 58°, tandis que celles du côté inférieur se détachent sous des angles beaucoup plus ouverts, variant de 80° à 85°. De telles différences ne s'observeraient assurément pas d'un côté à l'autre du rachis principal d'une fronde, à moins d'admettre une bifurcation de celui-ci, mais les différences d'inclinaison ne seraient, sans doute, dans ce cas, pas aussi accentuées, et de plus, de telles bifurcations étant assez rares, ces différences ne se montreraient pas avec une pareille fréquence; elles ne me paraissent donc explicables que si l'on admet, comme je l'avais fait, que ces échantillons représentent des fragments de pennes latérales, de pennes probablement primaires, avec leurs pennes secondaires plus étalées d'un côté que de l'autre.

Ces trois échantillons font voir en outre les variations de forme que présente souvent le *Pec. feminæformis*, celui de la fig. 3 avec de grandes pinnules soudées entre elles seulement à leur base, à dents latérales très accentuées, celui de la fig. 2 avec des pinnules plus petites, plus serrées, soudées sur une hauteur un peu plus grande, et à dents relativement peu marquées, enfin celui de la fig. 1, à pinnules plus réduites encore, soudées jusqu'à moitié de leur hauteur et parfois davantage, à dents très faiblement saillantes, quelquefois même à peine discernables. J'ai discuté, dans mon travail sur la flore fossile des environs de Brive, la valeur de cette dernière forme, qui, comme je l'ai dit, semble se montrer de préférence dans la zone la plus élevée du Stéphanien et à la base du Permien, et qui cependant se rattache trop étroitement à la forme normale pour pouvoir être élevée au rang d'espèce, pour pouvoir même, à mon sens, être considérée comme constituant une variété distincte, mais qui n'en est pas moins digne d'être notée. J'avais proposé de la désigner sous le nom de forme *diplazioides;* mais, comme l'ont fait remarquer M. Sterzel[1] et, après lui, M. de Stefani et M. Potonié, il faut lui restituer le nom plus ancien de *spectabilis* que lui avait donné Weiss[2], et qui m'avait échappé.

On n'a, pas plus à Blanzy qu'ailleurs, trouvé d'échantillons fertiles de cette espèce, et bien qu'on puisse la ranger, parmi les *Pecopteris*, dans le groupe des *unitæ*, il n'est nullement certain qu'on ait affaire, avec elle, à une Fougère véritable.

[1] Sterzel, *loc. cit.*, p. 44.

[2] Weiss, Fossile Flora der jüngsten Steinkohlenformation und des Rothliegenden im Saar-Rhein-Gebiete, p. 70. 1869.

IMPRIMERIE NATIONALE.

Le *Pec. feminæformis* a été observé, dans le bassin de Blanzy, sur les points suivants :

Mines de *Saint-Bérain :* puits Saint-Léger n° 1, 1re couche intermédiaire.

Mines de *Longpendu :* 2e et 4e couches.

Mines de *Montchanin :* puits des Mésarmes.

Mines de *Blanzy :* découvert Saint-François; découvert Maugrand; découvert Sainte-Hélène; découvert du Magny; puits du Magny, travers-bancs de l'étage de 427 mètres, au delà de la faille du Magny; — région de Montmaillot: puits Saint-Paul; puits Saint-Amédée, à 230 et à 250 mètres; puits Sainte-Barbe, étage de 260 mètres.

Mines de *Perrecy :* puits n° 2, à 194 mètres et à 300 mètres.

PECOPTERIS BIOTI Brongniart.

1834. **Pecopteris Biotii** Brongniart, *Hist. végét. foss.*, I, pl. 117, fig. 1; p. 341. Zeiller, *Fl. foss. terr. houill. de Commentry*, 1re part., p. 99, pl. IX, fig. 2-4.

Les quelques échantillons de cette espèce qui ont été recueillis dans le bassin de Blanzy sont de tout point conformes à ceux que j'ai figurés de Commentry; je signalerai cependant l'un d'eux, provenant du puits Saint-Louis de Blanzy, comme offrant le passage des pennes à pinnules entières, à peu près libres, semblables à celles de la fig. 3 de la *Flore fossile de Commentry*, à des pennes plus petites, plus linéaires, formées de pinnules soudées jusqu'au tiers de leur hauteur, et bien semblables à celles de la figure type de Brongniart.

Il est possible, comme je vais le dire ci-après, que le *Pec.* (*Dactylotheca*) *Gruneri* ne représente autre chose que la fronde fertile du *Pec. Bioti;* en tout cas celui-ci offre avec le *Pec.* (*Dactylotheca*) *plumosa* Artis (sp.) des affinités si manifestes qu'il est infiniment probable qu'il appartient à ce même genre *Dactylotheca*, et qu'il doit être considéré comme étant bien une Fougère.

J'ai constaté la présence du *Pec. Bioti* sur les points suivants :

Mines de *Montchanin :* puits des Mésarmes.

Mines de *Blanzy :* puits Saint-Louis, à 139 mètres; découvert Sainte-Hélène; puits Saint-Paul, travers-bancs de l'étage de 40 mètres.

Mines du *Creusot :* découvert de la Croix.

PECOPTERIS (DACTYLOTHECA) GRUNERI Zeiller.

1888. **Pecopteris (Dactylotheca) Gruneri** Zeiller, *Fl. foss. terr. houill. de Commentry*, 1re part., p. 104, pl. X, fig. 1, 2.

Il a été recueilli à Blanzy un fragment de fronde fertile à fructification de *Dactylotheca*, présentant tous les caractères de ceux du terrain houiller de Commentry que j'ai décrits sous le nom de *Pec. Gruneri*, et rappelant en même temps beaucoup, par son aspect général, le *Pec. Bioti*, de manière à donner à penser qu'il ne s'agit peut-être là que d'une portion de fronde fertile de cette dernière espèce. J'avais déjà signalé, en parlant des échantillons de Commentry, leur ressemblance avec le *Pec. Bioti*, et j'avais indiqué les quelques différences qui m'avaient paru plaider contre l'identification spécifique; je ne puis aujourd'hui que maintenir ce que je disais alors, l'échantillon de Blanzy ne fournissant de renseignements décisifs dans aucun sens, bien que suggérant peut-être plus fortement l'idée de l'identification du *Pec. Gruneri* au *Pec. Bioti.*

Cet échantillon a été recueilli aux mines de *Blanzy*, dans le découvert Sainte-Hélène.

PECOPTERIS STERZELI Zeiller.

Pl. XIII, fig. 1.

1888. **Pecopteris Sterzeli** Zeiller, *Fl. foss. terr. houill. de Commentry*, 1re part., p. 178, pl. V, fig. 1, 2; pl. VI, fig. 1, 2; pl. VII, fig. 1-3; pl. VIII, fig. 1, 2 (*pars*), 2 *a*, 2 A.

Lorsque j'ai établi cette espèce, sur une nombreuse série d'échantillons recueillis à Commentry, j'ai fait remarquer l'extrême ressemblance qu'elle offre, au point de vue de la forme des pinnules et du mode de découpure de leur limbe, avec le *Pec. Pluckeneti* Schlotheim (sp.)[1], à ce point que la distinction entre l'une et l'autre peut être impossible quand on n'a affaire qu'à des échantillons peu étendus, les pennes de dernier ordre du *Pec. Sterzeli* ne différant guère de celles du *Pec. Pluckeneti* que par leurs dimensions plus grandes et leur division en lobes plus nombreux. Le caractère essentiel, qui ne permet

[1] On s'est demandé souvent (voir notamment Stur, Carbon-Flora, p. 389-390, et Sterzel, *Zeitsch. d. deutsch. geol. Gesellsch.*, XXXVIII, p. 789 et suiv.) si le *Pec. Pluckeneti* Brongniart était bien la même plante que le *Filicites Pluckeneti* Schlotheim; l'examen qu'a fait M. Potonié de l'échantillon type de Schlotheim lui a permis de constater qu'il y avait bien réellement identité spécifique (Die Flora des Rothliegenden von Thüringen, p. 82).

pas de les considérer comme identiques, réside dans le mode de constitution des frondes : chez le *Pec. Pluckeneti,* ainsi que l'a établi M. Sterzel[1], le rachis principal se bifurque à diverses reprises, portant des pennes primaires bipinnées ou tripinnatifides *opposées* deux à deux et comprenant entre elles, dans l'angle formé par leurs rachis, tantôt un bourgeon, tantôt un prolongement du rachis principal issu du développement de ce bourgeon; la ramification est ainsi la même que celle des *Gleichenia* à frondes régulièrement dichotomes; chez le *Pec. Sterzeli,* la fronde présente une ramification pennée normale, le rachis principal ne se bifurque pas, et les pennes primaires tripinnatifides viennent s'insérer sur lui en disposition régulièrement *alterne,* de sorte que le port général est complètement différent. L'un des échantillons recueillis à Commentry montre, il est vrai, une penne primaire bifurquée un peu au-dessous de son sommet[2]; mais cette bifurcation d'un rachis secondaire, évidemment accidentelle et anormale, puisqu'elle ne s'est représentée sur aucun autre échantillon, ne peut être comparée, quoi qu'en ait pensé M. Potonié[3], aux bifurcations régulières du rachis principal observées chez le *Pec. Pluckeneti,* où ce rachis reste nu au-dessous des points de bifurcation.

Une telle différence dans le mode de ramification des frondes pouvait sembler étrange, alors que pour le reste les deux espèces paraissaient si voisines, les pennes primaires et secondaires offrant une ressemblance mutuelle si marquée. L'un des échantillons recueillis à Blanzy a fourni à cet égard un renseignement intéressant, prouvant qu'au point de vue même de la ramification le *Pec. Sterzeli* présente une étroite affinité avec le *Pec. Pluckeneti,* et qu'il n'y a entre eux qu'une différence d'ordre spécifique.

Cet échantillon consiste en un fragment de fronde, vu par sa face inférieure, comprenant une portion du rachis principal, longue de 10^cm^,5 et large environ de 1 centimètre; cette portion de rachis part, sur la fig. 1 de la Pl. XIII, du côté droit de la figure à 6 centimètres du bord inférieur, et se dirige vers la gauche, inclinée d'à peu près 60° sur la verticale. Au-dessus se voient les fragments de deux pennes primaires, celle de droite représentée seulement

[1] J. T. Sterzel, Ueber Dicksoniites Pluckeneti Schloth. sp. (*Botan. Centralbl.*, 1883, n°s 8-9, p. 282-287, p. 313-319, pl. VI); Neuer Beitrag zur Kenntniss von Dicksoniites Pluckeneti Brongniart sp. (*Zeitschr. deutsch. geol. Gesellsch.*, XXXVIII, p. 773-806, pl. XXI).

[2] Zeiller, *loc. cit.*, p. 183-184, pl. VI, fig. 1.

[3] Potonié, Die Flora des Rothliegenden von Thüringen, p. 86.

par quelques pennes secondaires, celle de gauche plus complète, avec ses pennes secondaires inférieures légèrement réfléchies en arrière, et venant à sa base s'insérer à l'extrémité de la portion de rachis principal que j'ai signalée. Du côté inférieur on voit un fragment d'une troisième penne primaire, intermédiaire entre les deux précédentes et dirigée en sens opposé, dont l'insertion sur le rachis principal était originairement masquée par la roche. En dégageant le rachis secondaire qui forme l'axe de cette penne, pour mettre cette insertion en évidence, j'ai découvert, dans l'angle des deux rachis, ainsi que le montre plus nettement la figure grossie 1 *a*, un corps ovoïde, long de 12 millimètres sur 6 millimètres de largeur, représenté par une lame charbonneuse assez mince, à surface plus ou moins ponctuée, et dans lequel il ne paraît pas possible de voir autre chose qu'un bourgeon. La cassure qui existe à l'insertion même de la penne située du côté opposé, à l'extrémité du fragment de rachis principal, ne permettait pas de s'assurer s'il existait également en ce point un bourgeon dans l'angle des deux rachis, mais les recherches que j'ai faites sur les échantillons de Commentry m'ont fait reconnaître sur l'un d'eux[1] des restes d'un bourgeon semblable, situé de même dans l'angle des deux rachis, à l'aisselle de la penne primaire, mais imparfaitement conservé.

Il résulte de cette constatation que chez le *Pec. Sterzeli*, comme chez le *Pec. Pluckeneti*, le rachis principal de la fronde subissait une série de bifurcations successives, dans l'angle de chacune desquelles était inséré un bourgeon; mais ici les bifurcations étaient dyssymétriques : une des branches de la bifurcation, alternativement celle de gauche, puis celle de droite, constituait une penne primaire feuillée, tandis que l'autre branche, restant nue, devenait prédominante et continuait le rachis principal, en subissant parfois une légère inflexion, le bourgeon situé entre les deux branches demeurant d'ailleurs inerte et étant probablement destiné à disparaître plus ou moins rapidement. La fronde du *Pec. Sterzeli*, avec ses pennes primaires alternes, n'est donc autre chose qu'un sympode, et la différence, si frappante en apparence, qui existe entre l'une et l'autre espèce vient de ce que, pour l'une, on a affaire à une dichotomie sympodique, et pour l'autre, pour le *Pec. Pluckeneti*, à une dichotomie égale. Il est à peine besoin de rappeler que dans le genre *Gleichenia* on observe des différences de même nature, les frondes de plusieurs espèces se ramifiant par dichotomie égale, tandis que le *Gl. pectinata*

[1] Flore fossile du terrain houiller de Commentry, pl. VII, fig. 1.

Presl a des frondes ramifiées par dichotomie sympodique, et dans lesquelles le bourgeon situé à chaque bifurcation demeure toujours privé de développement ultérieur.

Il est naturel de penser que le *Pec. Sterzeli* et le *Pec. Pluckeneti*, si analogues à tous les points de vue, ne représentent, ainsi que cela a lieu pour les divers *Gleichenia* auxquels je viens de faire allusion, que des formes spécifiques d'un seul et même type générique naturel, et qu'ils ont dû offrir le même mode de fructification. Or on connaît la remarquable découverte faite récemment par M. Grand'Eury, qui a eu la bonne fortune de trouver à Saint-Étienne une série d'échantillons fructifiés de *Pec. Pluckeneti* portant de très nombreuses petites graines du type *Samaropsis*, fixées au bout de fortes nervures et pendant sous la face inférieure du limbe [1]. Le *Pec. Pluckeneti* n'est donc pas une Fougère, mais une Gymnosperme, une Ptéridospermée, et il est plus que probable qu'il en est de même pour le *Pec. Sterzeli.*

Je crois dès lors, étant donné la sérieuse présomption qu'on est en droit de former à cet égard, devoir revenir sur une observation que j'ai donnée sous une forme trop affirmative dans mon travail sur la flore houillère de Commentry : j'ai indiqué en effet les frondes du *Pec. Sterzeli* comme ayant été portées au sommet de troncs arborescents appartenant au genre *Caulopteris*, et j'ai reproduit, comme preuve, un dessin fait sur place par les ingénieurs de la mine de Commentry, montrant, autour d'une tige de *Caulopteris* ne différant pas sensiblement du *Caul. peltigera* Brongniart, des débris plus ou moins nombreux de frondes de *Pec. Sterzeli* [2]. J'avais fait remarquer toutefois que le rachis du fragment de fronde le plus important paraissait superposé accidentellement à cette tige au voisinage d'une cicatrice, d'ailleurs assez éloignée du sommet, et non attaché directement sur elle [3]. Quant aux bases de pétioles encore en place et adhérentes aux cicatrices du sommet de la tige, elles étaient rompues à peu de distance de leur insertion et n'étaient pas en relation directe avec les rachis des débris de frondes situés dans leur voisinage immédiat [4]; mais elles offraient la même striation longitudinale et les mêmes ponctuations que ceux-ci, et les débris de frondes avaient paru aux

(1) Grand'Eury, Sur les graines trouvées attachées au *Pecopteris Pluckeneti* Schlot. (*Comptes Rendus Acad. sc.*, CXL, p. 920-923, 3 avril 1905).

(2) Flore fossile du terrain houiller de Commentry, pl. VIII, fig. 2.

(3) *Ibid.*, p. 185.

(4) *Ibid.*, p. 185-186, pl. VIII, fig. 2, 2 *b*.

ingénieurs de Commentry, lors de la découverte de cette tige, situés par rapport à elle dans des positions telles, rayonnant dans divers plans autour de son sommet, qu'ils n'avaient conçu aucun doute sur leur dépendance mutuelle. Dans ces conditions, et étant donné la similitude d'aspect des bases de pétioles et des rachis en question, j'avais moi-même admis la dépendance affirmée par ceux qui avaient assisté à la découverte, non sans faire observer cependant qu'il semblait y avoir discordance entre cette observation et l'attribution, généralement admise, des *Caulopteris* aux *Pecopteris* cyathoïdes, si différents du *Pec. Sterzeli*[1]. Mais étant donné que les *Caulopteris* sont, à n'en pas douter, des troncs de Fougères, et que l'étude anatomique qui a pu être faite de leur structure sur les échantillons conservés sous forme de *Psaronius* a conduit à les rattacher aux Marattiacées[2], étant donné d'autre part que, suivant toute vraisemblance, le *Pec. Sterzeli* n'est pas une Fougère, mais une Ptéridospermée, je suis amené aujourd'hui à penser que ses frondes n'ont pu être portées sur une tige de *Caulopteris* et que j'ai admis à tort, n'en ayant pas eu personnellement la preuve formelle, la dépendance mutuelle de cette tige et de ces frondes. Les stries longitudinales et les ponctuations qu'on observe sur les bases de pétioles encore en place au sommet de la tige en question se retrouvent, d'ailleurs, aussi bien chez les *Pecopteris* cyathoïdes, ou du moins chez certains d'entre eux, que chez le *Pec. Sterzeli*, et il est infiniment probable que les frondes qui ont réellement appartenu à cette tige étaient celles de quelque *Pecopteris* cyathoïde se rapportant bien aux Marattiacées par ses fructifications (*Asterotheca* ou *Scolecopteris*, par exemple). Je crois donc, en fin de compte, que les ingénieurs de Commentry ont été trompés par les apparences, et qu'entre cette tige de *Caulopteris* et les frondes de *Pec. Sterzeli* qui leur avaient semblé groupées autour de son sommet il n'y avait qu'une association fortuite, telle qu'on en observe souvent dans les dépôts houillers.

J'ajoute, bien que ce ne soit là qu'un détail d'un intérêt secondaire, que l'échantillon fig. 1, Pl. XIII, fournit en outre des renseignements sur les écailles ou appendices dont j'avais présumé l'existence sur les rachis du *Pec. Sterzeli*, d'après les ponctuations irrégulièrement réparties à la surface de ceux-ci[3] :

[1] Flore fossile du terrain houiller de Commentry, p. 313-314.

[2] Voir notamment K. Rudolph, Psaronien und Marattiaceen, vergleichend anatomische Untersuchung (*Denkschr. k. Akad. Wiss. Wien*, LXXVIII, p. 165-201, 3 pl. 1905).

[3] Flore fossile du terrain houiller de Commentry, p. 178.

on voit en effet, sur les rachis des deux pennes primaires que présente cet échantillon, partir de ces ponctuations de petites protubérances spiniformes longues de 0mm,75 à 1 millimètre, parfois légèrement recourbées en crochet vers le bas à leur extrémité, assez épaisses à leur base, et qui donnent l'impression d'appendices spinescents rigides plutôt que de simples écailles. Ces appendices sont malheureusement peu visibles sur la Pl. XIII; on peut cependant en reconnaître deux d'entre eux à la loupe, l'un sur le bord droit du rachis de la penne primaire supérieure, à 14 millimètres de sa base, l'autre sur le rachis latéral de la fig. 1 *a*, du côté inférieur, à 10mm,5 de sa base.

Le *Pec. Sterzeli*, fréquent dans les exploitations de Blanzy, s'est montré représenté dans le bassin sur les points suivants :

Mines de *Longpendu :* 2e couche.

Mines de *Montchanin :* puits Wilson, couche Anatole.

Mines de *Blanzy :* puits du Gratoux (concession du Ragny), à 65 mètres; — découvert Saint-François; découvert Maugrand; découvert Sainte-Hélène; découvert du Magny; puits du Magny, travers-bancs de l'étage de 427 mètres, au delà de la faille du Magny; — région de Montmaillot : puits Saint-Paul, à 19 mètres et à 40 mètres; puits Saint-Amédée, à 255 mètres, et au toit de la 1re couche.

Genre CALLIPTERIDIUM Weiss.

1870. **Callipteridium** Weiss, *Zeitsch. d. deutsch. geol. Gesellsch.*, XXII, p. 858. Grand'Eury, *Flore carb. du dép. de la Loire*, p. 108.

Les affinités générales des *Callipteridium* avec les *Alethopteris* donnent lieu de penser que, comme ceux-ci, ils doivent appartenir aux Ptéridospermées; mais on ne possède à leur égard aucune donnée positive, pas plus en ce qui concerne la structure anatomique de leurs axes foliaires qu'en ce qui regarde leurs appareils reproducteurs. M. Grand'Eury leur attribue des graines allongées à trois faces et à trois ailes, du type des *Tripterospermum* Brongniart, qu'il a trouvées quelquefois associées à leurs frondes lorsque celles-ci étaient peu dispersées [1], c'est-à-dire dans des circonstances permettant de croire à la dépendance mutuelle. Ce n'est là toutefois qu'une présomption, si sérieusement motivée qu'elle puisse être, et on ne saurait tenir pour définitivement

[1] Grand'Eury, Sur les graines des Névroptéridées (*Comptes Rendus Acad. sc.*, CXXXIX, 14 novembre 1904, p. 784).

établie l'attribution des *Callipteridium* aux Ptéridospermées; mais on doit tout au moins la regarder comme extrêmement vraisemblable. Les observations de M. Grand'Eury ont, d'ailleurs, essentiellement en vue deux des espèces qui vont suivre, à savoir les *Call. pteridium* et *Call. gigas;* mais le genre paraît être assez homogène pour qu'on soit fondé à penser que le *Call. Rochei* appartient également au même groupe naturel.

CALLIPTERIDIUM PTERIDIUM Schlotheim (sp.).

1820. **Filicites pteridius** Schlotheim, *Petrefactenkunde*, p. 406; pl. XIV, fig. 27.
1888. **Callipteridium pteridium** Zeiller, *Fl. foss. terr. houill. de Commentry*, 1re part., p. 194, pl. XIX, fig. 1-3.
1833 ou 1834. **Pecopteris ovata** Brongniart, *Hist. végét. foss.*, I, pl. 107, fig. 4; p. 328.
1877. **Callipteridium ovatum** Grand'Eury, *Flore carb. du dép. de la Loire*, p. 109; *Géol. et paléont. du bass. houill. du Gard*, p. 292, pl. XIX, fig. 1.

Le *Callipteridium pteridium* s'est montré assez fréquent dans le bassin de Blanzy et du Creusot, et a été trouvé, notamment à Blanzy, en beaux échantillons, constitués tantôt par des fragments de pennes primaires bipinnées à rachis garnis de pinnules entre les pennes de dernier ordre, tantôt par des fragments de frondes à rachis portant des pennes primaires bipinnées et, entre ces pennes, de petites pennes simplement pinnées, ainsi qu'on le voit sur un grand échantillon de Commentry dont j'ai donné jadis la figure; mais ces échantillons n'ajoutent rien à ce que l'on savait déjà de cette espèce.

Les localités où j'ai constaté la présence du *Call. pteridium* sont les suivantes :

Mines de *Saint-Bérain :* puits Saint-Léger n° 2, faisceau du Bois-Perrot; puits de la Charbonnière, à 60 mètres, au toit du faisceau inférieur.

Mines de *Longpendu :* recherche des Fauches.

Mines de *Blanzy :* puits Sergant, puits du Champ-de-l'Eau, puits du Bois (concession du Ragny); — puits des Crépins (concession des Crépins); — puits de la Chassagne; puits Saint-Louis, à 340 mètres; découvert Saint-François; découvert Sainte-Hélène; découvert du Magny; — région de Montmaillot : puits Sainte-Barbe, galerie du bâtardeau à 70 mètres; — région des Porrots : puits Ramus, à 63 mètres et à 80 mètres.

Mines de *Perrecy :* puits de Romagne, faisceau houiller, toit de la 3e couche.

Mine des *Petits-Châteaux.*

IMPRIMERIE NATIONALE.

PERMIEN.

Mines de *Perrecy* (Saxonien inférieur) : puits de Romagne, couches supérieures.

CALLIPTERIDIUM GIGAS Schlotheim (sp.).

Pl. XVII, fig. 1.

1849. **Pecopteris gigas** Gutbier, *Verst. d. Rothlieg. in Sachs.*, p. 14, pl. VI, fig. 1-3.

1870. **Callipteridium gigas** Weiss, *Zeitschr. d. deutsch. geol. Gesellsch.*, XXII, p. 879. Zeiller, *Fl. foss. terr. houill. de Commentry*, 1re part., p. 199, pl. XX, fig. 1-3. Grand'Eury, *Géol. et paléont. du bass. houill. du Gard*, p. 292, pl. XIX, fig. 2-4. Sterzel, *Fl. d. Rotlieg. v. Oppenau*, p. 275, pl. VIII, fig. 1-5.

Parmi les échantillons de cette espèce qui ont été rencontrés dans le bassin de Blanzy et du Creusot, il en est un qu'il m'a paru intéressant de figurer (Pl. XVII, fig. 1), parce qu'il montre la terminaison d'une penne primaire avec de grandes pinnules simples remplaçant les pennes de dernier ordre simplement pinnées, conformément à ce qu'on avait déjà observé chez le *Call. pteridium*. Les grandes dimensions de ces pinnules terminales, leur nervation serrée, à nervures secondaires plusieurs fois bifurquées, ne me permettent pas de douter qu'il s'agisse ici du *Call. gigas* et non simplement du *Call. pteridium*, chez lequel les pinnules terminales des pennes primaires n'atteignent jamais une taille comparable; d'ailleurs, si les pinnules des dernières pennes latérales simplement pinnées sont relativement courtes, la largeur considérable qu'elles présentent par rapport à leur longueur indique bien qu'on a affaire au *Call. gigas* plutôt qu'au *Call. pteridium*, et la comparaison avec une portion homologue de penne de cette dernière espèce ne laisse pas d'hésitation sur l'attribution spécifique. On observe en outre sur la même plaque d'autres fragments de pennes, à grandes pinnules de 20 à 25 millimètres de longueur sur 8 millimètres de largeur, étroitement contiguës jusqu'au voisinage immédiat de leur sommet, qui offrent tous les caractères distinctifs du *Call. gigas*.

J'ai reconnu la présence de cette espèce sur les points suivants :

Mines de *Saint-Bérain* : puits de la Charbonnière, étage de 100 mètres, au mur de la couche du Bois-Perrot.

Mines de *Longpendu*.

Mines de *Blanzy* : puits Lambert (concession des Crépins); — découvert Saint-François; découvert Sainte-Eugénie; découvert Sainte-Hélène; découvert du Magny; — région de Montmaillot : puits Sainte-Barbe, galerie du bâtardeau à 70 mètres.

Mines de *Perrecy* : puits n° 2, à 102 mètres; puits de Romagne, faisceau houiller, toit de la 2e couche.

PERMIEN.

Mines de *Bert* (Autunien) : travaux du puits des Mandins.

CALLIPTERIDIUM ROCHEI Zeiller.

1890. **Callipteridium Rochei** Zeiller, *Fl. foss. bass. houill. et perm. d'Autun*, 1re part., p. 80, pl. IX, fig. 1-3.

1864. **Neuropteris pteroides** Gœppert (*non* Brongniart sp.), *Foss. Fl. perm. Form.*, p. 101, pl. XI, fig. 3, 4. Grand'Eury, *Fl. carb. du dép. de la Loire*, p. 519.

Je ne mentionne ici cette espèce, ne l'ayant pas vue moi-même, que d'après M. Grand'Eury, qui signale le *Nevropteris pteroides* Gœppert comme observé par lui dans l'Autunien des mines de *Bert*.

Genre CALLIPTERIS Brongniart.

1849. **Callipteris** Brongniart, *Tabl. des genres de végét. foss.*, p. 24.

On n'a recueilli jusqu'ici aucune indication relative au mode de fructification des *Callipteris*, les échantillons de *Call. conferta* qu'on avait interprétés comme présentant des sores marginaux paraissant n'offrir en réalité que des pinnules à bord replié en dessous, mais dépourvues d'organes fructificateurs. On ne sait rien non plus touchant la structure anatomique de leurs pétioles ou de leurs rachis; mais il y a quelques raisons de penser que leurs tiges étaient des *Medullosa*, comme celles des *Alethopteris* et celles des Névroptéridées : M. Weber a observé, en effet, dans les dépôts permiens de Chemnitz de nombreuses feuilles de *Callipteris* associées à une tige de *Medullosa stellata* Cotta et disposées autour d'elle comme si elles lui avaient appartenu[1]; sans doute on ne peut affirmer qu'on ait affaire là à la tige qui a porté ces frondes, mais la présomption que fait naître leur association mutuelle et surtout leur disposition relative vient à l'appui de celle qu'on peut concevoir *a priori* d'après les affinités des *Callipteris* avec les *Alethopteris*, d'une part, et avec les Odonto-

[1] O. Weber et J. T. Sterzel, Beiträge zur Kenntnis der Medulloseæ, p. [111], [118] (XIII. *Bericht d. naturwiss. Gesellschaft zu Chemnitz*. 1896).

ptéridées, d'autre part. Il est donc probable que les *Callipteris* ne sont pas des Fougères, mais des Ptéridospermées.

Je comprends, d'ailleurs, ici dans le genre *Callipteris,* ainsi que je l'ai fait précédemment[1], les formes sphénoptéroïdes aussi bien que les formes pécoptéroïdes, les passages qui existent entre les unes et les autres ne permettant pas, à mon avis, de les séparer génériquement, malgré les différences considérables d'aspect qui existent entre les formes extrêmes.

CALLIPTERIS CONFERTA Sternberg (sp.).

Pl. XVII, fig. 2; Pl. XVIII, fig. 1 à 4.

1826. **Neuropteris conferta** Sternberg, *Ess. Fl. monde prim.*, I, fasc. 4, p. xvii; II, fasc. 5-6, p. 75, pl. XXII, fig. 5. Gœppert, *Syst. fil. foss.*, p. 204, 425, pl. XL, fig. 1, 2.

1849. **Callipteris conferta** Brongniart, *Tabl. d. genr. de vég. foss.*, p. 24. Sterzel, *Fl. d. Rothlieg. im nordwest. Sachs*, p. 46, pl. V, fig. 4; pl. VI, fig. 2, 3; pl. VII, fig. 1. Zeiller, *Fl. foss. bass. houill. et perm. d'Autun*, 1re part., p. 87, pl. V, fig. 3; pl. VI, fig. 1-3.

1869. **Alethopteris conferta** Weiss, *Foss. Fl. d. jüngst. Steinkohl.*, p. 73, pl. VI, fig. 1-11; pl. VII, fig. 3-6.

1846. **Neuropteris obliqua** Gœppert, *Genr. d. plant. foss.*, liv. 5-6, p. 106, pl. XI, fig. 1.

Le *Callipteris conferta* a été trouvé dans le bassin de Blanzy et du Creusot partout, ou peu s'en faut, où l'on a constaté la présence du Permien, ou du moins de couches permiennes renfermant des empreintes végétales, c'est-à-dire dans l'Autunien d'une part, et d'autre part dans les lits schisteux du Saxonien inférieur.

Il est notamment, comme l'avait reconnu M. Grand'Eury dès 1877[2], très abondant à Bert, où nous avons constaté sa présence, M. Delafond et moi[3], jusqu'à la base de la formation, au voisinage presque immédiat du granite. Le bassin de Bert paraissant être le seul bassin de France où des houilles d'âge permien fassent l'objet d'une exploitation régulière, il m'a semblé qu'il ne serait pas inutile de donner, à l'appui de cette détermination d'âge, la figure de quelques échantillons de *Call. conferta* de cette provenance.

J'ai reproduit notamment, sur la fig. 1 de la Pl. XVIII, la moitié d'une

(1) Zeiller, Flore fossile du bassin houiller et permien d'Autun, 1re part., p. 85; Contribution à l'étude de la flore ptéridologique des schistes permiens de Lodève (*Bull. Mus. hist. nat. de Marseille*, I, p. 19-22).

(2) Grand'Eury, Flore carbonifère du département de la Loire, p. 518.

(3) Delafond, Bassin houiller et permien de Blanzy et du Creusot. Fasc. I, Stratigraphie, p. 39.

grande plaque recueillie dans les travaux de la couche n° 3 du puits des Mandins, et donnée à l'École des Mines par M. Pellissier, directeur des mines de Bert; cette plaque est chargée, sur ses deux faces, de fragments de frondes très étendus de *Call. conferta*, qui, bien que moins grands et moins complets que les grands échantillons figurés par Gœppert, donnent néanmoins une idée des dimensions considérables que pouvaient atteindre ces frondes. On observe d'ailleurs, parmi ces empreintes de Bert, des variations très étendues, tant sous le rapport de la dimension des pinnules, comme le montre la comparaison des fig. 2 et 4 de la Pl. XVIII, que sous le rapport de la forme, avec les différentes variétés signalées par Weiss.

Sur l'un de ces échantillons, formé d'un schiste très tendre, j'ai pu détacher sans la briser une pinnule complète, représentée par une lame charbonneuse assez épaisse et assez résistante, et constater ainsi avec une parfaite netteté le reploiement du bord du limbe, qui forme en dessous une bordure de 0^{mm},60 à 0^{mm},75 de largeur, ainsi que le montre la figure grossie 3 *b*, Pl. XVIII. Cette portion repliée du limbe est comme divisée, par de petits sillons transversaux, en une série de compartiments successifs, que Weiss avait pensé devoir correspondre à des appareils fructificateurs, ces sillons ne lui paraissant pas pouvoir être considérés comme formés simplement par le prolongement des nervures[1]. Ici, au contraire, il est facile de s'assurer que ces sillons transversaux ne représentent autre chose que la continuation des nervures, marquées en creux sur l'autre face (fig. 3 *a*), ou parfois des fausses nervures, marquées par un sillon moins net, qui s'intercalent entre les nervures vraies. On ne saurait donc voir là un indice d'organes fructificateurs, et je suis porté à croire que les petites protubérances que M. Bureau a observées à cette même place et a interprétées également comme des fructifications[2], ne représentent que les intervalles plus saillants compris entre les dépressions transversales correspondant aux nervures.

J'ai cherché à obtenir, sur des fragments d'autres pinnules de ce même échantillon, des préparations de la cuticule au moyen du traitement par les réactifs oxydants et par l'ammoniaque, mais la lame charbonneuse s'est presque totalement dissoute, et il n'est resté que quelques rares lambeaux de

(1) E. Weiss, Studien über Odontopteriden (*Zeitsch. deutsch. geol. Gesellsch.*, XXII, p. 860, pl. XX, fig. 4).

(2) E. Bureau, Sur la fructification du genre *Callipteris* (*Comptes rendus Acad. sc.*, C, p. 1550-1552, 22 juin 1885).

cuticule excessivement petits, provenant sans doute de la face supérieure du limbe, formés de cellules polygonales allongées, sans indice de stomates, et n'offrant aucune particularité digne d'être notée.

Enfin j'ai représenté sur la fig. 2 de la Pl. XVII un petit fragment de fronde de *Call. conferta* provenant des mines de Montchanin, où l'on a trouvé plusieurs échantillons de cette espèce dans la galerie allant du puits Wilson au puits Soret, à l'étage de 170 mètres, dans un banc de schistes d'allure irrégulière, qui a paru être la continuation de celui qui avait été rencontré dans le fonçage du puits Wilson, à 163 m. 50 de profondeur. Il s'agit donc là de schistes saxoniens, le puits Wilson ayant, par suite d'un déversement du Houiller sur le Grès rouge, pénétré dans le Saxonien inférieur vers 158 mètres de profondeur[1]. C'est également au Saxonien inférieur, et, d'après M. Delafond[2], à sa partie la plus élevée, que doivent être rapportés les schistes gris à *Callipteris* rencontrés au puits de Romagne, à Perrecy-les-Forges, et dont j'ai pu voir au Muséum de Paris un certain nombre d'empreintes ne laissant aucun doute sur la présence, notamment, du *Call. conferta*.

M. Grand'Eury a mentionné également dans ces schistes de Perrecy, en outre de la forme *obliqua* du *Call. conferta*, un *Callipteris pseudo-britannica*[3], désignant, à n'en pas douter, sous ce nom la forme figurée par Weiss[4] comme *Odontopteris britannica* Gutbier, qui n'est certainement pas l'espèce de Gutbier et qui paraît être un *Callipteris* très voisin pour le moins du *Call. conferta*; je suis même porté à penser qu'il ne s'agit là que d'une simple forme du *Call. conferta*, à nervures plus régulièrement bifurquées, et c'est pourquoi je reproduis ici l'indication de M. Grand'Eury, bien que n'ayant pas vu l'échantillon qu'il a ainsi désigné.

La présence du *Call. conferta* a été finalement constatée sur les points suivants du bassin :

AUTUNIEN.

Charmoy; digue de l'*étang du Martenet*.

Mines de *Bert* : puits Saint-Louis; puits des Mandins, faisceau du mur, veine

[1] Delafond, Bassin houiller et permien de Blanzy et du Creusot. Fasc. I, Stratigraphie, p. 70, 75, pl. X, fig. 4.

[2] *Ibid.*, p. 34.

[3] *Ibid.*, p. 34.

[4] Weiss, Fossile Flora der jüngsten Steinkohlenformation und des Rothliegenden, p. 45, pl. I, fig. 2.

du toit; puits des Fraîchers; carrière en arrière du village de Bert, voisine de la limite du granite.

SAXONIEN INFÉRIEUR.

Mines de *Montchanin* : puits Wilson, étage de 170 mètres, galerie allant au puits Soret.

Mines de *Perrecy* : puits de Romagne, couchés supérieures.

CALLIPTERIS MARTINSI Germar (sp.).

1839. **Alethopteris Martinsii** Germar, *in* Kurtze, *Commentatio de petrefactis quæ in schisto bitum. Mansfeld. reperiuntur*, p. 34, 38, pl. III, fig. 2. Dunker, *Palæontographica*, I, p. 33, pl. I, fig. 3.

1869. **Pecopteris Martinsi** Schimper, *Trait. de pal. vég.*, I, p. 532. Grand'Eury, *in* Delafond, *Bass. houill. et perm. de Blanzy et du Creusot*, p. 34.

M. Grand'Eury a signalé la présence, à Perrecy, du *Pecopteris Martinsi*, qui, d'après les figures qui en ont été données, est, à n'en pas douter, un *Callipteris* du groupe du *Call. conferta*, voisin notamment du *Call. subauriculata* Weiss (sp.) et surtout des formes de cette espèce à lobe basilaire peu marqué que j'ai observées à Millery[1]. Je la mentionne donc ici, d'après cette indication :

Mines de *Perrecy* (Saxonien inférieur) : puits de Romagne, couches supérieures.

CALLIPTERIS NAUMANNI Gutbier (sp.).

1849. **Sphenopteris Naumanni** Gutbier, *Verst. d. Rothlieg. in Sachs.*, p. 11, pl. VIII, fig. 1-6.

1881. **Callipteris Naumanni** Sterzel, *Paläont. Charakt. d. ob. Steink. u. d. Rothl. im erzgeb. Beck.*, p. 105, 106; *Fl. d. Rothlieg. im nordwest. Sachs.*, p. 48, pl. VII, fig. 3. Zeiller, *Fl. foss. bass. houill. et perm. d'Autun*, 1re part., p. 106, pl. I, fig. 3; pl. II, fig. 1, 2. Potonié, *Flora des Rothl. v. Thüringen*, p. 111, pl. XI, fig. 1; pl. XIV, fig. 1, 2.

J'ai observé dans les couches autuniennes de *Charmoy* plusieurs débris de frondes de cette espèce bien caractérisés et bien reconnaissables.

CALLIPTERIS RAYMONDI n. sp.

Pl. XVII, fig. 3 à 5.

Frondes quadripinnatifides, à rachis principal large de 3 à 6 millimètres. *Pennes primaires* alternes ou subopposées, partant du rachis sous des angles

[1] Zeiller, Flore fossile du bassin houiller et permien d'Autun, 1re part., pl. VII, fig. 1, 2.

de 45° à 60°, plus ou moins espacées, *à contour linéaire,* décurrentes vers le bas le long du rachis, larges de 12 à 30 millimètres, longues vraisemblablement de 5 à 10 centimètres.

Pinnules bipinnatifides, étalées-dressées, *à contour ovale-linéaire ou linéaire,* décurrentes vers le bas le long du rachis, *empiétant légèrement les unes sur les autres* par leurs bords, longues de 6 à 17 millimètres sur 3 à 7 millimètres de largeur, *divisées, par des incisions obliques* atteignant jusqu'à leur axe, *en 7 à 13 segments ovales-cunéiformes, profondément pinnatifides, subdivisés en 2 à 7 lobes capillaires* obliques, séparés par d'étroits sinus aigus, larges de $0^{mm},25$ à $0^{mm},50$, *arrondis et souvent un peu dilatés au sommet.*

Nervation indistincte.

M. Raymond, ingénieur en chef des mines de MM. Schneider et Cie, a récolté, et j'ai recueilli moi-même en sa compagnie, dans les schistes autuniens de Charmoy, plusieurs échantillons de cette espèce, dont les principaux sont représentés sur la Pl. XVII, fig. 3 à 5, et montrent les variations d'aspect qu'elle est susceptible d'offrir.

On voit sur la fig. 3 un fragment de penne primaire portant de grandes pinnules bipinnatifides, divisées en lobes presque capillaires bien distincts. L'échantillon de la fig. 4 présente des pinnules peut-être un peu plus grandes, mais incomplètement conservées, offrant le même mode de division du limbe, mais à lobes plus serrés les uns contre les autres et quelque peu dilatés à leur sommet. Sur l'échantillon de la fig. 5, qui est constitué par un fragment de fronde à pennes primaires moins développées que les précédentes, et appartenant vraisemblablement à la partie supérieure de la fronde, les pinnules, beaucoup plus courtes, sont divisées seulement en un petit nombre de segments, trilobés ou bilobés, très rapprochés, et nettement élargis à leur sommet : elles offrent ainsi une certaine ressemblance avec celles du *Call. Naumanni;* mais un examen un peu attentif montre qu'elles sont beaucoup plus profondément divisées que chez cette dernière espèce, où les segments latéraux sont toujours plus ou moins soudés les uns aux autres et sont à peine échancrés ou lobulés à leur sommet.

Cette division plus profonde du limbe est d'ailleurs aisément reconnaissable sur la figure grossie 5 *a*, où les pinnules supérieures, en particulier, sont visiblement beaucoup plus profondément incisées et plus découpées qu'elles ne le sont jamais chez le *Call. Naumanni.*

La ressemblance avec celui-ci disparaît, d'ailleurs, lorsqu'on envisage des échantillons à pinnules plus développées, tels, par exemple, que celui de la fig. 4, qui fait le passage, comme aspect général et comme rapprochement des lobes, entre celui de la fig. 5 et celui de la fig. 3.

Ces échantillons montrent la décurrence, soit des pinnules sur le rachis, soit (fig. 5, 5 *a*) des pennes primaires sur l'axe principal de la fronde, attestant qu'on a bien affaire ici à un *Callipteris*, du groupe des *Callipteris* sphénoptéroïdes, tels que *Call. Naumanni* Gutbier (sp.), *Call. Nicklesi* Zeiller, *Call. strigosa* Zeiller[1]. Comparée à ce dernier, avec lequel elle n'est pas sans analogie, l'espèce que je viens de décrire se distingue par ses pinnules plus finement découpées, à segments eux-mêmes pinnatifides et moins écartés les uns des autres.

Il semble que ses frondes n'ont pas dû atteindre une taille bien considérable, les échantillons des fig. 3 et 4 paraissant bien devoir être considérés comme des fragments de pennes primaires, et, suivant toute apparence, de pennes primaires appartenant à la région moyenne ou inférieure de la fronde, puisque, de tous ceux qui ont été recueillis, ce sont ceux qui présentent les pinnules les plus grandes et les plus divisées.

Cette jolie espèce ne m'ayant paru pouvoir être identifiée à aucune des formes décrites jusqu'à présent, je me suis fait un plaisir de la dédier à M. Raymond, à qui en est due la découverte, et dont les persévérantes recherches dans toute la région du Creusot et de Blanzy ont assuré la réunion de si riches et si précieux matériaux paléobotaniques.

Le *Call. Raymondi* a été trouvé, comme je l'ai dit, avec une certaine abondance dans les schistes autuniens de *Charmoy*, particulièrement dans les affleurements situés à quelque 60 mètres au sud du pont sur la Sorme.

Genre ALETHOPTERIS Sternberg.

1826. **Alethopteris** Sternberg, *Ess. Fl. monde prim.*, I, fasc. 4, p. XXI.

L'attribution des *Alethopteris* aux Ptéridospermées ne donne pas lieu aux mêmes réserves que celle des *Callipteridium* et des *Callipteris*, étant fondée sur des observations positives, relatives à la structure des tiges et des pétioles. On sait, en effet, que les *Alethopteris* ont eu pour pétioles des *Myeloxylon*,

[1] Zeiller, Contribution à l'étude de la flore ptéridologique des schistes permiens de Lodève (*Bull. Mus. hist. nat. de Marseille*, I, p. 46, pl. IV, fig. 2-4; p. 51, pl. IV, fig. 5).

IMPRIMERIE NATIONALE.

et pour tiges des *Medullosa*, et qu'ils viennent ainsi se placer dans le voisinage immédiat des *Nevropteris*, dont les pétioles et les tiges appartiennent respectivement à ces mêmes types génériques. Au surplus, si l'on n'a pas trouvé de graines en rapport direct avec des portions de frondes reconnaissables d'*Alethopteris*, les constatations de M. Grand'Eury, touchant l'association constante de certaines graines avec des frondes d'*Alethopteris* paraissant encore en place, ne laissent-elles guère de doutes sur leur dépendance mutuelle : c'est ainsi qu'il a été amené à attribuer aux *Alethopteris* du Westphalien les *Trigonocarpus* répandus dans les mêmes couches, et aux *Alethopteris* stéphaniens les *Pachytesta*, en particulier à l'*Aleth. Grandini* le *Pachytesta gigantea* Brongniart[1], que, dès 1877, il avait signalé comme accompagnant habituellement, à Saint-Étienne, les frondes de cette espèce[2].

On est donc fondé à ranger sans hésitation les *Alethopteris*, ou du moins les espèces typiques du genre, parmi les Ptéridospermées; on ne saurait toutefois être aussi affirmatif en ce qui concerne certaines espèces, qui n'offrent avec les formes normales du genre *Alethopteris* que des affinités moins étroites : tel est le cas d'une de celles qui vont suivre, l'*Aleth. minuta*, qui, tout en présentant les caractères de forme, de mode d'attache et de nervation des pinnules propres aux *Alethopteris*, ne laisse pas de ressembler davantage par son aspect général, par les dimensions réduites de ses pinnules, à une Pécoptéridée, et sur l'attribution de laquelle il serait peut-être téméraire de se prononcer dès maintenant.

ALETHOPTERIS GRANDINI Brongniart (sp.).

1832 ou 1833. **Pecopteris Grandini** Brongniart, *Hist. végét. foss.*, I, p. 286, pl. 91, fig. 1-4.

1836. **Alethopteris Grandini** Gœppert, *Syst. fil. foss.*, p. 299. Renault, *Cours bot. foss.*, III, p. 157, pl. 27, fig. 3-4. Zeiller, *Fl. foss. terr. houill. de Commentry*, 1re part., p. 203, pl. XXI, fig. 1-8.

Cette espèce a été trouvée en abondance dans le bassin de Blanzy et du Creusot, sous forme de fragments de pennes ou de frondes plus ou moins étendues, mais toujours stériles. Ainsi que je viens de le rappeler, M. Grand'-Eury lui rapporte les graines décrites par lui sous le nom de *Pachytesta gigantea;* mais on n'a aucun indice sur ce qu'ont pu être les inflorescences mâles correspondantes.

[1] Grand'Eury, Sur les graines des Névroptéridées (*Comptes rendus Acad. sc.*, CXXXIX, 4 juillet 1904, p. 25; 14 nov. 1904, p. 784).

[2] Grand'Eury, Flore carbonifère du département de la Loire, p. 565.

La présence de l'*Aleth. Grandini* a été constatée sur les points suivants :

Mines de *Saint-Bérain :* puits Saint-Léger n° 1, travers-bancs sud au mur de la couche supérieure, et 1re couche intermédiaire; puits Saint-Léger n° 2, faisceau du Bois-Perrot; puits Notre-Dame, travers-bancs sud au toit de la couche des Carrières : puits de la Charbonnière, étage de 100 mètres, au mur de la couche du Bois-Perrot.

Mines de *Longpendu :* 1re et 3e couches.

Mines de *Montchanin :* puits de Ségur, à 395 mètres; puits Saint-Vincent; puits des Mésarmes.

Mines de *Blanzy :* puits du Bois; puits Sergant (concession du Ragny); — puits Lambert (concession des Crépins); — puits de l'Étang-Denis; puits de la Chassagne; puits Saint-Louis, à 306 mètres, à 390 mètres, à 394 mètres; découvert Saint-François; découvert Sainte-Hélène; puits Saint-Pierre, 2e couche; découvert du Magny; puits du Magny, travers-bancs de l'étage de 427 mètres, à 330 mètres, à 420 mètres et à 548 mètres du puits; — région de Montmaillot : puits Saint-Paul, à 160 mètres; puits Saint-Amédée, à 255 mètres; — région des Porrots : puits Ramus, vers 80 mètres.

Mines du *Creusot :* puits Saint-Paul, au toit de la Grande couche; puits Chaptal, à 122 mètres au mur de la Grande couche, et petite veine du mur; découvert de la Croix.

ALETHOPTERIS COSTEI n. sp.

Pl. XV, fig. 1; Pl. XVI, fig. 1.

Frondes tripinnées, atteignant au moins 2 mètres de largeur sur 3 mètres et plus de longueur. Rachis de divers ordres lisses, mais plus ou moins striés longitudinalement.

Pennes primaires parfois opposées ou subopposées, très étalées, *à contour linéaire-lancéolé,* très faiblement rétrécies à leur base, effilées en pointe vers le sommet, atteignant sans doute 1 mètre au moins de longueur sur 30 à 35 centimètres de largeur, *se touchant à peine par leurs bords. Pennes secondaires* alternes, très étalées, espacées d'un même côté de 15 à 40 millimètres, *se touchant par leurs bords, à contour linéaire-lancéolé,* effilées en pointe vers le sommet, longues de 8 à 17 centimètres sur 15 à 40 millimètres de largeur.

Pinnules alternes, *à bords parallèles,* se touchant à peine par leurs bords, *rétrécies en pointe obtuse ou tout à fait arrondies au sommet; celles des pennes primaires inférieures contractées à leur base* en avant et en arrière, longues de 12 à 20 millimètres sur 4 à 5 millimètres de largeur, *les plus inférieures à bord ondulé*, ou même pinnatifides au voisinage de la base des pennes secondaires, *les pinnules basilaires*, contiguës au rachis secondaire, *étant alors franchement pinnatifides* et presque pinnées, divisées en pinnules de 2 à 4 millimètres de largeur sur 3 à 5 millimètres de longueur, plus ou moins soudées entre elles à leur base; souvent ces grandes pinnules basilaires ne sont pinnatifides ou pinnées que sur leur bord postérieur (catadrome), leur bord antérieur étant entier ou seulement ondulé. *Pinnules des pennes primaires supérieures légèrement élargies à la base, soudées entre elles* sur 1 à 2 millimètres de hauteur, longues de 7 à 10 millimètres sur 3 à 5 millimètres de largeur, à bords tout à fait entiers. Pinnule terminale allongée, ovale-linéaire.

Nervure médiane très nette, se suivant presque jusqu'au sommet des pinnules; *nervures secondaires bifurquées dès leur base, la branche inférieure très étalée, une seule fois bifurquée, la branche supérieure ascendante, arquée, une ou deux fois bifurquée;* nervules atteignant presque normalement le bord du limbe, au nombre de 25 à 32 par centimètre.

Il a été recueilli à Blanzy de nombreux échantillons de cette espèce, sous la forme de fragments de pennes d'une étendue considérable, qui permettent de suivre les variations de taille et de forme des pinnules d'un point à l'autre de la fronde, et de se rendre compte des grandes dimensions que devaient avoir ces frondes. J'ai représenté sur les Pl. XV et XVI des portions de deux des principaux d'entre eux, offrant à peu près les deux termes extrêmes au point de vue de la dimension des pinnules. L'un, celui de la Pl. XV, montre une penne primaire appartenant à la région inférieure de la fronde, à grandes pinnules tout à fait libres et plus ou moins contractées à leur base, tandis que sur la Pl. XVI on a affaire à une penne primaire beaucoup plus rapprochée de la région supérieure de la fronde, à pinnules bien plus courtes, nettement soudées entre elles à leur base. D'autres échantillons offrent, d'ailleurs, tous les passages de la première forme à la seconde.

L'échantillon de la Pl. XV, qui mesure 40 centimètres de longueur, montre un rachis large de 8 millimètres à un bout et 7 à l'autre, ce qui donne à penser que la penne devait avoir 1 mètre au moins de longueur et probablement davantage; la penne est conservée sur toute sa largeur, et au delà de l'extrémité des pennes secondaires de droite se voient les extrémités de pennes secondaires appartenant évidemment à une autre penne primaire, parallèle et dépendant du même rachis principal. Vers le bas de l'échantillon, et au bas de la figure, on remarque que les pinnules les plus rapprochées de l'axe de la penne deviennent pinnatifides et presque pinnées : sur les pennes secondaires inférieures, on compte ainsi trois ou quatre paires de ces pinnules pinnatifides, tandis que plus haut il n'y a plus à la base des pennes secondaires que deux ou trois paires de pinnules pinnatifides, les suivantes étant à bords tout à fait entiers.

Sur d'autres échantillons, à pinnules un peu moins développées, les deux pinnules de la paire basilaire sont seules pinnatifides, et l'on constate qu'elles sont beaucoup plus profondément divisées sur leur bord postérieur que sur leur bord antérieur, offrant d'un côté des segments libres presque jusqu'à leur base qui constituent de véritables pinnules, tandis que de l'autre côté les segments, plus courts, sont soudés entre eux sur la moitié environ de leur hauteur. Sur un autre échantillon, à pinnules longues seulement de 15 millimètres, les pinnules basilaires ne sont plus pinnatifides que sur leur bord postérieur, contigu au rachis secondaire, leur bord antérieur étant seulement faiblement ondulé.

Puis, sur d'autres fragments de pennes primaires, à pinnules encore longues cependant de près de 2 centimètres, on n'observe plus que des pinnules tout à fait entières, et l'on passe ainsi, les pinnules diminuant de longueur, cessant de se contracter à leur base pour se dilater d'abord quelque peu et se souder ensuite les unes aux autres, à des échantillons tels que celui de la Pl. XVI, qui correspond évidemment à une région déjà relativement rapprochée de l'extrémité de la fronde. Cependant le rachis principal auquel vient s'attacher, comme on le voit, une seconde penne primaire presque exactement opposée à la première, mesure encore en ce point 10 millimètres de largeur, ce qui donne à penser qu'il devait se prolonger encore vers la droite sur 0 m. 80 à 1 mètre au moins de longueur.

Je n'ai vu, malheureusement, aucun échantillon plus rapproché du sommet, permettant de se rendre compte des modifications qui se produisaient dans le voisinage immédiat de celui-ci; il est à présumer que, les pinnules se réduisant et se soudant de plus en plus, les pennes secondaires étaient remplacées par de grandes pinnules d'abord pinnatifides, puis entières; mais on ne peut faire à cet égard que des conjectures, et rien ne peut suppléer à l'observation directe.

Parmi les espèces déjà décrites d'*Alethopteris*, la seule qui me paraisse offrir avec l'espèce que je viens de décrire une ressemblance vraiment marquée, est l'*Alethopteris virginiana* Fontaine et White des couches permo-houillères de la Virginie[1]; elle s'en rapproche même à tel point que je me suis demandé s'il n'y avait pas identité. La figure 1, pl. XXXIII, de la *Permian Flora* montre notamment un fragment de penne bipinnée, sur lequel les pinnules basilaires des pennes de dernier ordre sont légèrement pinnatifides sur leur bord postérieur, et entières sur leur bord antérieur, comme cela a lieu sur certains échantillons de Blanzy; le fragment de penne de la figure 2, pl. XXXII, à pinnules à bords ondulés, a, de même, une assez grande ressemblance avec les pennes de dernier ordre de l'échantillon représenté sur la Pl. XV; on remarque toutefois, sur les figures de l'espèce des États-Unis, que les pinnules sont plus séparées, plus dilatées à leur base, surtout du côté inférieur; les échantillons à pinnules moyennes, comme ceux des figures 1 et 3, pl. XXXIII, ou à petites pinnules comme celui de la figure 1, 1 *a*, pl. XXXII, offrent encore des pinnules tout à fait indépendantes, plus ou moins contractées à leur base, tandis que chez l'espèce de Blanzy les pinnules de la même taille sont nettement soudées les unes aux autres à leur base.

Enfin les caractères de la nervation paraissent, d'après les figures de détail comme d'après la description donnée par MM. Fontaine et White, trop différents de l'une à l'autre pour permettre l'identification: les nervures latérales sont en effet, chez l'espèce américaine, une seule fois bifurquées, une des branches de la bifurcation pouvant, il est vrai, être elle-même bifurquée à nouveau, mais les deux branches ne l'étant toutes deux à la fois qu'exceptionnellement, tandis que sur les échantillons de Blanzy la double bifurcation est absolument constante, la branche supérieure, beaucoup plus arquée, se bifurquant même habituellement deux fois; en outre, on ne voit jamais chez cette dernière de nervures latérales simples, contrairement à ce qui a lieu chez l'*Aleth. virginiana;* il suffit, du reste, de comparer les figures grossies 1 *a*, 1 *b*, Pl. XV, et 1 *a*, 1 *b*, Pl. XVI, aux figures 1 *a*, pl. XXXII, et 4 *a*, pl. XXXIII, de la *Permian Flora* pour constater combien l'aspect général est dissemblable; la nervation paraît en outre avoir été notablement plus fine chez l'espèce américaine, les figures grossies indiquant de 35 à 40 nervules par centimètre.

[1] W. Fontaine et I. C. White, The Permian or Upper Carboniferous Flora of West Virginia and S. W. Pennsylvania, p. 88, pl. XXXII, fig. 1-5; pl. XXXIII, fig. 1-4.

Dans ces conditions il ne m'a pas paru possible de considérer l'espèce de Blanzy comme identique à l'*Aleth. virginiana*, et, devant dès lors lui donner un nom nouveau, j'ai été heureux de la dédier à mon camarade et ami M. Coste, Ingénieur au Corps des Mines, directeur de la Compagnie des mines de Blanzy, à qui l'École des Mines est redevable du don de très nombreux et très beaux échantillons de plantes fossiles.

On n'a recueilli jusqu'ici aucun indice permettant de se faire une idée du mode de fructification de cette espèce; mais ses affinités avec les formes typiques du genre *Alethopteris* me paraissent assez étroites pour qu'on ne puisse hésiter à voir également en elle une Ptéridospermée.

L'*Aleth. Costei* n'a été, à ma connaissance, rencontré, dans le bassin de Blanzy et du Creusot, que dans les mines de *Blanzy :* découvert Saint-François et découvert Sainte-Hélène.

ALETHOPTERIS MINUTA n. sp.

Pl. XIV, fig. 3.

Frondes probablement tripinnées. Pennes primaires larges d'environ 12 centimètres. *Pennes secondaires* alternes ou subopposées, très étalées, *à contour linéaire*, arrondies au sommet, espacées d'un même côté de 8 à 10 millimètres, *se touchant par leurs bords*, longues de 5 à 7 centimètres sur 8 à 10 millimètres de largeur.

Pinnules alternes, *étalées ou étalées-dressées, à bords parallèles, arrondies au sommet*, longues de 4 à 6 millimètres sur 2^{mm},5 à 4 millimètres de largeur, *soudées les unes aux autres sur 0^{mm},5 à 1 millimètre* de hauteur, *séparées par des sinus arrondis.* Pinnule terminale ovale-arrondie, plus ou moins soudée à celles qui la précèdent.

Nervure médiane nette, se suivant jusqu'au sommet des pinnules; *nervures secondaires étalées-dressées, une ou deux fois bifurquées, très serrées;* nervules aboutissant plus ou moins obliquement au bord du limbe, au nombre de 3 à 5 par millimètre; nervures de la portion soudée des pinnules partant directement du rachis.

L'échantillon fig. 3, Pl. XIV, sur lequel j'établis cette espèce, offre plutôt, à raison de la dimension de ses pinnules, l'aspect d'un *Pecopteris* véritable que d'un *Alethopteris;* mais la nervation, avec de nombreuses nervures partant directement du rachis entre les bases des nervures médianes de deux pinnules consécutives, ainsi qu'on le voit sur les figures grossies 3 *a*, 3 *b*, est celle d'un *Alethopteris;* il y a, d'ailleurs, sauf la taille, une ressemblance frappante avec l'*Aleth. Grandini*, dont on pourrait croire qu'on a sous les yeux une reproduction à échelle réduite, si cette dernière espèce n'avait en outre des pennes de dernier ordre à bords moins parallèles et des pinnules plus dilatées. D'autre part, l'absence de pinnules fixées directement sur le rachis commun, entre les bases des pennes de dernier ordre, écarte l'attribution au genre *Callipteridium*, à laquelle on aurait encore pu songer.

Il faut donc rapporter ce fragment de penne au genre *Alethopteris*, pour y constituer une espèce nouvelle, bien distincte de ses congénères par les dimensions réduites de ses pinnules et par son apparence pécoptéroïde. La différence d'inclinaison des pennes de dernier ordre d'un côté à l'autre du rachis commun indique, d'ailleurs, qu'on a affaire ici à un fragment de penne latérale, de penne primaire probablement, et que la fronde devait être tripinnée.

Bien que l'attribution s'impose au genre *Alethopteris*, tel qu'il est défini par la disposition des pinnules et par la nervation, il n'est rien moins que certain que l'*Aleth. minuta*, à apparence si nettement pécoptéroïde, appartienne réellement au même groupe naturel que les *Alethopteris* vrais et soit bien une Ptéridospermée plutôt qu'une Fougère.

En outre de l'échantillon fig. 3, Pl. XIV, qui a été recueilli par M. Raymond dans les schistes autuniens de *Charmoy*, au bord de la route de Charmoy à Saint-Nizier, à quelque 60 mètres au sud du pont de la Sorme, j'ai récolté moi-même à Charmoy un autre spécimen de cette espèce, mais beaucoup plus fragmentaire, représenté seulement par une portion de penne de dernier ordre.

Genre ODONTOPTERIS Brongniart.

1822. **Filicites** (Sect. **Odontopteris**) Brongniart, *Class. végét. foss.*, p. 34.

1826. **Odontopteris** Sternberg, *Ess. Fl. monde prim.*, I, fasc. 4, p. XXI. Brongniart, *Prodr.*, p. 60 (*pars*); *Hist. végét. foss.*, I, p. 250 (*pars*).

1869. **Odontopteris**, subg. **Xenopteris** Weiss, *Foss. Fl. d. jüngst. Steinkohl.*, p. 31; *Zeitsch. deutsch. geol. Gesellsch.*, XXII, p. 859, 863, 865.

Je prends ici le genre *Odontopteris* dans un sens restreint, n'y comprenant que les formes à nervation franchement odontoptéroïde, c'est-à-dire à pinnules dépourvues de nervure médiane véritable, et réunissant en un groupe générique distinct les formes de passage entre les *Odontopteris* ainsi entendus et les *Nevropteris*, chez lesquelles on trouve, sur les mêmes frondes, aussi bien des pinnules névroptéroïdes que des pinnules odontoptéroïdes. Cette division n'est autre, on le voit, que celle que Weiss avait proposée en 1869 lorsqu'il avait distingué dans le genre *Odontopteris* les deux sous-genres *Xenopteris* et *Mixoneura;* mais en donnant à ces subdivisions une valeur générique, je suis obligé de conserver le nom d'*Odontopteris* pour la première, puisqu'elle comprend le type même du genre, l'*Odont. Brardi*, le nom de *Xenopteris* ne pouvant être substitué au nom générique beaucoup plus ancien créé par Brongniart.

Par les *Mixoneura* les *Odontopteris* se rattachent aux *Nevropteris*, avec lesquels ils ont, du reste, les affinités les plus étroites et les plus manifestes par le mode de division de leurs frondes et la présence de folioles cycloptéroïdes sur leurs rachis. M. Grand'Eury a, d'autre part, signalé depuis longtemps[1] les *Odontopteris* comme ayant eu des pétioles du type *Myeloxylon*, de constitution semblable à ceux des *Alethopteris* et des *Nevropteris*, de sorte qu'il n'est pas douteux que ces trois types génériques appartiennent à un même groupe naturel; enfin les recherches récentes qu'il a faites sur les graines des Névroptéridées l'ont amené à reconnaître comme ayant dû appartenir aux *Odontopteris* de très petites graines, munies de 12 ou de 24 ailes longitudinales très minces et très peu apparentes, qu'il a désignées sous le nom d'*Odontopterocarpus*[2].

Les *Odontopteris*, dont les frondes offraient un mode de division et un port général si particuliers et ne pouvaient être rapprochées d'aucun type actuel de Fougères, viennent donc prendre place, sans doute possible, parmi les Ptéridospermées.

ODONTOPTERIS BRARDI Brongniart.

1822. **Filicites (Odontopteris) Brardii** Brongniart, *Class. vég. foss.*, p. 34, 89, pl. II, fig. 5.
1828. **Odontopteris Brardii** Brongniart, *Prodr.*, p. 60; *Hist. végét. foss.*, I, pl. 76; p. 252, pl. 75.

Je mentionne ici cette espèce d'après une indication de M. Grand'Eury, qui la signale à *Saint-Bérain*[3]; mais je n'en ai vu moi-même aucun échantillon dans le bassin de Blanzy et du Creusot.

[1] Grand'Eury, Flore carbonifère du département de la Loire, p. 130.

[2] Grand'Eury, Sur les graines des Névroptéridées (*Comptes rendus Acad. sc.*, CXXXIX, 4 juillet 1904, p. 25-26; 14 novembre 1904, p. 785).

[3] Grand'Eury, Flore carbonifère du département de la Loire, p. 510.

IMPRIMERIE NATIONALE.

ODONTOPTERIS REICHIANA Gutbier.

1835. **Odontopteris Reichiana** Gutbier, *Abdr. u. Verst. d. Zwick. Schwarzkohl.*, p. 65, pl. IX, fig. 1-3, 5, 7; pl. X, fig. 13. Geinitz, *Verst. d. Steink. in Sachs.*, p. 20, pl. XXVI, fig. 3-7. Zeiller, *Expl. Carte géol. Fr.*, IV, p. 61, pl. CLXVI, fig. 1, 2. Potonié, *Abbild. u. Beschr. foss. Pflanzen-Reste*, Lief. II, 24, fig. 1.

1869. **Odontopteris (Xenopteris) Reichiana** Weiss, *Foss. Fl. d. jüngst. Steinkohl.*, p. 32, pl. I, fig. 3-9.

Bien que l'*Odont. Reichiana* devienne rare dans les couches les plus élevées du Stéphanien, je crois avoir constaté sa présence sur quelques points du bassin de Blanzy, les échantillons que je lui rapporte différant de l'*Odont. minor* par leurs pinnules un peu plus grandes, à sommet moins aigu, et à limbe plus épais. M. Grand'Eury l'a également signalé à Blanzy[1] concurremment avec l'*Odont. minor*.

Les localités où a été reconnu l'*Odont. Reichiana* sont les suivantes :

Mines de *Longpendu* : 4e et 6e couches.

Mines de *Montchanin :* toit du grand amas Quétel; puits des Mésarmes.

Mines de *Blanzy :* Grande couche supérieure, et schistes bitumineux de la région de Lucy[2].

Mines de *Perrecy :* toit de la grande couche d'anthracite.

ODONTOPTERIS MINOR Brongniart.

Pl. XIX, fig. 1; Pl. XX-XXI, fig. 1, 2; Pl. XXII, fig. 1.

1831 ou 1832. **Odontopteris minor** Brongniart, *Hist. végét. foss.*, I, p. 253, pl. 77. Zeiller, *Fl. foss. terr. houill. de Commentry*, 1re part., p. 215, pl. XXV, fig. 3-5; *Éléments de paléobotanique*, p. 100, fig. 73.

Il a été recueilli dans le bassin de Blanzy, et principalement dans les découverts des mines de Blanzy, de nombreux échantillons de cette espèce, dont quelques-uns m'ont paru mériter d'être figurés, à raison des renseignements qu'ils fournissent sur la constitution de ses frondes. Ils semblent notamment dénoter, pour les dernières pennes, garnies de pinnules normales, une disposition plus régulière que ne l'indique la reconstitution, peut-être un peu hypothétique, donnée jadis par M. Grand'Eury de l'*Odont. Reichiana*[3]; disposition conforme, d'ailleurs, à celle qu'il a lui-même figurée ultérieurement,

(1) Grand'Eury, Flore carbonifère du département de la Loire, p. 508.
(2) *Ibid.*, p. 508.
(3) *Ibid.*, p. 111, pl. XII.

d'après un échantillon du bassin du Gard [1], qui lui a offert un fragment de fronde à rachis bifurqué en deux branches symétriques, bipinnées sur leur bord interne et tripinnées sur leur bord externe.

Le plus souvent on ne rencontre que des fragments de pennes dyssymétriques, portant d'un côté, comme sur la fig. 2, Pl. XX-XXI, des pennes simplement pinnées, de l'autre des pennes bipinnées comprenant entre elles de petites pennes simplement pinnées. Il était naturel de penser qu'on avait affaire là à des branches provenant de bifurcations du rachis [2], mais tant qu'on n'avait pas constaté la réalité de telles bifurcations, il était impossible de rien affirmer à cet égard, et jusqu'ici l'échantillon du Gard figuré en 1890 par M. Grand'-Eury était le seul qui eût montré une semblable bifurcation, à branches symétriques par rapport à la bissectrice de l'angle formé par elles.

Les échantillons d'*Odont. minor* recueillis à Blanzy semblent bien établir que c'était là la disposition normale, tous ceux qui ont offert une étendue suffisante s'étant montrés ainsi constitués, et aucun indice n'ayant été observé qui puisse donner à penser que d'autres portions de frondes pouvaient offrir un mode de ramification différent.

Le plus intéressant de ces échantillons est représenté sur la Pl. XIX, reproduit dans toute son étendue, mais en demi-grandeur seulement, sur la fig. 1', la fig. 1 en reproduisant en vraie grandeur la moitié inférieure [3]; on a affaire là, comme on le voit, à un rachis de 10 à 12 millimètres de largeur qui se bifurque sous un angle d'environ 40° en deux branches épaisses de 8 millimètres, dont une seule est conservée sur une étendue un peu considérable, portant sur son bord interne des pennes simplement pinnées et sur son bord externe des pennes bipinnées comprenant entre elles de petites pennes simplement pinnées. L'autre branche, celle de droite, est rompue à 5 centimètres de son origine; mais sur cette longueur elle est exactement symétrique de la branche de gauche, garnie de pennes simplement pinnées sur son bord interne, et il n'y a pas à douter que cette symétrie de disposition se continue sur tout le reste de la branche, conformément à ce qui s'observe sur d'autres échantillons, tels que celui de la Pl. XX-XXI, fig. 1.

[1] Grand'Eury, Géologie et paléontologie du bassin houiller du Gard, pl. XIX, fig. 5 (*Odont. Reichiana*).

[2] Zeiller, Flore fossile du terrain houiller de Commentry, 1re part., p. 212-213.

[3] C'est d'après cet échantillon qu'a été faite, en le complétant quelque peu, la figure que j'ai donnée dans mes *Éléments de paléobotanique*.

Au-dessous de la bifurcation et jusqu'à son origine même, le rachis est garni, au lieu de pennes normales bipinnées ou simplement pinnées, de grandes pinnules hétéromorphes, à contour ovale-lancéolé, terminées au sommet en pointe aiguë, à bords dentelés ou frangés, et plus ou moins profondément lobées. La plupart sont munies à leur base, du côté antérieur, d'un lobe ovale à peu près séparé du reste du limbe, constituant une pinnule presque indépendante, à nervation cycloptéroïde, mais tendant parfois à devenir névroptéroïde. Sur quelques-unes de ces folioles, notamment sur les deux moyennes du côté droit, le limbe est de nouveau incisé un peu plus loin sur son bord antérieur, mais moins profondément, de manière à former un deuxième lobe plus large, moins indépendant, à nervation franchement odontoptéroïde. Sur le bord postérieur, il y a de même deux ou trois incisions, mais moins profondes : ainsi le lobe inférieur, qui est toujours le plus accusé, reste soudé au reste du limbe sur près de la moitié ou plus de la moitié de sa longueur. Ces folioles hétéromorphes sont parcourues par de nombreuses nervures arquées, dichotomes, à disposition générale plutôt cycloptéroïde que névroptéroïde, et l'on distingue entre elles de fausses nervures très fines, parfois dissociées en deux ou trois filaments excessivement ténus; ces fausses nervures peuvent, du reste, s'apercevoir à la loupe ou tout au moins se deviner sur quelques points de la fig. 1 et de la figure grossie 1 *a*.

Peut-être plus bas le rachis présentait-il d'autres bifurcations, des portions de frondes telles que celle de la Pl. XIX venant se réunir deux à deux, et au-dessous de ces bifurcations le rachis portait-il d'autres folioles hétéromorphes, plus grandes encore et plus franchement cycloptéroïdes; il est permis de le supposer, étant donné l'association fréquemment signalée de véritables *Cyclopteris*, à bords plus ou moins frangés, aux pennes d'*Odontopteris*, et la réduction de dimensions des folioles hétéromorphes les plus basses de l'échantillon de la Pl. XIX, par rapport à celles qui sont situées au-dessus d'elles, donnerait à penser qu'elles étaient voisines d'un point de bifurcation du rachis; mais aucun des échantillons recueillis n'a fourni de renseignements directs à cet égard.

L'échantillon fig. 1, Pl. XX-XXI, montre une portion de fronde homologue de celle de la Pl. XIX, composée d'un rachis de 10 millimètres environ de largeur, bifurqué sous un angle assez ouvert en deux branches feuillées symétriques. Ici le rachis commun, au-dessous de la bifurcation, est complètement nu, les folioles hétéromorphes qu'il devait porter ayant sans doute disparu.

Des deux branches de la bifurcation, celle de droite n'est qu'incomplètement conservée, mais bien que son axe soit interrompu sur 13 centimètres de longueur, on voit qu'il ne portait sur son bord interne que des pennes simplement pinnées, tandis qu'il était garni du côté extérieur de pennes bipinnées, dont l'une, peut-être la dernière vers le haut, est visible en partie à l'extrême bord de l'échantillon, en haut de la figure, vers la gauche. La branche de gauche est incomplète également, mais moins incomplète que celle de droite; son axe est conservé sur une certaine étendue et l'on peut constater qu'il ne porte en dedans de la bifurcation que des pennes simplement pinnées, tandis que du côté externe on voit successivement cinq pennes bipinnées venir s'attacher sur lui. Ici encore il y a symétrie parfaite de ramification des deux branches de part et d'autre de l'axe de la bifurcation.

Enfin, l'échantillon de la Pl. XXII fait voir la partie extrême d'une de ces branches de bifurcation, qui, au voisinage de son sommet, redevient symétrique d'un côté à l'autre de son axe propre, ne portant plus, même du côté externe, que des pennes simplement pinnées, qui succèdent aux pennes bipinnées des régions moyenne et inférieure. On remarque sur cet échantillon la grande dimension des pinnules des pennes simplement pinnées du bord interne, dont les plus basses tendent même à se lober et à devenir presque pinnatifides à leur base; il en est de même, au surplus, sur l'échantillon fig. 2, Pl. XX-XXI, ainsi qu'on peut le voir surtout sur la figure grossie 2 *a*. Mais sur aucun échantillon le développement des pennes situées sur le bord interne ne va jusqu'à la constitution de véritables pennes bipinnées symétriques de celles du bord externe, ni même approchant en quoi que ce soit de ces dernières; la symétrie ne se rétablit, ainsi que je l'ai dit, que près du sommet, où il n'y a plus alors que des pennes simplement pinnées, comme on le voit sur l'échantillon de la Pl. XXII.

A l'extrême sommet, ainsi que le montrent quelques échantillons, les pennes de dernier ordre, graduellement réduites, avec leur pinnule inférieure plus ou moins adnée au rachis principal, faisaient place à trois ou quatre paires de pinnules simples quelque peu décurrentes à leur base.

Ainsi constituées, ces portions de frondes, avec leur bifurcation en branches de lyre et leur feuillage délicat, devaient être d'une rare élégance.

L'*Odont. minor* a été rencontré dans le bassin de Blanzy sur les points suivants :

Mines de *Saint-Bérain :* puits Saint-Léger n° 1, 1re couche intermédiaire;

puits Saint-Léger n° 2, faisceau du Bois-Perrot; puits de la Charbonnière, étage de 80 mètres, au mur des couches du Bois-Perrot.

Mines de *Longpendu :* 4e couche.

Mines de *Montchanin :* puits des Mésarmes.

Mines de *Blanzy :* puits Ravez [1]; puits Saint-Louis, à 118 mètres, à 139 mètres, à 492 mètres; puits Sainte-Marguerite; bure des compresseurs, à 70 mètres; découvert Saint-François; découvert Sainte-Eugénie; découvert Maugrand; découvert Sainte-Hélène; découvert du Magny; puits du Magny, travers-bancs de l'étage de 427 mètres, au delà de la faille du Magny; — région de Montmaillot : puits Saint-Paul, à 40 mètres; puits Saint-Amédée, à 324 mètres; — région des Porrots : puits Ramus, à 32 mètres, à 37 mètres et à 300 mètres.

Mines de *Perrecy :* toit de la grande couche d'anthracite.

PERMIEN.

Mines de *Perrecy* (Saxonien inférieur) : puits de Romagne, couches supérieures.

ODONTOPTERIS CATADROMA Weiss.

1869. **Odontopteris (Xenopteris) catadroma** Weiss, *Foss. Fl. d. jüngst. Steinkohl.*, p. 34, pl. IV-V, fig. 4.

Je ne mentionne ici ce nom spécifique que d'après M. Grand'Eury, qui a signalé la présence de l'*Odont. catadroma* dans le faisceau permien de Perrecy [2]; mais il me paraît difficile de reconnaître une valeur sérieuse à l'espèce créée sous ce nom par Weiss, le très petit fragment de penne qu'il a ainsi nommé pouvant fort bien représenter l'extrémité d'une penne d'*Odontopteris* appartenant peut-être à l'*Odont. Reichiana* ou à l'*Odont. minor*. Néanmoins, quelque doute que j'aie et quelque réserve qu'il y ait à faire sur l'autonomie de cette espèce, j'ai cru devoir enregistrer ici l'indication donnée par M. Grand'Eury :

Mines de *Perrecy* (Saxonien inférieur) : puits de Romagne, faisceau supérieur.

[1] Grand'Eury, Flore carbonifère du département de la Loire, p. 508.

[2] Delafond, Bassin houiller et permien de Blanzy et du Creusot. Fasc. I, Stratigraphie, p. 34.

ODONTOPTERIS GENUINA Grand'Eury.

Pl. XXIII, fig. 1, 2; Pl. XXIV, fig. 1 à 3.

1877. **Odontopteris genuina** Grand'Eury, *Flore carb. du dép. de la Loire*, p. 115. Zeiller, *Fl. foss. terr. houill. de Commentry*, 1re part., p. 219, pl. XXIV, fig. 1-3; pl. XXV, fig. 1, 2; pl. XXXI, fig. 1.

1855. **Odontopteris alpina** Geinitz (*non* Sternberg?), *Verst. d. Steink. in Sachs.*, p. 20, pl. XXVI, fig. 12; (*an* pl. XXVII, fig. 1?). Potonié, *Abbild. u. Beschr. foss. Pflanzen-Reste*, Lief. II, 22, fig. 1-5.

L'*Odont. genuina* a été trouvé en assez grande abondance à Blanzy, comme à Commentry, sous la forme de fragments de pennes souvent bifurqués, portant des pinnules de dimensions et de formes très variables, dénotant un polymorphisme étendu.

La fig. 1 de la Pl. XXIII reproduit une portion d'une grande plaque, longue de 0 m. 40 sur 0 m. 29 de hauteur, qui offre les empreintes de trois fragments de frondes, dont les deux extrêmes sont à peu près identiques d'aspect, ne différant l'un de l'autre que par les dimensions de leurs rachis et de leurs pinnules. L'un d'eux est celui qui occupe les trois quarts de la fig. 1, Pl. XXIII : il est, comme on le voit, formé d'un rachis large de 9 à 10 millimètres, strié longitudinalement, qui se bifurque sous un angle de 55° en deux branches de 5 millimètres de largeur, symétriques, garnies sur leur bord externe comme sur leur bord interne de pennes simplement pinnées, lesquelles vont en augmentant de longueur à mesure qu'elles s'éloignent du point de bifurcation; au-dessous de la bifurcation, le rachis est garni de pennes semblables, mais qui vont peu à peu en se raccourcissant, en même temps qu'elles s'espacent de plus en plus. L'autre fragment de penne semblable, situé à 15 centimètres environ vers la gauche, ne diffère que par les dimensions moindres de son rachis, large seulement de 7 millimètres, et divisé sous un angle de 30° en deux branches de 4 millimètres de largeur. Entre les deux se trouve un troisième rachis, visible sur la gauche de la fig. 1, Pl. XXIII, garni de pennes simplement pinnées semblables à celles qui s'observent sur les deux autres rachis au-dessous du point de bifurcation : il est évident que ce rachis se bifurquait également un peu plus haut, mais sa longueur plus grande permet de suivre plus loin vers le bas les modifications graduelles des petites pennes dont il est garni. On les voit s'espacer considérablement et se réduire jusqu'à n'être plus composées que de deux pinnules basilaires et d'une pinnule terminale ovale-cunéiforme. Peut-être y avait-il plus bas une autre bifurcation : les deux rachis que l'on voit sur la fig. 1 de la Pl. XXIII sont, en effet, nettement convergents et semblent devoir se réunir à quelque distance. L'autre rachis, situé plus à gauche, est dans un plan un peu différent; mais peut-être dépendait-il encore de la même fronde.

Un autre échantillon, que j'avais déjà mentionné en décrivant cette espèce[1] et que je reproduis sur la Pl. XXIV, fig. 3, montre que les branches extrêmes des bifurcations n'étaient pas toujours garnies de longues pennes feuillées à pinnules ogivales ou trapézoïdales comme celles de la région supérieure de droite de la fig. 1, Pl. XXIII, ou des fig. 1 et 2, Pl. XXIV : il se compose, en effet, d'un rachis bifurqué sous un angle d'environ 45° en deux branches larges à leur base de 5 millimètres, qui vont en se rétrécissant assez rapidement, de telle façon qu'il est certain qu'elles ne bifurquaient pas à nouveau un peu plus loin; elles sont garnies, en dedans et en dehors, de petites pennes simplement pinnées, semblables à celles qu'on voit sur la fig. 1 de la Pl. XXIII au-dessous de la bifurcation du rachis, mais à pinnules sensiblement plus grandes et encore moins nombreuses : elles ne comptent, en effet, que deux paires de pinnules latérales au maximum, avec une grande pinnule terminale.

Les dernières branches de la fronde étaient ainsi assez dissemblables, et il est difficile de se faire une idée de l'aspect que devaient présenter ces frondes d'*Odont. genuina.* Il semble probable qu'au-dessous des bifurcations que fait présumer la convergence des rachis de la fig. 1, Pl. XXIII, le rachis devait porter des pinnules simples, cycloptéroïdes, d'autant plus grandes sans doute qu'elles appartenaient à des branches d'ordre moins élevé; du moins trouve-t-on, associés aux débris de frondes de cette espèce, des fragments de rachis striés en long, tels que celui de la fig. 2, Pl. XXIII, qui offre une épaisseur de 12 à 14 millimètres et porte de grandes pinnules cycloptéroïdes, à contour parfois un peu irrégulier, dont la nervation concorde exactement, ainsi qu'on le voit sur cette figure, avec celle des pinnules normales d'*Odont. genuina.*

Quant à la taille de ces pinnules, elle est, ainsi que je l'ai dit en commençant, extrêmement variable, et les figures des Pl. XXIII et XXIV ne représentent guère que les dimensions moyennes et inférieures; les échantillons

[1] Zeiller, Flore fossile du terrain houiller de Commentry, 1re part., p. 222.

recueillis à Commentry, dont j'ai figuré jadis quelques-uns, montrent des pinnules notablement plus grandes : l'un d'eux notamment, muni de pinnules de 20 à 25 millimètres de longueur tout à fait arrondies au sommet, offre exactement l'aspect de l'échantillon d'Oberhohndorf figuré par H. B. Geinitz sous le nom d'*Odont. alpina*[1]; un autre, dont j'ai donné la figure[2], porte, au voisinage immédiat de la bifurcation du rachis, de courtes pennes munies de pinnules arrondies au sommet, qui atteignent jusqu'à 30 ou 35 millimètres de longueur sur 18 à 20 millimètres de largeur. Mais il est impossible de se rendre compte si ces variations de taille, si étendues, s'observaient sur une seule et même fronde, suivant la position des pennes, ou seulement d'une fronde à une autre, suivant leur développement respectif.

On voit dans tous les cas que le port des frondes de cette espèce, à bifurcations en branches munies en dehors comme en dedans de pennes simplement pinnées, à pinnules très variables de forme et de taille, devait être sensiblement différent de celui des frondes de l'*Odont. minor,* où les branches des bifurcations étaient dyssymétriques d'un côté à l'autre, et où les pinnules étaient, à ce qu'il semble, de formes et de dimensions beaucoup plus constantes.

Je n'hésite pas à réunir à cette espèce, d'accord avec M. Potonié, les échantillons figurés tant par lui-même que par H.-B. Geinitz sous le nom d'*Odont. alpina;* mais l'identification avec le véritable *Odont. alpina*[3] des couches à anthracite des Alpes me paraît des plus douteuses, la figure type de Sternberg pouvant être rapportée avec tout autant de vraisemblance pour le moins à l'*Odont. Brardi,* qui est en effet commun dans le terrain houiller des Alpes, tandis que parmi les nombreux échantillons que j'ai eus en mains des Alpes françaises, soit de la Savoie, soit de l'Isère, je n'ai jamais rencontré aucun fragment de penne d'*Odont. genuina.* J'ajoute que les échantillons figurés par Heer comme *Odont. alpina*[4] ne peuvent, non plus, être rapportés à cette espèce, tandis qu'au contraire il y a concordance parfaite entre quelques-unes de ses

[1] H. B. Geinitz, Versteinerungen der Steinkohlenformation in Sachsen, pl. XXVI, fig. 12.

[2] Zeiller, *loc. cit.*, pl. XXIV, fig. 2.

[3] *Neuropteris alpina* Sternberg, Ess. Fl. monde prim., II, fasc. 5-6, p. 75, pl. XXII, fig. 2.

[4] Heer, Flora fossilis Helvetiæ, pl. V, fig. 6 *b;* pl. VI, fig. 14, 15.

figures d'*Odont. Brardi*[1] et la figure type du *Neuropteris alpina*. Il me paraît donc très probable que c'est à une penne d'*Odont. Brardi* que Sternberg a attribué ce nom spécifique, et je crois devoir, en conséquence, conserver à l'espèce dont je viens de parler le nom de *genuina* sous lequel elle a été signalée par M. Grand'Eury.

Des fragments de frondes plus ou moins étendus d'*Odont. genuina* ont été rencontrés sur les points suivants du bassin :

Mines de *Longpendu*.

Mines de *Blanzy* : découvert Sainte-Hélène, où il est fréquent.

Genre MIXONEURA Weiss.

1869. **Odontopteris**, subg. **Mixoneura.** Weiss, *Foss. Fl. d. jüngst. Steinkohl.*, p. 36; *Zeitsch. deutsch. geol. Gesellsch.*, XXII, p. 859, 863, 864.

1892. **Neurodontopteris** Potonié, *Ueber einige Carbonfarne*, III, p. 12; *Flora d. Rothlieg. v. Thüringen*, p. 122, 133.

On a classé tantôt dans le genre *Nevropteris*, tantôt dans le genre *Odontopteris*, un certain nombre d'espèces chez lesquelles on voit parfois, sur un même fragment de fronde, des pinnules névroptéroïdes et des pinnules odontoptéroïdes, les premières placées à la partie inférieure des pennes, les autres occupant les régions moyenne et supérieure, de sorte qu'il y a ainsi passage d'un type générique à l'autre. Weiss avait, dès 1869, proposé de grouper ces espèces, à titre de sous-genre, sous le nom de *Mixoneura*, qui, par le fait, n'a pour ainsi dire pas été employé. Plus récemment, M. Potonié a insisté avec raison sur la convenance de distinguer par une appellation spéciale ces formes de passage, et il a créé pour elles le nom générique de *Neurodontopteris*, le nom de *Mixoneura* ne lui paraissant pas pouvoir être conservé, à raison de ce fait que Weiss ne l'avait appliqué qu'au seul *Odontopteris obtusa* (*Od. subcrenulata* Rost sp.), lequel doit être maintenu, suivant lui, parmi les vrais *Odontopteris*.

Je crois néanmoins devoir revenir, pour le groupe en question, au nom de *Mixoneura*, pour les deux motifs suivants : d'une part, Weiss a nettement défini ses *Mixoneura* comme devant comprendre les espèces qui présentent à la fois sur la même fronde des pinnules xénoptéroïdes, c'est-à-dire franchement odon-

[1] Heer, Flora fossilis Helvetiæ, pl. VII, fig. 3, 7.

toptéroïdes, et des pinnules névroptéroïdes, et l'application inexacte qu'il aurait pu faire de ce nom ne me paraîtrait pas un motif dirimant pour le faire laisser de côté, étant donné que la définition ne comportait aucune ambiguïté. Le renseignement donné par M. Potonié[1] au sujet d'un échantillon de *Neurodontopteris auriculata* étiqueté de la main même de Weiss « *Mixoneura* (*Odontopteris*+*Neuropteris*) n. sp. » ne laisse d'ailleurs aucun doute sur la façon dont Weiss comprenait ses *Mixoneura* et sur la concordance absolue de ce nom avec celui de *Neurodontopteris*. D'autre part c'est, à mon sens, avec toute raison que Weiss avait rangé sous ce nom son *Odont. obtusa* : non seulement, en effet, les figures publiées par Germar sous le nom de *Neuropteris subcrenulata*[2], la figure 4 en particulier, et celles données plus récemment par M. Raciborski[3] attestent que l'on rencontre chez cette espèce des pinnules franchement névroptéroïdes par leur forme et leur nervation, occupant sur les pennes supérieures la place des pennes normales à pinnules odontoptéroïdes, mais on en observe aussi, comme j'ai pu le constater sur certains échantillons recueillis à la Grand'Combe, à la base des pennes de dernier ordre occupant la région inférieure de grandes pennes bipinnées, de sorte qu'il n'y a, sous ce rapport, aucune différence entre le *Mix. subcrenulata* et le *Mix. neuropteroides*, les pinnules névroptéroïdes étant seulement beaucoup moins fréquentes chez la première de ces deux espèces. M. Sterzel avait, au surplus, fait remarquer déjà[4] que l'*Odont. obtusa* de Weiss pouvait fort bien prendre place à côté des autres espèces classées par M. Potonié comme *Neurodontopteris*, et que rien ne faisait obstacle dès lors au maintien du nom de *Mixoneura* pour le groupe en question. Les constatations que je viens de mentionner confirment cette manière de voir et prouvent que non seulement l'*Odont. subcrenulata* peut être placé parmi les *Mixoneura*, mais qu'il doit être rangé dans ce groupe, offrant effectivement sur les mêmes pennes des pinnules névroptéroïdes et des pinnules odontoptéroïdes.

Les *Mixoneura*, intermédiaires entre les *Odontopteris* et les *Nevropteris*, appartiennent certainement comme eux aux Ptéridospermées.

[1] Potonié, Die Flora des Rothliegenden von Thüringen, p. 128.
[2] Germar, Versteinerungen des Steinkohlengebirges von Wettin und Löbejün, pl. V.
[3] Raciborski, Permokarbonska Flora Karniowickiego wapienia, pl. VII, fig. 11, 17.
[4] J.-T. Sterzel, Flora des Rothliegenden von Oppenau, p. 285.

MIXONEURA SUBCRENULATA Rost (sp.).

Pl. XXV, fig. 1.

1839. **Neuropteris subcrenulata** Rost, *De filic. ectyp.*, p. 22. Germar, *Verst. d. Steink. v. Wettin u. Löbejün*, p. 11, pl. V. Gœppert, *Genr. d. plant. foss.*, p. 103, 106, pl. VIII-IX, fig. 6.

1888. **Odontopteris subcrenulata** Zeiller, *Fl. foss. terr. houill. de Commentry*, 1re part., p. 227. Potonié, *Fl. d. Rothlieg. v. Thüringen*, p. 116, pl. XIV, fig. 6; pl. XVI, fig. 3; *Abbild. u. Beschr. foss. Pflanzen-Reste*, Lief. II, 26, fig. 1-3. De Stefani, *Flore carb. e perm. della Toscana*, p. 49, pl. VIII, fig. 8, 9.

1831 ou 1832. **Odontopteris obtusa** Brongniart (*pars*), *Hist. végét. foss.*, I, p. 255, pl. 78, fig. 3, (*non* fig. 4).

1869. **Odontopteris (Mixoneura) obtusa** Weiss, *Foss. Fl. d. jüngst. Steinkohl.*, p. 36 (*pars*), pl. II, pl. III; (*non* pl. VI, fig. 12). Raciborski, *Permokarb. Flora*, p. 21, pl. VII, fig. 1-3, 11-13, 17-20.

1870. **Mixoneura obtusa** Weiss, *Zeitsch. deutsch. geol. Gesellsch.*, XXII, p. 865.

1846. **Neuropteris lingulata** Gœppert, *Genr. d. plantes foss.*, livr. 5-6, p. 104, pl. VIII-IX, fig. 12, 13.

1869. **Odontopteris lingulata** Schimper, *Trait. de pal. vég.*, I, p. 459. Zeiller, *Fl. foss. bass. houill. et perm. d'Autun*, 1re part., p. 126, pl. X, fig. 3, 5.

1849. **Odontopteris obtusiloba** Naumann, *in* Gutbier, *Verst. d. Rothlieg. in Sachs.*, p. 14, pl. VIII, fig. 9-11. Geinitz, *Dyas*, p. 137 (*pars*), pl. XXVIII, fig. 1.

D'assez nombreux échantillons de cette espèce ont été trouvés dans le bassin de Blanzy et du Creusot, aussi bien dans l'Autunien et dans le Saxonien inférieur que dans le Stéphanien. L'un d'eux m'a paru devoir être figuré, tant pour permettre la comparaison avec l'espèce suivante, *Mixoneura neuropteroides*, que parce qu'il montre une régularité de ramification qui ne s'observe pas fréquemment chez le *Mix. subcrenulata*. Cet échantillon, représenté sur la figure 1 de la Planche XXV, se compose en effet d'un rachis très épais qui porte à droite et à gauche des pennes bipinnées à peu près aussi développées d'un côté que de l'autre, mais quelque peu dyssymétriques elles-mêmes, en ce sens que les pennes situées sur leur bord externe ou postérieur sont un peu plus longues et munies d'un plus grand nombre de pinnules que celles du bord interne ou antérieur, ce qui tient évidemment à ce que ces dernières, situées dans l'angle des deux rachis, avaient moins de place pour se développer.

Sur l'échantillon représenté par Weiss à la planche II, fig. 1, de la *Flore fossile du Houiller supérieur du bassin de la Sarre*, il y a au contraire dyssymétrie manifeste d'un côté à l'autre du rachis, qui porte à droite des pennes bipinnées et à gauche des pennes simplement pinnées; mais sur l'échantillon figure 2 de la même planche, la ramification paraît symétrique de part et d'autre du rachis, et si, comme l'a admis Weiss, cet échantillon fait suite à celui de la figure 1, la dyssymétrie se réduirait à une inégalité marquée dans l'écartement des pennes bipinnées d'un côté à l'autre du rachis

Il n'est pas possible, sur l'échantillon de la Planche XXV, fig. 1, qui ne porte du côté gauche qu'une seule penne bipinnée, de se rendre compte s'il y avait symétrie d'un côté à l'autre du rachis au point de vue de l'espacement des pennes latérales, mais il est permis de le présumer, les pennes de droite et la penne de gauche paraissant identiques et offrant notamment même épaisseur de rachis et mêmes longueurs pour leurs pennes de dernier ordre.

Il semble probable, à en juger d'après les échantillons figurés par Weiss, que le rachis devait plutôt se bifurquer en branches peut-être inégales, les moins fortes pouvant simuler des pennes latérales, que se ramifier régulièrement suivant le mode penné, cette ramification bifurquée existant, à n'en pas douter, chez les vrais *Odontopteris;* mais l'échantillon que je figure prouve que, s'il en était ainsi, la symétrie se rétablissait d'un côté à l'autre du rachis à une certaine distance du point de bifurcation, comme cela paraît avoir eu lieu, du reste, chez les *Nevropteris,* tout au moins chez les *Nevropteris* du groupe du *Nevr. heterophylla.*

Lorsque j'avais décrit cette espèce dans la *Flore fossile du bassin houiller et permien d'Autun,* j'avais écarté l'identification, admise par Weiss, du *Nevropteris subcrenulata* Rost et du *Nevropteris lingulata* Gœppert, qui ne me paraissait rien moins que démontrée; mais les échantillons figurés depuis lors par M. Potonié [1] me paraissent établir trop nettement le passage de l'une à l'autre de ces deux formes pour qu'on puisse encore hésiter à les réunir, et je me range à l'avis de mon savant confrère et ami de Berlin. Cette espèce a, d'ailleurs, été désignée sous bien des noms différents, le plus souvent sous celui d'*obtusa,* que j'ai montré devoir être laissé de côté [2], l'échantillon désigné explicitement par Brongniart comme type de son *Odont. obtusa* constituant une espèce distincte. J'ai pu m'assurer d'ailleurs, par un examen direct, que les échantillons du bassin de Blanzy qui figurent dans les collections du Muséum, non seulement sous le nom d'*Odont. obtusa,* mais sous celui, beaucoup moins admissible, d'*Odont. Schlotheimi,* et qui ont été cités comme tels par M. Grand'Eury [3], appartiennent en réalité au *Mix. subcrenulata.*

(1) Voir principalement Abbildungen u. Beschreibungen fossiler Pflanzen-Reste, 26, fig. 3.
(2) Zeiller, Flore fossile du terrain houiller de Commentry, 1re part., p. 226-227.
(3) Grand'Eury, Flore carbonifère du département de la Loire, p. 510.

Les localités où a été observé le *Mix. subcrenulata* sont les suivantes :

Mines de *Saint-Bérain*[1].

Mines de *Blanzy* : découvert Sainte-Hélène; puits du Magny, travers-bancs de l'étage de 427 mètres, à 309 mètres et à 320 mètres du puits; — région des Porrots : puits Ramus.

PERMIEN.

Autunien : *Charmoy; Courmarcou;* digue de l'*étang du Martenet;* domaine du *Buisson* (commune de Marly); *Rô-le-Pu,* entre Toulon et Gueugnon; *Vendenesse.*

Saxonien inférieur : Mines de *Perrecy,* puits de Romagne, couches supérieures[2].

MIXONEURA NEUROPTEROIDES Gœppert (sp.).

Pl. XXV, fig. 2.

1835. **Neuropteris Grangeri** Gutbier (*non* Brongniart), *Abdr. u. Verst. d. Zwick. Schwarzkohl.*, p. 53, pl. VIII, fig. 7-12.

1835. **Neuropteris Loshii** Gutbier (*non* Brongniart), *ibid.*, p. 55, pl. VIII, fig. 6; *Verst. d. Rothlieg. in Sachs.*, p. 12, pl. IV, fig. 2, 3. Sandberger, *Fl. d. ob. Steink. im bad. Schwarzw.*, p. 6, pl. IV, fig. 1.

1836. **Gleichenites neuropteroides** Gœppert, *Syst. fil. foss.*, p. 186, pl. IV; pl. V.

1875. **Neuropteris gleichenioides** Stur, *Culm-Flora*, p. 56.

1881. **Odontopteris (Mixoneura) gleichenioides** Sterzel, *Paläont. Charakt. d. ob. Steink. u. d. Rothl. im erzgeb. Beck.*, p. 107.

1895. **Mixoneura gleichenioides** Sterzel, *Erläut. z. Bl. Petersthal-Reichenbach d. geol. Specialkart. v. Grossherz. Baden*, p. 41.

1895. **Neurocallipteris gleichenioides** Sterzel, *Fl. d. Rotlieg. v. Oppenau*, p. 281, pl. VIII, fig. 6; pl. IX, fig. 1.

1869. **Odontopteris (Mixoneura) obtusa** Weiss (*non* Brongniart), *Foss. Fl. d. jüngst. Steinkohl.*, p. 36 (*pars*), pl. VI, fig. 12.

1888. **Nevropteris heterophylla** Zeiller (*non* Brongniart), *Fl. foss. terr. houill. de Commentry*, 1re part., p. 257 (*pars*), pl. XXIX, fig. 4.

Je n'ai vu du bassin de Blanzy et du Creusot qu'un seul échantillon de cette espèce, mais bien caractérisé, que je représente sur la Pl. XXV, fig. 2. Il me paraît inutile de discuter ici les caractères distinctifs du *Mix. neuropteroides*, que M. Sterzel a admirablement précisés, tant par la description détaillée que par les excellentes figures qu'il en a publiées dans son étude sur la Flore fos-

(1) Grand'Eury, Flore carbonifère du département de la Loire, p. 510.

(2) Delafond, Bassin houiller et permien de Blanzy et du Creusot. Fasc. I, Stratigraphie, p. 24.

sile d'Oppenau. Je me bornerai à rappeler que, si on le compare au *Mix. subcrenulata*, avec lequel il a été parfois confondu, il s'en distingue principalement par la forme et la dimension des pinnules terminales des pennes de dernier ordre, ainsi que par la forme et la position de la pinnule basilaire postérieure (catadrome) : les pinnules terminales, très allongées et à bords parallèles chez le *Mix. subcrenulata*, sont en effet beaucoup moins développées chez le *Mix. neuropteroides*, et affectent un contour ovale, rétréci en coin vers la base, ainsi que le montrent les figures 2, 2 *a*, de la Pl. XXV. La pinnule basilaire catadrome est orbiculaire ou réniforme, à nervation cycloptéroïde, attachée dans l'angle des deux rachis, et quelquefois même un peu au-dessous (Pl. XXV, fig. 2, 2 *b*), tandis qu'il n'en est jamais ainsi chez le *Mix. subcrenulata*. A ces caractères principaux, il faut ajouter encore celui de la nervation, qui est franchement névroptéroïde sur les pinnules latérales les plus inférieures, odontoptéroïde sur celles qui avoisinent immédiatement la pinnule terminale, avec passage d'un type à l'autre par une série de pinnules libres jusqu'à leur base du côté antérieur, soudées au rachis et souvent décurrentes du côté postérieur, de telle sorte que les nervures de la moitié antérieure partent toutes de la nervure médiane, tandis qu'une partie de celles de la moitié postérieure naissent directement du rachis. C'est de cette disposition, bien visible sur la figure 2 *a*, Pl. XXV, que M. Sterzel a tiré le nom générique de *Neurocallipteris*, qu'il applique à cette espèce; mais elle ne me paraît pas avoir une importance telle qu'il y ait lieu de la prendre pour base d'une distinction d'ordre générique; je l'ai, d'ailleurs, observée quelquefois, bien qu'exceptionnellement et d'une façon beaucoup plus transitoire, chez le *Mix. subcrenulata*.

Bien que cette espèce soit le plus souvent désignée sous le nom spécifique de *gleichenioides*, proposé par Stur en 1875, je crois devoir revenir ici, par respect pour la loi de priorité, au nom que lui avait primitivement imposé Gœppert.

J'ajoute que je n'hésite pas à lui rapporter l'échantillon de Commentry que j'avais figuré sous le nom de *Nevr. heterophylla*, et dont M. Sterzel a signalé, dans son travail sur la Flore permienne d'Oppenau, les ressemblances avec le *Mix. neuropteroides*, sans oser toutefois le lui réunir formellement : un nouvel examen de cet échantillon m'a convaincu en effet de son identité avec cette dernière espèce, et j'ai pu notamment, en dégageant plus complètement les pinnules basilaires catadromes de quelques pennes, m'assurer qu'elles présentaient bien les caractères de forme et de position propres au *Mix. neuropte-*

roides; il y a également concordance complète en ce qui regarde le mode d'attache et la nervation de la plupart des pinnules latérales, qui sont attachées au rachis par la moitié postérieure de leur base, et libres du côté antérieur, affectant ainsi la disposition calliptéroïde sur laquelle a insisté M. Sterzel.

Le fragment de fronde représenté sur la Pl. XXV, fig. 2, est, comme je l'ai dit en commençant, le seul échantillon de *Mix. neuropteroides* qui ait été trouvé dans le bassin de Blanzy et du Creusot : il a été recueilli à *Blanzy*, dans le travers-bancs de l'étage de 427 mètres du puits du Magny, c'est-à-dire à la partie tout à fait supérieure de la formation houillère. On a même pu se demander, ainsi que l'a fait remarquer M. Delafond[1], si les couches rencontrées par ce travers-bancs au delà de la faille du Magny n'appartiendraient pas au Saxonien inférieur, et l'on pourrait être tenté d'invoquer à l'appui de cette idée la présence du *Mix. neuropteroides*, qui, en Allemagne, n'a été trouvé que dans des couches considérées comme permiennes; mais je ne crois pas que la récolte de ce seul échantillon puisse autoriser à conclure à un niveau aussi élevé, étant donné que toutes les autres espèces rencontrées dans ce travers-bancs sont des espèces normales de la flore stéphanienne et qu'on n'y a pas vu la moindre trace du *Callipteris conferta*, observé avec tant de constance dans tous les dépôts permiens de la région, soit autuniens comme à Charmoy, soit saxoniens inférieurs comme à Perrecy et à Montchanin. Je reviendrai du reste ultérieurement sur cette question.

MIXONEURA AURICULATA Brongniart (sp.).

1829. **Nevropteris auriculata** Brongniart, *Hist. végét. foss.*, I, pl. 66; p. 236. Germar, *Verst. d. Steink. v. Wettin u. Löbejün*, p. 9, pl. IV. Geinitz, *Verst. d. Steink. in Sachs.*, p. 21, pl. XXVII, fig. 4-7.

1892. **Neurodontopteris auriculata** Potonié, *Ueber einige Carbonfarne*, III, p. 12; *Flora d. Rothlieg. v. Thüringen*, p. 124, pl. XVI, fig. 1, 2.

1830. **Nevropteris Dufresnoyi** Brongniart, *Hist. végét. foss.*, I, p. 246 (*pars*), pl. 74, fig. 4, (*non* fig. 5).

1869. **Odontopteris Dufresnoyi** Schimper, *Trait. de pal. vég.*, I, p. 461. Zeiller, *Fl. foss. bass. houill. et perm. d'Autun*, 1re part., p. 132, pl. X, fig. 7, 8.

Je réunis ici, d'accord avec M. Potonié, le *Nevropteris auriculata* et le *Nevr. Dufrenoyi*, l'examen que j'ai fait des échantillons types de Brongniart, conservés dans les collections, l'un du Muséum d'histoire naturelle de Paris, l'autre

[1] Delafond, Bassin houiller et permien de Blanzy et du Creusot, Fasc. I, Stratigraphie, p. 62.

de l'École des Mines, m'ayant montré entre eux une concordance absolue sous le rapport de la nervation, également fine et serrée chez l'un et chez l'autre, et l'un des échantillons figurés dans la *Flore du Rothliegende de la Thuringe* offrant, d'autre part, sur la même penne des pinnules franchement névroptéroïdes comme celles du *Nevr. auriculata*, et des pinnules plus ou moins largement soudées au rachis, à nervation odontoptéroïde, comme celles de l'*Odontopteris Dufrenoyi*, de sorte que l'identité ne peut être mise en question.

Quelques échantillons bien caractérisés de cette espèce ont été recueillis dans le bassin de Blanzy et du Creusot, mais seulement sur les points suivants :

Mines de *Blanzy* : puits du Magny, travers-bancs de l'étage de 427 mètres, au delà de la faille du Magny.

PERMIEN.

Grande carrière des Theurots, près *Charmoy* (Autunien).

Mines de *Bert* (Autunien)[1].

Genre NEVROPTERIS Brongniart.

1822. **Filicites** (Sect. **Nevropteris**) Brongniart, *Class. végét. foss.*, p. 33.

1826. **Neuropteris** Sternberg, *Ess. Fl. monde prim.*, I, fasc. 4, p. XVI. Brongniart, *Prodr.*, p. 60.

Le genre *Nevropteris* paraît assez homogène pour qu'on ne puisse hésiter à regarder les diverses espèces paléozoïques qui y sont comprises comme constituant un groupe vraiment naturel et comme ayant eu les unes et les autres le même mode de reproduction. Or l'une des espèces de ce genre, le *Nevr. heterophylla* Brongniart, a été trouvée à l'état fructifié par M. Kidston, des nodules du terrain houiller d'Angleterre lui ayant offert des fragments de pennes de cette espèce composés d'un rachis encore muni latéralement de pinnules stériles bien reconnaissables, mais portant à son extrémité une grosse graine allongée à enveloppe fibreuse, remplaçant la pinnule terminale[2]. Le même savant avait observé antérieurement d'autres fragments de pennes de cette même espèce offrant un rachis divisé par dichotomie en branches nues portant chacune à leur sommet un corps quadrilobé qu'il avait paru naturel alors de regarder comme représentant probablement un groupe de quatre sporanges réunis

[1] Grand'Eury, Flore carbonifère du département de la Loire, p. 519 (*Nevropteris Dufresnoyi*).

[2] R. Kidston, On the fructification of *Neuropteris heterophylla* Brongniart (*Proc. Roy. Soc. London*, LXXII, p. 487, 3 dec. 1903; *Phil. Trans. Roy. Soc.*, Ser. B., vol. 197, p. 1-5, pl. I).

en synangium; il faut aujourd'hui interpréter cet échantillon comme représentant une inflorescence mâle, et ces corps quadrilobés comme étant probablement des groupes de microsporanges, de sacs polliniques, réunis par quatre.

Il se peut qu'il y ait eu, d'une espèce à l'autre, certaines différences dans la disposition et la constitution des appareils reproducteurs mâles ou femelles, car M. Grand'Eury signale comme devant appartenir aux *Nevropteris* des graines munies tantôt de 6 et tantôt de 12 ailes longitudinales [1], assez différentes, semble-t-il, de celles que M. Kidston a observées en place chez le *Nevr. heterophylla*.

Il est certain, dans tous les cas, que les *Nevropteris* ont porté des graines et qu'ils doivent être rangés dans la classe des Ptéridospermées.

NEVROPTERIS CRENULATA Brongniart.

Pl. XXVI, fig. 1.

1830. **Nevropteris crenulata** Brongniart, *Hist. végét. foss.*, I, p. 234, pl. 64, fig. 2. Zeiller, *Fl. foss. terr. houill. de Commentry*, 1re part., p. 233, pl. XXVI, fig. 1, 1'; pl. XXVII, fig. 1-5.

L'échantillon représenté sur la Pl. XXVI offre, avec des dimensions moindres, la même constitution que le plus grand de ceux dont j'ai donné la figure dans mon étude sur la flore fossile de Commentry [2], consistant en un fragment de fronde bipinné à pennes latérales symétriques de part et d'autre du rachis, et présentant à la base, au-dessous des premières pennes simplement pinnées, deux grandes pinnules simples, l'une orbiculaire et l'autre ovale. Bien qu'aucune des pennes latérales ne soit complète, il semble que les deux pennes les plus inférieures, de chaque côté, devaient être quelque peu plus courtes que celles qui les suivent : on remarque notamment, vers l'extrémité de la penne la plus basse du côté droit, que les pinnules deviennent de plus en plus obliques sur l'axe, ce qui indique le voisinage du sommet, tandis que sur la penne voisine ce redressement des pinnules est beaucoup moins sensible. Il paraît probable que, dans son ensemble, cette portion de fronde devait offrir un contour ovale, plus ou moins en cœur vers la base, les deux pennes basilaires étant réfractées et dépassant les deux pinnules simples situées au-dessous d'elles. On remarque qu'à l'extrémité supérieure le rachis, au lieu de

[1] Grand'Eury, *Sur les graines des Névroptéridées* (*Comptes rendus Acad. sc.*, CXXXIX, 4 juillet 1904, p. 25; 14 novembre 1904, p. 784).

[2] *Loc. cit.*, pl. XXVI, fig. 1.

se terminer par une penne médiane, se bifurque en deux pennes latérales, et c'est ce que l'on constate également sur d'autres échantillons.

Il y a tout lieu de penser que, conformément à l'hypothèse que j'avais exprimée déjà à propos de l'échantillon homologue recueilli à Commentry, ce fragment de fronde représente une des branches d'une bifurcation du rachis; et il est à présumer que le rachis devait se diviser à diverses reprises, les divisions extrêmes offrant la constitution et l'aspect du fragment de fronde de la Pl. XXVI; mais il n'a pas été trouvé de fragments plus étendus permettant de se rendre compte de ce qu'il en était en réalité.

Ainsi qu'on le constatait déjà sur les échantillons de Commentry, l'importance des crénelures du limbe varie sensiblement d'un échantillon à l'autre : tantôt elles sont bien visibles, toujours plus accentuées d'ailleurs au voisinage du sommet, tantôt au contraire elles sont à peine indiquées et le limbe paraît presque entier, comme c'est le cas notamment sur l'échantillon de la Pl. XXVI.

Le *Nevr. crenulata* a été observé sur les points suivants du bassin :

Mines de *Blanzy :* découvert Saint-François; découvert Sainte-Hélène; — région de Montmaillot : couche n° 1; — région des Porrots : puits Ramus, à 22 mètres.

Mine de *Perrecy :* puits n° 2, à 97 mètres.

NEVROPTERIS PSEUDO-BLISSI Potonié.

Pl. XXIX, fig. 1, 2; Pl. XXIX *bis*, fig. 1.

1888. **Nevropteris Blissi** Zeiller (*non* Lesquereux), *Fl. foss. terr. houill. de Commentry*, 1re part., p. 243, pl. XXVIII, fig. 3-6.

1893. **Nevropteris pseudo-Blissii** Potonié, *Fl. d. Rothlieg. v. Thüringen*, p. 137, pl. II, fig. 5; pl. XVII, fig. 1, 2.

Cette belle espèce, que j'avais identifiée à tort au *Nevr. Blissi* Lesquereux, a été trouvée à Blanzy représentée par un seul échantillon, mais d'étendue considérable et qui montre certains détails que n'avaient pas offerts les échantillons recueillis à Commentry.

Il consiste en un fragment de fronde (Pl. XXIX *bis*, fig. 1) de 0 m. 48 de longueur sur 0 m. 30 de largeur, composé d'un rachis large de 25 à 30 millimètres, qui se suit sur 0 m. 38 de longueur et porte deux paires de pennes distantes de 0 m. 13 (Pl. XXIX, fig. 2), les deux pennes de chaque paire étant presque exactement opposées l'une à l'autre; aucune de ces pennes n'est complète, bien que celles du côté gauche soient intactes sur 0 m. 19 de longueur. A 0 m. 11 environ au-dessous de la plus basse de ces deux pennes de gauche, il s'en trouve une troisième, parallèle aux deux premières, et qui venait évidemment s'attacher au même rachis, mais celui-ci ne se continue pas jusqu'au point d'attache, et la partie la plus inférieure de cette penne manque en même temps sur une longueur d'environ 3 centimètres; mais elle est conservée ensuite jusqu'à son sommet, lequel est reproduit sur la figure 2, Pl. XXIX. Cette penne est manifestement plus courte que les deux autres : la position de son point d'attache étant facile à repérer exactement, en supposant les deux rachis prolongés jusqu'à leur rencontre, on constate qu'elle mesurait 0 m. 195 de longueur totale, et 0 m. 16 depuis son origine jusqu'à la base de sa pinnule terminale, tandis que les deux autres pennes se suivent, ainsi que je l'ai dit, sur 0 m. 19 sans qu'on arrive à la pinnule terminale. Une différence de longueur aussi marquée ne saurait être imputée à une anomalie accidentelle, et elle donne à penser qu'il devait y avoir un peu plus bas une bifurcation du rachis, comme on en observe si fréquemment chez les *Nevropteris*. L'allongement graduel des intervalles compris entre les paires de pennes successives à mesure qu'on s'élève, allongement bien visible sur la fig. 1, Pl. XXIX *bis*, vient également à l'appui de cette idée. J'ai observé, d'ailleurs, à Commentry des pinnules cycloptéroïdes [1] que l'identité de nervation m'a conduit à rapporter à cette même espèce, et dont il est naturel de penser qu'elles devaient être attachées sur le rachis au voisinage immédiat des points de bifurcation.

L'échantillon de Blanzy concorde exactement avec ceux de Commentry, sous le rapport de la forme des pinnules, de leur espacement relatif, et de leur nervation, formée de nervures très fines, fortement ascendantes, atteignant le bord du limbe au nombre de 12 à 15 par centimètre; mais il offre une particularité que je n'avais pas remarquée sur ceux de Commentry, et qui consiste en ce que le limbe des pinnules est nettement crénelé dans sa région supérieure, ainsi qu'on peut le voir en quelques points des fig. 1 et 2 de la Pl. XXIX, notamment sur la pinnule terminale de la fig. 2, et mieux encore sur les fig. 1 *a*, 1 *b*, 1 *c* de la Pl. XXIX *bis*. Ces crénelures, que j'ai d'ailleurs retrouvées, bien que moins accentuées, sur diverses pinnules des échantillons de Commentry, particulièrement sur les plus grandes [2], en les examinant plus attentivement et en dégageant plus complètement leur sommet, rappellent un peu celles du *Nevr. crenulata;* elles sont cependant moins aiguës et elles diffèrent en outre

(1) Zeiller, Flore fossile du terrain houiller de Commentry, 1re part., pl. XXVIII, fig. 5.

(2) *Ibid.*, pl. XXVIII, fig. 6.

de celles de cette dernière espèce en ce que souvent, même au voisinage immédiat du sommet, le nombre des dents est inférieur à celui des nervules, trois ou quatre nervules se trouvant comprises entre deux échancrures consécutives, tandis que chez le *Nevr. crenulata*, au voisinage du sommet, à chaque nervule correspond une dent. Le plus souvent ces crénelures ne s'observent qu'à la partie supérieure des pinnules; quelquefois cependant on peut les suivre, de moins en moins prononcées, jusqu'au delà du milieu et même assez près de la base, ainsi qu'on le voit sur le bord gauche de la fig. 1, Pl. XXIX *bis*; mais c'est là un cas un peu exceptionnel, et en général elles disparaissent vers le milieu de la hauteur; l'absence de crénelures semble, d'ailleurs, assez fréquemment imputable à un léger enroulement du bord du limbe, par suite duquel celui-ci paraît entier jusqu'à une distance parfois très faible du sommet.

Cette crénelure du limbe rapproche le *Nevr. pseudo-Blissi* du *Nevr. crenulata*, dont il diffère, d'ailleurs, par ses pinnules plus grandes, proportionnellement plus larges, moins rétrécies vers le sommet, et surtout plus constantes de forme, les pinnules de la région inférieure des pennes demeurant semblables aux autres, tandis que chez le *Nevr. crenulata* elles vont en se raccourcissant peu à peu, devenant ainsi d'abord ovales et finalement presque orbiculaires.

J'avais primitivement rapporté cette espèce au *Nevr. Blissi* Lesquereux; mais M. Potonié a fait observer avec raison que chez le *Nevr. Blissi* la nervure médiane est, d'après la diagnose comme d'après la figure de Lesquereux, excessivement fine, marquée pour ainsi dire par un simple pli, et s'évanouit bien avant d'atteindre le sommet, tandis que chez l'espèce de Commentry et de Blanzy la nervure médiane est au contraire assez forte et se suit jusqu'au voisinage du sommet. J'ajoute à cela que, d'après la figure de Lesquereux, les pinnules du *Nevr. Blissi* sont souvent plus élargies à leur base, munies d'une oreillette plus développée du côté antérieur que du côté postérieur, tandis que l'espèce de Commentry présente d'une façon très constante la disposition inverse. Enfin, l'espèce des États-Unis appartient à un niveau sensiblement plus bas, circonstance qu'il y a lieu de prendre également en considération.

J'adopte donc, pour l'espèce dont je viens de parler, le nom spécifique de *pseudo-Blissi* proposé par M. Potonié. J'ajoute que, M. Potonié ayant eu l'amabilité de m'envoyer en communication le plus complet des deux échantillons d'Ilmenau figurés par lui[1], j'ai constaté sur quelques-unes des pin-

[1] Potonié, *loc. cit.*, pl. XVII, fig. 1.

nules de cet échantillon l'existence de crénelures marginales bien conformes, quoique faiblement accentuées, à celles que montre l'échantillon de Blanzy et que j'ai retrouvées sur ceux de Commentry. L'identité spécifique de l'espèce de la Thuringe avec celle du centre de la France ne peut donc être mise en doute.

Ainsi que je l'ai dit en commençant, cette espèce ne s'est montrée représentée dans le bassin de Blanzy et du Creusot que par le seul échantillon que je viens de décrire, et qui atteste les dimensions considérables que devaient atteindre ses frondes. Il a été recueilli à *Blanzy*, mais la provenance exacte n'en a pas été spécifiée; il semble cependant, d'après l'aspect de la roche qui le constitue, qu'il doive venir probablement du découvert Saint-François.

NEVROPTERIS CORDATA Brongniart.

Pl. XXVII, fig. 1 à 3; Pl. XXVIII, fig. 1 à 3.

1830. **Nevropteris cordata** Brongniart, *Hist. végét. foss.*, I, p. 229, pl. 64, fig. 5. Zeiller, *Fl. foss. terr. houill. de Commentry*, 1re part., p. 237, pl. XXVII, fig. 6-10; pl. XXVIII, fig. 1, 2. Grand'Eury, *Géol. et paléont. du bass. houiller du Gard*, p. 295, pl. XXI, fig. 1, 2.

1883. **Nevropteris speciosa** Brongniart, *in* Renault, *Cours bot. foss.*, III, p. 172, pl. 29, fig. 8, 9.

Il a été recueilli à Blanzy d'assez nombreux échantillons de cette espèce, dont quelques-uns d'assez grande taille, qui, sans fournir sur la constitution de ses frondes autant d'indications qu'on pourrait le souhaiter, permettent du moins de se rendre compte des dimensions considérables qu'elles devaient atteindre.

Je mentionnerai d'abord un fragment de rachis large de 3 centimètres et long de 0 m. 28, qui porte d'un même côté deux pennes simplement pinnées, distantes de 0 m. 17, lesquelles sont représentées, la plus basse en partie seulement, sur les fig. 2 et 3 de la Pl. XXVIII. Il semble que cette penne inférieure (fig. 3) ait été très courte et n'ait porté que quatre ou cinq pinnules; sans doute il n'est pas absolument certain que la grande pinnule qu'on voit à gauche de la fig. 3 soit la pinnule terminale, et il se pourrait que ce fût une pinnule latérale déjetée vers le haut; ce qui pourrait même le donner à penser, c'est la grosseur que présente encore le rachis au voisinage immédiat de sa base. Toutefois, l'aspect général suggère plutôt l'idée d'une penne complète avec sa pinnule terminale, et sur le grand échantillon de la Grand'Combe représenté par M. Grand'Eury[1] on voit, sans doute possible, la pinnule ter-

[1] Grand'Eury, *loc. cit.*, pl. XXI, fig. 2.

minale d'une courte penne s'attacher sur un rachis qui ne le cède guère en largeur à celui de la fig. 3, Pl. XXVIII. Ici, la penne supérieure (fig. 2) paraît avoir dû être plus longue et plus développée dans toutes ses parties que la penne inférieure, tandis qu'il en serait inversement sur l'échantillon en question de la Grand'Combe, où l'on voit des pennes tout à fait simples, ou divisées seulement en deux folioles plus ou moins cycloptéroïdes, succéder vers le haut à des pennes simplement pinnées, disposition qui semble quelque peu anormale; car on serait porté à penser que les pennes courtes, à folioles cycloptéroïdes, doivent se trouver au voisinage immédiat d'une bifurcation et que les pennes régulières, simplement pinnées, doivent être placées plus haut. Mais je dois dire que l'examen de cet échantillon, qui fait partie des collections de l'École nationale des Mines, me laisse quelques doutes sur l'exactitude de son orientation : j'inclinerais à croire que ses pennes latérales ont été accidentellement rejetées vers le bas et ont pris ainsi une position de nature à donner une fausse idée de la direction du rachis qui les porte; ce qui vient à l'appui de cette manière de voir, c'est que le rachis est sensiblement moins large du côté qui a été orienté vers le bas qu'à l'autre extrémité, sans qu'on puisse affirmer toutefois que cette réduction de largeur ne soit pas imputable à un froissement.

Quoi qu'il en soit, ces échantillons, surtout celui de la Pl. XXVIII, fig. 2 et 3, prouvent que dans certaines régions de la fronde du *Nevr. cordata*, le rachis atteignait un diamètre considérable, et que, dans ces régions, il portait non seulement des folioles stipales cycloptéroïdes, mais des pennes garnies de pinnules de forme normale; seulement ces pinnules sont, comme on peut le voir, beaucoup plus grandes que celles des pennes normales de dernier ordre, représentées, par exemple, sur la fig. 1 de la Pl. XXVIII et sur la Pl. XXVII.

Le plus souvent ces pennes normales ne se rencontrent que détachées; mais l'un des échantillons de Blanzy, que j'avais déjà mentionné dans mon travail sur la flore de Commentry[1], les montre en place sur le rachis dont elles dépendaient : il se compose d'un fragment de rachis de 9 centimètres de longueur, large de 12 à 15 millimètres, portant, comme on le voit sur la fig. 1, Pl. XXVII, deux paires de pennes latérales subopposées; les pennes du côté inférieur sont interrompues à peu de distance, mais les autres se suivent, ou du moins l'une d'elles, sur 28 centimètres de longueur, sans arriver cependant jusqu'au sommet (fig. 2, Pl. XXVII).

[1] ZEILLER, *loc. cit.*, page 239.

Une autre plaque offre trois pennes simplement pinnées, longues de 0 m. 40, larges de 10 centimètres, garnies de grandes pinnules à sommet aigu, larges de 20 à 25 millimètres sur 6 à 7 centimètres de longueur; ces trois pennes ont leurs rachis parallèles, comme si elles avaient dépendu d'un axe commun; mais celle du milieu n'est pas rigoureusement au même niveau que les autres, et les axes de celles-ci étant seulement distants l'un de l'autre de 12 centimètres, on peut se demander si cette penne médiane s'intercalait réellement entre elles, et si ces deux pennes extrêmes n'étaient pas seules attachées au même rachis. C'est le sommet de l'une d'elles qui a été représenté sur la fig. 1, de la Pl. XXVIII, pour faire voir la réduction de la pinnule terminale. L'un des échantillons recueillis à Commentry[1] offrait déjà l'extrémité d'une penne, sur laquelle on constatait que la pinnule terminale était un peu plus petite que celles qui la précédaient; sur l'un des échantillons du Gard figurés par M. Grand' Eury[2], elle se montre à peu près égale à celles qui l'avoisinent; mais sur l'échantillon de la fig. 1, Pl. XXVIII, elle est de dimensions remarquablement petites, et elle apparaît légèrement soudée à sa base à celle qui la précède immédiatement. Sur un autre échantillon, recueilli de même à Blanzy, la soudure s'étend jusqu'à moitié au moins de la longueur.

Enfin, l'échantillon fig. 3, Pl. XXVII, présente également deux fragments de pennes à rachis parallèles, qui ont dû être attachés à un même rachis : leur rapprochement, à une distance à peine égale à la longueur des pinnules, donne à penser que les trois pennes de l'échantillon dont je viens de parler, et auquel est empruntée la fig. 1 de la Pl. XXVIII, sont peut-être réellement, malgré leur faible écartement relatif, dans leurs rapports primitifs de position. Dans tous les cas, les deux échantillons fig. 1 et fig. 3, Pl. XXVII, attestent que les pennes de dernier ordre devaient se recouvrir les unes les autres de presque toute la longueur de leurs pinnules.

J'ai constaté la présence du *Nevr. cordata* sur les points suivants du bassin :

Mines de *Longpendu :* 2e couche; recherche des Fauches.

Mines de *Montchanin :* puits de Ségur, à 373 mètres et à 500 mètres.

Mines de *Blanzy :* découvert Saint-François; découvert Maugrand; découvert Sainte-Hélène; découvert du Magny; puits du Magny, travers-bancs de l'étage de 427 mètres, au delà de la faille du Magny; — région de Montmaillot : puits Saint-Paul, étage de 40 mètres; puits Saint-Amédée, à 290 mètres.

[1] Zeiller, Flore fossile du terrain houiller de Commentry, 1re part., pl. XXVIII, fig. 1.

[2] Grand'Eury, *loc. cit.*, pl. XXI, fig. 1.

NEVROPTERIS ZEILLERI DE LIMA.

Pl. XXXII, fig. 1.

1864. **Neuropteris cordata** Gœppert (*non* Brongniart), *Foss. Fl. d. perm. Form.*, p. 100, pl. XI, fig. 1, 2.

1890. **Nevropteris Zeilleri** de Lima, *Communic. d. Commiss. dos trabalh. geol.*, II, p. 140, 143; *Bull. Soc. Géol. Fr.*, 3e sér., XIX, p. 137; *Rev. de sciencias natur. e sociaes*, III, n° 9, p. 1.

M. de Lima a reconnu qu'il fallait séparer du *Nevr. cordata* Brongniart l'espèce du Permien de la Bohême décrite sous ce même nom par Gœppert, mais chez laquelle la nervure médiane est remplacée par un faisceau de fines nervures très serrées, et qui présente en outre des nervures latérales beaucoup plus nombreuses et plus rapprochées.

Je reproduis sur la fig. 1, Pl. XXXII, un échantillon de Charmoy qui, bien qu'assez incomplet, présente tous les caractères du *Nevr. Zeilleri* et offre notamment une concordance absolue avec les échantillons recueillis à Bussaco par M. de Lima et figurés par lui sur une planche restée malheureusement inédite.

Je me demande s'il ne faudrait pas rapporter également à cette espèce l'échantillon du Houiller supérieur de Jano figuré par M. de Stefani sous le nom d'*Aphlebia* cf. *Germari*[1], et qui ressemble beaucoup à l'échantillon de Charmoy représenté sur la Pl. XXXII; je n'oserais toutefois conclure à l'identification sur le seul examen de la figure, bien que celle-ci donne beaucoup plutôt l'idée de grandes pinnules à bord accidentellement déchiré que de pennes divisées en segments laciniés.

L'échantillon que j'ai figuré est le seul de cette espèce que j'aie observé dans le bassin de Blanzy et du Creusot : il a été recueilli par M. Raymond dans les schistes autuniens de *Charmoy*.

NEVROPTERIS PLANCHARDI ZEILLER.

Pl. XXX, fig. 1; Pl. XXXI, fig. 1.

1888. **Nevropteris Planchardi** Zeiller, *Fl. foss. terr. houill. de Commentry*, 1re part., p. 246, pl. XXVIII, fig. 8, 9; *Fl. foss. bass. houill. et perm. d'Autun*, 1re part., p. 149, pl. XI, fig. 1-4. Potonié, *Fl. d. Rothlieg. v. Thüringen*, p. 135, pl. XVIII, fig. 1.

Le *Nevr. Planchardi* n'avait été observé jusqu'ici, en Allemagne comme à Autun et à Commentry, que sous la forme de pennes détachées et toujours

[1] C. DE STEFANI, Flore carbonifere e permiane della Toscana, p. 61, pl. III, fig. 14.

IMPRIMERIE NATIONALE.

incomplètes; aussi m'a-t-il paru intéressant de faire figurer, au tiers de grandeur naturelle, sur la fig. 1 de la Pl. XXXI un grand échantillon de cette espèce, recueilli à Blanzy dans le travers-bancs du puits du Magny, qui montre deux portions étendues de pennes bipinnées, disposées l'une à côté de l'autre avec leurs axes parallèles, de telle façon qu'on ne peut douter qu'elles aient dépendu d'un même rachis principal, d'où il faut conclure que les frondes étaient tripinnées. Le plus considérable de ces fragments, qui occupe la partie inférieure de la figure, mesure 0 m. 50 de longueur, et il est évidemment très loin d'être complet; en le supposant prolongé jusqu'à son sommet, et sans pouvoir préjuger ce qui peut lui manquer du côté de la base, on ne peut estimer sa longueur à moins de 80 centimètres, ce qui suppose pour les frondes une largeur d'au moins 1 m. 50. Les pennes de dernier ordre de cette penne inférieure mesurent 0 m. 15 à 0 m. 16 de longueur; elles se terminent, ainsi qu'on le voit peut-être plus nettement sur la fig. 1, Pl. XXX, qui est de grandeur naturelle, par une pinnule à peine plus grande que celles qui la précèdent, à contour à peu près rhomboïdal, à angles latéraux et supérieur arrondis.

La penne supérieure, située à une distance de 0 m. 28, mesurée d'axe en axe, est moins complète, mais ses pennes de dernier ordre sont un peu plus développées, mesurant 0 m. 18 de longueur, avec des pinnules longues de 30 à 35 millimètres.

Les frondes du *Nevr. Planchardi* devaient évidemment, à en juger par cet échantillon, atteindre une taille considérable.

Je n'ai observé cette espèce, dans le bassin de Blanzy et du Creusot, que sur les deux points suivants :

Mines de *Blanzy :* puits du Magny, travers-bancs de l'étage de 427 mètres, au delà de la faille du Magny.

PERMIEN.

Mines de *Bert* (Autunien) : travaux du puits des Mandins.

Genre CYCLOPTERIS Brongniart.

1828. **Cyclopteris** Brongniart, *Prodr.*, p. 51; *Hist. végét. foss.*, I, p. 215.

Il a été observé sur différents points du bassin de Blanzy et du Creusot des folioles cycloptéroïdes de dimensions variables, les unes à bord frangé, les autres à bord entier, devant appartenir partie à des *Odontopteris*, partie à des *Nevropteris*, et sur lesquelles il n'y a pas lieu de s'arrêter. Je n'en citerai qu'une seule, d'assez grandes dimensions, recueillie à *Blanzy*, dans le découvert du Magny, à peu près identique comme aspect général et comme nervation à l'échantillon de Commentry que j'ai figuré[1] sous le nom de *Cyclopteris reniformis* Brongniart.

Genre LINOPTERIS Presl.

1835. **Dictyopteris** Gutbier (*non* Lamouroux), *Abdr. u. Verst. d. Zwick. Schwarzkohl.*, p. 62.
1838. **Linopteris** Presl, *in* Sternberg, *Ess. Fl. monde prim.*, II, fasc. 7-8, p. 167.

Les *Linopteris*, qui ne diffèrent des *Nevropteris* que par l'anastomose régulière de leurs nervures, leur sont trop étroitement alliés pour qu'on puisse douter qu'ils aient eu le même mode de reproduction et qu'ils appartiennent comme eux aux Ptéridospermées. C'est, d'ailleurs, ce que confirment les observations de M. Grand' Eury sur les associations mutuelles de certains types de frondes et de graines, d'après lesquelles il attribue aux *Linopteris* des graines à coque hexagone, entourée d'une enveloppe filandreuse, qu'il désigne sous le nom générique d'*Hexagonocarpus* B. Renault. Il a, notamment, constaté cette association pour le *Lin. Brongniarti*[2].

LINOPTERIS BRONGNIARTI Gutbier (sp.).

Pl. XXXII, fig. 2, 3.

1835. **Dictyopteris Brongniarti** Gutbier, *Abdr. u. Verst. d. Zwick. Schwarzkohl.*, p. 63, pl. XI, fig. 7, 9, 10. Zeiller, *Fl. foss. terr. houill. de Commentry*, 1re part., p. 270, pl. XXX, fig. 1-5.
1838. **Linopteris Gutbieriana** Presl, *in* Sternberg, *Ess. Fl. monde prim.*, II, fasc. 7-8, p. 167.
1897. **Linopteris Brongniarti** Potonié, *Lehrb. d. Pflanzenpal.*, p. 154, fig. 152; *Abbild. u. Beschr. foss. Pflanzen-Reste*, Lief. II, 29 (*pars*), fig. 2 (*non* fig. 1, 3).

Quelques échantillons de cette espèce ont été trouvés dans le bassin de Blanzy et du Creusot, mais seulement sous la forme de pinnules détachées. Il m'a paru qu'il pourrait n'être pas inutile de reproduire sur la Pl. XXXII quelques-unes de ces pinnules, afin de montrer, en les rapprochant de celles

[1] Zeiller, Flore fossile du terrain houiller de Commentry, 1re part., p. 264, pl. XXIII, fig. 5.
[2] Grand'Eury. Sur les graines des Névroptéridées (*Comptes rendus Acad. sc.*, CXXXIX, 4 juillet 1904, p. 26; 14 novembre 1904, p. 785).

de l'espèce suivante, combien elles en diffèrent sous le rapport de la nervation, les nervures latérales étant, chez le *Lin. Brongniarti* (fig. 2 *a*), nettement ascendantes et faiblement arquées, tandis que chez le *Lin. Germari* (fig. 4 *a*) elles se courbent rapidement de manière à prendre une direction presque normale au bord du limbe.

Je persiste, d'ailleurs, à considérer le *Lin. Brongniarti* comme distinct du *Lin. obliqua* Bunbury (*Lin. sub-Brongniarti* Grand'Eury), que M. Potonié voudrait lui réunir, mais dont les pinnules sont de dimensions moindres, avec des nervures plus arquées.

Le *Lin. Brongniarti* s'est montré sur les points suivants du bassin :

Mines de *Longpendu :* 5e couche.

Mines de *Montchanin :* puits Wilson, étage de 24 mètres.

Mines de *Blanzy :* découvert du Magny; puits du Magny, travers-bancs de l'étage de 427 mètres, au delà de la faille du Magny.

LINOPTERIS GERMARI Giebel (sp.).

Pl. XXXII, fig. 4.

1857. **Lonchopteris Germari** Giebel, *Zeitschr. f. d. gesammt. Naturwiss.*, X, p. 301, pl. I.

1897. **Linopteris Germari** Potonié, *Lehrb. d. Pflanzenpal.*, p. 154; *Abbild. u. Beschr. foss. Pflanzen-Reste*, Lief. II, 30, fig. 1-4.

1862. **Dictyopteris Schützei** Rœmer, *Palæontogr.*, IX, p. 30, pl. XII, fig. 1. Zeiller, *Fl. foss. terr. houill. de Commentry*, 1re part., pl. XXX, fig. 6-10; pl. XXXI, fig. 2-5; *Fl. foss. bass. houill. et perm. d'Autun*, 1re part., p. 158, pl. XI, fig. 9-12. Sterzel, *Fl. d. Rothlieg. im Plauenschen Grunde*, p. 47, pl. VI, fig. 9-13. Potonié, *Fl. d. Rothlieg. v. Thüringen*, p. 143, pl. XVIII, fig. 2-7; pl. XX, fig. 2.

Parmi les très nombreux échantillons de *Lin. Germari* qui ont été observés dans la région à l'étude paléobotanique de laquelle est consacré le présent travail, il m'a semblé qu'il y avait intérêt à en reproduire un (Pl. XXXII, fig. 4), qui montre deux pennes de dernier ordre, parallèles, dépendant évidemment d'un même rachis, et dont l'une se suit jusqu'à la pinnule terminale; celle-ci est, il est vrai, un peu incomplète, mais on voit son rétrécissement en coin vers la base, et l'on devine sa forme générale rhomboïdale, à angles latéraux arrondis.

La figure grossie 4 *a* fait voir nettement les caractères de la nervation, formée de nervures fortement arquées à leur base, devenant rapidement presque normales au bord du limbe, anastomosées en un réseau à mailles très nombreuses.

J'ai rapporté jadis à cette espèce de grandes pinnules fertiles, à nervation malheureusement indistincte, mais dont l'identité de forme et de taille et l'association habituelle avec des pennes stériles de *Lin. Germari* m'avaient paru justifier leur réunion mutuelle; j'ai, d'ailleurs, constaté de nouveau cette association sur divers points du bassin de Blanzy. Maintenant que les Névroptéridées sont reconnues pour être, non des Fougères, mais des Gymnospermes, des Ptéridospermées, et qu'en particulier les *Linopteris* sont signalés par M. Grand'Eury[1] comme ayant porté des graines du type *Hexagonocarpus*, il y a lieu de se demander si cette attribution ne doit pas être rejetée, comme étant en contradiction avec l'état actuel de nos connaissances. Je ne crois pas cependant qu'elle soit incompatible avec ces nouvelles observations : j'avais comparé ces pinnules fertiles à celles des *Scolecopteris*, mais je dois dire que les grandes capsules effilées dont on voit les pointes dépasser le bord des pinnules me paraissent, après nouvel examen, être plutôt indépendantes que réunies par groupes, et il se pourrait qu'il s'agît là d'un type à rapprocher de préférence des *Crossotheca*, dans lesquels M. Kidston vient précisément de reconnaître des inflorescences mâles de Ptéridospermées[2]. Ces capsules seraient en ce cas des microsporanges, sacs polliniques ou anthères, et non pas des sporanges de Fougères comme je l'avais pensé; mais il n'y a évidemment aucun moyen, lorsqu'on n'a affaire qu'à des échantillons à structure non conservée, de distinguer entre les uns et les autres.

Je me borne, bien entendu, à indiquer la possibilité de cette nouvelle interprétation, les raisons de fait qui m'avaient conduit à rapporter ces grandes pinnules capsulifères au *Lin. Germari* me paraissant toujours de nature à être prises en considération; je ne vois, notamment, aucune espèce à laquelle il soit possible d'attribuer ces pinnules fertiles, tout en reconnaissant qu'elles ont pu appartenir à quelque Fougère à pennes stériles et fertiles dimorphes; mais leur attribution restera problématique tant qu'on ne les aura pas trouvées en rapport direct avec des pennes stériles déterminables.

La présence du *Lin. Germari* a été constatée dans les localités suivantes :

Mines de *Saint-Bérain :* puits Saint-Léger n° 1, 1re couche intermédiaire; puits Saint-Léger n° 2, faisceau du Bois-Perrot; puits de la Charbonnière,

(1) Grand'Eury, Sur les graines des Névroptéridées (*Comptes rendus Ac. sc.*, CXXXIX, 14 novembre 1904, p. 785).

(2) R. Kidston, Preliminary note on the occurrence of microsporangia in connection with the foliage of Lyginodendron (*Proc. Roy. Soc. London*, vol. 76 B, p. 358, 8 june 1905).

étage de 60 mètres, au toit du faisceau inférieur (où il est très abondant), et étage de 100 mètres, au mur de la couche du Bois-Perrot.

Mines de *Longpendu* : 5e et 6e couches.

Mines de *Montchanin* : puits des Mésarmes.

Mines de *Blanzy* : découvert Saint-François; découvert Maugrand; découvert Sainte-Hélène; puits du Magny, travers-bancs de l'étage de 427 mètres, au delà de la faille du Magny; — région des Porrots : puits Ramus, à 136 mètres.

Mines de *Perrecy* : filets charbonneux supérieurs du faisceau houiller; toit de la grande couche d'anthracite.

Mines du *Creusot* [1].

Mine des *Petits-Châteaux* : terris du puits.

Mine de *Grandchamp* : terris du puits de Grandchamp.

PERMIEN.

Mines de *Bert* (Autunien) : schistes supérieurs du plateau [2].

Genre TÆNIOPTERIS Brongniart.

1828. **Tæniopteris** Brongniart, *Prodr.*, p. 61; *Hist. vég. foss.*, I, p. 262.

On ne possède aucun indice qui permette de préjuger avec quelque vraisemblance quel était le mode de reproduction des *Tæniopteris* paléozoïques et de se rendre compte de la place qu'il conviendrait de leur attribuer dans la classification.

Les formes à frondes pennées, telles que le *Tæn. jejunata*, peuvent être rapprochées avec autant de vraisemblance des *Stangeria*, c'est-à-dire des Cycadinées, que des Fougères; il ne faut cependant pas oublier que l'on trouve dans les couches rhétiennes et infraliasiques, c'est-à-dire à une époque relativement assez voisine des époques permienne et stéphanienne, une espèce très analogue, le *Tæn. Münsteri* Gœppert, qui a été reconnue, sans doute possible, pour une Marattiacée et a pu être rapportée même au genre vivant *Marattia*; il n'y aurait donc rien d'invraisemblable à ce que le *Tæn. jejunata* appartînt, lui aussi, à la famille des Marattiacées.

[1] Grand'Eury, Flore carbonifère du département de la Loire, p. 510.

[2] *Ibid.*, p. 519.

Quant aux espèces à fronde simple, telles que le *Tæn. multinervis*, il n'est rien moins que certain qu'elles appartiennent au même groupe naturel que les espèces à frondes pennées, ni même qu'elles constituent, si on les envisage seules, un groupe homogène. M. Sterzel a observé près de Chemnitz des frondes de *Tæn. abnormis* réunies en bouquet, associées à une tige de *Medullosa*, et il a émis l'idée que peut-être il fallait rapporter aux Médullosées cette forme spécifique de *Tæniopteris*[1], qui n'est, d'ailleurs, à ce qu'il semble, que la forme large du *Tæn. multinervis*[2]. Si cette attribution est fondée, cette espèce appartiendrait aux Ptéridospermées; mais il est impossible de se prononcer, et des découvertes nouvelles permettront seules de fixer la place à donner aux diverses espèces de *Tæniopteris* de la flore paléozoïque.

TÆNIOPTERIS JEJUNATA GRAND'EURY.

Pl. XXXIII, fig. 1, 2.

1877. **Tæniopteris jejunata** Grand'Eury, *Flore carb. du dép. de la Loire*, p. 121. Zeiller, *Bull. Soc. Géol. Fr.*, 3e série, XIII, p. 137, pl. IX, fig. 2; *Fl. foss. terr. houill. de Commentry*, 1re part., p. 280, pl. XXII, fig. 7-9. Potonié, *Fl. d. Rothlieg. v. Thüringen*, p. 145, pl. XVII, fig. 3.

Cette espèce ne se présentant le plus souvent qu'à l'état de pennes détachées, j'ai cru devoir faire représenter sur la Pl. XXXIII un échantillon qui, sur ses deux faces (fig. 1 et fig. 2), montre des fragments de frondes avec pennes encore en place le long d'un rachis commun. Il reste incertain, faute de spécimens plus complets, si l'on a affaire là à des portions de frondes simplement pinnées, ou seulement à des pennes primaires ayant appartenu à des frondes bipinnées.

On remarquera, sur la figure grossie 2 *b*, que, sur une même penne, l'écartement des nervules peut être sensiblement différent d'un côté à l'autre de la nervure médiane.

Je n'ai constaté la présence du *Tæn. jejunata* qu'aux mines de *Blanzy* : découvert Saint-François, et découvert Sainte-Hélène.

(1) O. WEBER et J. T. STERZEL, Beiträge zur Kenntnis der Medulloseæ, p. [118] (XIII. *Bericht der naturwiss. Gesellschaft zu Chemnitz*, 1896).

(2) BOULAY, Recherches de paléontologie végétale sur le terrain houiller des Vosges, p. 43. ZEILLER, Notes sur la flore des couches permiennes de Trienbach (Alsace) [*Bull. Soc. Géol. Fr.*, 3e sér., XXII, p. 171].

TÆNIOPTERIS MULTINERVIS Weiss.

Pl. XXXII, fig. 5, 6.

1869. **Tæniopteris multinervis** Weiss, *Foss. Fl. d. jüngst. Steinkohl*, p. 98, pl. VI, fig. 13. Zeiller, *Fl. foss. bass. houill. et perm. d'Autun*, p. 163, pl. XII, fig. 2-5; pl. XIII, fig. 1; *Bull. Soc. Géol. Fr.*, 3e série, XXII, p. 169, pl. IX, fig. 2-5. Raciborski, *Permo-karb. Flora*, p. 17, pl. VI, fig. 1-9.

Le *Tæn. multinervis*, nettement caractéristique du Permien, a été trouvé, d'une part aux mines de *Bert*, où M. Grand'Eury l'avait déjà signalé, du reste, tant sous sa forme normale que sous la forme désignée par Gœppert comme *Tæn. fallax*[1], d'autre part dans les schistes autuniens de *Charmoy*.

Je représente, d'ailleurs, sur les fig. 5 et 6 de la Pl. XXXII, deux fragments de frondes de cette espèce, provenant de l'une et de l'autre de ces deux localités, l'un appartenant à une fronde relativement large, et l'autre à une fronde étroite.

Genre LESLEYA Lesquereux.

1879. **Lesleya** Lesquereux, *Atlas to the Coal-Flora*, p. 5; *Coal-Flora*, p. 142.

L'attribution du genre *Lesleya* est aussi incertaine que celle des *Tæniopteris*, bien que ce genre, à l'inverse de ce dernier, paraisse assez homogène; mais on n'a aucune donnée sur le mode de reproduction des espèces qui y sont comprises, et leur place doit rester incertaine, jusqu'à nouvel ordre, entre les Fougères et les Ptéridospermées.

LESLEYA COCCHII de Stefani.

Pl. XXXII, fig. 7.

1901. **Lesleya Cocchii** de Stefani, *Flore carb. e perm. della Toscana*, p. 60, pl. IX, fig. 7.

Le petit fragment de fronde représenté sur la fig. 7 de la Pl. XXXII présente si exactement tous les caractères du *Lesleya Cocchii*, du Permien inférieur du Monte Vignale, qu'il est impossible de ne pas le rapporter à cette espèce; comme sur la figure héliotypique publiée par M. C. de Stefani, les nervures sont assez fortement arquées à leur base, tournant leur convexité vers le haut, puis à peu près rectilignes, très ascendantes, et enfin très légèrement infléchies en avant, à l'extrémité de leur parcours, en arc faiblement concave

[1] Grand'Eury, Flore carbonifère du département de la Loire, p. 519.

vers le haut; leur espacement, mesuré normalement à leur direction, varie de $0^{mm},30$ à $0^{mm},50$. La seule différence consiste dans la largeur un peu plus grande de l'échantillon de la Toscane. Comme sur ce dernier, l'inclinaison des nervures est un peu moindre sur une des moitiés du limbe que sur l'autre.

L'échantillon figuré sur la Pl. XXXII a été trouvé au *Creusot*, à l'extrémité ouest du champ d'exploitation du puits Saint-Paul, au toit de la couche.

Genre APHLEBIA Presl.

1838. **Aphlebia** Presl, *in* Sternberg, *Ess. Fl. monde prim.*, II, fasc. 7-8, p. 112.
1869. **Rhacophyllum** Schimper, *Traité de pal. vég.*, I, p. 684.

Il n'est guère douteux que les grandes expansions foliacées réunies sous ce nom générique représentent des pennes hétéromorphes, fixées probablement au voisinage de la base des pétioles de certaines frondes de Pécoptéridées; mais on n'a pas à cet égard d'observations assez positives pour qu'il soit possible de rien affirmer, et l'on ne saurait dire si ces pennes hétéromorphes ont appartenu seulement à des Fougères véritables, ou si une partie d'entre elles ne correspondent pas à des Ptéridospermées.

APHLEBIA GERMARI Zeiller.

1847. **Schizopteris lactuca** Germar (*non* Presl), *Verst. d. Steink. v. Wettin u. Löbejün*, p. 44, pl. XVIII, fig. 1 *a*, 1 *b*; pl. XIX, fig. 2, 3.
1888. **Aphlebia Germari** Zeiller, *Fl. foss. terr. houill. de Commentry*, 1re part., p. 289, pl. XXXIV, fig. 1, 1'. Potonié, *Fl. d. Rothlieg. v. Thüringen*, p. 157, pl. XXIII, fig. 1.

Cette espèce s'est montrée représentée par un fragment de fronde assez étendu, bien conforme à la fois à une partie des figures de Germar et à certains lobes du grand échantillon de Commentry dont j'ai donné le dessin.

Ce fragment de fronde d'*Aphlebia Germari* a été trouvé aux mines de *Blanzy*, au découvert du Magny; peut-être est-ce également un échantillon de cette espèce que M. Grand'Eury a eu en vue lorsqu'il a signalé dans la région de Lucy le *Schizopteris rhipis* [1], l'espèce qu'il a désignée sous ce nom, et qui semble voisine de l'*Aphl. Germari*, ayant été ultérieurement indiquée par lui, dans la description qu'il en a donnée, comme spéciale au bassin du Gard [2].

[1] Grand'Eury, Flore carbonifère du département de la Loire, p. 508.
[2] Grand'Eury, Géologie et paléontologie du bassin houiller du Gard, p. 299, 300, pl. XIX, fig. 10.

IMPRIMERIE NATIONALE.

APHLEBIA ACANTHOIDES Zeiller.

1888. **Aphlebia acanthoides** Zeiller, *Fl. foss. terr. houill. de Commentry*, 1re part., p. 293, pl. XXXIII, fig. 1, 2. Potonié, *Fl. d. Rothlieg. v. Thüringen*, p. 155, pl. XXII.

L'*Aphlebia acanthoides* a été trouvé en échantillons bien caractérisés aux mines de *Blanzy*, dans le découvert Sainte-Hélène.

APHLEBIA FASCICULATA n. sp.

Pl. XXXIII, fig. 3.

Fronde divisée en *segments* pinnés ou bipinnatifides *dressés parallèlement les uns aux autres, composés d'un axe linéaire* aplati, large de 3 à 4 millimètres, marqué de fines stries longitudinales irrégulières, *émettant latéralement des branches alternes ou subopposées*, espacées à leur base de 12 à 20 millimètres, étalées-dressées, *linéaires*, larges de 1 millimètre à 1mm,5 sur 2 à 4 centimètres de longueur, *effilées vers leur sommet*, parfois *munies sur leurs bords d'appendices filiformes extrêmement fins*, distants de 1mm,5 à 3 millimètres, longs de 4 à 5 millimètres, *étalés-dressés*, ayant l'apparence de poils à base élargie, légèrement arqués en avant.

L'échantillon figuré sur la Pl. XXXIII, fig. 3, offre un peu l'aspect d'un faisceau de racines, et l'on pourrait se demander s'il ne doit pas être interprété comme représentant en effet une portion d'appareil radiculaire; mais la régularité de la ramification, la disposition de toutes les branches, étalées dans un seul et même plan, l'aplatissement des axes en forme de rubans striés, m'ont conduit à le regarder, ainsi que j'avais fait jadis dans des conditions analogues pour l'*Aphlebia rhizomorpha*[1], comme un organe foliaire appartenant au groupe des *Aphlebia*. En quelques points, on observe sur les bords, soit de l'axe, soit des dernières branches latérales, de fins appendices latéraux, régulièrement disposés les uns à la suite des autres, légèrement arqués en avant, ayant l'aspect de poils rigides ou de dents excessivement fines; on peut les apercevoir ou, pour mieux dire, les deviner à la loupe sur quelques-unes des divisions supérieures de la branche de gauche la plus basse de la fig. 3, à une distance

[1] R. Zeiller, Flore fossile du terrain houiller de Commentry, 1re partie, p. 298, pl. XXXIII, fig. 5, 6.

de 4 à 5 centimètres environ du bas de la figure et de 1 à 2 centimètres de son bord gauche. La présence de ces appendices, qui n'ont nullement l'aspect de radicelles, mais qui semblent représenter plutôt des dents très fines et très aiguës dépendant du limbe rubané médian, me semble exclure l'idée d'organes radiculaires et venir à l'appui de l'interprétation à laquelle je me suis arrêté. L'aspect général de ces expansions foliacées semble, d'ailleurs, à en juger par ce qu'on en voit sur l'échantillon fig. 3, Pl. XXXIII, avoir dû être assez analogue à celui des pennes hétéromorphes à divisions capillaires qui s'observent à la base des pétioles de l'*Hemitelia capensis* de la flore actuelle[1] et auxquelles ont été souvent comparés les *Aphlebia* de la flore houillère.

Cet échantillon, pour lequel j'ai dû créer un nom spécifique nouveau, celui d'*Aphl. fasciculata*, a été recueilli aux mines de *Blanzy*, mais la provenance n'en a pas été autrement précisée.

Troncs de Fougères.

Les troncs de Fougères, si abondants dans certains gisements houillers, entre autres dans ceux d'Ahun et de Commentry, paraissent assez rares dans le bassin de Blanzy et du Creusot. M. Grand'Eury en a cependant observé quelques-uns, sous la forme de *Psaronius* ou de *Psaroniocaulon,* c'est-à-dire sous la forme de tiges ne laissant pas voir leur écorce externe, à cylindre ligneux central à structure parfois conservée, entouré d'un anneau de racines plus ou moins épais; il en mentionne la présence dans la région de *Montchanin-Longpendu*[2], à *Blanzy* dans les couches de couronnement du Montceau[3], et à *Bert*[4]. Il signale également à *Bert* un *Caulopteris,* dont il n'a pas précisé l'attribution spécifique[4]. En ce qui me concerne, je n'ai vu, dans le bassin qui fait l'objet du présent travail, que deux échantillons de tiges arborescentes de Fougères, appartenant tous deux au genre *Caulopteris,* c'est-à-dire correspondant à des fragments de l'écorce externe[5], et dont l'un me paraît devoir constituer une espèce nouvelle.

(1) Schimper, Handbuch der Palæontologie, II. Abth., Palæophytologie, p. 143, fig. 113.
(2) Grand'Eury, Flore carbonifère du département de la Loire, p. 509.
(3) *Ibid.*, p. 508.
(4) *Ibid.*, p. 519.
(5) R. Zeiller, Flore fossile du terrain houiller de Commentry, 1re part., p 307, 309.

Genre CAULOPTERIS Lindley et Hutton.

1832. **Caulopteris** Lindley et Hutton, *Foss. Fl. Gr. Brit.*, I, p. XLIX. Corda, *Beitr. z. Fl. d. Vorw.*, p. 76.

1836. **Sigillaria** (Sect. **Caulopteris**) Brongniart, *Hist. vég. foss.*, I, p. 393, 417.

CAULOPTERIS PELTIGERA Brongniart.

1836. **Sigillaria (Caulopteris) peltigera** Brongniart, *Hist. végét. foss.*, I, p. 417, pl. 138.

1838. **Caulopteris peltigera** Presl, *in* Sternberg, *Ess. Fl. monde prim.*, II, fasc. 7-8, p. 172. Zeiller, *Bull. Soc. Géol. Fr.*, 3e sér., III, p. 574, pl. XVII, fig. 3, (*non* fig. 4); *Fl. foss. terr. houill. de Commentry*, 1re part., p. 314, pl. XXXV, fig. 1-3.

Je n'ai vu, dans le bassin de Blanzy et du Creusot, qu'un seul échantillon de tige de Fougère appartenant à cette espèce : il provenait des mines de *Blanzy*, et avait été récolté dans les travaux du puits Sainte-Hélène, à l'étage de 298 mètres.

CAULOPTERIS GRANDIS n. sp.

Pl. XXXIV, fig. 1, 2.

Cicatrices pétiolaires elliptiques, *de grandes dimensions*, deux fois plus hautes que larges, mesurant environ 13 centimètres de hauteur sur 6[cm],5 de largeur, *assez espacées*, distantes de bord en bord de 6 à 7 centimètres dans le sens longitudinal et de 25 millimètres dans le sens transversal, *disposées en séries longitudinales obliques*.

Cicatrice vasculaire constituée par une *trace ovale* haute de 90 millimètres sur 35 millimètres de largeur, *légèrement rétrécie vers le haut*, et *accompagnée* en dedans, vers le tiers supérieur de son diamètre, *d'un arc transversal concave vers le bas*, à peine relevé à ses extrémités, s'étendant sur 15 millimètres de largeur.

Écorce finement chagrinée entre les cicatrices, et *marquée* en outre *de fossettes elliptiques* longues de 2 à 4 millimètres sur 1[mm],5 à 2 millimètres de largeur, ombiliquées au centre, *irrégulièrement réparties*.

L'échantillon représenté sur la fig. 1 de la Pl. XXXIV offre l'aspect général du *Caul. peltigera*, mais avec des cicatrices foliaires tellement supérieures comme dimensions à celles de cette espèce qu'il me paraît impossible de le lui rattacher, même à titre de variété; je ne crois pas, en effet, que chez une même espèce les dimensions des pétioles soient susceptibles de varier entre des limites aussi étendues. Il semble, d'ailleurs, que ces cicatrices soient proportionnellement plus espacées, surtout dans le sens longitudinal, qu'elles ne le sont chez le *Caul. peltigera*. Enfin, à en juger par la position qu'occupent, par rapport aux deux cicatrices supérieures, les deux cicatrices inférieures, malheureusement très incomplètes et représentées seulement par une portion de leurs bords, ces cicatrices paraissent, contrairement à ce qui a lieu chez cette dernière espèce, disposées non en files verticales nettes, mais en séries longitudinales assez obliques, ce qui me paraît constituer un caractère distinctif d'une réelle importance. Cette disposition en séries obliques s'observe, du reste, chez certains *Ptychopteris*, notamment chez le *Ptych. Chaussati*[(1)], dont les cicatrices vasculaires ne laissent pas d'offrir une assez grande ressemblance avec celles du *Caul. grandis*, tant par leurs grandes dimensions que par leur position les unes par rapport aux autres; elles ne sont sans doute pas tout à fait aussi hautes, et elles sont plus régulièrement elliptiques; néanmoins il ne serait pas impossible que le *Caul. grandis* et le *Ptych. Chaussati* représentassent l'un la surface externe et l'autre le cylindre ligneux des mêmes tiges; mais tant que leurs rapports mutuels n'auront pas été établis par des observations directes, ils doivent rester classés indépendamment l'un de l'autre.

On peut se demander, en examinant l'échantillon de la fig. 1, Pl. XXXIV, si le fragment d'écorce que l'on a sous les yeux, représenté seulement par une mince pellicule charbonneuse très incomplètement conservée, est vu par sa face externe ou par sa face interne. Le sens de la dépression qu'on observe le long du bord supérieur de la cicatrice vasculaire ainsi que de l'arc interne donnerait tout d'abord l'idée de bandes s'élevant de l'intérieur de l'échantillon vers l'extérieur, comme si l'écorce était vue par sa face externe et avait eu sa face interne au contact de la roche sous-jacente; mais dans ce cas, les portions d'écorce comprises entre les cicatrices auraient offert réellement des protubérances saillantes, et non des fossettes en creux, et ce serait là une particularité toute spéciale, ou pour mieux dire une véritable anomalie, les protubérances qu'on observe ainsi entre les cicatrices sur différents échantillons de *Caulopteris* ne représentant jamais que le moulage de fossettes en creux, ainsi qu'on peut le constater sur tous ceux d'entre eux où il reste une épaisseur d'écorce suffisante

(1) R. Zeiller, Flore fossile du terrain houiller de Commentry, 1re part., p. 351, pl. XXXVIII, fig. 1-3.

pour que le sens dans lequel celle-ci se présente ne puisse donner lieu à une hésitation. Il est donc plus naturel, eu égard à cette ornementation de l'écorce, d'admettre que celle-ci a sa face externe au contact de la roche qui lui sert de support, et que les petits lambeaux charbonneux qui subsistent à la surface se montrent par leur face interne. Au surplus, un détail me paraît confirmer positivement cette dernière manière de voir : on peut remarquer, à la partie supérieure de la fig. 1, Pl. XXXIV, qu'au sommet de la cicatrice de droite le bord gauche du contour est comme échancré par une extension de la portion intermédiaire de l'écorce, qui vient empiéter sur la cicatrice; or le contour se continue sous ce lambeau d'écorce, ainsi que je l'ai constaté en en faisant sauter de petits fragments; il est dès lors naturel de penser qu'il s'agit là d'un peu d'écorce replié sous le bord originairement saillant de la cicatrice, demeurée elle-même intacte par-dessus ce repli; dans l'autre hypothèse, il faudrait que l'écorce se fût étendue en avant de la cicatrice pour la recouvrir partiellement, ce qui semble inadmissible.

Il faut donc, à mon avis, conclure de là qu'on a sous les yeux un moulage de la face externe de l'écorce, auquel sont restées adhérentes quelques parcelles de cette dernière, sous forme de mince pellicule ou de petits débris charbonneux, et que les protubérances qui se montrent entre les cicatrices représentent, ici comme ailleurs, le moulage de fossettes creusées dans cette écorce.

La fig. 2 représente un fragment d'un autre lambeau d'écorce de faible étendue qui se trouve sur la même plaque, orienté obliquement par rapport au premier.

Cet échantillon a été recueilli aux mines de *Blanzy*, dans les travaux du puits Sainte-Marie, au mur de la première Grande couche.

Sphénophyllées.

Genre SPHENOPHYLLUM Brongniart.

1822. **Sphenophyllites** Brongniart, *Class. végét. foss.*, p. 9, 34.
1828. **Sphenophyllum** Brongniart, *Prodr.*, p. 68.

SPHENOPHYLLUM VERTICILLATUM Schlotheim (sp.).

1820. **Palmacites verticillatus** Schlotheim, *Petrefactenkunde*, p. 396; pl. II, fig. 24.
1828. **Sphenophyllum Schlotheimii** Brongniart, *Prodr.*, p. 68.
1845. **Sphenophyllites Schlotheimii** Germar, *Verst. d. Steink. v. Wettin u. Löbejün*, p. 13, pl. VI, fig. 1, 2, 4, (*an* fig. 3?).
1885. **Sphenophyllum verticillatum** Zeiller, *Bull. Soc. Géol. Fr.*, 3ᵉ sér., XIII, p. 140, pl. VIII, fig. 4. Potonié, *Lehrb. der Pflanzenpal.*, p. 176; p. 177, fig. 174.

Cette espèce, qui semble être assez rare partout, ne s'est montrée représentée dans le bassin que par un seul échantillon, provenant des mines de *Blanzy* : puits du Gratoux, à 44 mètres (concession du Ragny).

SPHENOPHYLLUM OBLONGIFOLIUM Germar et Kaulfuss (sp.).

Pl. XXXV, fig. 1 à 6.

1831. **Rotularia oblongifolia** Germar et Kaulfuss, *Nov. Act. Acad. natur. curios.*, XV, part. 2, p. 225, pl. LXV, fig. 3.
1850. **Sphenophyllum oblongifolium** Unger, *Gen. et sp. plant. foss.*, p. 70. Geinitz, *Verst. d. Steink. in Sachs.*, p. 12, pl. XX, fig. 11-14. Zeiller, *Expl. Carte géol. Fr.*, IV, p. 33, pl. CLXI, fig. 7, 8. Renault, *Fl. foss. terr. houill. de Commentry*, 2ᵉ part., p. 483, pl. L, fig. 1-5. Sterzel, *Fl. d. Rothlieg. im Plauenschen Grunde*, p. 104, pl. X, fig. 2. De Stefani, *Flore carb. e perm. della Toscana*, p. 86, pl. I, fig. 10, 11, 15, 16; pl. XII, fig. 5-8.

Le *Sphen. oblongifolium* se présente en empreintes sous des aspects assez variés, tant à raison de son polymorphisme propre qu'à raison de la dyssymétrie plus ou moins accentuée des organes foliaires, par suite de laquelle un même rameau peut affecter des apparences assez différentes suivant la face par laquelle il est vu. Aussi m'a-t-il paru intéressant de faire reproduire sur la Pl. XXXV quelques échantillons recueillis à Blanzy, qui donnent une idée de ces variations d'aspect.

On sait qu'en général, du moins sur les rameaux ou ramules extrêmes, les six feuilles de chaque verticille sont disposées en trois paires : deux paires latérales plus longues, plus ou moins étalées à droite et à gauche, et une paire antérieure plus courte, habituellement rabattue vers le bas, conformément à ce qui a lieu chez l'espèce du Permo-trias de l'Inde, pour laquelle ce caractère, considéré originairement comme ayant une valeur générique, avait donné lieu à l'établissement du genre *Trizygia.* Les rameaux d'ordre moins élevé portaient au contraire des feuilles toutes égales, plus ou moins dressées, et plus profondément divisées que celles des rameaux de dernier ordre. C'est ainsi, notamment, que sur l'échantillon fig. 1, Pl. XXXV, la tige qui occupe l'extrémité droite de l'échantillon et qui est dépouillée de ses feuilles, émet vers la gauche un rameau de 2^{mm},5 à 3 millimètres de largeur, dont le premier verticille porte des feuilles linéaires très aiguës, égales entre elles, dressées, tantôt libres jusqu'à leur base (fig. 1 *a*), tantôt paraissant soudées deux à deux à leur partie inférieure sur une très faible hauteur. C'est, d'ailleurs, ce que l'on constatait déjà sur certains échantillons de Commentry figurés par B. Renault[1]. On voit, en outre, sur la fig. 1 de la Pl. XXXV, que plus haut ce même rameau, après s'être lui-même ramifié, ne porte plus à chaque verticille que des feuilles de forme normale, au nombre de six, disposées en trois paires inégales, celles des paires latérales mesurant 5 à 6 millimètres de longueur, et celles de la paire antérieure 4 millimètres seulement. Il n'est pas douteux qu'on devait trouver dans l'intervalle tous les stades intermédiaires entre ces feuilles normales des rameaux terminaux, et les feuilles divisées en lanières indépendantes, simples ou bifurquées dès leur base, de la région inférieure. Certains échantillons de la région de Brive m'ont offert, au surplus, ces formes de passage[2], sur l'une desquelles Brongniart avait établi son *Sphen. quadrifidum,* où l'on voit les six feuilles d'un même verticille, toutes semblables entre elles, divisées jusqu'à une faible distance de leur base en deux moitiés, elles-mêmes bifurquées dès le milieu de leur longueur en deux pointes très aiguës.

Les derniers rameaux changent en outre quelque peu d'aspect suivant que leurs feuilles sont plus ou moins étalées et plus ou moins inégales, ainsi que le

[1] B. Renault, Flore fossile du terrain houiller de Commentry, 2e part., pl. L, fig. 1, 2 (*a*).

[2] R. Zeiller, Flore fossile du bassin houiller et permien de Brive, p. 70, 71, pl. XIV, fig. 1, 2.

montrent les échantillons fig. 2, 3, 4 et 6 de la Pl. XXXV. Quant à celui de la fig. 5, l'apparence assez particulière qu'il présente provient de ce qu'il est vu par sa face dorsale et ne montre que les deux paires latérales de feuilles de chaque verticille, ici assez fortement dressées. A l'extrême base du rameau, les feuilles de la paire antérieure, dégagées au burin, se sont montrées également dressées, un peu moins cependant que les feuilles latérales; mais vers le milieu de la hauteur de la figure, en dégageant, postérieurement à l'exécution du cliché photographique, la paire antérieure, je l'ai trouvée rabattue vers le bas, comme sur les échantillons des fig. 2, 3, 4 et 6. Cette variation dans l'orientation des feuilles d'un point à un autre d'un même rameau me paraît venir à l'appui de l'idée que j'ai émise[1], que cette dyssymétrie de position et de forme des feuilles d'un même verticille proviendrait, non de ce que ces rameaux étaient flottants et s'étalaient à la surface de l'eau, ainsi qu'on l'avait supposé, mais simplement de ce qu'ils étaient plus ou moins flexueux, les feuilles demeurant dressées et sensiblement égales sur les portions dressées des rameaux, tendant au contraire à s'étaler dans le plan du rameau et à se grouper en trois paires inégales, à mesure que l'axe sur lequel elles étaient fixées s'infléchissait et prenait une direction plus rapprochée de l'horizontale, conformément à ce qui a lieu chez certaines plantes vivantes.

Le *Sphen. oblongifolium* s'est montré répandu dans tout le bassin de Blanzy et du Creusot, mais il n'y a jamais, à ma connaissance, été rencontré que sous forme de rameaux stériles.

Sa présence a été constatée sur les points suivants :

Mines de *Saint-Bérain* : puits Saint-Léger n° 1, 1re couche intermédiaire.

Mines de *Longpendu* : 4e couche.

Mines de *Montchanin* : puits des Mésarmes.

Mines de *Blanzy* : puits du Gratoux; puits Trémeau, 4e grande couche (concession du Ragny); — découvert Saint-François; découvert Maugrand; découvert Sainte-Hélène; région de Lucy, Grande couche inférieure[2]; — région de Montmaillot : puits Saint-Amédée; — région des Porrots : puits Ramus, à 136 mètres.

Mines de *Perrecy* : puits n° 2, à 194 mètres; toit de la grande couche d'anthracite.

[1] R. Zeiller, Éléments de paléobotanique, p. 140.

[2] Grand'Eury, Flore carbonifère du département de la Loire, p. 508.

IMPRIMERIE NATIONALE.

Mines du *Creusot :* puits Chaptal, petite veine du mur; découvert de la Croix.
Mine de *Grandchamp :* terris du puits de Grandchamp.

PERMIEN.

Mines de *Bert*[1] (Autunien).

SPHENOPHYLLUM ANGUSTIFOLIUM GERMAR.

1845. **Sphenophyllites angustifolius** Germar, *Verst. d. Steink. v. Wettin u. Löbejün*, p. 18, pl. VII, fig. 4-8.

1850. **Sphenophyllum angustifolium** Unger, *Gen. et sp. plant. foss.*, p. 71. Schimper, *Trait. de pal. vég.*, I, p. 343, pl. XXV, fig. 1-4. Renault, *Fl. foss. terr. houill. de Commentry*, 2e partie, p. 485, pl. L, fig. 6, 7.

Cette espèce paraît rare dans le bassin : je ne l'ai observée qu'une seule fois, représentée par un échantillon recueilli aux mines de *Blanzy*, dans la concession des Porrots, au cours du fonçage du puits Ramus, à une dizaine de mètres de profondeur, immédiatement au-dessous du contact du Stéphanien avec le Rhétien.

M. Grand'Eury la signale en outre dans le Permien, aux mines de *Bert*[2].

SPHENOPHYLLUM LONGIFOLIUM GERMAR.

Pl. XXXVI, fig. 1 à 3.

1837. **Sphenophyllites longifolius** Germar, *Isis* 1837, p. 426, pl. II, fig. 2; *Verst. d. Steink. v. Wettin u. Löbejün*, p. 17, pl. VII, fig. 2.

1850. **Sphenophyllum longifolium** Unger, *Gen. et sp. plant. foss.*, p. 70. Renault, *Fl. foss. terr. houill. de Commentry*, 2e part., p. 491, pl. L, fig. 12-17.

1885. **Sphenophyllum Thirioni** Zeiller, *Bull. Soc. Géol. Fr.*, 3e série, XIII, p. 141, pl. VIII, fig. 1-3.

1890. **Sphenophyllum pedicellatum** Renault, *Fl. foss. terr. houill. de Commentry*, 2e part., pl. L, fig. 11, 11 *bis*; p. 490.

Cette belle espèce s'est montrée assez fréquente à Blanzy, particulièrement dans les travaux du découvert Sainte-Hélène, où il en a été recueilli de nombreux échantillons, dont quelques-uns si bien conservés et si nets qu'il m'a paru intéressant d'en donner les figures sur la Pl. XXXVI. L'échantillon de la fig. 3 est tout à fait conforme, avec son axe très large, à surface lisse, au type de l'espèce figuré en 1837 par Germar, tandis que les échantillons des

[1] GRAND'EURY, Flore carbonifère du département de la Loire, p. 519.
[2] *Ibid.*, p. 519.

fig. 1 et 2, avec leurs axes moins épais et leurs feuilles plus élargies, à bords plus divergents, se rapprochent davantage de la figure publiée par le même auteur en 1845 dans son ouvrage sur la flore fossile de Wettin et de Löbejün.

L'abondance relative de cette espèce à Blanzy pouvait faire espérer qu'on en rencontrerait des spécimens fructifiés; mais, malgré des recherches suivies, cet espoir ne s'est pas réalisé.

Ainsi que je l'avais signalé à M. Grand'Eury[1], la distinction que j'avais cru devoir faire en 1885 entre l'espèce de la Grand'Combe que j'avais décrite sous le nom de *Sphenophyllum Thirioni*, et le *Sphen. longifolium*, venait de la comparaison que j'en avais faite, non avec la figure type de Germar, que je n'avais pas eue sous les yeux, mais avec les figures des échantillons de la Saxe publiés sous ce dernier nom par H.-B. Geinitz[2], et dont l'attribution ne laisse pas d'être discutable; en réalité, il ne s'agissait là que du *Sphen. longifolium* typique.

Je crois, d'autre part, que le *Sphen. pedicellatum* Renault, de Commentry, ne représente qu'un état particulier de conservation du *Sphen. longifolium*, dans lequel les feuilles ont subi à leur base une torsion légère qui les fait paraître contractées en un étroit pédicelle, car pour tous les autres caractères il y a une complète concordance.

Le *Sphen. longifolium* n'a été observé jusqu'ici dans le bassin qu'aux mines de *Blanzy*: bure des compresseurs, à 70 mètres; découvert Sainte-Hélène; — région de Montmaillot : puits Saint-Amédée.

SPHENOPHYLLUM THONI MAHR.

1868. **Sphenophyllum Thonii** Mahr, *Zeitschr. deutsch. geol. Gesellsch.*, XX, p. 433, pl. VIII, fig. 1-4. Zeiller, *Expl. Carte géol. Fr.*, IV, p. 34, pl. CLXI, fig. 9; *Fl. foss. bass. houill. et permien de Brive*, p. 74, pl. XII, fig. 7-10. Renault, *Fl. foss. terr. houill. de Commentry*, 2e part., p. 488, pl. L, fig. 10. Sterzel, *Fl. d. Rotlieg. v. Oppenau*, p. 322, pl. X, fig. 26, 27; pl. XI, fig. 1-4.

Le *Sphen. Thoni*, qui s'était montré représenté à Commentry, mais seulement par un unique échantillon consistant en une feuille détachée, n'a pas été, jusqu'à présent du moins, rencontré dans les couches houillères du bassin de Blanzy et du Creusot; mais M. Grand'Eury en a signalé la présence dans les couches permiennes de *Bert*[3].

(1) GRAND'EURY, Géologie et paléontologie du bassin houiller du Gard, p. 231.
(2) H.-B. GEINITZ, Versteinerungen der Steinkohlenformation in Sachsen, pl. XX, fig. 15-17.
(3) GRAND'EURY, Flore carbonifère du département de la Loire, p. 519.

Équisétinées.

Genre CALAMITES Schlotheim.

1820. **Calamites** Schlotheim, *Petrefactenkunde*, p. 398.

La délimitation des formes spécifiques de tiges d'Equisétinées comprises dans le genre *Calamites* est, comme on sait, des plus difficiles et a donné lieu aux interprétations les plus diverses. Il semble certain qu'une partie de ces tiges ont été herbacées, ou tout au moins n'ont eu qu'un système ligneux peu développé, tandis que d'autres possédaient un bois secondaire d'épaisseur notable et constituent le groupe des Calamodendrées, dans lequel l'étude anatomique des échantillons à structure conservée a permis de distinguer les trois types connus sous les noms d'*Arthropitys* Gœppert, *Arthrodendron* Scott, et *Calamodendron* Brongniart; or il n'est pas toujours facile de se rendre compte auquel des deux groupes on a affaire, lorsqu'il s'agit de tiges conservées sous forme d'empreintes, et surtout d'échantillons représentant seulement le moulage de l'étui médullaire. D'autre part, on n'a que des données insuffisantes sur les variations d'aspect que pouvaient offrir les tiges et les rameaux d'une même espèce suivant la place qu'ils occupaient; mais il semble que ces variations aient été très étendues et qu'il ne faille accorder qu'une valeur limitée aux caractères tirés de la longueur des entrenœuds non plus que de la largeur relative des côtes : c'est ainsi, notamment, que deux des espèces les plus connues, et les plus distinctes en apparence, le *Cal. Suckowi* et le *Cal. Cisti*, ne seraient, d'après les observations de M. Grand'Eury [1], que des membres différents d'une même plante, le *Cal. Suckowi* représentant les parties souterraines ou submergées des tiges, et le *Cal. Cisti* les branches aériennes. Mais lorsqu'on n'a en mains, ce qui est le cas le plus fréquent, que des tronçons de tiges ou de rameaux de longueur limitée, il est impossible de se rendre compte si les caractères extérieurs qu'ils présentent étaient ou non susceptibles de se modifier d'un point à l'autre, et l'on ne peut qu'enregistrer les formes telles qu'on les observe, sans pouvoir en apprécier la valeur spécifique. On est ainsi exposé, d'une part, à séparer, sous des noms différents, des fragments appar-

[1] Grand'Eury, Forêt fossile de *Calamites Suckowii*. Identité spécifique des *Cal. Suckowii* Br., *Cistii* Br., *Schatzlarensis* St., *foliosus* Gr., *Calamocladus parallelinervis* Gr., *Calamostachys vulgaris* Gr. (*Comptes rendus Acad. sc.*, CXXIV, p. 1333-1336, 14 juin 1897).

tenant à une même espèce, mais différemment situés; d'autre part, à confondre, faute de caractères extérieurs appréciables, des portions de tiges ou de rameaux ayant peut-être appartenu à des espèces différant les unes des autres, soit par leur feuillage ou leurs organes fructificateurs, soit par la structure de leur appareil végétatif.

C'est sous la réserve de ces observations que je vais énumérer les diverses formes de *Calamites* qui ont été rencontrées dans le bassin de Blanzy et du Creusot, sans essayer d'en discuter la valeur, les échantillons que j'ai eus sous les yeux ne m'ayant fourni, sur cette question de la délimitation des types spécifiques, aucune indication nouvelle.

Je comprendrai, d'ailleurs, sous cette appellation générique de *Calamites* toutes les tiges ainsi observées en empreintes, qu'il s'agisse de tiges herbacées ou à système ligneux peu développé, ou bien de tiges ligneuses proprement dites, sauf à indiquer, le cas échéant, pour celles de ces dernières dont la structure a pu être étudiée, les attributions qui en ont été faites, soit au genre *Arthropitys*, soit au genre *Calamodendron*.

Mais, avant d'aborder l'énumération des tiges ainsi observées avec leurs caractères extérieurs, je rappellerai que M. Grand'Eury a signalé dans le bassin quelques échantillons à structure conservée, qu'il convient de mentionner à part. Il a, tout d'abord, cité à *Blanzy*, dans les découverts Saint-François et Maugrand, un *Arthropitys* qu'il désigne sous le nom d'*Arthr. gallicus*[1], nom défini plus tard par B. Renault[2] d'après un échantillon de Montrambert; il a en même temps, indiqué la présence, sur les mêmes points, de nombreuses Calamodendrées, *Calamodendrea rhizobola* et *cortea*[3].

Il a signalé, aux mines de *Saint-Bérain*[4], des bois sidérifiés de *Calamodendron*, notamment *Cal. striatum* Cotta (sp.).

Il a reconnu également, aux mines de *Bert*, dans la couche de houille des Bouillots[5], la présence de bois de *Calamodendron*. On sait, du reste, par ses observations et par celles de B. Renault, et j'aurai l'occasion de le rappeler plus loin, que le *Calamites cruciatus*, si fréquent dans le Stéphanien et dans l'Autunien, avait un bois de *Calamodendron*.

[1] Grand'Eury, Flore carbonifère du département de la Loire, p. 508.
[2] *Arthropitus gallica* Renault, Notice sur les Calamariées (*Bull. Soc. hist. nat. d'Autun*, IX, p. 307, pl. I, fig. 1-7; 1896).
[3] Grand'Eury, Flore carbonifère du département de la Loire, p. 508.
[4] *Ibid.*, p. 509, 510.
[5] *Ibid.*, p. 519.

CALAMITES SUCKOWI Brongniart.

Pl. XXXVII, fig. 1.

1828. **Calamites Suckowii** Brongniart, *Hist. végét. foss.*, I, p. 124, pl. 15, fig. 1-6; pl. 16, fig. 2-4, (*an* fig. 1?); (*an* pl. 14, fig. 6?). Zeiller, *Flore foss. bass. houill. de Valenciennes*, p. 333, pl. LIV, fig. 2, 3; pl. LV, fig. 1. Renault, *Flore foss. terr. houill. de Commentry*, 2e part., p. 385, pl. XLIII, fig. 1-3; pl. XLIV, fig. 4, 5.

1884. **Calamites (Stylocalamites) Suckowi** Weiss, *Steinkohl. Calam.*, II, p. 129, pl. II, fig. 1; pl. III, fig. 2, 3; pl. IV, fig. 1; pl. XVII, fig. 5; pl. XXVII, fig. 3. Sterzel, *Fl. d. Rothlieg. im Plauenschen Grunde*, p. 87, pl. X, fig. 1.

Ainsi qu'on l'a fait remarquer plus d'une fois, le *Calamites Suckowi* se montre souvent, dans le Stéphanien et à la base de l'Autunien, représenté par des tiges de diamètre très considérable, notablement plus grosses que celles qu'on rencontre habituellement dans le Westphalien, sans cependant qu'on puisse saisir aucun caractère qui permette de les distinguer spécifiquement de ces dernières. Telles sont notamment quelques-unes de celles que B. Renault a figurées du terrain houiller de Commentry et dont l'une atteint près de 16 centimètres de largeur. J'en figure sur la Pl. XXXVII, à raison même de ses grandes dimensions, une plus large encore, car elle mesure, là où elle est complète, 18cm,5, et elle présente sur sa face postérieure une déchirure longitudinale, le long de laquelle elle empiète sur elle-même sur une largeur de 15 à 20 millimètres; elle offrirait donc, sans cet accident, une largeur de 20 centimètres, et peut-être pourrait-on rencontrer d'autres tiges encore plus grosses, car certains échantillons, recueillis également à Blanzy, présentent des côtes de 4mm,5 à 5 millimètres de largeur, par conséquent plus larges que celles de l'échantillon que je figure, lesquelles ne dépassent guère 3 millimètres ou 3mm,5, ce qui peut faire préjuger un diamètre encore plus considérable que celui de ce dernier échantillon.

Sur la plupart de ces échantillons, on observe une pellicule charbonneuse, bien visible sur certaines parties de la fig. 1, Pl. XXXVII, et dont la minceur atteste qu'il doit s'agir là de tiges herbacées, à large cavité centrale entourée d'une zone de tissus peu épaisse; la déchirure longitudinale qui existe sur la face postérieure de l'échantillon de la Pl. XXXVII prouve de même le peu de solidité de ces grosses tiges. Un autre échantillon, de 18 centimètres de diamètre, recueilli dans le découvert Sainte-Hélène, montre d'ailleurs les côtes de chaque entrenœud pliées, par l'effet d'une compression longitudinale, en chevrons alternant d'un entrenœud à l'autre et formant ainsi des zigzags plus ou moins réguliers. Il est clair que des tiges à enveloppe tant soit peu ligneuse auraient été plus résistantes, et en même temps de telles déformations attestent, avec la présence de la pellicule charbonneuse que j'ai signalée, qu'on n'a pas affaire là à de simples moulages d'étuis médullaires.

Les observations faites par M. Grand'Eury sur les tiges en place qu'il a pu étudier au Treuil [1] l'ont conduit du reste à assigner à ces tiges de *Cal. Suckowi* une épaisseur de tissus ne dépassant pas 5 millimètres, avec un diamètre susceptible d'atteindre 15 centimètres, ce qui correspondrait, pour des tiges une fois aplaties, à 20 centimètres au moins de largeur. Ce sont ces mêmes tiges qu'il a vues porter des branches aériennes présentant les caractères du *Cal. Cisti* et munies elles-mêmes de rameaux feuillés.

Le *Cal. Suckowi* a été observé, dans le bassin de Blanzy et du Creusot, sur les points suivants :

Mines de *Blanzy* : puits des Crépins (concession des Crépins), 4e grande couche; — puits Saint-Louis, à 100 mètres, entre la 1re et la 2e grande couche; découvert Saint-François, au toit de la 1re grande couche; découvert Maugrand, découvert Sainte-Hélène; découvert du Magny; — région des Porrots : puits Ramus, vers 80 mètres.

Mines du *Creusot* : puits Chaptal, à 20 mètres et à 122 mètres au mur de la Grande couche.

CALAMITES CISTI Brongniart.

1828. **Calamites Cistii** Brongniart, *Hist. végét. foss.*, I, p. 129, pl. 20, fig. 1-5. Zeiller, *Flore foss. bass. houill. de Valenciennes*, p. 342, pl. LVI, fig. 1, 2. Grand'Eury, *Flore carb. du dép. de la Loire*, p. 19, pl. II, fig. 1-3; *Géol. et paléont. du bass. houill. du Gard*, p. 217, pl. XV, fig. 1-6. Renault, *Flore foss. terr. houill. de Commentry*, 2e partie, p. 389, pl. XLIII, fig. 4; pl. XLIV, fig. 1; pl. LVII, fig. 4.

Comme je l'ai rappelé tout à l'heure, le *Cal. Cisti* représenterait, d'après les observations de M. Grand'Eury, les branches aériennes du *Cal. Suckowi*, et il aurait porté les rameaux feuillés à longues feuilles plurinerves décrits antérieurement par le même auteur sous les noms d'*Asterophyllites viticulosus* [2] et de *Calamocladus parallelinervis* [3].

(1) Grand'Eury, Forêt fossile de *Calamites Suckowii* (*Comptes rendus Acad. sc.*, CXXIV, p. 1333-1336, 14 juin 1897).

(2) Grand'Eury, Flore carbonifère du département de la Loire, p. 301, pl. XXXII, fig. 3.

(3) Grand'Eury, Géologie et paléontologie du bassin houiller du Gard, p. 220, pl. XV, fig. 7-11.

Il n'a été recueilli jusqu'ici, dans le bassin de Blanzy et du Creusot, que des tronçons de branches de cette espèce, dépourvus des feuilles que M. Grand'Eury a quelquefois trouvées encore en place aux articulations, ainsi que des derniers rameaux feuillés.

La présence en a été constatée sur les points suivants, où s'est, en général, montré également le *Cal. Suckowi*, association qui vient à l'appui des observations ci-dessus rappelées :

Mines de *Blanzy* : puits de la Chassagne, 4e grande couche; puits Saint-Louis, entre 40 et 60 mètres; découvert Saint-François; découvert Maugrand; découvert Sainte-Hélène; découvert du Magny.

Mines de *Perrecy* : toit de la grande couche d'anthracite.

Mines du *Creusot* : puits Chaptal, à 20 mètres et à 122 mètres au mur de la Grande couche.

CALAMITES LEIODERMA Gutbier.

1849. **Calamites leioderma** Gutbier, *Verst. d. Rothlieg. in Sachs.*, p. 8, pl. I, fig. 5. Zeiller, *Flore foss. bass. houiller et permien de Brive*, p. 60, pl. X, fig. 1-3.

Cette forme de *Calamites*, voisine du *Cal. Cisti* par l'étroitesse relative de ses côtes, a été signalée par M. Grand'Eury [1], non sans quelque doute, il est vrai, dans l'Autunien des mines de *Bert*.

CALAMITES MAJOR Weiss.

1870. **Calamites major** Weiss, *Foss. Fl. d. jüngst. Steinkohl.*, p. 119, pl. XIII, fig. 6; pl. XIV, fig. 1. Grand'Eury, *Géol. et paléont. du bass. houill. du Gard*, p. 210, pl. XIV, fig. 13, 14.

1893. **Calamites Weissi** Sterzel, *Fl. d. Rothlieg. im Plauenschen Grunde*, p. 92, pl. VIII, fig. 7.

Cette espèce, dont M. Sterzel exclut l'un des deux échantillons figurés par Weiss, celui de la fig. 6, pl. XIII, qui lui paraît devoir être rattaché au *Cal. Suckowi* à titre de simple variété, a été reconnue par M. Grand'Eury, sur des échantillons du bassin du Gard, comme possédant un bois d'*Arthropitys* [2], de même que le *Cal. gigas*, dont elle est voisine.

[1] Grand'Eury, Flore carbonifère du département de la Loire, p. 519.

[2] *Arthropitus major* Renault, Notice sur les Calamariées (*Bull. Soc. hist. nat. d'Autun*, IX, p. 322; 1896).

M. Grand'Eury en a signalé la présence dans le bassin de Blanzy, sur les points suivants :

Mines de *Blanzy* : découvert Saint-François, découvert Maugrand [1].

PERMIEN.

Mines de *Perrecy* (Saxonien inférieur) : puits de Romagne, couches supérieures [2].

CALAMITES GIGAS Brongniart.

1828. **Calamites gigas** Brongniart, *Hist. végét. foss.*, I, p. 136, pl. 27. Weiss, *Foss. Fl. d. jüngst. Steinkohl.*, p. 117, pl. XIII, fig. 8; pl. XIV, fig. 2.

1890. **Arthropitus gigas** Renault, *Flore foss. terr. houill. de Commentry*, 2ᵉ partie, pl. LII, fig. 4; pl. LIII, fig. 3, 4; pl. LV, fig. 1, 2; pl. LVI, fig. 1; pl. LVII, fig. 1; p. 436. *Flore foss. bass. houill. et perm. d'Autun*, 2ᵉ partie, p. 96, pl. XLIX-LI.

Le *Cal. gigas* a été trouvé par B. Renault muni d'un bois plus ou moins épais offrant la constitution du bois d'*Arthropitys;* mais le plus habituellement il se montre représenté seulement par des moules pierreux de diamètre considérable, correspondant à l'étui médullaire. C'est sous cette forme qu'il a été observé dans le bassin de Blanzy, dans les localités suivantes :

Mines de *Blanzy* : découvert Sainte-Hélène.

PERMIEN.

Les Lolliers, au Sud-Est de Charmoy (Autunien).

Mines de *Bert* (Autunien) : puits du Pavillon [3].

CALAMITES CANNÆFORMIS Schlotheim.

1820. **Calamites cannæformis** Schlotheim, *Petrefactenkunde*, p. 398; pl. XX, fig. 1. Brongniart, *Hist. végét. foss.*, I, p. 131, pl. XXI, fig. 1-5. Renault, *Flore foss. terr. houill. de Commentry*, 2ᵉ partie, p. 392, pl. XLIV, fig. 6, 7. Grand'Eury, *Géol. et paléont. du bass. houill. du Gard*, p. 209, 213, pl. XIV, fig. 11, 12.

Cette espèce se montre en général sous la forme de moulages de l'étui médullaire, à la surface desquels adhère souvent une lame charbonneuse d'épaisseur variable, que B. Renault a reconnue présenter les caractères du

(1) Grand'Eury, Flore carbonifère du département de la Loire, p. 508.

(2) Grand'Eury, *in* Delafond, Bassin houiller et permien de Blanzy et du Creusot. Fasc. I, Stratigraphie, p. 34.

(3) Grand'Eury, Flore carbonifère du département de la Loire, p. 519.

IMPRIMERIE NATIONALE.

bois d'*Arthropitys*[1]. D'après les observations de M. Grand'Eury, au *Cal. cannæformis* correspondrait, comme rameaux feuillés, l'*Asterophyllites equisetiformis.*

La présence de cette forme de Calamite a été constatée sur les points suivants du bassin :

Mines de *Blanzy :* puits du Gratoux, à 53 mètres (concession du Ragny); — découvert Saint-François[2]; découvert Maugrand[2]; puits du Magny, travers-bancs de l'étage de 427 mètres, au delà de la faille du Magny.

Mines du *Creusot :* découvert Chaptal, 2e veine du mur.

CALAMITES PACHYDERMA Brongniart.

1828. **Calamites pachyderma** Brongniart, *Hist. végét. foss.*, I, p. 132, pl. 22. Grand'Eury, *Géol. et paléont. du bass. houill. du Gard*, p. 210, pl. XIV, fig. 11 B.

Cette espèce, voisine de la précédente, dont elle diffère surtout par ses tiges de plus grand diamètre, à étui médullaire entouré d'une lame charbonneuse plus épaisse, a été reconnue par M. Grand'Eury posséder également un bois d'*Arthropitys;* il lui rapporte, comme rameaux feuillés, une forme d'Astérophyllite voisine de l'*Asterophyllites equisetiformis*, mais à feuillage plus dense (*Ast. densifolius*), et il lui attribue, comme épis de fructification, le *Macrostachya carinata.*

Il a signalé le *Cal. pachyderma* aux mines de *Blanzy*[3], dans les découverts Saint-François et Maugrand.

CALAMITES APPROXIMATUS Brongniart.

1828. **Calamites approximatus** Brongniart (*non* Schlotheim), *Hist. végét. foss.*, I, p. 133, pl. 24, fig. 1-5; (*an* pl. 15, fig. 7, 8?). Weiss, *Steinkohl. Calam.*, II, p. 81, pl. XXV, fig. 1.

1890. **Arthropitus approximata** Renault, *Fl. foss. terr. houill. de Commentry*, 2e part., pl. LII, fig. 6; pl. LIII, fig. 1; p. 434; *Bull. Soc. hist. nat. Autun*, IX, p. 307, pl. I, fig. 1-10.

Ainsi que je l'ai fait observer ailleurs[4], Schlotheim avait en 1820 désigné sous le nom de *Calamites approximatus*[5] une forme de Calamite, qu'il n'a

[1] *Arthropitus cannæformis* Renault, Notice sur les Calamariées (*Bull. Soc. hist. nat. d'Autun*, IX, p. 315).

[2] Grand'Eury, Flore carbonifère du département de la Loire, p. 508.

[3] *Ibid.*, p. 508.

[4] Flore fossile du bassin houiller de Valenciennes, p. 352.

[5] Schlotheim, Petrefactenkunde, p. 399.

d'ailleurs pas figurée, caractérisée, non par la brièveté de ses entrenœuds, mais par l'étroitesse de ses côtes. L'espèce à courts articles à laquelle Brongniart a appliqué ce nom n'est donc certainement pas identique à celle que Schlotheim avait eue en vue et devrait en conséquence être débaptisée, mais ce n'est pas ici le lieu de lui imposer une dénomination nouvelle, et j'ai cru, me bornant à citer la forme décrite par Brongniart, devoir conserver pour elle le nom sous lequel elle est généralement connue.

De même que les espèces précédentes, le *Cal. approximatus* possédait un bois d'*Arthropitys*, ainsi que l'a établi B. Renault.

Cette espèce a été observée dans les localités suivantes :

Mines de *Saint-Bérain*[1].

Mines de *Blanzy* : découvert Saint-François[2]; découvert Maugrand[2]; découvert Sainte-Hélène.

Mines du *Creusot*[3].

CALAMITES CRUCIATUS Sternberg.

1826. **Calamites cruciatus** Sternberg, *Ess. Fl. monde prim.*, I, fasc. 4, p. XXVII, pl. XLIX, fig. 5. Brongniart, *Hist. végét. foss.*, I, p. 128, pl. 19.

1877. **Calamodendrophloyos cruciatus** Grand'Eury, *Fl. carb. du dép. de la Loire*, p. 293.

1884. **Calamites (Eucalamites) cruciatus** Weiss, *Steinkohl. Calam.*, II, p. 111, pl. XIII, fig. 1-3. Sterzel, *Fl. d. Rothlieg. im Plauenschen Grunde*, p. 57-87, pl. VII, fig. 5, 6; pl. VIII, fig. 1-6; pl. IX, fig. 1-4.

Le *Calamites cruciatus* s'est montré assez répandu dans le bassin de Blanzy, représenté par les différentes formes qu'il est susceptible d'offrir, à entrenœuds de longueur très variable, en général relativement courts, quelquefois au contraire d'une longueur notable, à côtes visibles tantôt sur toute la longueur des entrenœuds, tantôt seulement au voisinage plus ou moins immédiat des articulations, à cicatrices raméales plus ou moins nombreuses à chaque nœud, suivant le diamètre des tiges.

Dès 1877, M. Grand'Eury avait reconnu sur des échantillons de cette espèce un bois plus ou moins épais, présentant les caractères des *Calamodendron*, notamment d'une forme spécifique de ce genre désignée par lui sous le nom de *Calamodendron congenium*; plus tard B. Renault a trouvé le *Calamites cruciatus*

(1) Grand'Eury, Flore carbonifère du département de la Loire, p. 510.
(2) *Ibid.*, p. 508.
(3) *Ibid.*, p. 510.

en rapport non seulement avec le *Calamodendron congenium* Gr. Eury[1], mais avec d'autres formes du même genre, *Calamod. striatum* Cotta (sp.)[2] et *Calamod. punctatum* Renault[3]. Il est difficile, dans l'état actuel de nos connaissances, d'apprécier la valeur des caractères qui distinguent ces diverses formes, largeur relative plus ou moins grande des coins ligneux et des bandes de fibres prosenchymateuses interposées entre eux, présence ou absence de ponctuations sur les parois des cellules des rayons médullaires. Peut-être a-t-on affaire là à des espèces différentes, dont les tiges présentent les mêmes caractères extérieurs et demeurent confondues sous l'appellation commune de *Calamites cruciatus;* peut-être aussi les différences anatomiques qui ont été relevées ne correspondent-elles qu'à des différences individuelles ou à des différences de développement du tissu ligneux, et n'ont-elles pas une valeur spécifique; c'est dans ce dernier sens que se prononce, avec beaucoup de vraisemblance, M. Sterzel, qui a fait, des diverses formes que peut présenter le *Calamites cruciatus*, une étude approfondie, à laquelle je ne puis que renvoyer.

Le *Calamites cruciatus* a été observé, dans le bassin de Blanzy, sur les points suivants :

Mines de *Saint-Bérain :* puits Saint-Léger n° 2, faisceau du Bois-Perrot, et faisceau inférieur (couches du Parc).

Mines de *Montchanin* et *Longpendu*[4].

Mines de *Blanzy :* découvert Saint-François; découvert Maugrand; découvert Sainte-Hélène; puits Saint-Louis, entre 40 et 60 mètres, au toit de la 1re grande couche, et à 423 mètres; — région de Montmaillot : puits Saint-Paul, travers-bancs à 40 mètres; puits Sainte-Barbe, étage de 260 mètres; — région des Porrots : puits Ramus, à 130 mètres.

PERMIEN.

Mines de *Bert* (Autunien) : couches moyennes, et couche supérieure du plateau[5].

(1) B. Renault, Flore fossile du terrain houiller de Commentry, 2e part., p. 461, 464, pl. LVI, fig. 3.

(2) *Ibid.*, p. 457, pl. LIV, fig. 5.

(3) *Ibid.*, p. 465, pl. LVI, fig. 2, 5.

(4) Grand'Eury, Flore carbonifère du département de la Loire, p. 509.

(5) *Ibid.*, p. 519.

CALAMITES INFRACTUS Gutbier.

1835. **Calamites infractus** Gutbier, *Abdr. u. Verst. d. Zwick. Schwarzkohl.*, p. 25, pl. III, fig. 1, 4-6; *Verst. d. Rothlieg. in Sachs.*, p. 8, pl. I, fig. 1-4.

1893. **Calamites (cruciatus) infractus** Sterzel, *Fl. d. Rothlieg. im Plauenschen Grunde*, p. 79, pl. VIII, fig. 6.

Le *Cal. infractus*, qui paraît bien ne représenter qu'une simple forme du *Cal. cruciatus*, a été signalé par M. Grand'Eury [1] aux mines de *Perrecy*, dans le Saxonien inférieur du puits de Romagne.

Genre CALAMOPHYLLITES Grand'Eury.

1869. **Calamophyllites** Grand'Eury, *Comptes Rendus Acad. sc.*, LXVIII, p. 707; *Fl. carb. du dép. de la Loire*, p. 32.

Les *Calamophyllites*, représentant les tiges feuillées qui portaient comme rameaux les *Asterophyllites*, doivent nécessairement se retrouver dans les couches où l'on rencontre les débris de ces derniers; je n'en ai cependant vu aucun échantillon dans le bassin de Blanzy et du Creusot, mais M. Grand'Eury en a observé aux mines de *Blanzy*, dans les découverts Maugrand et Saint-François, qu'il a désignés sous le nom de *Calamophyllites subcommunis* [2]; il s'agit évidemment là de fragments de tiges voisins de ceux qu'il a dénommés *Calamophyllites communis* [3], portant de distance en distance des verticilles de grosses cicatrices raméales orbiculaires.

Genre ASTEROPHYLLITES Brongniart.

1828. **Asterophyllites** Brongniart, *Class. végét. foss.*, p. 10 (*pars*); *Prodr.*, p. 159.

ASTEROPHYLLITES EQUISETIFORMIS Schlotheim (sp.).

1820. **Casuarinites equisetiformis** Schlotheim, *Petrefactenkunde*, p. 397; pl. I, fig. 1, 2; pl. II, fig. 3.

1828. **Asterophyllites equisetiformis** Brongniart, *Prodr.*, p. 159. Renault, *Fl. foss. terr. houill. de Commentry*, 2ᵉ part., p. 409, pl. XLVIII, fig. 3, 4, 5, 7.

En signalant ici cette espèce, qui s'est montrée très abondante dans le bassin de Blanzy et du Creusot, je dois rappeler que M. Grand'Eury en a distingué,

(1) Grand'Eury, *in* Delafond, Bassin houiller et permien de Blanzy et du Creusot, Fasc. I, Stratigraphie, p. 34.

(2) Grand'Eury, Flore carbonifère du département de la Loire, p. 508.

(3) *Ibid.*, p. 39; Géologie et paléontologie du bassin houiller du Gard, p. 209, pl. XIV, fig. 2, 3.

sous le nom d'*Aster. densifolius*[1], une forme à verticilles foliaires plus rapprochés, à feuilles plus coriaces, qui lui a paru constituer une espèce distincte, à laquelle correspondraient les gros épis de fructification classés comme *Macrostachya,* tandis que l'*Aster. equisetiformis* aurait eu des épis beaucoup plus grêles. Les *Macrostachya* étant fréquents dans le bassin, l'*Aster. densifolius* devrait s'y montrer avec lui, et peut-être est-ce seulement faute d'avoir pu le distinguer nettement de l'*Aster. equisetiformis* que je n'ai pas enregistré sa présence.

C'est sous la réserve de cette observation que je vais indiquer les différentes localités dans lesquelles on a rencontré l'*Aster. equisetiformis,* ou du moins des rameaux et ramules qui m'ont paru devoir lui être rapportés :

Mines de *Saint-Bérain :* puits de la Charbonnière, à 100 mètres, au mur des couches du Bois-Perrot.

Mines de *Longpendu.*

Mines de *Montchanin :* puits des Mésarmes.

Mines de *Blanzy :* découvert Saint-François; découvert Maugrand; découvert Sainte-Hélène; puits Saint-Louis, au toit de la 1re grande couche; — région de Montmaillot : puits Saint-Amédée, à 260 mètres; — région des Porrots : puits Ramus, à 22 mètres.

Mines du *Creusot :* découvert de la Croix.

PERMIEN.

Mines de *Perrecy* (Saxonien inférieur) : couches supérieures du puits de Romagne[2].

[1] Grand'Eury, Flore carbonifère du département de la Loire, p. 300, pl. XXXII, fig. 2; Géologie et paléontologie du bassin houiller du Gard, p. 207, pl. XIV, fig. 4, 5.

[2] Grand'Eury, *in* Delafond, Bassin houiller de Blanzy et du Creusot, Fasc. I, Stratigraphie, p. 34.

Genre ANNULARIA Sternberg.

1823. **Annularia** Sternberg, *Ess. Fl. monde prim.*, I, fasc. 2, p. 31, 36; fasc. 4, p. xxxi. Brongniart, *Prodr.*, p. 55.

ANNULARIA STELLATA Schlotheim (sp.).

Pl. XXXVIII, fig. 1, 2.

1820. **Casuarinites stellatus** Schlotheim, *Petrefactenkunde*, p. 397; pl. I, fig. 4.

1828. **Annularia longifolia** Brongniart, *Prodr.*, p. 136. Germar, *Verst. d. Steink. v. Wettin u. Löbejün*, p. 25, pl. IX, fig. 1-4.

1860. **Annularia stellata** Wood, *Proc. Acad. nat. sc. Philad.*, 1860, p. 236. Zeiller, *Expl. Carte géol. Fr.*, IV, p. 26, pl. CLX, fig. 2, 3. Renault, *Fl. foss. terr. houill. de Commentry*, 2ᵉ part., p. 398, pl. XLV, fig. 1-7; pl. XLVI, fig. 1-6.

1849. **Annularia carinata** Gutbier, *Verst. d. Rothlieg. in Sachs.*, p. 9, pl. II, fig. 4-8.

L'*Annularia stellata* est l'une des plantes qu'on rencontre le plus abondamment dans le bassin de Blanzy et du Creusot, comme d'ailleurs dans tous les dépôts stéphaniens; il en a été récolté notamment dans les découverts de Blanzy de nombreux échantillons de grande taille, offrant des rameaux feuillés composés d'un axe principal de 10 à 12 millimètres de largeur et long de plusieurs décimètres, portant des ramules distiques garnis, comme l'axe principal, de verticilles de feuilles étalées presque dans le même plan que les axes dont elles dépendent, ainsi que le montre la fig. 1, Pl. XXXVIII; mais ces rameaux n'ont jamais, jusqu'à présent, été trouvés en place sur les tiges qui devaient les porter. On a souvent pensé et B. Renault a admis[1] qu'il s'agissait là de rameaux flottants, ayant étalé leurs feuilles à la surface de l'eau; mais étant donné que ces rameaux devaient, suivant toute probabilité, s'attacher aux articulations successives d'une même tige, cette hypothèse me semble difficilement acceptable, et je suis porté à admettre qu'ils étaient simplement étalés dans l'air, ainsi que je l'ai pensé également pour les branches de *Sphenophyllum oblongifolium* à feuilles disposées en trois paires inégales étalées dans le plan du rameau[2].

Les épis de fructification de cette espèce, décrits jadis par Sternberg sous le nom de *Brukmannia tuberculata*[3], se sont montrés aussi très fréquemment

[1] B. Renault, Flore fossile du terrain houiller de Commentry, 2ᵉ part., p. 401.

[2] Voir *supra*, p. 121.

[3] Sternberg, Ess. Fl. monde prim., I, fasc. 4, p. xxxix, pl. XLV, fig. 2. Weiss, Steinkohlen-Calamarien, I, p. 17 (*Stachannularia tuberculata*), pl. I, fig. 1-5; pl. II, fig. 1-3, 5-7; pl. III, fig. 3-7 (*an* fig. 8-10 ?).

associés aux branches feuillées, et parfois encore attachés en verticilles aux articulations de grosses tiges à surface faiblement costulée, mesurant 3 à 4 centimètres de diamètre, ainsi qu'on l'avait déjà observé à Commentry[1] et qu'on peut le voir sur la figure 2 de la Pl. XXXVIII. Ces épis sont souvent très bien conservés, et l'on distingue nettement, entre les verticilles de bractées stériles, les sporanges attachés au sommet des sporangiophores normaux à l'axe de l'épi (fig. 2 *a*, Pl. XXXVIII).

L'*Ann. stellata* a été observé, dans le bassin de Blanzy et du Creusot, dans les localités suivantes, parmi lesquelles je comprends celles où il a été signalé sous le nom d'*Ann. carinata*[2], tous les paléobotanistes étant aujourd'hui d'accord pour lui rattacher, comme n'en pouvant être séparée spécifiquement, la forme à nervure médiane plus accusée à laquelle Gutbier a appliqué cette dénomination :

Mines de *Saint-Bérain :* puits Saint-Léger n° 2, 1re couche intermédiaire ; puits Saint-Léger n° 2, faisceau du Bois-Perrot; puits de la Charbonnière, au mur du faisceau du Bois-Perrot.

Mines de *Longpendu :* 4e couche (parties droites), et 6e couche.

Mines de *Montchanin :* puits de Ségur, à 372 mètres et à 375 mètres; puits des Mésarmes.

Mines de *Blanzy :* puits Sergant (concession du Ragny); puits des Crépins (concession des Crépins); — puits de la Chassagne; découvert Saint-François; découvert Sainte-Eugénie; découvert Maugrand; découvert Sainte-Hélène; puits Saint-Louis, à 30 mètres, à 139 mètres, et à 423 mètres; puits Sainte-Marguerite; découvert de Lucy; découvert du Magny; puits du Magny, travers-bancs de l'étage de 427 mètres, au delà de la faille du Magny; — région de Montmaillot : puits Saint-Paul, travers-bancs de l'étage de 40 mètres; puits Saint-Amédée; puits Louvot.

Mines de *Perrecy :* étage de 300 mètres, filets charbonneux superposés à la grande couche; toit et mur de la grande couche d'anthracite; puits de Romagne, toit de la 3e couche.

Mines du *Creusot :* découvert Chaptal, 2e veine du mur; découvert de la Croix.

Mine de *Grandchamp :* terris du puits de Granchamp.

[1] B. Renault, Flore fossile du terrain houiller de Commentry, 2e part., p. 403, pl. XLV, fig. 1; pl. XLVI, fig. 4, 6.

[2] Grand'Eury, Flore carbonifère du département de la Loire, p. 519.

PERMIEN.

Charmoy; digue de l'*étang du Martenet* (Autunien).

Mines de *Bert* (Autunien) : puits des Mandins.

Courmarcou, au bord de la route (Saxonien inférieur).

Mines de *Perrecy* (Saxonien inférieur) : puits de Romagne, couches supérieures.

ANNULARIA SPHENOPHYLLOIDES Zenker (sp.).

1833. **Galium sphenophylloides** Zenker, *Neues Jahrb. f. Min.*, 1833, p. 398, pl. V, fig. 6-9.

1837. **Annularia sphenophylloides** Gutbier, *Isis* 1837, p. 436. Geinitz, *Verst. d. Steink. in Sachs.*, p. 11, pl. XVIII, fig. 10. Renault, *Fl. foss. terr. houill. de Commentry*, 2e part., p. 406, pl. XLVI, fig. 7-9.

Sans être aussi commun que l'*Ann. stellata*, l'*Ann. sphenophylloides* a été rencontré en assez grande abondance dans le bassin de Blanzy et du Creusot, mais aucun des échantillons que j'ai vus n'a offert de particularité digne d'être notée. J'en ai constaté la présence sur les points suivants :

Mines de *Saint-Bérain :* puits Saint-Léger n° 1, 1re couche intermédiaire; puits de la Charbonnière, à 60 mètres, au toit du faisceau inférieur, et à 8 mètres, au mur des couches du Bois-Perrot.

Mines de *Longpendu :* couche de Longpendu; 2e, 4e, 5e et 6e couches.

Mines de *Montchanin :* puits Sainte-Barbe.

Mines de *Blanzy :* puits Valentin (concession du Ragny); — puits Saint-Louis, à 492 mètres; découvert de Lucy; — région des Porrots : puits Ramus, à 22 mètres.

Mines de *Perrecy :* travers-bancs sud, au mur de la grande couche.

Mines du *Creusot :* puits Chaptal, au mur de la petite veine du carnet; découvert Chaptal, 2e veine du mur; découvert de la Croix.

Mine de *Granchamp :* terris du puits de Granchamp.

ANNULARIA SPICATA Gutbier (sp.).

1849. **Asterophyllites spicata** Gutbier, *Verst. d. Rothlieg. in Sachs.*, p. 9, pl. II, fig. 1-3. Geinitz, *Dyas*, p. 136, pl. XXV, fig. 5, 6.

1869. **Annularia spicata** Schimper, *Trait. de pal. vég.*, I, p. 350. Zeiller, *Fl. foss. bass. houill. et permien de Brive*, p. 68, pl. XI, fig. 2-4.

Il faut, ainsi que je l'ai montré, réunir à l'*Ann. spicata* Gutbier (sp.) l'espèce que Brongniart avait établie en 1828 sous le nom d'*Ann. minuta*[1] sur

[1] Brongniart, Prodrome d'une histoire des végétaux fossiles, p. 155, 175.

IMPRIMERIE NATIONALE.

des échantillons de Terrasson, dans le bassin de Brive, mais qu'il n'avait pas définie. Je ne serais pas éloigné, d'autre part, de lui rattacher l'*Ann. radiiformis* Weiss (sp.) [1], qui n'en diffère que par des feuilles un peu plus larges, et qui ressemble, en particulier, beaucoup à l'un des échantillons types de l'*Ann. minuta* [2]. En tout cas, je ne doute pas que ce soit bien l'*Ann. spicata* que M. Grand'Eury signale à Perrecy sous le nom d'*Ann. radiiformis*.

Cette espèce, observée aussi bien dans le Stéphanien, comme à Terrasson et dans le Gard, que dans le Permien, a été reconnue dans le bassin de Blanzy et du Creusot, sur les points suivants :

Mines de *Blanzy* : Grande couche supérieure [3].

PERMIEN.

Charmoy (Autunien).

Mines de *Perrecy* (Saxonien inférieur) : puits de Romagne, couches supérieures [4].

Épis de fructification.

En dehors du *Brukmannia tuberculata*, qui représente, ainsi que je l'ai rappelé, les épis de l'*Annularia stellata*, et du *Macrostachya carinata* que je vais mentionner, il n'a pour ainsi dire pas été recueilli d'épis de fructification d'Équisétinées dans le bassin du Blanzy et du Creusot, peut-être en partie parce qu'ils n'ont pas fixé l'attention, mais certainement aussi parce qu'ils y sont particulièrement rares. Je n'en ai, en effet, à l'exception des deux espèces précitées, observé, au cours des recherches que j'ai faites sur place, qu'un seul échantillon, malheureusement assez imparfaitement conservé : il se compose d'un axe de 1^{mm},5 de largeur portant quatre verticilles consécutifs d'épis sessiles ou presque sessiles, larges de 2^{mm},5 à 3 millimètres et longs de 2 centimètres, et terminé par un épi semblable. Au premier coup d'œil, ces épis paraissent composés uniquement d'organes fructificateurs sans interposition de bractées stériles, et ils offrent ainsi l'aspect de ceux du *Calamo-*

(1) Weiss, Fossile Flora der jüngsten Steinkohlenformation und des Rothliegenden im Saar-Rhein-Gebiete, p. 129, pl. XII, fig. 3 (*Asterophyllites radiiformis*).

(2) R. Zeiller, Flore fossile du bassin houiller et permien de Brive, pl. XI, fig. 2.

(3) Grand'Eury, Flore carbonifère du département de la Loire, p. 508 (*Annularia minuta*).

(4) Grand'Eury, *in* Delafond, Bassin houiller et permien de Blanzy et du Creusot, Fasc. I, Stratigraphie, p. 34 (*Annularia radiiformis*).

stachys vulgaris Grand'Eury[1]; toutefois sur le bord de quelques-uns d'entre eux un examen attentif permet de découvrir de fines bractées dressées, et l'on pourrait être tenté d'identifier cet échantillon aux épis que Stur a rapportés au *Calamites cruciatus*[2], bien que ceux-ci soient plus nettement pédicellés; mais l'état de conservation est trop imparfait pour qu'une assimilation certaine soit possible. J'ai recueilli cet échantillon aux mines de *Blanzy*, dans le découvert Maugrand.

Genre MACROSTACHYA Schimper.

1869. **Macrostachya** Schimper, *Trait. de pal. vég.*, I, p. 332.

MACROSTACHYA CARINATA Germar (sp.).

1828. **Equisetum infundibuliforme?** Brongniart (*non* Bronn), *Hist. végét. foss.*, I, p. 119, pl. XII, fig. 14, 15.

1869. **Macrostachya infundibuliformis** Schimper, *Trait. de pal. vég.*, I, p. 333 (*pars*), pl. XXIII, fig. 15-17, (*an* fig. 13, 14?). Grand'Eury, *Flore carb. du dép. de la Loire*, p. 48, pl. XXXII, fig. 1.

1851. **Huttonia carinata** Germar, *Verst. d. Steink. v. Wettin u. Löbejün*, p. 90, pl. XXXII, fig. 1, 2.

1878. **Macrostachya carinata** Zeiller, *Expl. Carte géol. Fr.*, IV, pl. CLIX, fig. 4; p. 23.

1890. **Macrostachya crassicaulis** Renault, *Fl. foss. terr. houill. de Commentry*, 2e part., pl. LI, fig. 1-3; p. 421.

Ainsi que je l'ai rappelé plus haut, M. Grand'Eury rapporte ces grands épis de fructification à son *Asterophyllites densifolius* et au *Calamites pachyderma*, reconnu par lui comme ayant une structure d'*Arthropitys*. Ils ont, d'autre part, été trouvés à Commentry encore attachés à de grosses tiges présentant une lame charbonneuse très épaisse, que B. Renault a décrites sous le nom de *Macrostachya crassicaulis* et qui lui ont offert en effet les caractères du genre *Arthropitys*. De nombreux échantillons en ont été recueillis dans le bassin de Blanzy et du Creusot, mais toujours détachés des tiges qui les avaient portés; aucun d'entre eux ne s'est trouvé assez bien conservé pour qu'il fût possible d'en étudier la structure; mais on sait que Renault a constaté que ces épis renfer-

(1) Grand'Eury, Géologie et paléontologie du bassin houiller du Gard, p. 223, pl. XV, fig. 13, 14.

(2) D. Stur, Die Carbon-Flora der Schatzlarer Schichten, Abth. II, p. 95, pl. IX, fig. 1; pl. X, fig. 1.

maient à la fois des microsporanges contenant des microspores groupées en tétrades et des macrosporanges avec des macrospores[1].

J'ai observé ces épis de *Macrostachya carinata* dans les localités suivantes :

Mines de *Saint-Bérain* : puits Saint-Léger n° 1, 1re couche intermédiaire; puits Saint-Léger n° 2, faisceau du Bois-Perrot.

Mine *des Fauches* : puits du Manège.

Mines de *Longpendu* : couche supérieure.

Mines de *Montchanin* : puits des Mésarmes.

Mines de *Blanzy* : découvert Sainte-Hélène; découvert de Lucy, au toit de la 2e grande couche; puits du Magny, travers-bancs de l'étage de 427 mètres, au delà de la faille du Magny.

Mines du *Creusot* : puits Saint-Paul, au mur de la Grande couche.

Lycopodinées.

Genre SELAGINELLITES nov. gen.

1822. **Lycopodites** Brongniart, *Class. vég. foss.*, p. 9 (*pars*); *Prodr.*, p. 83 (*pars*). Goldenberg, *Fl. Saræp. foss.*, 1tes Heft, p. 9 (*pars*).

Goldenberg a repris en 1855, pour l'appliquer spécialement à des rameaux de Lycopodiacées vraisemblablement herbacées, observés par lui dans le terrain houiller de Sarrebrück, le nom de *Lycopodites*, sous lequel Brongniart avait groupé dès 1822 les rameaux lycopodiformes à feuilles uninerviées, spiralées ou distiques, mais en l'affectant à des échantillons qui appartiennent en réalité à des Conifères du genre *Walchia* et non à des Lycopodiacées véritables. Des espèces décrites sous ce nom générique par Goldenberg, les unes, à feuilles spiralées toutes semblables, offraient les caractères extérieurs des *Lycopodium*, d'autres, l'une tout au moins, le *Lycopodites macrophyllus*, à feuilles tétrastiques dimorphes, les caractères des *Selaginella*. Néanmoins le nom de *Lycopodites* avait continué à être employé aussi bien pour les formes spécifiques à apparence de Sélaginelles que pour celles à port de Lycopodes, l'ignorance où l'on était sur la constitution de leurs appareils fructificateurs ne permettant pas de se rendre compte si les unes étaient hétérosporées et

[1] B. Renault, Notice sur les Calamariées (*Bull. Soc. hist. nat. d'Autun*, XI, p. 424-425, fig. 5; 1898).

les autres isosporées, comme les formes vivantes auxquelles elles semblaient respectivement correspondre.

L'espèce que je vais décrire et qui offre, dans son appareil végétatif, l'aspect extérieur d'une Sélaginelle, ayant en outre été reconnue comme hétérosporée et ayant pu ainsi être, sinon rapportée franchement au genre *Selaginella*, du moins classée comme Sélaginellée, il m'a paru qu'il y avait lieu de tenir compte de ce fait dans l'appellation générique et de substituer au nom de *Lycopodites*, sous lequel je l'avais tout d'abord désignée, le nom de *Selaginellites*, qui en précise l'attribution. Il est probable que les autres formes affines de *Lycopodites* du terrain houiller, telles que *Lyc. macrophyllus* Goldenberg, *Lyc. Gutbieri* Gœppert, pourront un jour être également reconnues comme hétérosporées et rangées à leur tour sous cette même appellation de *Selaginellites;* mais il faut attendre pour cela qu'on ait pu étudier la constitution de leurs épis de fructification, ce nom devant être, dans ma pensée, réservé aux espèces qui, avec un port de Sélaginelles, auront offert des épis hétérosporés, sans cependant pouvoir être classées formellement comme *Selaginella,* à raison notamment du nombre plus considérable des macrospores contenues dans leurs macrosporanges.

SELAGINELLITES SUISSEI Zeiller.

Pl. XXXIX, fig. 1 à 5; Pl. XL, fig. 1 à 10; Pl. XLI, fig. 4 à 6.

1900. **Lycopodites Suissei** Zeiller, *Comptes rendus Acad. sc.*, CXXX, p. 1077.

Rameaux épais de 1 à 3 millimètres, *divisés par dichotomie plus ou moins irrégulière,* garnis de feuilles tétrastiques. *Feuilles* des deux séries *postérieures* étalées-dressées, *ovales-lancéolées,* aiguës ou obtusément aiguës au sommet, *finement denticulées sur les bords,* uninerviées, longues de 4 à 6 millimètres sur 2 à 3 millimètres de largeur, *se touchant par leurs bords. Feuilles* des deux séries *antérieures presque invisibles,* étroitement appliquées sur l'axe du rameau, ovales-lancéolées, très aiguës au sommet, longues de $1^{mm},25$ à 2 millimètres sur $0^{mm},50$ à $0^{mm},75$ de largeur.

Épis terminaux, larges de 8 à 10 millimètres, atteignant 15 centimètres au moins de longueur, *composés de bractées polystiques* paraissant disposées en huit ou dix séries longitudinales, *étroitement imbriquées,* d'abord étalées ou étalées-dressées, puis *relevées en un limbe triangulaire* haut de 3 à 5 millimètres sur 2 à 3 millimètres de largeur, *à sommet aigu, à bords finement denticulés.*

Sporanges ovoïdes, longs de 1^{mm},5 à 2^{mm},5 sur 1 millimètre à 1^{mm},5 de largeur, fixés sur la portion étalée des bractées; *ceux de la base* de l'épi, sur une hauteur variable, *renfermant des macrospores au nombre de 16 à 24*, les suivants renfermant de très nombreuses microspores. *Macrospores à corps sphérique* de 0^{mm},50 à 0^{mm},65 de diamètre, *relevé de fines rides saillantes anastomosées en réseau et pourvu de trois crêtes divergentes et d'une collerette équatoriale* large de 70 à 130 μ. *Microspores à corps sphérique* de 40 à 60 μ de diamètre, *hérissé de fines aspérités et pourvu de trois crêtes divergentes et d'une collerette équatoriale* large de 15 à 30 μ.

On voit sur les fig. 1 à 3 de la Pl. XXXIX sous quel aspect se présente l'appareil végétatif de cette espèce, offrant une ressemblance frappante avec celui de diverses Sélaginelles de la flore actuelle. L'axe se ramifie par dichotomie, tantôt en branches symétriques, comme dans la portion supérieure de l'échantillon fig. 1, tantôt en branches de force inégale, dont l'une paraît former la continuation de l'axe principal, tandis que l'autre, plus faible, affecte l'apparence d'un rameau latéral : c'est ce qu'on voit à la partie inférieure de l'échantillon fig. 1, ainsi que sur l'échantillon fig. 2. Les feuilles des deux séries postérieures, plus ou moins étalées, presque sessiles, à sommet plus ou moins aigu, sont assez fortement bombées, mais avec un sillon médian prononcé correspondant à la nervure médiane; les mieux conservées d'entre elles se montrent finement dentelées ou frangées sur leurs bords latéraux, ainsi qu'on peut le constater sur la fig. 2 *a*, tout au moins du côté droit. Lorsqu'on les mouille, elles prennent une couleur brune et deviennent presque transparentes, ce qui semble indiquer un limbe très mince; peut-être, il est vrai, cette translucidité proviendrait-elle seulement de la disparition du mésophylle, ainsi que cela a lieu sur certains échantillons de *Nevropteris* ou d'*Odontopteris*, mais la constance avec laquelle elle se manifeste donne à penser qu'elle est réellement imputable à la délicatesse du limbe. Les échantillons vus en dessus, comme ceux des fig. 1 et 2, ne permettent pas de se rendre compte du mode d'attache de ces feuilles postérieures, leur base demeurant masquée; mais sur l'échantillon fig. 3, où le rameau est vu en dessous, on constate qu'elles s'infléchissent à la base et sont plus ou moins décurrentes sur l'axe qui les porte, conformément à ce qui a lieu chez nombre de Sélaginelles vivantes.

Quant aux feuilles antérieures, elles sont généralement indiscernables, ce qui n'a rien de surprenant, étant donné que sur le vivant elles échappent souvent au premier coup d'œil, à raison de leur petitesse et de leur étroite application sur le rameau; j'ai pu cependant constater leur présence sur la branche terminale de droite de l'échantillon fig. 1, dans la région inférieure de laquelle la surface du rameau présente de petites lignes saillantes, longues de 1^{mm},25 à 1^{mm},50, très légèrement inclinées sur l'axe alternativement à droite et à gauche, qui ne sont autre chose que les nervures médianes de petites feuilles ovales-lancéolées, très aiguës, appliquées sur le rameau par leur face ventrale; en faisant varier l'éclairement, on parvient à distinguer le contour de quelques-unes de ces feuilles, dont le limbe n'est marqué que par une saillie à peine perceptible de la lame charbonneuse, avec une crête médiane plus accusée correspondant à la nervure.

Ainsi constituée, cette espèce ressemble surtout au *Lycopodites macrophyllus* Goldenberg[1] du terrain houiller de la Sarre; elle en diffère par ses feuilles plus grandes, surtout plus larges, non rétrécies en pédicelle à leur base, et plus rapprochées les unes des autres, ainsi que par la fine denticulation qu'elles présentent sur leurs bords, les feuilles de l'espèce de Sarrebrück paraissant tout à fait entières, à en juger non seulement d'après les figures publiées par Goldenberg, mais d'après un échantillon bien conservé, venant de Dudweiler, qui se trouve dans les collections de l'École des Mines. L'espèce étant nouvelle, je me suis fait un plaisir de la dédier à M. Suisse, ingénieur en chef des mines de Blanzy, à qui en est due la découverte.

Ce qui fait le principal intérêt de cette espèce, c'est qu'il a été possible d'en observer et d'en étudier les épis de fructification. Les premiers de ces épis que j'ai eus en mains sont ceux qui sont représentés sur les fig. 4 et 5 de la Pl. XXXIX, et dont l'attribution demeurait tout d'abord indécise, puisque, leur base faisant défaut, les rameaux qui les avaient portés demeuraient inconnus : il se pouvait que ce fussent des strobiles de Conifères, de *Walchia* peut-être, tout aussi bien que des épis de Lycopodinées, les petits corps charbonneux compris entre leurs bractées pouvant être des graines aussi bien que des sporanges. Dans l'espoir de m'assurer de leur véritable nature, j'ai traité successivement par les réactifs oxydants, puis par l'ammoniaque, quelques-uns de ces petits corps, que j'ai pu aisément détacher de l'échantillon fig. 5 au moyen d'une aiguille, et j'ai constaté ainsi que c'étaient des micro-

(1) Goldenberg, Flora Saræpontana fossilis, 1tes Heft, p. 12, pl. I, fig. 5*a*, 5*b*.

sporanges, renfermant, comme le montrent les fig. 1 à 7 de la Pl. XL, de très nombreuses petites spores offrant, avec leur surface finement hérissée et leur collerette équatoriale, l'aspect de spores de Lycopodinées.

D'autre part, j'ai été assez heureux, en dégageant les rameaux latéraux de l'échantillon fig. 3, pour les voir se continuer en épis offrant les dimensions et l'aspect extérieur de ceux des fig. 4 et 5, moins nets toutefois que ces derniers, la roche étant gréseuse, tandis que celle des échantillons fig. 4 et 5 est une roche argileuse à grain très fin; mais les sporanges n'en sont pas moins conservés sous la forme de petits corps ovoïdes charbonneux, susceptibles d'être isolés à l'aiguille, et j'ai pu en obtenir également de bonnes préparations, qui m'ont fourni les mêmes microspores que m'avaient données les épis de l'échantillon fig. 5; tous ces épis appartiennent donc bien à la même plante. J'ai cherché alors à la partie inférieure des épis de l'échantillon fig. 3 s'il ne s'y trouverait pas des macrosporanges, et j'ai constaté qu'en effet les sporanges voisins de la base, sur 1 centimètre de hauteur environ, renfermaient exclusivement des macrospores : la fig. 9 de la Pl. XL représente le contenu de l'un d'eux. A 1 centimètre de la base, deux sporanges voisins l'un de l'autre m'ont donné, l'un des macrospores, l'autre des microspores; les sporanges situés plus haut ne m'ont plus offert que des microspores.

J'ai retrouvé, d'ailleurs, des macrosporanges sur l'échantillon de la fig. 4, occupant la majeure partie de l'épi situé le plus à droite. Cet échantillon montre des portions de quatre épis à peu près parallèles, situés dans des plans un peu différents : l'un situé à gauche et en dehors de la limite de la figure, un peu plus en avant que les autres, les trois autres représentés sur la fig. 4, dont deux visibles sur une assez grande étendue, tandis qu'il ne reste de l'épi intermédiaire qu'une longueur de 2 centimètres environ, au-dessus de celui qui est situé le plus à droite. Les sporanges de ce dernier, sauf à l'extrémité supérieure sur une longueur d'environ 1 centimètre, offrent une apparence granuleuse, reconnaissable à la loupe sur la figure elle-même et paraissent ainsi renfermer des spores de dimensions appréciables : les préparations que j'en ai faites m'ont permis de constater qu'en effet ils renferment des macrospores identiques à celles de la base des épis de l'échantillon fig. 3, tandis que ceux du sommet du même épi sont bien des microsporanges, ainsi que le donnait à penser l'absence de granulations à leur surface.

En dégageant la partie inférieure de ce même épi, je n'ai pas tardé à en découvrir la base, insérée à l'extrémité d'un rameau feuillé imparfaitement conservé, et j'ai pu reconnaître ainsi que la longueur occupée par les macrosporanges était de 4 centimètres, quadruple par conséquent de celle que j'avais constatée sur l'échantillon de la fig. 3. On observe, du reste, chez les Sélaginelles actuelles des variations de même ordre, eu égard à la longueur des épis.

Ces sporanges se présentent en général avec leur grand diamètre horizontal ou faiblement dressé, ce qui implique que les bractées sur lesquels ils s'étaient fixés s'étalaient d'abord à peu près normalement à l'axe de l'épi; on peut d'ailleurs constater directement cette disposition des bractées sur quelques points où elles se montrent par leur tranche, mais il n'est pas possible de se rendre compte de la place où étaient attachés les sporanges non plus que de leur mode de déhiscence. La portion relevée des bractées est seule nettement observable, et elle apparaît bien visible au sommet de l'épi de gauche de la fig. 4, où j'ai pu dégager deux d'entre elles et reconnaître la forme triangulaire du limbe, ainsi que la présence sur leurs bords latéraux de fines dents ou franges (fig. 4 *a*), semblables à celles des feuilles végétatives; mais le plus souvent cette région supérieure du limbe ne se montre elle-même que par sa tranche, ainsi qu'on peut le voir le long des deux épis de la fig. 5.

Sur ces épis, les bractées paraissent avoir été rangées en disposition alterne, suivant huit séries longitudinales : on observe, en effet (fig. 5 *a* à 5 *c*), trois séries bien visibles, correspondant à une des faces de l'épi, ce qui, avec l'autre face et en comptant les deux séries marginales dont on reconnaît l'existence le long des deux bords opposés, donne le total de huit que je viens d'indiquer. Mais sur le principal épi de la fig. 4, elles étaient évidemment rangées suivant dix séries, en verticilles alternants, car la face visible montre des rangées transversales de trois alternant avec des rangées transversales de deux.

Cette disposition des bractées sporangifères, en huit ou dix séries longitudinales, contraste avec celle des feuilles, disposées en quatre séries; on n'observe pas la même discordance chez les Sélaginelles actuelles, où toutes les espèces à feuilles tétrastiques ont également des épis à bractées tétrastiques; mais elle forme en quelque sorte le pendant de celle que présentent quelques-unes des espèces vivantes, telles, par exemple, que le *Selaginella rupestris*, chez lesquelles les épis sont formés de bractées tétrastiques tandis que l'appareil végétatif offre des feuilles polystiques. Ce ne serait donc pas là un caractère suffisant pour faire obstacle à l'attribution pure et simple de l'espèce fossile

IMPRIMERIE NATIONALE.

de Blanzy au genre *Selaginella*, si l'on ne trouvait, entre elle et les formes vivantes, d'autres différences, dont la plus importante me paraît consister dans le nombre des macrospores que renferment les macrosporanges.

Lorsque l'on traite les sporanges, détachés des épis, par les réactifs oxydants, acide azotique et chlorate de potasse, puis par l'ammoniaque, on obtient en général une masse de spores agglomérées, adhérant fortement les unes aux autres, et dépouillées de leur enveloppe commune, ainsi qu'on peut le voir sur les fig. 1 et 9 de la Pl. XL, qui montrent, au même grossissement, le contenu d'un microsporange et celui d'un macrosporange. Si l'attaque a été plus ménagée, on retrouve, sur la masse de spores, ou en partie détachée d'elle et plus ou moins déchirée, une fine pellicule cuticulaire représentant l'enveloppe du sporange, mais toujours excessivement mince et imparfaitement conservée (fig. 2, Pl. XL); examinée à un grossissement suffisant, elle offre un réseau de cellules polygonales allongées, en général coupées en biseau à leurs extrémités, tout à fait comparables à celles qui constituent la paroi des sporanges du *Selaginella spinulosa*, et dont elles ne diffèrent guère que par leur largeur un peu moindre, mesurant de 25 à 45 μ sur 9 à 15 μ, tandis que chez l'espèce vivante que je viens de citer la largeur est de 13 à 17 μ avec une longueur de 30 à 45 μ. Pas plus sur les échantillons ainsi préparés que sur les sporanges intacts, je n'ai pu saisir aucun indice permettant de se rendre compte de la position de la ligne de déhiscence de ces sporanges non plus que de leur point d'attache.

Si l'on prolonge l'attaque, cette paroi du sporange se dissout complètement dans l'ammoniaque, ainsi que je l'ai déjà dit, et en reprenant plusieurs fois l'action des réactifs, mais avec ménagement, on peut parvenir à attaquer également la surface externe des spores, assez peu pour ne pas les détériorer sensiblement, suffisamment cependant pour qu'une partie au moins d'entre elles se détachent les unes des autres et pour qu'on puisse, en exerçant des pressions sur la masse soit avec l'aiguille, soit avec la lamelle de verre mince, les dissocier et les mettre en liberté.

Les fig. 3 à 7 de la Pl. XL montrent, en ce qui concerne les microspores, les divers aspects des préparations ainsi obtenues : on voit que ces microspores, dont j'ai indiqué plus haut les dimensions, sont hérissées sur toute leur surface de très fines aspérités, et munies d'une collerette équatoriale de largeur un peu variable, à contour parfois presque circulaire, plus généralement elliptique et quelque peu irrégulier, souvent aussi en forme de triangle à côtés plus ou moins arrondis. Le corps sphérique central est marqué, en outre, de trois lignes divergeant à 120° et pourvu le long de ces lignes de crêtes saillantes plus ou moins visibles, qui se prolongent jusqu'à la collerette équatoriale et aboutissent aux trois sommets du contour triangulaire qu'elle présente frequemment : on le voit notamment assez bien sur la spore la plus voisine de l'angle inférieur de gauche de la fig. 4; quelquefois même, aux extrémités de ces crêtes correspondent des saillies aiguës du contour de la collerette équatoriale, ainsi qu'on l'observe sur quelques-unes des spores de la fig. 5.

Enfin, lorsque l'attaque a été plus forte, l'ornementation disparaît, et il ne reste plus qu'une sphère lisse, plus ou moins régulière, à paroi excessivement mince, marquée de trois lignes divergeant à 120° (fig. 8), laquelle se dissout à son tour dans l'ammoniaque pour peu que l'action des réactifs oxydants ait été prolongée davantage.

Les macrospores, à corps sphérique décuple environ en diamètre de celui des microspores, sont de même pourvues d'une collerette équatoriale, mais moins large proportionnellement à leur corps central, et de trois crêtes saillantes divergeant à 120°. La fig. 10 de la Pl. XL ne montre qu'un petit lambeau de cette collerette, et, à l'opposé, la saillie formée par une des crêtes partant du pôle; mais sur les fig. 4 à 6 de la Pl. XLI la collerette et les crêtes apparaissent conservées dans leur intégrité presque complète : on voit de plus sur ces trois figures que le corps central est, en outre, muni sur toute sa surface de crêtes très fines, qui ne font qu'une saillie de 8 à 10 μ, et qui s'anastomosent en un réseau à mailles polygonales plus ou moins régulières. Ces macrospores ressemblent ainsi beaucoup à celles du *Selaginella caulescens* Spring, qui sont également, comme l'ont signalé MM. Bennie et Kidston[1], pourvues d'une collerette équatoriale et de trois crêtes aboutissant à cette collerette, et sur le corps central desquelles j'ai en outre observé parfois, peut-être par un effet de dessiccation, de fines rides saillantes irrégulièrement anastomosées; les macrospores de l'espèce vivante sont seulement notablement plus petites que celles de l'espèce fossile, ne mesurant que $0^{mm},34$ à $0^{mm},38$ avec leur collerette, et leur corps central n'ayant que $0^{mm},20$ à $0^{mm},25$ de diamètre. La ressemblance est, d'ailleurs, limitée aux macrospores, les microspores du

[1] J. Bennie and R. Kidston, On the occurence of Spores in the Carboniferous Formation of Scotland, p. 111, pl. VI, fig. 22 (*Proceedings of the Royal Physical Society of Edinburgh*, vol. IX, 1886).

Selag. caulescens étant très différentes d'aspect de celles du *Selaginellites Suissei:* elles sont en effet dépourvues de collerette, et munies seulement de petites protubérances piliformes renflées à leur extrémité, offrant l'apparence de glandes capitées; elles sont aussi beaucoup plus petites, ne mesurant que 15 à 25 μ de diamètre.

J'ai pu dénombrer le contenu d'un certain nombre de mascrosporanges du *Selaginellites Suissei,* en séparant les unes des autres les macrospores qu'ils renfermaient : j'ai trouvé le plus souvent 16 macrospores dans chacun d'eux; trois ou quatre fois j'ai observé 24 macrospores, et deux fois seulement j'en ai compté 20.

Il serait impossible de dénombrer de même les microspores, mais il est certain que chaque sporange en renferme plusieurs milliers : un calcul fondé sur leurs dimensions moyennes, en tenant compte de la collerette et des crêtes, et sur celles des sporanges, en admettant le même rapport du plein au vide que dans les piles de boulets à base triangulaire., conduit au chiffre de 7.420; or le même mode de calcul appliqué aux macrospores donne le chiffre de 20, qui est précisément le chiffre moyen réel : je ne prétends pas, bien entendu qu'il faille attribuer pour cela une bien grande valeur au chiffre calculé de 7.420, mais on peut du moins le considérer comme une indication approximative.

Le nombre relativement élevé des macrospores contenues dans les macrosporanges constitue, par rapport aux Sélaginelles de la flore actuelle, un caractère différentiel qui me paraît, ainsi que je l'ai déjà dit, avoir une assez grande importance et mériter d'être noté. On sait, en effet, que chez toutes les espèces du genre *Selaginella,* les macrospores sont normalement au nombre de quatre dans chaque macrosporange, et ce serait troubler l'homogénéité du genre que de vouloir y faire entrer une espèce qui, à ce point de vue, différerait de toutes les autres. En outre, et abstraction faite des caractères anatomiques, dont nous ignorons, puisqu'ils ne sont pas observables, s'ils concordent ou non avec ceux des formes vivantes, le *Selaginellites Suissei* s'écarte de toutes les Sélaginelles actuelles par les dimensions beaucoup plus grandes de ses épis. Pour tous ces motifs, et malgré la ressemblance extérieure si accentuée de l'appareil végétatif, l'attribution au genre *Selaginella* eût prêté à la critique, et l'emploi du nom de *Selaginellites* m'a paru correspondre à une appréciation plus correcte des affinités.

Ainsi que je l'ai dit dans la note préliminaire que j'ai consacrée à cette espèce[1], on serait tenté de penser que les Sélaginelles actuelles sont dérivées de formes anciennes telles que le *Selaginellites Suissei* par voie de modification plus ou moins graduelle, consistant dans la réduction des épis de fructification et surtout dans la stérilisation progressive du tissu sporogène des macrosporanges, de telle sorte qu'il ne se forme plus aujourd'hui de macrospores que dans une seule cellule-mère. Mais ce n'est là qu'une conception purement hypothétique, à l'appui de laquelle on ne peut invoquer aucune observation portant sur des formes intermédiaires entre l'époque houillère et l'époque actuelle, et la découverte récente qu'a faite Miss Benson d'appareils fructificateurs appartenant au *Miadesmia membranacea* Bertrand[2], prouve que parmi les Sélaginellées paléozoïques, à côté de formes à macrospores relativement nombreuses, il en existait d'autres où la stérilisation était au contraire poussée encore plus loin que chez les Sélaginelles vivantes, puisque le macrosporange n'y renferme qu'une seule macrospore, par suite sans doute de l'avortement de trois des quatre cellules provenant de la division de la cellule-mère. On pourrait donc, tout aussi bien, étant données les affinités qu'on constate d'autre part entre les Sélaginelles et le *Miadesmia membranacea*, imaginer qu'on soit passé de ce dernier type au genre *Selaginella* par une augmentation du nombre des macrospores, la cellule-mère active demeurant unique, mais les quatre cellules auxquelles elle donne naissance se développant également. La marche évolutive serait dans ce cas inverse, en quelque sorte, de celle dont la comparaison des Sélaginelles actuelles avec le *Selaginellites Suissei* avait suggéré l'idée; et si l'on ignorait les âges respectifs de ces divers types, on serait porté à voir dans le genre *Selaginella*, qui est le dernier venu, un terme intermédiaire entre le *Miadesmia membranacea* et le *Selaginellites Suissei*.

Ce n'est d'ailleurs pas le seul cas, il s'en faut, où les différentes formes végétales qu'il semblerait naturel de regarder comme les étapes d'une série continue de transformations apparaissent dans un ordre chronologique difficilement conciliable avec l'idée d'une filiation directe conduisant successivement de l'une à l'autre; et l'on voit par là avec quelle réserve doivent être traitées les questions de descendance et combien il serait imprudent de vouloir tirer, d'observations insuffisamment nombreuses, des conclusions définitives.

[1] R. Zeiller, Sur une Sélaginellée du terrain houiller de Blanzy (*Comptes rendus Acad. sc.*, CXXX, p. 1076-1078, 17 avril 1900).

[2] Miss M. Benson, The seed-like fructification of Miadesmia membranacea (Bertrand), a Lycopodiaceous Plant from the Coal-Measures (*Rep. British Assoc. Advanc. Sci.*, Belfast 1902, p. 808).

Le *Selaginellites Suissei* ne s'est montré jusqu'ici représenté que par un nombre très restreint d'échantillons, provenant exclusivement des mines de *Blanzy*, l'un du découvert Saint-François, les autres du découvert Sainte-Hélène.

Genre LEPIDODENDRON Sternberg.

1820. **Lepidodendron** Sternberg, *Ess. Fl. monde prim.*, I, fasc. 1, p. 20, 25; fasc. 4, p. x.

Les restes de *Lepidodendron* sont d'une excessive rareté dans tout le bassin de Blanzy et du Creusot : je n'ai vu moi-même aucun échantillon appartenant à ce genre, ni sous forme d'écorces à cicatrices foliaires reconnaissables, ni sous forme de rameaux feuillés, et le seul indice que j'aie personnellement recueilli de son existence consiste dans le cône que je signalerai ci-après. M. Grand'Eury a mentionné cependant, parmi les échantillons des mines de *Blanzy* qu'il a pu voir au Muséum[1], un « *Lepidodendron Sternbergii* tirant sur l'*elegans* », désignation qui indique qu'il a eu affaire à des rameaux feuillés, le *Lepid. Sternbergii* Brongniart n'étant autre chose que le *Lepid. dichotomum* Sternberg[2], dont les figures types comprennent plusieurs rameaux garnis de feuilles, et le *Lepid. elegans*[3] étant lui-même établi sur des rameaux feuillés; mais il est au moins douteux qu'aucune de ces deux espèces, qui appartiennent à la flore westphalienne, ait persisté jusqu'à la fin de l'époque stéphanienne, et puisse se rencontrer dans les couches de Blanzy. Au surplus, la détermination spécifique des rameaux feuillés de *Lepidodendron* est-elle, en général, fort difficile, la persistance des feuilles ne permettant pas de reconnaître la forme et la disposition des cicatrices foliaires.

Je me borne donc à reproduire ici l'indication donnée par M. Grand'Eury, en rappelant qu'il a été observé à Commentry, c'est-à-dire sur le même horizon, un certain nombre d'échantillons de *Lepidodendron*, à coussinets et cicatrices foliaires bien caractérisés.

[1] Grand'Eury, Flore carbonifère du département de la Loire, p. 508.

[2] Brongniart, Prodrome d'une histoire des végétaux fossiles, p. 85 (*Lepidodendron dichotomum* Sternberg, *Ess. Fl. monde prim.*, I, fasc. 1, pl. I, II, *non* pl. III).

[3] Brongniart, Prodrome, p. 85 (*Lycopodiolithes lycopodioides* Sternberg, *Ess. Fl. monde prim.*, I, fasc. 2, p. 29, pl. XVI, fig. 1, 2, 4; *Lycop. elegans* Sternberg, *ibid.*, fasc. 4, p. VIII); Histoire des végétaux fossiles, II, pl. 14.

Genre LEPIDOSTROBUS Brongniart.

1828. **Lepidostrobus** Brongniart, *Prodr.*, p. 87.

LEPIDOSTROBUS GAUDRYI Renault.

1890. **Lepidostrobus Gaudryi** Renault, *Fl. foss. terr. houill. de Commentry*, 2e part., pl. LXI, fig. 4; p. 528.

Cette belle espèce, à laquelle je serais porté à réunir les autres cônes de *Lepidodendron* de Commentry rapportés par Renault au *Lepidostrobus Geinitzi* Schimper[1], s'est montrée représentée dans le bassin de Blanzy par un grand cône, trouvé aux mines de *Blanzy*, dans le découvert du Magny.

Genre LEPIDOPHLOIOS Sternberg.

1826. **Lepidofloyos** Sternberg, *Ess. Fl. monde prim.*, I, fasc. 4, p. XIII.

M. Grand'Eury a signalé, au puits Saint-Léger des mines de *Saint-Bérain*[2], un « *Lepidophloios strobiliformis* » qu'il n'a pas autrement défini et dont la dénomination doit sans doute être entendue comme désignant simplement un rameau strobiliforme de *Lepidophloios*, plus ou moins comparable à celui qu'il a assimilé, sous le nom de *Lepidophloios anthracinus*[3], au *Pinus anthracina* Lindley et Hutton.

Je ne puis que reproduire ici cette indication, mais en faisant remarquer que cette qualification de « strobiliforme » pourrait également s'appliquer au rameau que je figure sur la Pl. XLI, fig. 2, et qu'il n'y aurait rien d'impossible à ce que l'échantillon de Saint-Bérain mentionné par M. Grand'Eury eût quelque rapport avec celui-ci et appartînt au même type spécifique.

(1) B. Renault, Flore fossile du terrain houiller de Commentry, 2e partie, pl. LXI, fig. 5, 6; p. 527.

(2) Grand'Eury, Flore carbonifère du département de la Loire, p. 509.

(3) *Ibid.*, p. 141-142.

LEPIDOPHLOIOS cf. MACROLEPIDOTUS Goldenberg.

Pl. XLI, fig. 2.

1855. **Lomatophloyos macrolepidotum** Goldenberg; *Fl. Saræp. foss.*, 1tes Heft, p. 22. Renault, *Fl. foss. terr. houill. de Commentry*, 2e part., p. 507, pl. LX, fig. 3, 4; (*an* pl. LVIII, fig. 1 ?).

1862. **Lepidophloios macrolepidotum** Goldenberg, *Fl. Saræp. foss.*, 3tes Heft, p. 37, pl. XIV, fig. 25.

L'échantillon représenté sur la fig. 2 de la Pl. XLI me paraît, à raison de la disposition des cicatrices foliaires indiquant des coussinets rhomboïdaux plus larges que hauts, appartenir sans doute possible à un *Lepidophloios* plutôt qu'à un *Lepidodendron;* mais l'attribution spécifique est plus délicate, ainsi qu'il arrive toujours pour les rameaux de Lépidodendrées encore munis de feuilles, sur lesquels les caractères extérieurs de l'écorce ne sont pas nettement visibles. Les dimensions des cicatrices foliaires ne dépassent pas celles qu'on observe sur les tiges de *Lepidophloios laricinus* Sternberg, et l'on pourrait en conséquence songer à une assimilation avec cette espèce; mais si l'on tient compte de ce qu'il s'agit d'un rameau, on est conduit à écarter le *Lepidophloios laricinus*, dont les rameaux ne montrent que des cicatrices beaucoup plus petites et sensiblement plus rapprochées les unes des autres.

Parmi les échantillons figurés, celui avec lequel la ressemblance me paraît être la plus grande est le fragment de rameau de Commentry que Renault a rapporté au *Lepidophloios* ou *Lomatophloios macrolepidotus*, et qui présente des cicatrices foliaires presque identiques, limitées sur leur bord supérieur par une ligne presque droite comme sur l'échantillon de la Pl. XLI, fig. 2, 2 *a;* la seule différence, pour ainsi dire, en dehors de la présence ou de l'absence de feuilles, consiste en ce que, sur ce dernier échantillon, les coussinets n'ont pas de carène médiane appréciable, tandis que ceux du rameau de Commentry sont pourvus d'une carène assez accusée et assez saillante, caractère qui, par parenthèse, pourrait peut-être inspirer quelques doutes sur la légitimité de l'attribution au *Lepidophloios macrolepidotus,* chez lequel, à en juger d'après des échantillons peu discutables, le coussinet ne présente pas, au-dessous de la cicatrice foliaire, de carène médiane sensible. A ce point de vue, l'échantillon que je figure concorderait bien avec le *Lepidophloios macrolepidotus*, et si les dimensions de ses différentes parties sont moindres qu'elles ne le sont généralement chez cette dernière espèce, cela s'explique aisément par le fait qu'on a affaire, non à une tige ou à un rameau assez développé déjà pour être dépouillé de ses feuilles, mais à un rameau feuillé n'ayant acquis ni son élongation ni son diamètre définitifs. Peut-être ici le contour supérieur de la cicatrice est-il un peu moins convexe, un peu plus rectiligne; mais on retrouve la même particularité sur un échantillon rapporté par Lesquereux, avec toute raison, semble-t-il, au *Lepidophloios macrolepidotus* [1], orienté seulement en sens inverse, les coussinets étant réfléchis vers le bas. C'est, par parenthèse, sur ce caractère de la direction des coussinets foliaires, que Renault s'est appuyé pour rapporter au genre *Lomatophloios* plutôt qu'au genre *Lepidophloios* l'échantillon figuré par lui, mais ce n'est là qu'une question d'âge, les coussinets, d'abord dressés ou étalés, se renversant vers le bas sur les tiges ou les rameaux plus âgés.

Je crois, en fin de compte, que le fragment de rameau de la fig. 2, Pl. XLI, doit appartenir au *Lepidophloios macrolepidotus;* mais, comme dans l'état de conservation de ce rameau l'identification spécifique prête forcément à un peu d'incertitude, il me paraît prudent de n'en indiquer la détermination que comme étant seulement approchée.

Ce rameau est muni de feuilles dressées, linéaires, uninerviées, larges de 3 millimètres à 3^{mm},5 et longues de 7 à 8 centimètres; sur un autre échantillon de la même provenance, moins bien conservé, mais où les feuilles se suivent jusqu'à leur sommet, on constate qu'elles s'effilent peu à peu en pointe aiguë.

Renault a rapporté au *Lepidophloios macrolepidotus* un échantillon à feuilles beaucoup plus longues, dépassant apparemment 20 et 25 centimètres de longueur [2], mais dont l'attribution spécifique ne laisse pas de donner prise à quelques doutes; en tout cas, il n'y aurait rien de surprenant à ce que des tiges ou des rameaux de plus grand diamètre que celui qui est représenté sur la Pl. XLI, fig. 2, aient porté des feuilles de longueur beaucoup plus considérable, ainsi qu'on l'observe chez les *Lepidodendron* [3].

Les fragments de rameaux de *Lepidophloios* dont je viens de parler ont été récoltés dans l'Autunien des mines de *Bert,* au puits des Mandins; ce sont les seuls représentants de ce genre dont j'aie par moi-même reconnu la présence dans le bassin de Blanzy et du Creusot.

(1) L. Lesquereux, Coal Flora of Pennsylvania, pl. LXVIII, fig. 2.
(2) B. Renault, Flore fossile du terrain houiller de Commentry, 2e partie, pl. LVIII, fig. 1.
(3) R. Zeiller, Flore fossile du bassin houiller de Valenciennes, p. 444, 445.

IMPRIMERIE NATIONALE.

Genre LEPIDOPHYLLUM Brongniart.

1828. **Lepidophyllum** Brongniart, *Prodr.*, p. 87.

LEPIDOPHYLLUM ACUMINATUM Lesquereux.

Pl. XLI, fig. 1.

1858. **Lepidophyllum acuminatum** Lesquereux, *in* Rogers, *Geol. of Pennsylvania*, II, pl. 2, p. 875, pl. XVII, fig. 2; *Coal Flora*, p. 450, pl. LXIX, fig. 37.

Parmi les nombreuses, peut-être trop nombreuses espèces qui ont été distinguées dans le genre *Lepidophyllum*, et dont je n'entreprendrai pas ici de discuter la valeur, c'est au *Lepidophyllum acuminatum* Lesquereux que je crois devoir rapporter plusieurs échantillons de bractées de ce genre, qui ont été trouvées aux mines de Bert, associées aux rameaux de *Lepidophloios* que je viens de décrire. Elles concordent en effet exactement avec la figure donnée par Lesquereux dans sa *Coal Flora*, présentant un peu au-dessus de la base du limbe un léger rétrécissement, ainsi qu'on peut le voir sur la bractée qui occupe l'angle supérieur de gauche de la fig. 1, Pl. XLI, et le limbe étant en même temps un peu élargi dans sa région supérieure. Ce sont là, il est vrai, des caractères de médiocre importance, et l'on peut se demander s'il ne faudrait pas considérer ces bractées comme représentant simplement une forme du *Lepidophyllum majus* Brongniart ne différant du type que par sa taille un peu réduite, conformément à ce qu'a admis B. Renault pour les échantillons de Commentry qu'il a figurés sous ce dernier nom[(1)] et qui concordent comme dimensions avec ceux de Bert que je figure ici; mais ces bractées de Commentry ont les bords plus droits, plus parallèles, et à ce point de vue elles présentent bien les caractères du *Lepidophyllum majus*, tandis que les bractées de Bert affectent une forme plus lancéolée.

L'association de ces bractées avec les rameaux de *Lepidophloios* décrits auparavant, tels que celui de la fig. 2, Pl. XLI, ne permet guère de douter qu'elles leur correspondent et qu'on ait là sous les yeux à la fois les restes de l'appareil végétatif et les débris des cônes d'une seule et même espèce. Comme c'est presque toujours le cas, ces bractées sont dissociées et l'on n'a pas trouvé de cône intact; il semble toutefois que deux d'entre elles, sur la droite de

(1) B. Renault, Flore fossile du terrain houiller de Commentry, 2e partie, p. 516, pl. LIX, fig. 8, 9.

la fig. 1, soient encore l'une par rapport à l'autre dans leur position naturelle primitive.

Ces échantillons sont les seuls représentants du genre *Lepidophyllum* qui aient été, du moins à ma connaissance, observés dans le bassin à l'étude duquel est consacré le présent travail : ils viennent de l'Autunien des mines de *Bert*, et ont été récoltés par M. Manigler dans les travaux du puits des Mandins.

Genre KNORRIA Sternberg.

1826. **Knorria** Sternberg, *Ess. Fl. monde prim.*, I, fasc. 4, p. XXXVII.

Les *Knorria* ne sont, comme on sait, que les moules sous-corticaux de tiges de Lépidodendrées, peut-être aussi de Stigmariées, et les caractères qu'ils présentent, tels que la longueur plus ou moins grande et l'espacement relatif des baguettes saillantes dont ils sont pourvus, sont, en général, sans valeur spécifique sérieuse. Je me bornerai donc, sans leur attribuer de nom spécifique, à mentionner la présence dans l'Autunien des mines de *Bert*, d'échantillons de *Knorria* d'assez grand diamètre, présentant l'aspect du *Knorria Selloni* Sternberg[1], et tout à fait semblables en particulier à un *Knorria* de Commentry figuré par B. Renault et rapporté par lui, mais sans preuve à l'appui, au *Lepidodendron Beaumontianum* Brongniart[2]. On peut se demander si ces *Knorria* de Bert ne correspondent pas aux *Lepidophloios* dont on trouve dans les mêmes couches les rameaux et les bractées sporangifères.

Genre ASOLANUS Wood.

1860. **Asolanus** Wood, *Proc. Acad. sc. nat. Philad.*, 1860, p. 237.
1877. **Pseudosigillaria** Grand'Eury, *Flore carb. du dép. de la Loire*, p. 142.

Conformément à l'idée émise en 1877 par M. Grand'Eury, je crois qu'il faut rattacher aux Lépidodendrées plutôt qu'aux Sigillariées les tiges décrites sous les noms d'*Asolanus* ou *Sigillaria camptotænia*, *Sigillaria* ou *Pseudosigillaria monostigma*, et les formes voisines qu'il en a distinguées spécifiquement, mais dont la délimitation demeure encore incertaine.

(1) *Knorria Sellonii* Sternberg, Ess. Fl. monde prim., I, fasc. 4, p. XXXVII, pl. LVII.

(2) B. Renault, Flore fossile du terrain houiller de Commentry, 2e partie, Atlas, p. 6, pl. LIX, fig. 6.

Elles diffèrent, en effet, des Sigillariées par la disposition de leurs cicatrices foliaires, qui ne sont pas rangées en séries verticales nettes, et à l'intérieur desquelles ne se montrent pas les trois cicatricules caractéristiques des Sigillaires, à savoir une cicatricule médiane ponctiforme ou allongée transversalement, flanquée de deux cicatricules plus fortes, linéaires ou arquées; on ne voit, en effet, sur les échantillons les mieux conservés, ainsi que l'ont fait remarquer MM. Weiss et Sterzel[1], qu'une cicatricule annulaire très fine, qui paraît accompagnée à son intérieur d'une ou de deux cicatricules ponctiformes, mais peu discernables; en outre, les cicatrices sous-corticales sont simples et linéaires comme chez les Lépidodendrées, et non géminées comme chez les Sigillariées.

M. Grand'Eury a, il est vrai, rangé plus tard ces tiges, ainsi que l'avaient fait les autres paléobotanistes, dans les Sigillariées[2], mais en persistant à faire observer qu'elles n'ont avec les Sigillaires qu'une ressemblance douteuse, et il les a considérées comme devant former un groupe à part.

MM. Weiss et Sterzel ont fait de même dans leur étude sur les Subsigillaires[3], et les ont placées, comme constituant un sous-genre spécial, à la suite des *Bothrodendron*, réunis également par eux à titre de sous-genre aux *Sigillaria*, mais à tort suivant moi, les *Bothrodendron* se rattachant aux Lépidodendrées par leurs cicatrices foliaires non rangées en files verticales nettes, par leurs cicatrices sous-corticales simples et linéaires, par la constitution de leurs épis de fructification, et enfin, d'après les observations encore inédites de M. J. Lomax, par la structure anatomique de leurs tiges.

Peut-être les *Asolanus* seraient-ils à rapprocher des *Bothrodendron*, avec lesquels ils ont, comme je l'ai déjà indiqué[4], certaines analogies, par la saillie plus ou moins accentuée qu'on observe au-dessous des cicatrices foliaires, ainsi que par le mode d'ornementation de l'écorce. Ils en diffèrent cependant en ce qu'ils n'offrent pas les trois cicatricules internes bien distinctes qu'on observe toujours chez les *Bothrodendron*, et par là ils s'écartent en même temps des autres Lépidodendrées, aussi bien que des Sigillariées.

Je dois ajouter toutefois qu'une observation récente viendrait à l'appui de

[1] Die Sigillarien der preussischen Steinkohlen- und Rothliegenden-Gebiete. II. Die Gruppe der Subsigillarien, p. 66, 67 (*Abhandl. d. k. Preuss. geol. Landesanstalt*, Neue Folge, Heft 2; 1893).

[2] Grand'Eury, Géologie et paléontologie du bassin houiller du Gard, p. 260.

[3] E. Weiss et J. T. Sterzel, *loc. cit.*, p. 65.

[4] R. Zeiller, Revue des travaux de paléontologie végétale publiés dans le cours des années 1893-1896, p. 43 (*Revue générale de botanique*, IX, p. 404).

leur attribution à ce dernier groupe, M. Koehne ayant reconnu la présence, à l'intérieur d'un des fragments de tiges d'*Asolanus camptotænia* figurés par MM. Weiss et Sterzel, d'un étui médullaire marqué d'étroites cannelures longitudinales, comme il en a constaté chez les Sigillaires[1]. Cependant cet axe interne se montrerait, d'après M. Grand'Eury[2], « autrement strié que celui des Sigillaires ».

En fin de compte, la place systématique des *Asolanus* demeure quelque peu douteuse, quoique, par l'ensemble de leurs caractères, ce soit avec les Lépidodendrées qu'ils semblent avoir le plus d'affinités. La question de leur attribution ne pourra, évidemment, être résolue que par la découverte d'échantillons à structure conservée, ou mieux encore, s'il était possible de l'espérer, par celle de leurs appareils fructificateurs.

ASOLANUS CAMPTOTÆNIA Wood.

Pl. XLI, fig. 3.

1860. **Asolanus camptotænia** Wood, *Proc. Acad. nat. sc. Philad.*, 1860, p. 238, pl. IV, fig. 1.
1869. **Sigillaria camptotænia** Wood, *Trans. Amer. phil. Soc.*, XIII, p. 342, pl. IX, fig. 3. Zeiller, *Flore foss. bassin houill. de Valenciennes*, p. 588, pl. LXXXVIII, fig. 4-6. Weiss et Sterzel, *Abhandl. k. Preuss. geol. Landesanst.*, Neue Folge, Heft 2, p. 66, pl. IV, fig. 20-25; pl. V, fig. 28-30.
1857. **Sigillaria rimosa** Goldenberg (*non* Sauveur), *Fl. Saræp. foss.*, 2tes Heft, p. 22, p. 56, pl. VI, fig. 1-4; 3tes Heft, p. 42, pl. XII, fig. 7, 8.
1866. **Sigillaria monostigma** Lesquereux, *Geol. Surv. of Illinois*, II, p. 449, pl. 42, fig. 1-5; IV, p. 446, pl. XXXVI, fig. 5; *Coal Flora*, p. 468, pl. LXXIII, fig. 3-6. Grand'Eury, *Géol. et paléont. du bass. houill. du Gard*, p. 262, pl. IX, fig. 4, (*an* fig. 5-7?).
1877. **Pseudosigillaria monostigma** Grand'Eury, *Flore carb. du dép. de la Loire*, p. 144.

Parmi les échantillons, d'ailleurs peu nombreux, de cette espèce qui ont été recueillis dans le bassin de Blanzy et du Creusot, il s'en est trouvé un qu'il m'a paru intéressant de figurer, à raison de sa bonne conservation; il est représenté en partie sur la fig. 3 de la Pl. XLI.

On y voit avec une remarquable netteté le contour des cicatrices foliaires, beaucoup plus larges que hautes, effilées à leurs extrémités latérales en pointes aiguës, souvent légèrement recourbées en arc vers le bas (Pl. XLI, fig. 3*a*, 3*b*). Ces cicatrices font sur la surface de la tige, particulièrement dans leur région

[1] W. Koehne, *in* H. Potonié, Abbildungen und Beschreibungen fossiler Pflanzen-Reste, Lief. II, 37, p. 5; p. 6, fig. 5 (1904).
[2] Grand'Eury, Géologie et paléontologie du bassin houiller du Gard, p. 261 (1890).

médiane, suivant leur axe longitudinal, une saillie assez prononcée, l'écorce présentant au-dessus de leur bord supérieur un renflement qui va peu à peu en s'atténuant, et leur bord inférieur étant flanqué d'une sorte de coussinet triangulaire à angle inférieur arrondi, à contour très nettement délimité, ainsi que le montrent la fig. 3 et les deux figures grossies qui l'accompagnent. C'est, du reste, ce qu'avaient signalé MM. Weiss et Sterzel, d'après un échantillon bien conservé provenant de Piesberg, près d'Osnabrück[1]. Au-dessus de quelques cicatrices, on aperçoit une petite dépression ponctiforme placée immédiatement contre leur bord supérieur et presque confondue avec lui (fig. 3 *a*), qui correspond apparemment à l'ouverture d'une chambre ligulaire, et qui, sur certains échantillons d'autres provenances, apparaît avec plus de netteté, étant un peu moins rapprochée du bord de la cicatrice.

Quant à la cicatricule interne, elle se montre bien visible sur la fig. 3 *b*, formée d'un trait très fin dessinant un anneau fermé, circonscrivant une aire circulaire légèrement déprimée, à l'intérieur de laquelle il semble qu'on distingue, vers le bas, une cicatricule ponctiforme faiblement marquée, et peut-être une autre, vers le haut, contre le bord supérieur de l'anneau; dans d'autres cicatrices, la cicatricule annulaire ne paraît accompagnée que d'une seule cicatricule ponctiforme, placée contre son bord supérieur, toujours assez peu discernable. Ces différentes apparences ont, d'ailleurs, été observées également par MM. Weiss et Sterzel sur l'échantillon précité de Piesberg. Certains échantillons avaient été signalés cependant comme présentant les trois cicatricules habituelles, disposées et conformées comme chez les Sigillaires, mais il semble que ce ne soit là qu'une apparence, provenant d'un défaut de conservation de la cicatricule annulaire. Du moins en est-il ainsi sur l'échantillon du bassin de la Loire que j'avais cité en 1888[2] comme offrant ces trois cicatricules, et qui consiste en une empreinte en creux avec quelques restes de pellicule charbonneuse : en enlevant ces parcelles charbonneuses pour mettre complètement à nu l'empreinte des cicatrices foliaires, j'ai constaté en effet que les arcs latéraux que j'avais vus à l'intérieur de quelques-unes d'entre elles, et qui m'avaient paru indépendants, se rejoignaient vers le haut et vers le bas pour constituer un anneau fermé, comme sur l'échantillon de la fig. 3, Pl. XLI; la seule différence par rapport à celui-ci est que les cicatrices foliaires sont un peu plus hautes et un peu moins allongées transversalement, et qu'il y a

[1] E. Weiss et J. T. Sterzel, *loc. cit.*, pl. IV, fig. 22, 22 A.

[2] R. Zeiller, Flore fossile du bassin houiller de Valenciennes, p. 590.

toujours une cicatricule ponctiforme, assez visible, un peu au-dessous du bord supérieur de la cicatrice annulaire; quelquefois on voit en outre une autre trace ponctiforme contre son bord inférieur.

MM. Weiss et Sterzel ont montré, d'autre part [1], que sur l'échantillon du bassin de la Sarre figuré par Goldenberg comme *Sigillaria rimosa*, et qui lui avait paru offrir les cicatricules internes caractéristiques des Sigillaires, ces cicatricules n'étaient rien moins que visibles et qu'à peine distinguait-on une cicatricule médiane sans cicatricules latérales. Un autre échantillon de la même provenance, figuré par eux [2], leur a offert, de part et d'autre d'une cicatricule médiane, des arcs latéraux se rejoignant fréquemment en un anneau fermé, de telle sorte qu'il semble probable que, sur cet échantillon comme sur celui du bassin de la Loire que j'ai signalé, les cicatricules latérales indépendantes ne constituent qu'une fausse apparence, résultant d'un accident de conservation.

Au surplus, l'échantillon de Blanzy représenté sur la fig. 3 de la Pl. XLI ne peut laisser de doute sur la réalité de l'existence, chez cette espèce, d'une cicatricule annulaire fermée, marquée par un trait très fin et bien différente des arcs latéraux, toujours assez épais, qu'on observe chez les Sigillaires. Il semble bien, en outre, qu'il y ait, à l'intérieur de cette cicatrice annulaire, deux cicatricules ponctiformes, situées à peu près aux deux extrémités du diamètre vertical, et peut-être d'importance et de constance inégales, celle du bas paraissant manquer quelquefois; mais, à cet égard, les renseignements fournis par les divers échantillons recueillis sont moins décisifs qu'en ce qui regarde la cicatricule annulaire.

Quant à la signification de ces cicatricules, elle demeurera forcément incertaine jusqu'au jour où la découverte et l'étude d'échantillons à structure conservée permettront de se rendre compte de la nature des appareils, cordons libéroligneux ou cordons de parichnos, auxquelles elles correspondent respectivement. Peut-être alors pourra-t-on mieux apprécier les rapports des *Asolanus* avec les autres Lycopodinées paléozoïques et préciser la place à leur donner parmi elles.

L'*Asolanus camptotænia* n'a été observé dans le bassin de Blanzy et du Creusot que sur les points suivants :

Mines de *Blanzy* : couche supérieure du Magny; découvert du Magny.

Mines du *Creusot* : découvert de la Croix.

[1] E. Weiss et J. T. Sterzel, *loc. cit.*, p. 71, pl. IV, fig. 20.
[2] *Ibid.*, p. 67-68, pl. IV, fig. 23, 23 A.

Genre SIGILLARIA Brongniart.

1822. **Sigillaria** Brongniart, *Class. vég. foss.*, p. 9; *Prodr.*, p. 63.
1822. **Clathraria** Brongniart, *Class. vég. foss.*, p. 9.

En dehors des nombreux échantillons de Sigillaires sans côtes appartenant aux différentes formes du *Sigillaria Brardi* dont il va être parlé, j'ai observé sur un point du bassin, à savoir aux mines de *Blanzy*, dans le travers-bancs de l'étage de 427 mètres du puits du Magny, au delà de la faille du Magny, quelques fragments de tiges décortiquées appartenant à des Sigillaires cannelées, mais non déterminables spécifiquement; peut-être s'agit-il là du *Sigillaria tessellata* Brongniart, l'une des seules espèces de Sigillaires à côtes qu'on puisse s'attendre à rencontrer à un niveau aussi élevé, ou de quelques formes affines. En tout cas, les Sigillaires à côtes sont d'une excessive rareté dans le bassin de Blanzy et du Creusot.

SIGILLARIA BRARDI Brongniart.

Pl. XLII, fig. 1; Pl. XLIII, fig. 1, 2; Pl. XLIV, fig. 1 à 3.

1822. **Clathraria Brardii** Brongniart, *Class. végét. foss.*, p. 22, p. 89, pl. I, fig. 5. Renault, *Flore foss. bass. houill. et perm. d'Autun*, 2e part., p. 192; p. 193, fig. 38, 39; pl. XXXV, fig. 1, 2; pl. XXXVI, fig. 6, 7; pl. XXXVII, fig. 1, 2.

1828. **Sigillaria Brardii** Brongniart, *Prodr.*, p. 65; *Hist. végét. foss.*, I, p. 430, pl. 158, fig. 1. Germar, *Verst. d. Steink v. Wettin u. Löbejün*, p. 29, pl. XI, fig. 1-3. Zeiller, *Expl. Carte géol. Fr.*, IV, p. 135, pl. CLXXIV, fig. 1; *Bull. Soc. Géol. Fr.*, 3e sér., XVII, p. 603, pl. XIV, fig. 1-3; *Rev. gén. de Bot.*, IX, p. 407, pl. 20, fig. 4, 5. Renault, *Flore foss. terr. houill. de Commentry*, 2e part., p. 539, pl. LXIII, fig. 1. Grand'Eury, *Géol. et paléont. du bass. houiller du Gard*, p. 250, pl. XI, fig. 1-4. Kidston, *Proc. Roy. Phys. Soc. Edinburgh*, XIII, p. 233, pl. VII, fig. 1, 2.

1848. **Sigillaria spinulosa** Germar, *Verst. d. Steink. v. Wettin u. Löbejün*, p. 59, pl. XXV, fig. 1, 2.

1893. **Sigillaria mutans** Weiss, *in* Weiss et Sterzel, *Abhandl. k. Preuss. geol. Landesanst.*, Neue Folge, Heft 2, p. 88, pl. VIII, fig. 39; pl. IX-XIX, fig. 42-76; pl. XX, fig. 77, 78, 82, (*an* fig. 80, 81?).

Un certain nombre d'échantillons trouvés presque simultanément, en 1888 et 1889, en Allemagne et en France[1] ont établi l'identité spécifique du *Sigil-*

[1] E. Weiss, Ueber neue Funde von Sigillarien in der Wettiner Steinkohlengrube (*Zeitschr. deutsch. geol. Gesellsch.*, XL, p. 565-570; 1888); Beobachtungen an Sigillarien von Wettin und Umgegend (*ibid.*, XLI, p. 376-379; 1889). — R. Zeiller, Sur les variations de formes du *Sigillaria Brardi*, Brongniart (*Bull. Soc. Géol. Fr.*, 3e sér., XVII, p. 603-610, pl. XIV; 1889).

laria Brardi et du *Sig. spinulosa*, considérés jusque-là comme les types de deux groupes ou sous-genres, en apparence bien distincts, de Sigillaires, l'un et l'autre sans côtes, les Clathrariées ou Cancellatées, à cicatrices foliaires portées sur des mamelons saillants nettement délimités, et les Leiodermariées, à écorce unie, dépourvue de coussinets foliaires et marquée seulement de rides ou de plis plus ou moins accentués; non seulement, en effet, on a observé tous les intermédiaires entre l'une et l'autre de ces deux formes, mais quelques échantillons les ont montrées réunies, se succédant plus ou moins rapidement sur une même tige. Depuis lors, MM. Weiss et Sterzel, dans leur belle étude sur les Subsigillaires ou Sigillaires sans côtes, ont donné une description détaillée, illustrée d'excellentes figures, de toutes les formes que leur a offertes ce remarquable type spécifique, si largement variable, et M. Kidston a signalé à son tour de nouveaux exemples de cette coexistence des deux formes extrêmes sur un même tronçon de tige, observés par lui sur des échantillons du bassin houiller des Potteries, dans le North Staffordshire [1]. Bien qu'il soit difficile d'ajouter quelque chose à toutes ces observations, il m'a paru cependant que quelques-uns des échantillons de cette espèce recueillis dans le bassin de Blanzy offraient des particularités assez intéressantes pour mériter d'être figurés.

L'un des plus remarquables est constitué par un tronçon de tige long de 17 centimètres sur 7 à 8 centimètres de largeur, consistant en un moule pierreux recouvert d'une mince lamelle charbonneuse, présentant les coussinets foliaires en relief, et par l'empreinte en creux correspondante, mais celle-ci plus étendue, longue de 22 centimètres sur 11 centimètres de largeur; c'est cette empreinte qui est représentée partiellement sur la fig. 1 de la Pl. XLII.

On voit que sur la plus grande partie de la moitié inférieure l'écorce présente des mamelons foliaires saillants très nettement délimités, à contour supérieur à peu près semi-circulaire, à contour inférieur graduellement rétréci, formé par les bords supérieurs des mamelons immédiatement contigus; la surface de ces mamelons, dont la cicatrice foliaire n'occupe qu'une assez faible partie, est très finement chagrinée; on observe en outre sur certains d'entre eux, dans leur région inférieure, quelques rides un peu plus accentuées, au voisinage des sillons séparatifs. Ces mamelons étaient certainement, au moins un peu au-dessous du milieu de la hauteur du tronçon figuré, disposés en

(1) R. Kidston, On *Sigillaria Brardii*, Brongt., and its variations (*Proc. Roy. Phys. Soc. of Edinburgh*, XIII, p. 233-246, pl. VII; 1896).

IMPRIMERIE NATIONALE.

verticilles alternants, mais avec quelques irrégularités locales; plus bas, les séries transversales de cicatrices prennent une légère obliquité sur l'axe de la tige. Dans cette région, l'échantillon offre les caractères généraux du *Sig. Brardi*, forme *typica*, mais avec cette différence que les coussinets foliaires, au lieu d'être aussi larges que hauts, ou un peu plus larges que hauts comme sur le type de Brongniart, sont près de deux fois plus hauts que larges; quelques-uns des échantillons figurés par MM. Weiss et Sterzel offrent, d'ailleurs, une forme à peu près aussi allongée, notamment le *Sig. mutans*, forma *Brardi*, var. *sublævis* [1], et surtout le *Sig. mutans*, forma *urceolata* [2], mais sur l'un et l'autre des échantillons ainsi dénommés, les cicatrices foliaires sont proportionnellement plus développées et ont un diamètre vertical plus considérable.

Vers le bas de l'échantillon de la fig. 1, Pl. XLII, les sillons séparatifs des coussinets s'effacent, et à l'extrémité tout à fait inférieure, incomplètement représentée sur la fig. 1, mais en partie reproduite grossie sur la fig. 1 *c*, l'écorce est presque complètement unie, plutôt chagrinée que ridée, et elle offre les caractères généraux du *Sig. spinulosa*, sans cependant que l'espacement des cicatrices foliaires soit sensiblement augmenté; la disparition des coussinets ne semble donc pas ici imputable à une élongation plus rapide.

Du côté opposé, c'est-à-dire au-dessus du milieu de l'échantillon, l'espacement des cicatrices se modifie au contraire notablement : elles se rapprochent rapidement les unes des autres, et il semble bien qu'on se trouve là au voisinage immédiat du sommet de la tige ou du rameau, étant donné le grand nombre de feuilles qui apparaissent encore en place, visibles surtout sur le bord gauche de l'échantillon (fig. 1, 1 *a*). Les coussinets foliaires semblent n'avoir été, dans cette région, que faiblement saillants, et c'est à peine si l'on peut saisir, entre les cicatrices, presque contiguës, trace de sillons séparatifs. Il est d'ailleurs probable que dans cette partie, très voisine du sommet, l'écorce n'avait pas encore acquis son élongation et pris ses caractères définitifs. L'échantillon montre, en tout cas, avec quelle rapidité peuvent varier sur une même tige le relief et la forme des coussinets, ainsi que l'espacement des cicatrices foliaires.

La fig. 1 de la Pl. XLIII reproduit la moitié inférieure d'un autre échantillon, notablement différent d'aspect, de la même espèce, également recueilli

(1) E. Weiss et J.-T. Sterzel, *loc. cit.*, p. 142, pl. XVI, fig. 63.

(2) *Ibid.*, p. 130, pl. XIV, fig. 59.

aux mines de Blanzy. Cet échantillon, constitué par une plaque de schiste de o m. 22 de largeur sur o m. 40 de longueur, montre, à sa partie inférieure, une petite portion d'une tige, ou plus vraisemblablement d'une branche, large apparemment de 10 à 12 centimètres, qui se bifurque en deux rameaux divergeant presque à angle droit. Le rameau de gauche n'est conservé que sur une partie de sa largeur et l'on n'en peut mesurer le diamètre; il se suit, ou plutôt se suivait, sur o m. 20 de longueur, car la plaque, large primitivement de o m. 44, a été malheureusement partagée en deux par un trait de scie, qui a coupé, comme on le voit à la partie inférieure de la fig. 1, le rameau de gauche à 5 centimètres de sa base; dans la portion détachée de ce rameau, restée sur la moitié gauche de la plaque, la face antérieure a disparu et l'écorce charbonneuse demeurée adhérente à la face postérieure montre sa surface interne, avec les cicatrices sous-corticales, présentant les caractères du *Catenaria decora* Sternberg[1]; on y voit deux verticilles successifs de fortes cicatrices arrondies, correspondant à l'insertion d'épis de fructification, le premier à 55 millimètres et le second à 135 millimètres de la base du rameau. Quant au rameau de droite, en partie représenté sur la Pl. XLIII, fig. 1 et fig. 1', il se suit, à partir de la bifurcation qui lui a donné naissance, sur o m. 36 de longueur, avec un diamètre constant de 8 centimètres; il présente six verticilles consécutifs de cicatrices d'épis, le plus inférieur situé à 40 millimètres de la bifurcation, et les autres se succédant à des distances de 65, 60, 60, 55 et 55 millimètres; les deux premiers, ainsi qu'une petite portion du troisième, sont seuls visibles sur la figure 1; le quatrième et le cinquième sont représentés partiellement sur la fig. 1'.

Cet échantillon est presque exactement semblable à celui qu'a figuré Germar[2] et dont MM. Weiss et Sterzel ont donné une excellente reproduction phototypique[3] accompagnée de figures de détail grossies, en le désignant sous le nom de *Sig. mutans*, forma *Brardi*, var. *Germari-varians*. Les coussinets s'y montrent seulement un peu moins variables que sur l'échantillon de Löbejün, où l'on constate une différence sensible de forme entre ceux qui sont situés au-dessus et ceux qui sont situés au-dessous de la bifurcation, ces derniers plus développés, surtout en hauteur, offrant, avec des dimensions seulement

[1] Sternberg, Ess. Fl. monde prim., I, fasc. 4, p. xxv, pl. LII, fig. 1. — Germar, Versteinerungen des Steinkohlengebirges von Wettin und Löbejün, p. 30, 31, pl. XI, fig. 3.
[2] Germar, *loc. cit.*, pl. XI, fig. 1.
[3] E. Weiss et J.-T. Sterzel, *loc. cit.*, pl. XV, fig. 61.

un peu réduites, l'aspect et les proportions de ceux du *Sig. Brardi* typique, tandis que ceux du rameau, ayant un diamètre vertical à peine supérieur à celui de la cicatrice foliaire, ressemblent plutôt au *Sig. Menardi* Brongniart[1]. Sur l'échantillon de Blanzy que reproduit la fig. 1 de la Pl. XLIII, tous les coussinets, aussi bien au-dessous qu'au-dessus de la bifurcation, présentent la même forme générale, notablement plus larges que hauts, avec des cicatrices foliaires couvrant presque toute leur surface, surtout dans le sens vertical, comme chez le *Sig. Menardi;* cependant, sur le rameau de gauche, les coussinets sont un peu plus hauts par rapport à leur largeur, il reste un peu plus d'espace entre leurs bords supérieur et inférieur et ceux des cicatrices foliaires, et leur forme se rapproche davantage du *Sig. Brardi* typique.

Sur la deuxième plaque, représentant la moitié gauche du même grand échantillon, se voit un autre rameau, parallèle à celui de la fig. 1, Pl. XLIII, qui croise à angle droit le rameau inférieur issu de la bifurcation vers la gauche, et qui dépendait peut-être du même individu : ce rameau, dont un court tronçon est représenté sur la fig. 2 de la Pl. XLIII, et qui offre exactement les mêmes caractères que celui de la fig. 1, mesure 75 millimètres de largeur avec une longueur de 33 centimètres; il présente également des cicatrices de pédoncules spicifères, disposées en six verticilles successifs distants respectivement, en allant de bas en haut, de 62, 55, 60, 60 et 55 millimètres.

Les cicatrices d'épis que présentent ces rameaux ne laissent pas d'offrir un certain intérêt, tant par la position qu'elles occupent par rapport aux séries longitudinales de feuilles que par les petites cicatrices foliaires qui se montrent contre le bord inférieur de plusieurs d'entre elles. La présence de ces petites cicatrices, qu'on observe assez fréquemment chez le *Sig. Brardi* au-dessous des cicatrices correspondant à l'insertion des épis, avait conduit Renault à admettre que chez cette espèce, et en général chez les Sigillaires sans côtes, les épis de fructification étaient axillaires[2], disposition invoquée par lui à l'appui des affinités qui lui paraissaient exister entre les Subsigillaires et les Phanérogames gymnospermes, tandis que chez les Sigillaires cannelées, qu'il reconnaissait comme cryptogames, les cicatrices d'épis étaient placées dans les sillons séparatifs des côtes, entre les séries longitudinales de feuilles.

[1] Brongniart, Histoire des végétaux fossiles, I, p. 430, pl. 158, fig. 5, 6.

[2] B. Renault, Flore fossile du bassin houiller et permien d'Autun, 2e partie, p. 191, 192, 207, 245.

J'ai montré[1] que chez les Sigillaires cannelées les cicatrices d'épis étaient placées indifféremment tantôt entre les rangées verticales de feuilles, tantôt sur elles, et que les mêmes variations s'observaient chez les Sigillaires sans côtes, notamment chez le *Sig. Brardi.*

On voit en effet, sur les échantillons de Blanzy dont je viens de parler, que si certaines cicatrices d'épis paraissent bien placées sur les files mêmes de feuilles, comme la cicatrice de la fig. 1′ *a*, et surtout comme celle de droite de la fig. 2 *a*, d'autres sont nettement placées entre les séries longitudinales de feuilles, comme c'est le cas pour celle de la fig. 1′ *b* et pour les deux cicatrices de gauche de la fig. 2 *a*. On constate en même temps que ces cicatrices d'épis sont accompagnées sur leur bord inférieur tantôt d'une et tantôt de deux petites cicatrices foliaires; mais ces cicatrices, de dimensions toujours très réduites, n'appartiennent pas aux séries de feuilles normales, et l'on voit clairement, sur la cicatrice spicifère de la fig. 1′ *b* comme sur celle de gauche de la fig. 2 *a*, que la petite cicatrice foliaire est au contraire placée entre les séries de feuilles normales demeurées intactes, et ne peut dès lors être considérée comme une cicatrice normale dérangée de sa position. Qu'il y ait une ou deux de ces petites cicatrices, il est donc certain qu'elles appartiennent au pédoncule spicifère, et non au rameau sur lequel s'insérait ce pédoncule, et cette interprétation est confirmée par un échantillon de *Sig. Brardi* recueilli à Commentry, sur lequel les pédoncules spicifères, conservés sur une dizaine de millimètres de longueur, sont munis à leur base de petites cicatrices foliaires plus ou moins espacées[2] offrant précisément, par rapport aux cicatrices de la tige ou du rameau qui donne naissance à ces épis, les mêmes rapports de dimensions, variant entre le tiers et la moitié, qu'on observe, sur les échantillons de Blanzy des fig. 1, 1′ et 2, Pl. XLIII, entre les petites cicatrices accolées à la base des épis et les cicatrices foliaires normales. La signification de ces petites cicatrices, dont la présence n'est du reste pas constante, ne peut donc faire l'objet d'un doute, et il est impossible de les regarder comme correspondant à des feuilles normales plus ou moins rejetées de côté, à l'aisselle desquelles auraient été insérés les épis.

Il ressort ainsi de l'examen de ces échantillons qu'il n'y a pas, entre les

[1] R. Zeiller, Revue des travaux de paléontologie végétale publiés dans le cours des années 1893-1896 (*Revue générale de Botanique*, IX, p. 407, pl. 20).

[2] B. Renault, Flore fossile du terrain houiller de Commentry, 2e partie, p. 541-542, pl. LXIII, fig. 1.

Sigillaires à côtes et les Sigillaires sans côtes, les différences qu'avait cru saisir et qu'avait indiquées B. Renault.

Quant aux échantillons représentés sur la Pl. XLIV, fig. 1 à 3, bien que moins intéressants que ceux que je viens de mentionner, ils m'ont paru cependant mériter d'être signalés, à raison de quelques-unes des particularités qu'ils présentent. Celui de la fig. 1, dont une partie seulement a été reproduite, offre, dans la région voisine de l'extrémité gauche de la figure, les caractères habituels du *Sig. spinulosa,* c'est-à-dire des cicatrices foliaires dépourvues de coussinets, moyennement espacées sur une écorce plane plus ou moins ridée; mais, sur le reste de son étendue, l'écorce est marquée de fortes rides dirigées presque verticalement, comme dans la forme *rectestriata* Weiss[1], et elle présente en outre, entre les files de cicatrices, des dépressions longitudinales, marquées en relief sur l'empreinte, et qui par places s'accentuent même à tel point qu'on croirait presque avoir affaire à une Sigillaire à côtes; on voit cependant qu'il ne s'agit pas là de véritables côtes, bien délimitées, comme on en observerait sur une Sigillaire cannelée, mais seulement d'ondulations locales de l'écorce, dues peut-être à une compression transversale. En tous cas l'apparence qui en résulte pour l'échantillon est assez curieuse et assez insolite pour qu'il m'ait semblé utile de la signaler.

L'échantillon de la fig. 3, Pl. XLIV, appartient également à la forme *spinulosa,* mais il se fait remarquer par le rapprochement relatif des cicatrices foliaires et en même temps par l'absence à peu près complète de rides à la surface de l'écorce : les rides longitudinales ondulées qu'on voit sur la figure appartiennent en effet à la face interne de la lame charbonneuse restée adhérente à l'empreinte; mais sur les points où cette lame charbonneuse a été enlevée, par exemple dans la région supérieure de la figure et vers le milieu de sa largeur, on constate que l'écorce est presque complètement lisse; elle est seulement très finement chagrinée, avec quelques légères rides transversales à peine perceptibles. Peut-être s'agit-il là d'un tronçon de tige voisin du sommet, et dont l'écorce n'aurait pas encore acquis les rides longitudinales qui s'observent sur les tiges plus âgées. C'est, du reste, ce que l'on remarquait déjà sur l'échantillon de la Pl. XLII, où, à une certaine distance de la région supérieure encore garnie de feuilles, on observe à peine quelques rides au voisinage des sillons séparatifs des mamelons, et où la région inférieure, sans mamelons, est

[1] E. Weiss et J.-T. Sterzel, *loc. cit.*, p. 94, pl. IX, fig. 42.

presque dépourvue de rides et ne se montre guère moins finement chagrinée que ne l'est l'écorce de l'échantillon fig. 3, Pl. XLIV.

Enfin l'échantillon fig. 2 se distingue au contraire par l'espacement notable de ses cicatrices et par les fortes rides que présente son écorce, caractères qui paraissent dénoter une portion de tige relativement âgée : cet échantillon peut être rattaché à la forme *subcurvistriata* Weiss[1], dont il présente presque tous les caractères, avec des rides longitudinales faiblement ondulées, très accentuées sur les portions de l'écorce comprises entre les files de cicatrices, plus fines le long des bandes longitudinales allant d'une cicatrice à l'autre; les cicatrices foliaires sont seulement un peu moins hautes par rapport à leur largeur que sur l'échantillon de Wettin figuré par MM. Weiss et Sterzel. L'espacement des files de cicatrices est en outre presque double de ce qu'il est dans cet échantillon, ce qui peut s'expliquer, en même temps que l'élargissement relatif des cicatrices elles-mêmes, par un plus fort accroissement en diamètre répondant à un âge plus avancé.

Ces divers échantillons montrent une fois de plus dans quelles larges limites peut varier le *Sig. Brardi*, sans que les modifications qu'il présente puissent servir de base à des distinctions spécifiques. On ne saurait cependant affirmer d'une façon absolue, n'ayant en mains que des tronçons de tiges ou de rameaux et ne connaissant pas les appareils fructificateurs qui en dépendaient, qu'il n'y ait véritablement là qu'une seule et même espèce, au sens botanique du mot. Les différences dans la structure de l'écorce observées sur des échantillons silicifiés appartenant, les uns à la forme *Brardi*, d'autres à la forme *Menardi*, d'autres à la forme *spinulosa*[2], pourraient donner à penser que ces formes correspondent à des espèces différentes, ou du moins que la forme *Menardi*, à zone subéreuse continue, n'est pas identique aux formes *Brardi* et *spinulosa* à zone subéreuse discontinue, formée de bandes subéreuses anastomosées en réseau comprenant entre elles des mailles de tissu cellulaire. Peut-être encore des espèces distinctes ont-elles pu ne pas se différencier les unes des autres par les caractères extérieurs de leur appareil végétatif. Il se peut, d'autre part, ainsi que je l'ai déjà fait observer[3], que ces différences de struc-

[1] E. Weiss et J.-T. Sterzel, *loc. cit.*, p. 98, pl. IX, fig. 43.

[2] B. Renault, Flore fossile du bassin houiller et permien d'Autun, 2e partie, p. 200-207, p. 208-217.

[3] R. Zeiller, Revue des travaux de paléontologie végétale publiés dans le cours des années 1893-1896 (*Revue générale de Botanique*, IX, p. 406; 1897).

ture n'impliquent pas de différenciation spécifique et qu'elles dépendent simplement soit de la rapidité de l'accroissement en diamètre ou de l'élongation, soit de l'âge ou plutôt peut-être du calibre de l'organe, de même que chez les *Lepidodendron* c'est du calibre que semble dépendre la présence ou l'absence de tissu médullaire à l'intérieur du bois primaire.

Quoiqu'il en soit, étant donné les passages qu'on observe d'une forme à l'autre et la réunion plus d'une fois constatée de certaines d'entre elles sur les mêmes tiges, il est impossible, sur des fragments de tiges à structure non conservée, de séparer ces diverses formes les unes des autres, et il faut nécessairement les réunir sous un seul et même nom spécifique.

Weiss a, comme je l'ai déjà dit, proposé pour ce groupe de formes un nom spécifique nouveau, celui de *mutans*, en donnant[1], comme principale raison de la substitution de ce nom à celui, couramment employé, de *Brardi*, qu'en 1822 Brongniart aurait seulement figuré l'espèce sans la nommer, et qu'il serait difficile de faire un choix rationnel entre le nom de *Brardi* et les autres noms, tels que celui de *rhomboidea*, appliqués successivement, dans la même livraison de l'*Histoire des végétaux fossiles*, à différentes formes du même groupe spécifique; mais cette argumentation, qui ne laisserait pas, d'ailleurs, de prêter à discussion, dérive d'un point de départ inexact, Brongniart ayant, en 1822, dans son travail *Sur la classification et la distribution des végétaux fossiles*, donné par deux fois, en note infrapaginale à la page 22, en parlant des « Clathraires », et à l'Explication des planches, page 89, le nom de *Clathraria Brardii*. Ce nom spécifique a donc incontestablement la priorité, et il doit être conservé pour toutes les formes qui en dépendent, sauf à distinguer celles-ci par des noms spéciaux, qui seront naturellement, pour celles qu'on avait considérées comme des espèces distinctes, les noms qui leur avaient été attribués à titre spécifique.

Le *Sig. Brardi* a été, sous l'une ou l'autre de ses nombreuses formes, observé sur les points suivants du bassin de Blanzy et du Creusot :

Mines de *Saint-Bérain* : descenderie de la Vigne, couche des Carrières, au-dessous du faisceau du Bois-Perrot.

Mines de *Longpendu* : 5e couche.

Mines de *Montchanin* : puits des Mésarmes.

Mines de *Blanzy* : découvert Saint-François; découvert Maugrand; décou-

[1] E. Weiss et J.-T. Sterzel, *loc. cit.*, p. 85.

vert Sainte-Hélène; puits Saint-Pierre, 2e couche; puits Lucy, au toit de la 2e couche; découvert de Lucy, au toit de la 2e grande couche; découvert du Magny; — région de Montmaillot : puits Saint-Paul, à 40 mètres, petites couches supérieures; puits Saint-Amédée; puits Sainte-Barbe, étage de 260 mètres; puits Louvot, couches supérieures; — région des Porrots, puits Ramus.

Mines de *Perrecy* : étage de 300 mètres, veinule n° 2.

PERMIEN.

Mines de *Bert* (Autunien) : couche supérieure[1].

Genre SYRINGODENDRON Sternberg.

1820. **Syringodendron** Sternberg, *Ess. Fl. monde prim.*, I, fasc. 1, p. 26; fasc. 4, p. XXIV.

Les *Syringodendron*, c'est-à-dire les tiges décortiquées ou moules sous-corticaux de Sigillaires, se rencontrent fréquemment dans le bassin de Blanzy et du Creusot; tous ceux que j'ai vus correspondent à des Sigillaires sans côtes et doivent probablement être rapportés au *Sigillaria Brardi*. L'un de ces échantillons, provenant du puits Lucy des mines de Blanzy, et consistant en un moule de tige aplatie qui devait mesurer au moins 0 m. 50 de diamètre, avec des cicatrices géminées disposées en files verticales distantes de 25 millimètres, et espacées de 30 à 35 millimètres sur une même file, montre même, sur quelques points de l'écorce charbonneuse qui le recouvre par places, des cicatrices foliaires d'après lesquelles, bien qu'elles soient presque effacées, on peut encore reconnaître la forme *spinulosa* du *Sig. Brardi*.

Certains de ces *Syringodendron*, correspondant évidemment à la région inférieure de très grosses tiges, se font remarquer par les fortes dimensions de leurs cicatrices, rangées en séries longitudinales très espacées : tel est notamment celui que représente la figure 4 de la Pl. XLIV, sur lequel les files verticales sont distantes de 75 millimètres, et les cicatrices, hautes de 20 à 25 millimètres sur 10 à 13 millimètres de largeur, sont réunies deux par deux à 4 centimètres les unes des autres, écartement compté de centre en centre, sur une même file; on ne distingue plus entre elles aucune trace de la cicatricule médiane, correspondant au faisceau libéroligneux, qui se voit sur

[1] Grand'Eury, Flore carbonifère du département de la Loire, p. 519.

IMPRIMERIE NATIONALE.

les écorces moins âgées. Renault avait, d'ailleurs, figuré déjà un échantillon de Commentry, offrant des dimensions analogues[1], mais il l'a désigné sous le nom de *Syringodendron alternans* Sternberg, qui ne peut être appliqué à de semblables formes, correspondant à des Sigillaires sans côtes, le type de l'espèce[2], provenant d'Eschweiler, appartenant certainement à une Sigillaire cannelée. C'est probablement à tort aussi que ce même nom a été employé par M. Grand'Eury[3] pour désigner des échantillons provenant des mines de Saint-Bérain ainsi que de la région de Lucy des mines de Blanzy, où n'ont été observées jusqu'ici que des Sigillaires sans côtes.

M. Grand'Eury a en outre signalé sous le nom de *Syring. amygdalæformis*[4], qu'il n'a pas défini, des échantillons des découverts Saint-François et Maugrand, des mines de Blanzy, qui doivent très probablement correspondre, eux aussi, à des tiges de *Sig. Brardi*.

Aussi bien la dénomination spécifique de semblables échantillons offre-t-elle peu d'intérêt, et m'a-t-il paru inutile de désigner autrement que par le seul nom générique de *Syringodendron* les tiges décortiquées de Sigillaires rencontrées dans le bassin de Blanzy. Des spécimens en ont été observés dans les localités suivantes, où l'on a d'ailleurs trouvé également, du moins dans presque toutes d'entre elles, le *Sig. Brardi* :

Mines de *Saint-Bérain*[5].

Mines de *Montchanin :* puits des Mésarmes.

Mines de *Blanzy :* découvert Saint-François; découvert Maugrand[6]; découvert Sainte-Hélène; région de Lucy, grande couche inférieure[6]; puits Lucy, au toit de la 2e couche; puits du Magny, travers-bancs de l'étage de 427 mètres, au delà de la faille du Magny.

Mines de *Perrecy :* puits de Romagne, au toit de la 4e couche.

PERMIEN.

Mines de *Bert* (Autunien) : couche supérieure[7].

(1) B. Renault, Flore fossile du terrain houiller de Commentry, 2e partie, p. 547, pl. LXIII, fig. 3.

(2) Sternberg, Ess. Fl. monde prim., I, fasc. 4, p. xxiv, pl. LVIII, fig. 2.

(3) Grand'Eury, Flore carbonifère du département de la Loire, p. 508, p. 510.

(4) *Ibid.*, p. 508.

(5) *Ibid.*, p. 510.

(6) *Ibid.*, p. 508.

(7) *Ibid.*, p. 519.

Genre SIGILLARIOSTROBUS Schimper.

1870. **Sigillariostrobus** Schimper, *Trait. de pal. vég.*, II, p. 105.

En dehors des deux échantillons dont je vais parler, quelques autres spécimens de *Sigillariostrobus* ont été signalés dans le bassin de Blanzy, mais ils n'ont pas été déterminés spécifiquement : B. Renault a mentionné[1] plusieurs épis ou cônes de Sigillaires provenant du découvert Saint-François des mines de *Blanzy*, qui lui avaient été remis par M. Raymond, et dont deux renfermaient entre leurs bractées des corps identiques à ceux observés par lui chez le *Sigillariostrobus spectabilis* dont il sera question ci-après. L'axe en est, dit-il, complètement recouvert par les bractées, dont la plupart ont été rejetées vers la base de l'épi par un effet de compression. Ces épis, longs d'au moins 12 à 15 centimètres, à en juger par des fragments toujours incomplets et dont l'un atteint cette dimension, ne dépassent guère 25 millimètres de largeur; les bractées qui les composent sont formées d'une partie horizontale mesurant environ 8 millimètres, et d'une partie relevée longue de 20 à 25 millimètres.

Je n'ai malheureusement pas vu ces échantillons, mais je serais assez porté, d'après la description donnée par B. Renault et que je viens de résumer, à les croire identiques au *Sigillariostrobus major* dont il va être parlé : celui-ci offre en effet des dimensions presque identiques, sa largeur totale étant de 25 millimètres, ses bractées ayant une vingtaine de millimètres de longueur dans leur partie relevée, et leur portion inférieure horizontale devant, d'après la largeur de la partie axiale de l'épi, mesurer 6 à 7 millimètres de longueur; il provient, en outre, du même horizon. Mais, en l'absence des échantillons eux-mêmes, il est naturellement impossible de rien affirmer.

M. Grand'Eury a, d'autre part, signalé aux mines de *Bert*, dans la couche supérieure, une « sorte de grand *Sigillariostrobus* très charbonneux[2] », ce qui n'a rien que de naturel, étant donné la présence, dans cette couche, du *Sigillaria Brardi*.

(1) B. Renault, Notice sur les Sigillaires (*Bull. Soc. hist. nat. d'Autun*, I, p. 180; 1888).
(2) Grand'Eury, Flore carbonifère du département de la Loire, p. 519.

SIGILLARIOSTROBUS MAJOR GERMAR (sp.).

Pl. XLV, fig. 1.

1851. **Volkmannia major** Germar, *Verst. d. Steink. v. Wettin u. Löbejün*, p. 92, pl. XXXII, fig. 5-7.

1864. **Lepidodendron frondosum** Gœppert, *Foss. Fl. d. perm. Form.*, p. 135, pl. XXXVII, fig. 4-6.

1889. **Sigillodendron frondosum** Weiss, *Jahrb. k. preuss. geol. Landesanstalt* f. 1888, p. 164, pl. II, fig. 1.

Le grand cône représenté sur la figure 1 de la Pl. XLV présente tous les caractères extérieurs des cônes de Sigillaires, par ses bractées visiblement rangées en files verticales bien nettes : celles d'une même file s'appliquent les unes sur les autres, sur les deux faces, antérieure et postérieure, du cône, et la superposition de leurs carènes dorsales donne naissance à une série de crêtes longitudinales qui se suivent depuis la base jusqu'au sommet, en saillie sur la face antérieure, en creux sur l'empreinte de la face postérieure, et qui donnent à l'échantillon un aspect tout à fait caractéristique. On remarque d'ailleurs en certains points, notamment vers le quart supérieur de la fig. 1, et sur la fig. 1 *a*, que la surface du cône apparaît divisée en compartiments rhomboïdaux alternants plus ou moins nets, indiquant que les bractées étaient pliées en gouttière suivant leur axe médian et disposées en verticilles alternants, conformément à ce qui s'observe chez les *Sigillariostrobus*. Elles devaient présenter une partie horizontale normale à l'axe du cône, à la suite de laquelle elles se relevaient en un limbe triangulaire plus ou moins effilé, d'abord dirigé obliquement, puis se redressant verticalement vers son extrémité, ainsi qu'on le constate le long des bords de l'échantillon.

Le corps même du cône, là où il est conservé, semble au premier coup d'œil entièrement transformé en charbon; mais ce n'est là qu'une apparence, et l'on n'a en réalité affaire qu'à une lamelle charbonneuse extrêmement mince, correspondant à la portion relevée des bractées, et recouvrant une masse de spores brunâtres ou rougeâtres, non charbonneuses, fortement agglomérées; il semble même que la portion horizontale des bractées ait été détruite, ainsi que l'axe, car on ne discerne entre les spores, soit après les avoir mises à nu en enlevant la lame superficielle de charbon, soit sur la section transversale aplatie de la masse formée par elles, aucun reste charbonneux; d'autres cônes de Sigillaires ont déjà offert, du reste, un semblable mode de conservation [1].

[1] Voir notamment R. ZEILLER, Flore fossile du bassin houiller de Valenciennes, pl. LXXXIX, fig. 4.

En traitant par les réactifs oxydants, puis par l'ammonniaque, des fragments de la partie centrale du cône, on obtient la masse de spores débarrassée de toute trace de charbon, telle que la montre la fig. 1 *b*, qui représente, au même grossissement que la fig. 1 *a*, une portion de cette région centrale, détachée, sur toute la largeur du cône, de la base du tronçon terminal, le bord supérieur du fragment 1 *b* se raccordant au bord inférieur de la portion en relief de la fig. 1 *a*. En examinant à la loupe cette figure 1 *b*, ou en jetant un coup d'œil sur la figure plus fortement grossie 1 *c*, on voit qu'on a sous les yeux des spores lisses, de $0^{mm},8$ à 1 millimètre de diamètre, sphéroïdales ou ellipsoïdales, aplaties et plus ou moins déformées; il est presque impossible d'apercevoir sur aucune d'entre elles les trois lignes divergentes habituelles; mais j'ai pu, en prolongeant l'attaque par les réactifs oxydants, en isoler un certain nombre, et j'en ai obtenu ainsi d'excellentes préparations. Certaines d'entre elles se sont même, par suite du dégagement de petites bulles gazeuses à leur intérieur, regonflées complètement et se sont offertes, flottant à la partie supérieure du tube à essai, avec l'aspect qu'elles devaient avoir à l'état vivant; les figures 1 *i* à 1 *k* reproduisent quelques-unes de ces spores ainsi regonflées, mais restées adhérentes à la masse générale; quant à celles que j'ai obtenues à l'état libre, les figures 1 *d* à 1 *h* représentent une partie d'entre elles, préparées pour le microscope entre deux lames de verre, et par conséquent réaplaties. La plupart (fig. 1 *d*, 1 *e*) affectent une forme générale sphéroïdale, avec une sorte de bec pyramidal à trois arêtes divergeant à 120°, entouré à sa base d'une ligne d'épaississement plus ou moins accusée; quelques-unes d'entre elles se sont même entr'ouvertes suivant ces arêtes. D'autres, peut-être moins parfaitement regonflées, ont gardé une forme ellipsoïdale avec des plis longitudinaux irréguliers (fig. 1 *g*, 1 *h*). Un très petit nombre, aplaties dans un plan normal à leur axe, montrent de face leur région apicale, avec leurs trois arêtes ou leurs trois fentes divergeant à 120°, comme c'est le cas sur la fig. 1 *f*. Les dimensions, mesurées sur les spores ainsi isolées, varient de 1 millimètre pour le plus petit diamètre à $1^{mm},5$ pour le plus grand, dimensions un peu supérieures à celles qu'elles présentaient avant le traitement chimique auquel je les ai soumises; celle de la fig. 1 *d* mesure à peu près $1^{mm},3$ en tous sens.

Ce sont, à n'en pas douter, des macrospores, et il n'est pas sans intérêt de constater qu'elles occupent toute la longueur du cône, depuis la base jusqu'au sommet. Peut-être certains cônes de Sigillaires renfermaient-ils à la fois des macrosporanges et des microsporanges, ainsi qu'un échantillon du Yorkshire l'a donné à penser à M. Kidston[1]; mais il est certain que le cône de Blanzy que je viens de décrire ne contenait que des macrospores. Il ne me semble pas inutile de rappeler, à ce propos, que quelques espèces vivantes de *Selaginella*, telles notamment que le *Selag. pectinata*, ont également, d'après les observations de Spring, des épis unisexués, sinon d'une façon absolument constante, du moins le plus habituellement[2].

Il me paraît probable que chez les Sigillaires, où l'on n'a observé jusqu'ici avec certitude que des cônes à macrospores, l'unisexualité devait être la règle normale.

Au point de vue de la détermination spécifique, je ne crois pas qu'il puisse y avoir de doute sur l'identité du cône de la fig. 1 de la Pl. XLV avec le *Volkmannia major* Germar, tant la ressemblance est parfaite avec la principale figure publiée sous ce nom par Germar à la pl. XXXII de son ouvrage (fig. 5). Le seul détail qui diffère consiste dans la présence, sur les figures des échantillons de Wettin, de lignes transversales équidistantes, espacées de 2 à 3 millimètres, qui dénotent pour les bractées une disposition verticillée, et qui n'apparaissent pas sur l'échantillon de Blanzy; mais ces lignes transversales s'effacent, sur la figure du plus grand échantillon, un peu au-dessous du milieu, de sorte que, dans sa région inférieure, celui-ci se montre identique de tout point avec celui de Blanzy. La présence de ces lignes transversales, qui, à raison de la disposition en verticilles qu'elles dénotent, avait suggéré à Germar l'idée d'une attribution aux *Sphenophyllum*, et en particulier au *Sphen. longifolium*, n'a, au surplus, rien d'incompatible avec l'attribution de ces cônes aux Sigillaires : elles s'observent en effet sur la figure publiée par Weiss, en 1889, de l'échantillon de Niederrathen décrit antérieurement par Gœppert comme *Lepidodendron frondosum*, et qu'il est impossible de ne pas rapporter à une Sigillaire, puisque la portion inférieure de l'axe porte des cicatrices foliaires reconnaissables de *Sigillaria*, ainsi que le donnaient à penser déjà les figures de détail publiées par Gœppert, et que Weiss l'a définitivement établi et en a donné la preuve par une figure grossie plus exacte. Cet échantillon de Niederrathen ne diffère, d'ailleurs, du *Volkmannia major* Germar, auquel, d'après

[1] R. Kidston, On the fossil Flora of the Yorkshire Coal Field, Second Paper (*Trans. Roy. Soc. Edinburgh*, XXXIX, p. 49-50, pl. II, fig. 1; 1897).

[2] A. Spring, Monographie de la famille des Lycopodiacées (*Mém. Acad. Roy. de Belgique*, XXIV, p. 166-168, p. 313; 1850).

l'étiquette citée par Weiss, il avait été rapporté[1], que par la présence, à sa base, de cet axe à coussinets foliaires déterminables, qui permet de le reconnaître comme appartenant à une Sigillaire; il me paraît en même temps évident, bien que Weiss ait hésité à se prononcer dans ce sens, qu'il s'agit là, comme l'a pensé M. Grand'Eury[2], d'un cône encore attaché à un pédoncule dépouillé de ses feuilles, beaucoup plutôt que d'un rameau feuillé; je ne puis donc voir en lui qu'un *Sigillariostrobus*, et son identité avec le *Volkmannia major* emporte, pour celui-ci, la même attribution générique.

J'ai pu, d'autre part, examiner deux échantillons authentiques de *Volkmannia major* de Wettin, appartenant au Musée minéralogique de l'Université de Halle-sur-Saale, dont je dois la communication à l'aimable obligeance de M. le Professeur Dr. Luedeke, à qui j'adresse ici tous mes remerciements. L'un d'eux est le type même de la fig. 6 de Germar, et j'ai pu constater sur lui, d'une part, que les bractées, dans leur partie libre, visible le long du bord du cône, sont à la fois moins filiformes et un peu moins étroitement dressées que ne l'indique la figure, et offrent exactement l'aspect de celles de la région tout à fait supérieure du cône de Blanzy; je me suis assuré en outre, en mesurant la distance entre les sommets d'un certain nombre de bractées consécutives, que leur écartement est double de celui des plis transversaux de la région médiane, ainsi du reste que le donnait à penser l'examen de certaines parties de la fig. 5 de Germar, d'où il résulte que les bractées alternent bien d'un verticille à l'autre, comme dans le cône de Blanzy. Ces plis transversaux sont, d'ailleurs, un peu moins accusés sur l'échantillon même que sur la figure qui en a été publiée. Ils se retrouvent, mais moins nets, sur l'autre échantillon qui m'a été communiqué, et qui consiste dans l'empreinte d'un cône long de 14 centimètres sur 19 millimètres de largeur, dont la partie inférieure fait défaut; mais ils ne s'y montrent que jusqu'à une distance de 4 ou 5 centimètres du sommet, et plus bas l'on observe à la surface du cône une division plus ou moins accusée en compartiments rhomboïdaux, comme sur celui de Blanzy, dont il ne diffère, en somme, que par ses bractées plus étroitement dressées; mais le corps même du cône n'étant pas conservé, il est impossible de s'assurer de la nature des corps reproducteurs qui auraient pu y être contenus. D'après l'examen de ces deux échantillons, j'ai tout lieu de croire que les plis trans-

(1) C. E. Weiss, Fragliche Lepidodendronreste im Rothliegenden und jüngeren Schichten (*Jahrb. k. preuss. geol. Landesanstalt* für 1888, p. 159).

(2) Grand'Eury, Géologie et paléontologie du bassin houiller du Gard, p. 257.

versaux en question correspondent, ainsi qu'on pouvait du reste le présumer, à la portion horizontale des bractées, car ils semblent bien en quelques points se raccorder à la base de la partie libre et dressée de celles-ci.

En tout cas, la comparaison que j'ai pu faire de ces deux empreintes avec l'échantillon de Blanzy m'a prouvé que la ressemblance de celui-ci avec le *Volkmannia major* n'était pas trompeuse et qu'il y avait bien identité spécifique.

J'ajoute que je serais disposé à rapporter également au *Volkmannia major*, ou pour mieux dire au *Sigillariostrobus major*, le cône des mines de Decize que j'ai décrit jadis comme *Sigillariostrobus strictus*[1] et ceux de la région de Brive que j'ai signalés sous ce même nom[2] : les quelques différences qu'on peut saisir dans la forme et l'orientation de la partie libre des bractées, plus ou moins dressées, plus ou moins raides, effilées en pointe plus ou moins aiguë, ne me semblent guère, en effet, pouvoir être considérées comme ayant une valeur spécifique.

Il est, d'ailleurs, plus que probable que ces cônes doivent appartenir au *Sigillaria Brardi*, ainsi que je le présumais pour le *Sigillariostrobus strictus* et que M. Grand'Eury l'a admis pour le « *Sigillodendron frondosum* Gœppert (sp.) », cette attribution paraissant confirmée par l'apparence extérieure des quelques fragments d'épis qu'il a observés en place au milieu d'un bouquet de feuilles couronnant une tige ou une branche de *Sigillaria Brardi*[3].

Le *Sigillariostrobus major* a été observé aux mines de *Blanzy*, dans le découvert Sainte-Hélène.

SIGILLARIOSTROBUS SPECTABILIS Renault.

Pl. XLV, fig. 2.

1888. **Sigillariostrobus spectabilis** Renault, *Bull. Soc. hist. nat. Autun*, I, p. 177, pl. III, fig. 1-7; pl. IV, fig. 1.

Je reproduis sur la fig. 2 de la Pl. XLV le beau fragment de cône que B. Renault a décrit jadis sous le nom de *Sigillariostrobus spectabilis* et qui avait été recueilli à Blanzy par M. Roche. L'axe, visible sur plus de la moitié de la longueur de l'échantillon, présente l'aspect habituel des axes de cônes

[1] R. Zeiller, Cônes de fructification de Sigillaires (*Ann. sc. nat.*, 6e sér., *Bot.*, XIX, p. 272, pl. 12, fig. 4; 1884).

[2] R. Zeiller, Flore fossile du bassin houiller et permien de Brive, p. 86.

[3] Grand'Eury, Géologie et paléontologie du bassin houiller du Gard, p. 257, pl. XI, fig. 3.

de Sigillaires, avec des verticilles alternants de petites protubérances correspondant à l'insertion de bractées, d'abord étalées horizontalement, puis relevées en un limbe uninervié plus ou moins étroitement effilé vers le sommet, ainsi qu'on le voit surtout à la partie supérieure de l'échantillon. A l'extrémité inférieure de celui-ci, Renault avait reconnu le moule de l'étui médullaire de l'axe du cône, présentant, ainsi qu'il l'avait signalé et qu'on peut le voir vers le bas de la figure grossie 2 *a*, des cannelures longitudinales, telles qu'on doit, disait-il, les observer sur le moulage de la moelle du *Sig. Menardi* ou du *Sig. spinulosa* à raison de la présence, autour de cette moelle, de faisceaux de bois primaire centripète parallèles entre eux. On sait que MM. Potonié et Koehne ont récemment mis en lumière l'existence, à l'intérieur de nombreux échantillons de tiges de Sigillaires, d'étuis médullaires ainsi constitués, marqués d'étroites cannelures longitudinales continues [1]; la constatation de ce caractère sur le cône en question constituait donc, comme l'avait admis Renault, un argument de haute valeur à l'appui de l'attribution de ce cône aux Sigillaires. D'autre part, Renault interprétait les corps observés par lui entre les bractées de ce même échantillon comme des sacs polliniques renfermant encore des grains de pollen, plutôt que comme des macrospores ou comme des microsporanges contenant des microspores, d'où la conclusion, formulée par lui dans une note préliminaire consacrée en 1885 à la description de cet échantillon [2], que les Sigillaires sans côtes, auxquelles avait dû appartenir ce cône, devaient être des plantes phanérogames gymnospermes, voisines des Cycadées actuelles, tandis que les Sigillaires cannelées, du Westphalien, auraient été des Cryptogames; il reproduisait d'ailleurs cette même conclusion dans son travail de 1888 [3], mais sous une forme peut-être un peu moins affirmative.

Le genre *Sigillaria* paraissant cependant remarquablement homogène, et des macrospores ayant été observées à l'intérieur de cônes du Westphalien leur appartenant sans contestation possible, les conclusions de Renault n'avaient pas laissé d'être discutées : Weiss avait fait observer [4] que l'attribution du cône en

(1) W. Koehne, *in* H. Potonié, Abbildungen und Beschreibungen fossiler Pflanzen-Reste, Lief. II, 37 (1904).

(2) B. Renault, Sur les fructifications des Sigillaires (*Comptes rendus Acad. sc.*, CI, p. 1176-1178, 7 décembre 1885).

(3) B. Renault, Notice sur les Sigillaires (*Bull. Soc. hist. nat. Autun*, I, p. 180, 199).

(4) E. Weiss, Über die Sigillarienfrage (*Sitzungs-Ber. d. Gesellsch. naturforsch. Freunde zu Berlin*, 1886, p. 71).

question aux Sigillaires n'était pas absolument démontrée, la différence de constitution qu'il présentait par rapport aux cônes authentiques de *Sigillaria*, si l'interprétation de Renault était exacte, étant de nature à inspirer des doutes sérieux à cet égard. J'avais, d'autre part, émis l'idée [1] que les corps contenus entre les bractées de ce cône pourraient fort bien être, non pas des sacs polliniques, mais des macrospores, les grains de pollen observés à côté d'eux ayant pu être apportés par le vent, venant de quelque végétal gymnosperme du voisinage, auquel cas on se retrouvait en présence de la constitution connue des *Sigillariostrobus*.

Mon éminent et si regretté ami Renault ayant bien voulu, peu de mois avant sa mort, me communiquer l'échantillon pour le faire figurer à nouveau dans le présent travail, l'examen détaillé que j'ai pu en faire m'a convaincu, ainsi que je vais l'exposer, qu'il s'agissait bien là d'un cône à macrospores, conformément à ce que j'avais pensé.

Sur la plus grande partie de son étendue, le cône est fendu suivant son axe, et bien que la portion basilaire des bractées se montre ainsi sur toute sa longueur, on ne voit à leur surface aucune trace des corps reproducteurs qu'elles devaient porter; mais il n'en est pas de même à la partie inférieure de l'échantillon, où, ainsi que l'avait exposé Renault et que le montrent la fig. 2 et surtout les figures grossies 2 *a* et 2 *b*, un certain nombre de bractées appartenant à la moitié antérieure du cône sont coupées transversalement, au voisinage immédiat sans doute de la naissance de la portion limbaire terminale, et comprennent entre elles un grand nombre de corps noirs, à contour arrondi ou elliptique, de $0^{mm},8$ à 1 millimètre de diamètre, aplatis et à surface plus ou moins plissée (fig. 2 *c* à 2 *f*). La portion basilaire des bractées étant pliée en gouttière suivant son axe, et les bractées étant elles-mêmes disposées en verticilles alternants, leurs sections forment à la surface de l'échantillon des compartiments rhomboïdaux alternants, à l'intérieur desquels sont compris les corps noirs en question.

En deux ou trois points, soit contigus à ces corps noirs, soit sur les bractées, on distingue en outre de petits corps ovoïdes de couleur jaune ou brune, peu nombreux, mesurant de $0^{mm},085$ à $0^{mm},14$ de diamètre sur $0^{mm},11$ à $0^{mm},18$ de longueur, et présentant en général un sillon ou peut-être une fente suivant leur axe longitudinal. Ce sont ces petits corps jaunâtres que Renault a interprétés

[1] R. Zeiller, Flore fossile du bassin houiller de Valenciennes, p. 517; 1888.

comme des grains de pollen, tant à raison de leur forme que de leur grosseur relative, qui semblent en effet devoir faire écarter l'idée de microspores, et il y a tout lieu de penser que cette interprétation est exacte.

Toute la question est de savoir si ces grains de pollen sont bien sortis, comme l'a pensé Renault, des sacs noirs dont une partie d'entre eux sont voisins et qui, dans ce cas, seraient effectivement des sacs polliniques; ces sacs auraient, dès lors, dû être fixés à la surface des bractées, et Renault avait admis, du moins dans sa note de 1885, qu'ils étaient placés dans des fossettes situées à la face inférieure de ces bractées de part et d'autre de la côte médiane et allongées parallèlement à elle; quelques-uns d'entre eux lui avaient paru offrir un petit prolongement adhérent à la surface de la bractée, et il n'avait pu observer sur aucun d'eux les trois lignes divergeant à 120° qu'auraient dû présenter des macrospores.

Si l'on examine les figures photographiques grossies 2 *a* et 2 *b*, on constate que les sacs noirs en question tantôt remplissent à peu près complètement les compartiments rhomboïdaux formés par les bractées, tantôt ne se montrent que dans leur moitié inférieure : il est certain, dans ce dernier cas, qu'ils n'étaient pas attachés à la face inférieure de ces bractées, comme l'avait primitivement admis Renault; mais on voit aussi sur ces figures, ainsi que sur les figures 2 *c*, 2 *d*, 2 *f*, qu'ils sont empilés et superposés les uns aux autres, comme peuvent et doivent l'être des corps libres dans une enveloppe commune, mais non des corps attachés les uns à côté des autres sur un même support. En outre, quoiqu'ils soient assez fortement plissés, ainsi que le montre par exemple la fig. 2 *e*, il semble bien que certains d'entre eux offrent, et même plus visiblement que les macrospores du *Sigillariostrobus major* avant d'être préparées (fig. 1 *c*), les trois plis ou les trois lignes divergeant à 120° qu'on observe habituellement sur les spores de Lycopodinées et en particulier sur les macrospores; il en est ainsi, notamment, pour quelques-uns des sacs des fig. 2 *d* et 2 *f*. D'ailleurs, l'absence de ce caractère ne saurait être concluante à l'encontre de l'interprétation de ces sacs comme macrospores, étant donné qu'on ne l'observait pas davantage sur la plupart des macrospores du *Sigillariostrobus major*, auxquelles, d'autre part, ces sacs ressemblent singulièrement par leur apparence ainsi que par leur forme et leurs dimensions. L'aspect de ces sacs et leurs rapports mutuels de position sont donc de nature à les faire considérer comme des macrospores, plus ou moins plissées et déformées, beaucoup plutôt que comme des sacs polliniques. Quant à leurs relations avec les grains de pollen qui les avoisinent en deux ou trois points de l'échantillon, elles ne consistent qu'en une contiguïté plus ou moins immédiate, les figures mêmes qu'a données Renault[1] montrant ces petits corps jaunes adhérents à leur surface extérieure, ou fixés sur la roche à côté des sacs déchirés et incomplets, mais non à leur intérieur.

Au surplus, un caractère décisif devait permettre de résoudre la question : si ces sacs étaient des sacs polliniques, ils devaient offrir une paroi multicellulaire; si c'étaient des macrospores, ils devaient être unicellulaires. J'ai donc détaché à l'aiguille une des lamelles charbonneuses représentant l'un des sacs en question, et bien que je n'aie pu l'obtenir dans toute son étendue, le fragment détaché n'en représentant guère que la moitié, le traitement habituel par les réactifs oxydants m'a montré une membrane non divisée, une portion de sac unicellulaire, identique de tout point à quelques-unes des préparations que j'avais obtenues des macrospores du *Sigillariostrobus major,* avec une sorte de pointe obtuse à trois arêtes épaissies, semblable à celle qui constitue le sommet de la macrospore fig. 1 *e*, mais formant un angle moins aigu. Le *Sigillariostrobus spectabilis* est donc bien, comme j'en avais prévu la possibilité, un cône à macrospores, constitué par conséquent comme tous les autres cônes de Sigillaires actuellement connus.

Quant à la présence, entre ses bractées et entre les macrospores elles-mêmes, des grains de pollen qui avaient suggéré à Renault l'interprétation qu'il a mise en avant, elle ne peut résulter que d'un apport extérieur, qui n'a, du reste, rien de surprenant; j'ajouterai que j'ai observé des grains de pollen absolument semblables, adhérents en assez grand nombre, et en compagnie d'autres beaucoup plus gros, ceux-ci larges de $0^{mm},3$ à $0^{mm},4$ sur $0^{mm},5$ à $0^{mm},6$ de longueur, aux rachis d'une penne de *Sphenopteris cristata* dont ils se laissent assez facilement détacher à l'aiguille, et sur lesquels il est clair qu'ils n'ont pu venir se fixer que par suite d'un apport accidentel.

Le *Sigillariostrobus spectabilis* paraît spécifiquement distinct du *Sigillariostrobus major* par ses bractées à limbe plus développé, à la fois plus long et plus large, et beaucoup plus étalé, mais il en est évidemment très voisin; les macrospores qu'ils renferment paraissent identiques de part et d'autre, et il est difficile, étant donné l'extrême variabilité du *Sigillaria Brardi,* d'affirmer que ses cônes n'ont pas eux-mêmes été susceptibles de variations étendues; toutefois, jusqu'à plus ample informé, il ne semble pas que ces deux formes, étant

[1] B. Renault, *loc. cit.*, pl. III, fig. 4, 6. Cette dernière figure, indiquée comme grossie 35 fois, ne doit être, en réalité, de même que la fig. 7, grossie qu'une quinzaine de fois.

donné leur dissemblance d'aspect, puissent être considérées comme identiques.

Le *Sigillariostrobus spectabilis*, dont on ne connait jusqu'à présent que le seul spécimen qui a été décrit, a été recueilli par M. Roche aux mines de *Blanzy*, dans la région de Montceau; l'échantillon fait aujourd'hui partie des collections du Muséum d'histoire naturelle de Paris.

Genre STIGMARIA Brongniart.

1820. **Variolaria** Sternberg (*non* Persoon), *Ess. Fl. monde prim.*, I, fasc. 1, p. 23, 26.
1822. **Stigmaria** Brongniart, *Class. vég. foss.*, p. 9. Sternberg, *Ess. Fl. monde prim.*, I, fasc. 4, p. XXXVIII.

STIGMARIA FICOIDES Sternberg (sp.).

1820. **Variolaria ficoides** Sternberg, *Ess. Fl. monde prim.*, I, fasc., 1, p. 23, 26; pl. XII, fig. 1-3.
1822. **Stigmaria ficoides** Brongniart, *Class. vég. foss.*, p. 28, 89; pl. I, fig. 7. Gœppert, *Gen. d. pl. foss.*, liv. 1-2, p. 13, pl. VIII-XV. Zeiller, *Expl. Carte géol. Fr.*, IV, p. 140, pl. CLXXIII, fig. 4; *Fl. foss. bass. houill. de Valenciennes*, p. 611; p. 617, fig. 45; pl. XCI, fig. 1-6. Renault, *Fl. foss. terr. houill. de Commentry*, 2e part., p. 552, pl. LXI, fig. 7; pl. LXII, fig. 1-3, (*an* fig. 4?).

Le *Stigmaria ficoides* se retrouvant avec les mêmes caractères extérieurs depuis le Culm jusque dans le Permien, et ne pouvant par suite offrir d'intérêt au point de vue de la distinction des niveaux, n'a guère fixé l'attention des collecteurs, et sa présence n'a été authentiquement constatée dans le bassin de Blanzy et du Creusot que sur un nombre de points relativement restreint; mais il n'est pas douteux qu'on doive en rencontrer les restes partout où l'on observe, soit des Sigillaires, soit des Lépidodendrons.

Les localités où il en a été recueilli des échantillons sont, quant à présent, les suivantes :

Mines de *Longpendu :* 1re couche.

Mines de *Montchanin :* puits des Mésarmes.

Mines de *Blanzy :* découvert Maugrand; découvert Sainte-Hélène.

Mines du *Creusot*[1].

PERMIEN.

Mines de *Bert* (Autunien) : couche des Bouillots[2]; puits des Mandins.

[1] Grand'Eury, Flore carbonifère du département de la Loire, p. 510.
[2] *Ibid.*, p. 519.

Cordaïtées.

Genre CORDAITES Unger.

1849. **Pychnophyllum** Brongniart (*non* Rémy), *Tabl. d. genr. d. vég. foss.*, p. 65.
1850. **Cordaites** Unger, *Gen. et sp. pl. foss.*, p. 277. Grand'Eury, *Flore carb. du dép. de la Loire*, p. 216.

CORDAITES ANGULOSOSTRIATUS Grand'Eury.

1877. **Cordaites angulosostriatus** Grand'Eury, *Flore carb. du dép. de la Loire*, p. 217, pl. XIX. Zeiller, *Expl. Carte géol. Fr.*, IV, p. 144, pl. CLXXV, fig. 2, 3.

Cette espèce s'est montrée représentée dans le bassin de Blanzy par un certain nombre d'échantillons, consistant généralement en feuilles détachées, presque toujours incomplètes. M. Grand'Eury en a cependant observé à *Blanzy* un rameau portant de grandes feuilles réunies en bouquet, et muni en outre d'inflorescences femelles.

Les points où la présence de cette espèce a été constatée sont les suivants :

Mines de *Montchanin :* puits des Mésarmes;

Mines de *Blanzy :* découvert Sainte-Hélène; découvert de Lucy, au toit de la 2e grande couche.

CORDAITES LINGULATUS Grand'Eury.

Pl. XLVI, fig. 1, 2.

1877. **Cordaites lingulatus** Grand'Eury, *Flore carb. du dép. de la Loire*, p. 218, pl. XX, fig. 1-4; *Géol. et paléont. du bass. houiller du Gard*, p. 323, pl. VII, fig. 1, 2, (*an* fig. 3?). Renault, *Fl. foss. terr. houill. de Commentry*, 2e part., p. 576, pl. LXIV, fig. 1-10; *Fl. foss. bass. houill. et perm. d'Autun*, 2e part., p. 340, pl. LXXXVI, fig. 16.

Le *Cordaites lingulatus* a été rencontré sur plusieurs points du bassin de Blanzy, très abondant même en certains points, représenté, comme toujours, par des feuilles de dimensions très variables, sans doute suivant l'ordre et le calibre des rameaux dont elles dépendaient. Ces feuilles sont, d'ailleurs, reconnaissables, malgré leurs différences de taille, à leur contour obové, arrondi et parfois comme tronqué au sommet, ainsi qu'à leur nervation, formée dans la région inférieure du limbe de nervures inégales, des nervures fortes et assez saillantes comprenant entre elles un nombre variable de nervures plus fines, tandis que dans la région moyenne et supérieure l'inégalité s'atténue ou même s'efface tout à fait, les vraies nervures ne se distinguant plus des fausses nervures intercalées entre elles.

La fig. 1 de la Pl. XLVI reproduit, en demi-grandeur, deux grandes feuilles de cette espèce, longues d'environ 35 centimètres sur 10 et 11 centimètres de largeur, montrant leur forme caractéristique, celle de gauche à sommet presque tronqué. La feuille de droite, conservée jusqu'à sa partie inférieure, offre une base d'insertion large de 4 centimètres; d'autres feuilles de la même espèce, de longueur égale ou supérieure, se montrent, il est vrai, sensiblement moins larges à leur base, mais cette réduction de largeur est généralement imputable, au moins en partie, à ce que les bords du limbe sont plus ou moins fortement enroulés et repliés en dessous. On peut suivre sur ces feuilles de la fig. 1, Pl. XLVI, les modifications d'aspect que présente la nervation d'un point à l'autre du limbe : c'est ainsi qu'à la base même de la feuille de droite, la nervation apparaît d'abord très confuse, et même malaisément discernable, à raison sans doute de la forte épaisseur du limbe; puis, vers 4 ou 5 centimètres de la base, on voit se dessiner des bandes longitudinales légèrement saillantes, larges de $0^{mm},6$ à 1 millimètre, bombées en leur milieu, séparées les unes des autres par de légers sillons, dont quelques-unes se bifurquent en branches redevenant presque immédiatement parallèles, et qui par conséquent correspondent, à n'en pas douter, aux faisceaux libéroligneux. Chacune de ces bandes se décompose, d'ailleurs, en une série de nervures ou fausses nervures parallèles, celle du milieu, qui est la véritable nervure, plus forte que les autres, celles-ci moins épaisses, souvent un peu inégales, distantes entre elles de $0^{mm},30$ à $0^{mm},40$, comme on le voit sur la figure grossie 1 *a*. Peu à peu, les bandes s'aplatissent, le limbe devient tout à fait plan, entre les nervures principales s'intercalent de fausses nervures de même force qu'elles, et dans la région supérieure on ne distingue généralement plus que des nervures d'égale force, distantes de $0^{mm},30$ à $0^{mm},50$. Sur les points où la lame charbonneuse qui représente la feuille a disparu, et où apparaît l'empreinte laissée par la face inférieure du limbe, on constate que les nervures, d'égale force comme sur la face supérieure, sont, en général, sensiblement plus serrées, souvent deux fois plus rapprochées que sur celle-ci.

La fig. 2 de la Pl. XLVI montre en vraie grandeur des feuilles beaucoup plus petites, surtout plus étroites, longues de 10 à 16 centimètres sur 17 à

20 millimètres de largeur, encore groupées en bouquet au bout d'un rameau; à ces feuilles est associée sur la même plaque une autre feuille, non représentée, de taille intermédiaire entre elles et celles de la fig. 1, longue d'environ 25 centimètres sur 35 millimètres de largeur, qui marque le passage entre les unes et les autres. Ces feuilles de la fig. 2 diffèrent à peine, d'ailleurs, de celles que B. Renault a observées à Commentry, encore en place le long d'un rameau[1], et qui sont seulement un peu plus larges proportionnellement à leur longueur; l'une d'elles, la plus inférieure, est même tout à fait pareille à celles que je représente sur la fig. 2 et offre comme elles des bords presque parallèles et rectilignes. Ces feuilles de la fig. 2 présentent, au surplus, les mêmes caractères de nervation que celles de la fig. 1, mais avec des apparences très variables suivant la région de la feuille que l'on considère, ainsi que le montrent les figures grossies 2 *a* à 2 *c*. Vers la base de la feuille (fig. 2 *a*), on distingue de fortes nervures assez saillantes, espacées de 0mm,30 à 0mm,80, comprenant entre elles de une à trois nervures ou fausses nervures plus fines, dont l'espacement varie de 0mm,15 à 0mm,25; plus haut, toutes ces nervures tendent à s'égaliser, avec un espacement moyen de 0mm,25 à 0mm,35 ou 0mm,40 (fig. 2 *b*, 2 *c*). Tantôt elles offrent l'apparence de bandes relativement larges, à surface légèrement bombée, comme on le voit vers le bas de la fig. 2 *b*; tantôt elles s'aplanissent, leur axe demeurant toutefois marqué par une fine ligne saillante, comme on le voit vers le haut de la fig. 2 *b* et dans la région gauche de la fig. 2 *c*; souvent, entre ces lignes saillantes, apparaissent de fausses nervures beaucoup plus fines, ou, pour mieux dire, de fines stries parallèles, distantes seulement de 0mm,06 à 0mm,07, comme on peut le constater sur quelques points des fig. 2 *b* et 2 *c*, notamment dans la région médiane de cette dernière à 1 centimètre au-dessous de son bord supérieur. Sur certains points, mais toujours sur des étendues très limitées, les nervures deviennent presque indistinctes, et l'on n'observe plus qu'une striation formée de fines lignes toutes égales; il en est ainsi, par exemple, dans certaines parties de la région supérieure de la feuille la plus à gauche de la fig. 2.

Ces fines stries paraissent dues simplement à un plissement longitudinal superficiel, car elles disparaissent sur les préparations microscopiques qu'on peut faire de la cuticule. Le limbe étant conservé, sur ces feuilles de la fig. 2, sous la forme d'une mince pellicule charbonneuse çà et là en partie décollée

[1] B. Renault, Flore fossile du terrain houiller de Commentry, 2e part., pl. LXIV, fig. 1.

de la roche (fig. 2 *a*, 2 *b*), j'ai pu en effet en détacher sur différents points des lambeaux d'étendue variable et en obtenir de bonnes préparations par l'action successive des réactifs oxydants et de l'ammoniaque. L'action des réactifs oxydants suffit, le plus souvent, pour rendre ces lambeaux de feuille en partie translucides, et ils se présentent alors parcourus par des bandes noires de $0^{mm},15$ à $0^{mm},25$ de largeur, espacées d'axe en axe de $0^{mm},30$ à $0^{mm},40$, correspondant aux nervures vraies ou fausses, c'est-à-dire aux cordons hypodermiques de sclérenchyme, et séparées par des intervalles clairs. En faisant agir l'ammoniaque, on voit ces bandes noires s'éclaircir, et, une fois la matière ulmique complètement dissoute, la cuticule ne montre plus que des bandes alternativement claires et un peu plus foncées, ces dernières se décomposant elles-mêmes en deux bandes latérales plus colorées, formées de cellules plus épaissies, plus fortement cuticularisées, qui correspondent aux deux bords de chaque cordon hypodermique, tandis que la région médiane se montre relativement claire. Assez souvent la cuticule présente le long de cette bande médiane un bombement longitudinal, un plissement en saillie appréciable, auquel il faut évidemment imputer l'aspect que présentent en certains points les nervures, marquées seulement par une étroite ligne saillante, ainsi que je le signalais notamment dans la région gauche de la fig. 2 *c*. Mais je n'ai pu, sur aucune préparation, retrouver la moindre trace de la fine striation observée souvent entre ces nervures; les files de cellules épidermiques, mesurant de 15 à 25 μ de largeur, sont, d'autre part, trop étroites pour que l'on puisse considérer cette striation comme pouvant leur correspondre; c'est pourquoi je suis porté à l'imputer à un simple ridement superficiel, dû peut-être à la dessiccation.

Ces cellules épidermiques affectent une forme rectangulaire, et sont, comme je l'indiquais, disposées en files longitudinales régulières; celles de la cuticule supérieure mesurent de 15 à 25 μ de largeur sur 25 à 50 μ de hauteur.

Sur la cuticule de la face inférieure, beaucoup plus délicate, et dont je n'ai obtenu que quelques rares lambeaux, les bandes longitudinales correspondant aux nervures sont à la fois plus étroites et plus rapprochées que sur la face supérieure, larges seulement de 40 à 70 μ et espacées d'axe en axe de $0^{mm},15$ à $0^{mm},20$; les cellules épidermiques, toujours alignées en files régulières, sont aussi de dimensions moindres, mesurant seulement 6 à 10 μ de largeur sur 15 à 25 μ de hauteur; les stomates, assez clairsemés et peu nombreux, ont leur ouverture dirigée en long, leurs cellules de bordure se

IMPRIMERIE NATIONALE.

trouvant comprises dans les files normales sans que celles-ci subissent aucun dérangement.

Il me reste à mentionner la présence, sur quelques-unes des feuilles de *Cord. lingulatus* recueillies à Blanzy, de petites pustules allongées dans le sens des nervures, longues de $1^{mm},5$ à 4 millimètres, plus ou moins largement fendues suivant leur axe médian, qui ne peuvent être imputées qu'à des Champignons parasites, identiques, d'ailleurs, à ceux que M. Grand'Eury a signalés déjà sur des feuilles de Cordaïtes et qu'il a désignés sous le nom de *Hysterites Cordaitis*[1].

J'ai constaté la présence du *Cord. lingulatus* sur les points suivants du bassin de Blanzy :

Mines de *Saint-Bérain :* puits Saint-Léger n° 1, au toit de la couche des Clos, et au toit de la dernière couche, étage de 160 mètres, travers-bancs Nord; puits de la Charbonnière, au mur des couches du Bois-Perrot.

Mine des *Fauches :* puits du Manège.

Mines de *Longpendu :* 3e couche.

Mines de *Montchanin :* puits Sainte-Barbe; toit de l'amas Quétel; puits Saint-Vincent; puits des Mésarmes.

Mines de *Blanzy :* puits du Champ de l'Eau (concession du Ragny); puits Lambert (concession des Crépins); — puits des Communautés; découvert Sainte-Hélène; découvert du Magny; puits du Magny, travers-bancs de l'étage de 427 mètres au delà de la faille du Magny; — région de Montmaillot : puits Saint-Paul, au toit de la Grande couche; puits Sainte-Barbe, étage de 260 mètres, au toit de la Grande couche; — région des Porrots : puits Ramus, à 42 mètres, à 63 mètres, vers 80 mètres, et à 115 mètres de profondeur.

Mines de *Perrecy :* puits n° 2, à 99 mètres de profondeur.

CORDAITES PLATYNERVIS GOEPPERT (sp.).

1864. **Nœggerathia platynervia** Gœppert, *Foss. Fl. d. perm. Form.*, p. 157, pl. XXII, fig. 3-5.
1877. **Cordaites platynervis** Grand'Eury, *Flore carb. du dép. de la Loire*, p. 511, 519.

M. Grand' Eury signale cette espèce, qui serait caractérisée par la largeur de ses feuilles, parcourues par de larges nervures très serrées, mais qui de-

[1] GRAND'EURY, Flore carbonifère du département de la Loire, p. 10, pl. I, fig. 7.

meure toutefois un peu insuffisamment définie, dans les couches autuniennes de *Charmoy*, d'une part, et de *Bert*, de l'autre.

CORDAITES cf. BORASSIFOLIUS Sternberg (sp.).

1823. **Flabellaria borassifolia** Sternberg, *Ess. Fl. monde prim.*, I, fasc. 2, p. 31, 36, pl. XVIII; fasc. 4, p. xxxiv. Corda, *Beitr. z. Fl. d. Vorw.*, p. 44, pl. XXIV, fig. 1-3.

1850. **Cordaites borassifolia** Unger, *Gen. et sp. pl. foss.*, p. 277. Zeiller, *Fl. foss. bass. houill. de Valenciennes*, p. 625, pl. XCII, fig. 1-6.

Quelques fragments de feuilles de Cordaïtes trouvés dans le bassin de Blanzy et du Creusot ont offert la nervation caractéristique du *Cord. borassifolius*, à savoir une seule nervure fine comprise entre deux nervures fortes; il me paraît douteux cependant qu'il y ait identité réelle avec le vrai *Cord. borassifolius*, qu'on trouve dans les couches westphaliennes et qui, s'il passe de là dans le Stéphanien, ne paraît pas s'élever jusqu'à son sommet. M. Grand'-Eury a déjà, du reste, en mentionnant cette espèce dans le Gard, émis l'idée qu'il devait s'agir d'une forme affine plutôt que vraiment identique à l'espèce du Westphalien [1].

Les échantillons rencontrés dans le bassin de Blanzy et du Creusot ont été, du reste, trop peu nombreux et trop incomplets pour qu'il fût possible d'arriver, en ce qui les concerne, à une appréciation plus précise et à une détermination certaine, et je ne les indique ici que comme devant être rapprochés du *Cord. borassifolius*, sans pouvoir rien affirmer quant à leur attribution définitive.

Ils ont été observés sur les points suivants :

Mines de *Blanzy* : région de Lucy, schiste bitumineux supérieur [2].

Mines du *Creusot* : puits Saint-Paul, au toit de la Grande couche.

[1] Grand'Eury, Géologie et paléontologie du bassin houiller du Gard, p. 321.
[2] Grand'Eury, Flore carbonifère du département de la Loire, p. 508.

Genre DORYCORDAITES Grand'Eury.

1877. **Dorycordaites** Grand'Eury, *Flore carb. du dép. de la Loire*, p. 214.

DORYCORDAITES PALMÆFORMIS Gœppert (sp.).

1852. **Nœggerathia palmæformis** Gœppert, *Foss. Fl. d. Uebergangsgeb.*, p. 216, pl. XV; pl. XVI, fig. 1-3; *Foss. Fl. d. perm. Form.*, p. 157, pl. XXI, fig. 2 *b*; pl. XXII, fig. 2, (*an* fig. 1 ??).

1871. **Cordaites palmæformis** Weiss, *Foss. Fl. d. jüngst. Steinkohl.*, p. 199, pl. XVIII, fig. 39.

1877. **Cordaites (Dorycordaites) palmæformis** Grand'Eury, *Flore carb. du dép. de la Loire*, p. 214, pl. XVIII, fig. 4, 5.

1886. **Dorycordaites palmæformis** Zeiller, *Fl. foss. bass. houill. de Valenciennes*, pl. XCIII, fig. 1, 2; p. 632. Renault, *Fl. foss. terr. houill. de Commentry*, 2ᵉ part., p. 585, pl. LXVI, fig. 1-7.

Je n'ai pas vu moi-même, dans le bassin de Blanzy et du Creusot, d'échantillons appartenant à cette espèce, mais elle y a été signalée par M. Grand'-Eury [1] sur deux points, savoir :

Mines de *Blanzy* : région de Lucy, schiste bitumineux supérieur.

PERMIEN.

Mines de *Bert* (Autunien).

Genre POACORDAITES Grand'Eury.

1877. **Poacordaites** Grand'Eury, *Flore carb. du dép. de la Loire*, p. 222.

POACORDAITES LINEARIS Grand'Eury.

1877. **Poacordaites linearis** Grand'Eury, *Flore carb. du dép. de la Loire*, p. 225, pl. XXIII; *Géol. et paléont. du bassin houill. du Gard*, p. 333, pl. VII, fig. 5. Renault, *Fl. foss. terr. houill. de Commentry*, 2ᵉ part., p. 588, pl. LXVII, fig. 1, 2.

Le *Poacordaites linearis* semble peu répandu dans le bassin de Blanzy et du Creusot : je ne l'ai observé que sur deux points dans les couches houillères, et je ne l'ai pas vu dans les couches permiennes; mais j'ai lieu de croire que

[1] Grand'Eury, Flore carbonifère du département de la Loire, p. 508, 519.

c'est à lui que M. Grand'Eury a eu affaire à Charmoy et à Bert, ainsi qu'à Blanzy. Je dois cependant faire quelques réserves sur sa présence dans ces trois localités, M. Grand'Eury n'y mentionnant que le genre *Poacordaites,* sans indication d'espèce; je ne les inscris donc qu'avec quelque doute dans la liste suivante :

Mines de *Saint-Bérain :* puits de la Charbonnière, à 100 mètres, au mur de la couche du Bois-Perrot.

Mines de *Blanzy :* région de Lucy, grande couche inférieure (?) [1].

Mines du *Creusot :* puits Saint-Paul, au toit de la Grande couche.

PERMIEN.

Charmoy (?) [2] (Autunien).

Mines de *Bert* (?) [3] (Autunien).

Étuis médullaires de Cordaïtées.

Genre ARTISIA Sternberg.

1825. **Sternbergia** Artis (*non* Waldstein et Kitaibel), *Anted. Phyt.*, pl. 8.

1838. **Artisia** Sternberg, *Ess. Fl. monde prim.*, II, fasc. 7-8, p. 198.

En mentionnant ici les quelques formes d'*Artisia* observées dans le bassin de Blanzy, je crois devoir faire toutes réserves sur la valeur spécifique des différences qui les distinguent les unes des autres, la saillie et la hauteur relative des bourrelets transversaux qui correspondent aux intervalles compris entre les diaphragmes de moelle devant vraisemblablement varier chez une même espèce suivant le calibre des axes, tiges ou rameaux, auxquels on a affaire, comme suivant la rapidité de l'élongation, et des espèces différentes pouvant, d'autre part, n'offrir, dans leurs étuis médullaires, que des différences peu marquées. Quant à présent, on ne peut qu'enregistrer ces diverses formes sous les noms qui leur ont été attribués, mais sans essayer d'en apprécier la valeur.

(1) Grand'Eury, Flore carbonifère du département de la Loire, p. 508.
(2) *Ibid.*, p. 511.
(3) *Ibid.*, p. 519.

ARTISIA TRANSVERSA Artis (sp.).

1825. **Sternbergia transversa** Artis, *Anted. Phyt.*, pl. 8.
1828. **Sternbergia angulosa** Brongniart, *Prodr.*, p. 137.
1838. **Artisia transversa** Presl, *in* Sternberg, *Ess. Fl. monde prim.*, II, fasc. 7-8, p. 192 (*an* pl. LIII, fig. 7-9?).

Quelques échantillons de cette forme, à bourrelets peu saillants, séparés par des sillons relativement espacés, ont été rencontrés sur les points suivants du bassin de Blanzy :

Mines de *Montchanin* et *Longpendu* (1).

Mines de *Blanzy* : découvert Sainte-Hélène; région de Lucy, grande couche inférieure (2).

ARTISIA APPROXIMATA Brongniart (sp.).

1837. **Sternbergia approximata** Brongniart, *in* Lindley et Hutton, *Foss. Fl. Gr. Brit.*, III, pl. 224, 225.
1838. **Artisia approximata** Corda, *in* Sternberg, *Ess. Fl. monde prim.*, II, fasc. 7-8, p. XXII, pl. LIII, fig. 1-6. Grand'Eury, *Flore carb. du dép. de la Loire*, p. 247, pl. XXVIII, fig. 6. Renault, *Fl. foss. terr. houill. de Commentry*, 2e part., p. 581, pl. LXV, fig. 4.

Ce type d'*Artisia*, à bourrelets étroits et fortement saillants, s'est montré représenté par un certain nombre de spécimens, observés par M. Grand'Eury et par moi-même aux mines de *Blanzy*, d'une part dans la région de Lucy, au voisinage de la grande couche inférieure (3), d'autre part dans le découvert Sainte-Hélène.

ARTISIA COSTATA Renault.

1890. **Artisia costata** Renault, *Fl. foss. terr. houill. de Commentry*, 2e part., pl. LXV, fig. 2; p. 580.

Des échantillons bien caractérisés de ce type de moelle, à côtes longitudinales prononcées, à section transversale affectant la forme d'un polygone à angles arrondis, ont été recueillis aux mines de *Blanzy*, dans le découvert Sainte-Hélène.

(1) Grand'Eury, Flore carbonifère du département de la Loire, p. 509.

(2) *Ibid.*, p. 508. M. Grand'Eury mentionne à Blanzy, dans la région de Lucy, les *Artisia transversa* et *angulosa*; mais ce dernier nom n'a été employé par Brongniart que pour désigner le *Sternbergia transversa* Artis.

(3) Grand'Eury, Flore carbonifère du département de la Loire, p. 508.

Inflorescences de Cordaïtées.

Je n'ai pas vu moi-même, dans le bassin de Blanzy et du Creusot, d'inflorescences de Cordaïtées, mais M. Grand'Eury en a observé quelques spécimens, notamment aux mines de *Blanzy,* dans la région de Lucy, provenant de la grande couche inférieure[1], inflorescences tant femelles que mâles, appartenant aux types qu'il a désignés comme *Cordaianthus baccifer* et *Cord. gemmifer*[2]; il a mentionné en particulier, de cette provenance, une inflorescence mâle de la forme dénommée par lui *Cordaianthus glomeratus*[3].

Il a signalé, en outre, aux mines de *Montchanin* et *Longpendu*[4], une autre forme d'inflorescence mâle, appartenant à son *Cordaianthus circumdatus*[5].

Je me borne, d'ailleurs, pour le moment à mentionner les inflorescences des Cordaïtées, sans parler des graines qui ont dû appartenir aux plantes de ce groupe : étant donné, d'une part, en effet, qu'on ne peut affirmer que toutes les graines du type *Cardiocarpus* doivent être rapportées à des Cordaïtes, et, d'autre part, que toutes les Cordaïtées n'ont pas porté des graines de ce type, certaines d'entre elles paraissant avoir eu pour graines des *Samaropsis,* il me paraît plus convenable de réunir toutes les graines en un groupe unique, qui sera examiné ultérieurement.

Dolérophyllées.

Genre DOLEROPTERIS Grand'Eury.

1877. **Doleropteris** Grand'Eury, *Flore carb. du dép. de la Loire,* p. 194.
1878. **Dolerophyllum** Saporta, *Comptes rendus Acad. sc.,* LXXXVI, p. 804, 872.

Les *Doleropteris,* qui ne sont d'ailleurs communs nulle part, paraissent assez rares dans le bassin de Blanzy, où ils n'ont été rencontrés jusqu'ici que dans deux localités, à Perrecy et à Saint-Bérain, et encore le fragment de

(1) Grand'Eury, Flore carbonifère du département de la Loire, p. 508.
(2) *Ibid.*, p. 228, 230.
(3) *Ibid.*, p. 230, pl. XXVI, fig. 5, 5'.
(4) *Ibid.*, p. 509.
(5) *Ibid.*, p. 230, pl. XXVI, fig. 4.

feuille que j'ai vu des mines de *Perrecy*, provenant du toit de la grande couche d'anthracite, était-il trop fragmentaire pour pouvoir être déterminé spécifiquement avec quelque certitude; mais il est possible qu'il appartienne à l'espèce ci-dessous.

Il n'est peut-être pas inutile d'ajouter que j'ai observé à Blanzy le *Codonospermum anomalum*, qui y indiquerait la présence de *Doleropteris*, M. Grand'Eury le rapportant aujourd'hui [1] à ce type générique, après avoir songé jadis [2] à lui attribuer les *Pachytesta*.

DOLEROPTERIS PSEUDOPELTATA Grand'Eury.

1877. **Doleropteris pseudopeltata** Grand'Eury, *Flore carb. du dép. de la Loire*, p. 196, pl. XVI, E; *Géol. et paléont. du bass. houiller du Gard*, p. 306, pl. VIII, fig. 1.

Cette espèce s'est montrée représentée à Saint-Bérain par quelques fragments de feuilles, dont un notamment bien conservé, quoique n'étant pas tout à fait complet : il est constitué par une feuille d'environ 0m,15 de diamètre; le point d'attache est à 0m,12 du bord extrême du limbe et les oreillettes basilaires se recouvrent presque complètement, donnant ainsi à la feuille l'apparence peltée qu'a signalée M. Grand'Eury.

J'ai observé le *Doleropteris pseudopeltata* sur les deux points suivants :

Mines de *Saint-Bérain :* puits Saint-Léger, n° 1, 1re couche intermédiaire; puits de la Charbonnière, à 60 mètres, au toit du faisceau inférieur.

[1] Grand'Eury, Sur les graines de *Sphenopteris*, sur l'attribution des *Codonospermum* et sur l'extrême variété des «graines de fougères» (*Comptes rendus Acad. sc.*, CXLI, p. 813, 20 novembre 1905).

[2] Grand'Eury, Géologie et paléontologie du bassin houiller du Gard, p. 306, 307.

Cycadinées.

Genre PLAGIOZAMITES Zeiller.

1894. **Plagiozamites** Zeiller, *Bull. Soc. Géol. Fr.*, 3e série, XXII, p. 174, 177.

PLAGIOZAMITES PLANCHARDI Renault (sp.).

Pl. XLVII, fig. 2.

1890. **Zamites Planchardi** Renault, *Fl. foss. terr. houill. de Commentry*, 2e part., Atlas, p. 9, pl. LXVII, fig. 8; p. 615.
1894. **Plagiozamites Planchardi** Zeiller, *Bull. Soc. Géol. Fr.*, 3e sér., XXII, p. 174, pl. VIII, fig. 1-5; pl. IX, fig. 1.
1886. **Nœggerathia Schneideri** Renault et Zeiller, *Comptes rendus Acad. sc.*, CII, p. 326.

Je représente sur la fig. 2, Pl. XLVII, le seul échantillon de cette espèce que j'aie vu du bassin de Blanzy, et qui est de tout point conforme à quelques-uns de ceux des couches permiennes de Trienbach, en Alsace, que j'ai figurés en 1894 [1]. La conservation n'en est, il est vrai, pas aussi bonne, et la denticulation marginale et terminale des folioles est à peu près indiscernable; par contre, le mode d'insertion de ces folioles, dont la base entoure obliquement le rachis suivant un arc hélicoïdal, se voit nettement pour quelques-unes d'entre elles (fig. 2 *a*).

Ce même échantillon avait été originairement, à raison même de ce caractère, rapporté au genre *Nœggerathia* par B. Renault, et il a été signalé sous le nom de *Nœgg. Schneideri* dans la note *Sur quelques Cycadées houillères* que nous avons présentée en commun à l'Académie des sciences le 8 février 1886 : Renault avait, dans ce travail, donné une description de cet échantillon d'après les notes qu'il avait prises à son sujet lorsqu'il l'avait eu entre les mains, mais il ne l'avait plus sous les yeux à ce moment, et c'est ce qui explique qu'il n'ait pas songé à la possibilité d'une identification entre lui et quelques-unes des feuilles détachées de *Zamites* de Commentry que nous avons signalées dans cette même communication. Lorsqu'il les a fait connaître plus en détail et les a définies spécifiquement dans son étude sur la flore houillère de Commentry, il a, d'ailleurs, appelé l'attention, pour le *Zamites*

[1] Voir notamment *loc. cit.*, pl. VIII, fig. 5.

IMPRIMERIE NATIONALE.

Planchardi, sur le mode d'insertion des folioles, à « base d'attache entourant obliquement le rachis »; mais ce caractère, que j'ai pris ultérieurement pour base de l'établissement du genre *Plagiozamites* et que j'ai indiqué comme de nature à rapprocher ce genre du genre *Nœggerathia*[1], ne semble pas lui avoir suggéré l'idée d'une comparaison avec le *Nœgg. Schneideri;* et n'ayant pas vu l'échantillon décrit sous ce nom, n'ayant aucune raison de douter qu'il appartînt réellement au genre *Nœggerathia*, je n'ai pas pensé non plus, lorsque j'ai décrit les échantillons du Permien d'Alsace qui m'avaient été communiqués par MM. Benecke et van Werveke, qu'il pût y avoir identité entre le *Plagiozamites Planchardi* et le *Nœgg. Schneideri*, la description qui avait été donnée de ce dernier ne suffisant pas, en l'absence de figure, pour permettre de reconnaître cette identité. Ce n'est que plus tard, quand j'ai vu l'échantillon en question dans la collection constituée au Creusot par MM. Schneider et Cie, que j'ai reconnu en lui l'espèce de Commentry et de Teufelsbrunnen.

Dans ces conditions, le nom spécifique de *Schneideri*, bien qu'antérieur à celui de *Planchardi*, ne me paraît pas pouvoir être conservé, puisqu'il n'avait pas été suffisamment défini pour qu'il fût possible, d'après cette seule définition et sans avoir vu l'échantillon type, de l'appliquer à l'espèce à laquelle il répondait.

Cet échantillon, qui fait partie de la collection de MM. Schneider et Cie, et pour la communication duquel je leur adresse ici tous mes remerciements, a été trouvé à la mine de *Longpendu*, dans la couche supérieure.

Genre PTEROPHYLLUM Brongniart.

1824. **Pterophyllum** Brongniart, *Ann. sc. nat.*, 1re sér., IV, p. 211; *Prodr.*, p. 95.

PTEROPHYLLUM GRAND'EURYI Saporta et Marion.

Pl. XLVII, fig. 1, 1 *a*, (*non* fig. 1 *b*).

1885. **Pterophyllum Grand'Euryanum** Saporta et Marion, *Évol. du règne végétal, Phanérogames*, I, p. 109, fig. 58 B.

1891. **Pterophyllum primævum** Renault, *Fl. foss. terr. houill. de Commentry*, 2e part., p. 621.

Il n'a été recueilli jusqu'ici que trois échantillons de cette espèce. Le premier, qui en constitue le type, décrit par Saporta et Marion, a été trouvé à

[1] R. Zeiller, Notes sur la flore des couches permiennes de Trienbach (Alsace) [*Bull. Soc. Géol. Fr.*, 3e sér., XXII, p. 176].

Montchanin par M. Grand'Eury; les deux autres, provenant d'un même bloc, ont été trouvés au puits Saint-Paul des mines de Blanzy, dans la région de Montmaillot, par M. Raymond, ingénieur en chef des mines de MM. Schneider et Cie, qui a donné le plus complet des deux à M. Mathet pour la collection des mines de Blanzy et a ultérieurement communiqué l'autre à B. Renault; c'est ce dernier fragment que nous avions signalé en 1886[1] comme « voisin du *Pterophyllum Grand'Euryi*, sinon identique », et que Renault a désigné plus tard sous le nom de *Pter. primævum* en le rapprochant alors du *Pter. Fayoli* Renault; le plus grand, donné depuis lors à l'École des Mines par la Compagnie des mines de Blanzy, est représenté sur la fig. 1 de la Pl. XLVII, et avec grossissement sur la fig. 1 *a*.

On voit sur ces figures que les folioles sont relativement espacées, de largeur quelque peu variable, comprise entre 4 et 10 millimètres, mais généralement voisine de 5 millimètres; elles sont le plus souvent à bords parallèles, parfois légèrement rétrécies au voisinage de la base, puis elles s'élargissent à leur insertion sur le rachis et se montrent décurrentes vers le haut comme vers le bas, mais avec une décurrence plus prolongée du côté inférieur; celles de gauche sont presque exactement normales au rachis, tandis que celles de droite sont légèrement inclinées sur lui. Les nervures, assez larges et fortes, distantes de 0mm,75 à 1 millimètre, sont habituellement simples; un certain nombre d'entre elles cependant se bifurquent sous un angle très aigu à plus ou moins courte distance de leur base, ainsi qu'on peut le constater sur les folioles de droite de la figure grossie 1 *a*. La seule différence à signaler, par rapport à l'échantillon décrit en 1886, est que sur ce dernier le rachis avait une largeur de 8 millimètres, tandis que sur celui de la Pl. XLVII, fig. 1, il ne dépasse pas 5 millimètres. En outre les folioles atteignent jusqu'à 8 centimètres de longueur, sans cependant qu'aucune d'elles se suive jusqu'à son sommet; elles avaient donc une longueur considérable par rapport à leur largeur, mais il est impossible de savoir si elles étaient aiguës à leur extrémité comme celles du *Pter. Fayoli*, de Montvicq, ou bien arrondies ou tronquées comme celles des *Pterophyllum* triasiques du groupe du *Pter. Jægeri* Brongniart.

Ainsi que nous l'avions indiqué dans la note précitée, des préparations faites, au moyen de l'action successive des réactifs oxydants et de l'ammo-

[1] B. Renault et R. Zeiller, Sur quelques Cycadées houillères (*Comptes rendus Acad. sc.*, CII, p. 326, 8 février 1886).

niaque, sur des portions de la lamelle charbonneuse qui représente le limbe des folioles, montrent, pour la cuticule de la face supérieure, des cellules à peu près rectangulaires tout à fait comparables à celles qu'on observe sur les préparations homologues de certains *Pterophyllum* triasiques, notamment du *Pter. filicoides* Schlotheim (sp.) [*Pter. longifolium* Brongniart], mais de dimensions notablement moindres : elles ne mesurent en effet que 12 à 30 μ de largeur sur 20 à 50 μ de hauteur, tandis que chez l'espèce triasique que je

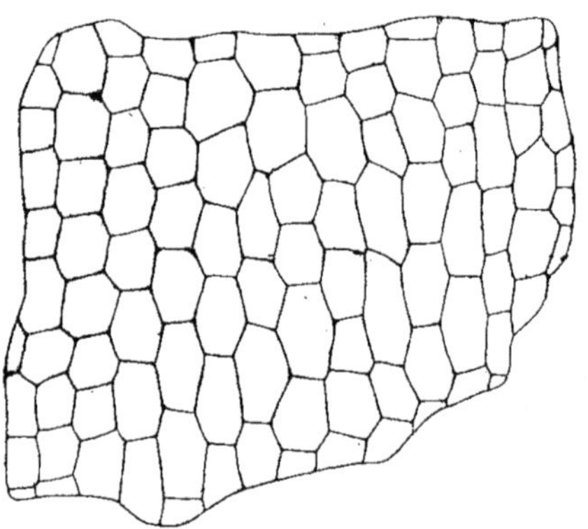

Fig. A. — *Pterophyllum filicoides* Schlotheim (sp.) [*Pter. longifolium* Brongniart]. — Fragment de cuticule, face supérieure du limbe, provenant d'un échantillon de la Neue Welt, grossi cent quatre-vingts fois (180 : 1).

viens de citer, la largeur varie de 25 à 50 μ et la hauteur de 40 à 75 μ (fig. A ci-dessus). La figure 1 *b* de la Pl. XLVII se rapportant, par suite d'une confusion de préparations, au *Pter. Fayoli*, je reproduis sur la figure C ci-après et au même grossissement quelques lambeaux de cuticule empruntés aux échantillons précités de Blanzy.

Je n'ai obtenu d'ailleurs, avec ces échantillons, de préparations que de la cuticule supérieure, la cuticule inférieure, plus délicate, n'étant pas conservée ou ne résistant pas à l'action des réactifs; mais j'ai pu obtenir des préparations de cette dernière avec l'échantillon type de Montchanin.

Renault ayant cru devoir séparer du *Pter. Grand'Euryi* l'espèce de Blanzy, pour laquelle il proposait en 1891 le nom de *Pter. primævum*, j'ai prié récemment M. Grand'Eury de vouloir bien me communiquer l'échantillon de

Montchanin qui avait servi de base à Saporta et Marion pour l'établissement de leur espèce : il a eu l'extrême amabilité, dont je me fais un plaisir de le remercier ici, non seulement d'accéder à ma demande, mais de faire don de l'échantillon en question à l'École des Mines. La comparaison que j'ai ainsi pu faire de l'échantillon type du *Pter. Grand'Euryi* avec celui de la Pl. XLVII, fig. 1, m'a convaincu de l'impossibilité d'attribuer une valeur spécifique aux quelques différences qu'ils présentent l'un par rapport à l'autre. Les folioles de l'échantillon de Montchanin offrent, il est vrai, au voisinage de leur base, un rétrécissement un peu plus accusé que ne l'indique la figure de Saporta et Marion et qu'on ne l'observe sur les folioles de l'échantillon de Blanzy, ou du moins sur la plupart d'entre elles, car sur quelques-unes de celles-ci on retrouve le même caractère et presque aussi marqué : c'est ainsi que les deux folioles supérieures de la fig. 1, Pl. XLVII, larges de 6 millimètres, n'ont au voisinage immédiat de leur base que 4^{mm}, 5 ou 5 millimètres de largeur, étranglement tout à fait comparable à celui des folioles de l'échantillon type qui, larges, les unes de 4 millimètres, les autres de 5^{mm}, 5, mesurent respectivement 3 et 4 millimètres au point où leurs bords commencent à s'incurver pour se raccorder au rachis. On retrouve, au surplus, des variations semblables chez le *Pter. filicoides* (*Pter. longifolium* Brongniart), dont les folioles se montrent tantôt nettement rétrécies à leur base et tantôt non rétrécies, ainsi qu'on peut le constater sur plusieurs des figures qui ont été publiées de cette espèce[1] et que j'ai pu m'en assurer moi-même sur des échantillons provenant de la Neue Welt près de Bâle. Quant à la décurrence des folioles le long du rachis, elle est, sur l'échantillon de Montchanin comme sur celui de Blanzy, sensiblement plus accusée dans un sens que dans l'autre, différence qui n'a pas été rendue par la figure de Saporta et Marion et à raison de laquelle l'échantillon aurait dû être orienté en sens inverse. Enfin, la nervation, représentée un peu confusément et par des traits trop fins sur cette figure, est absolument la même que sur l'échantillon de la Pl. XLVII, fig. 1.

La reproduction que je donne sur la figure B ci-contre de fragments de cuticule de l'échantillon type du *Pter. Grand'Euryi* montre, d'ailleurs, si on la compare à la figure C, la concordance absolue de constitution du réseau épidermique de la face supérieure des folioles, caractère qui vient confirmer

[1] O. Heer, Flora fossilis Helvetiæ, pl. XXXIII, fig. 1-4. — F. Leuthardt, Die Keuperflora von Neuewelt bei Basel, pl. VII, fig. 1, 2; pl. VIII, fig. 1, 2; pl. IX, fig. 1, 2; pl. X, fig. 2, 3 (*Abhandl. d. schweiz. paläont. Gesellsch.*, XXX; 1903).

l'identité spécifique. Mais j'ai obtenu en outre, ainsi que je l'ai dit, avec les parcelles de lame charbonneuse détachées de cet échantillon, de bonnes

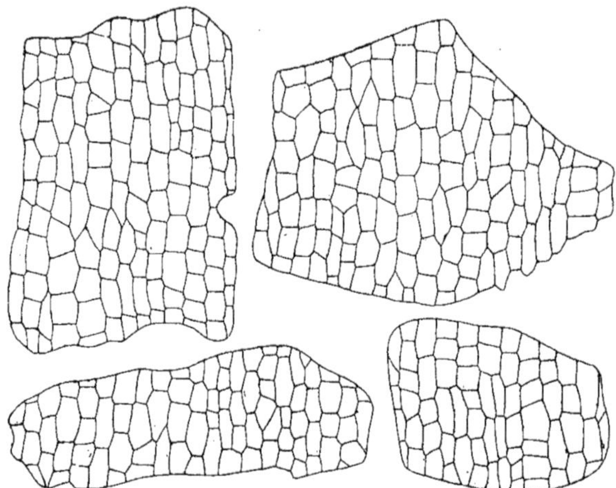

Fig. B. — *Pterophyllum Grand'Euryi* Saporta et Marion. — Fragments de cuticule, face supérieure du limbe, provenant de l'échantillon type, grossis cent quatre-vingts fois (180 : 1).

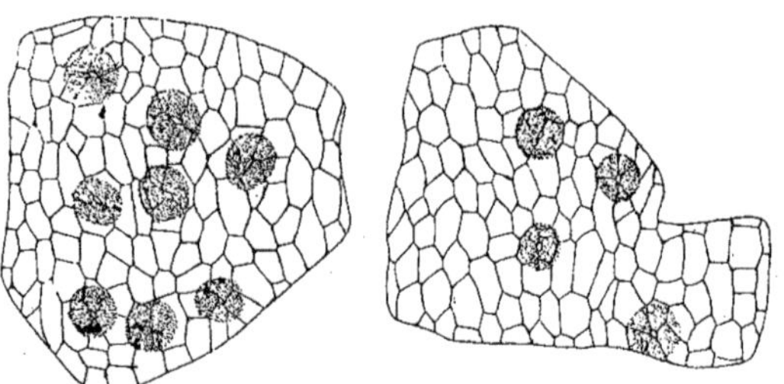

Fig. B'. — *Pter. Grand'Euryi* Saporta et Marion. — Fragments de cuticule, face inférieure du limbe, provenant de l'échantillon type, grossis cent quatre-vingts fois (180 : 1).

préparations de la cuticule inférieure (fig. B'), qui apparaît composée, ainsi qu'on peut le voir, de cellules polygonales quelque peu irrégulières avec des stomates à orientation variable; on observe chez le *Pter. filicoides* une disposition analogue, bien que les cellules épidermiques y conservent une forme générale plus rectangulaire et que l'orientation de la fente stomatique y soit

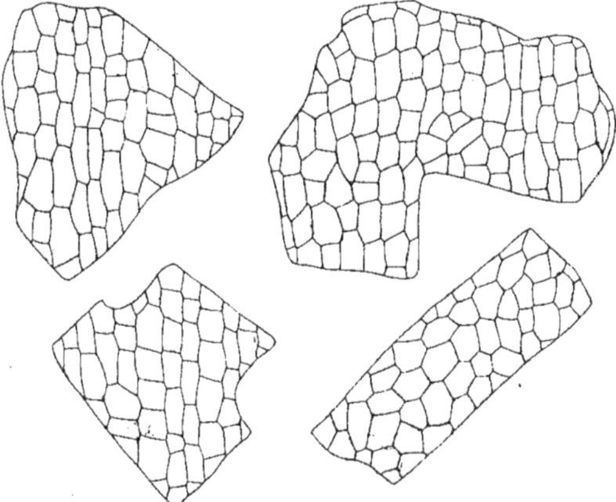

Fig. C. — *Pterophyllum Grand'Euryi* Saporta et Marion. — Fragments de cuticule, face supérieure du limbe, provenant des échantillons de Blanzy, grossis cent quatre-vingts fois (180 : 1).

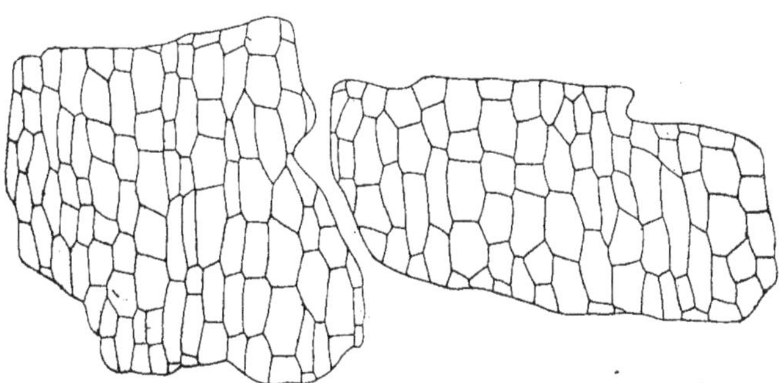

Fig. D. — *Pter. Fayoli* Renault. — Fragments de cuticule, face supérieure du limbe, provenant de l'échantillon type, grossis cent quatre-vingts fois (180 : 1).

plus constante, étant le plus souvent perpendiculaire aux nervures; mais j'ai retrouvé la même irrégularité de forme des cellules épidermiques ainsi que d'orientation des stomates sur la cuticule inférieure d'un *Pterophyllum* du Lias inférieur de Steierdorf qui me paraît pouvoir être rapporté au *Pter. Oeynhauseni* Gœppert. Il y a donc, au point de vue de la constitution de l'épiderme, une affinité marquée avec les formes triasiques ou jurassiques du même genre.

Renault, ayant, d'autre part, rapproché le *Pter. primævum*, c'est-à-dire la forme de Blanzy, du *Pter. Fayoli*, j'ai examiné de près le type de cette dernière espèce, qui fait partie des collections du Muséum de Paris; j'ai pu constater ainsi qu'il y avait en effet entre les deux une assez grande ressemblance, mais pourtant avec des différences d'une certaine importance qui me paraissent de nature à les faire tenir pour distinctes, du moins jusqu'à plus ample informé. Sans parler du mode de terminaison des folioles, qui demeure inconnu chez le *Pter. Grand'Euryi*, le mode d'insertion est, en effet, quelque peu dissemblable, les folioles du *Pter. Fayoli*, plus inclinées et plus rapprochées, ne s'élargissant pas à leur base du côté supérieur et n'étant décurrentes que vers le bas. La nervation est, il est vrai, presque exactement la même de part et d'autre, le *Pter. Fayoli* offrant çà et là, contrairement à l'indication donnée par Renault, des nervures bifurquées; mais, sur un bon nombre de folioles, ces nervures apparaissent relevées suivant leur axe d'un pli ou d'un cordon saillant, et entre les nervures vraies ainsi marquées se montrent de fausses nervures, également saillantes, en nombre variable, caractères peut-être accidentels, mais que je n'ai pas observés chez le *Pter. Grand'Euryi*. Enfin, la cuticule de la face supérieure, la seule dont j'ai pu obtenir des préparations, offre un aspect assez différent de celui de la cuticule de ce dernier, étant formée de cellules moins habituellement rectangulaires, plus souvent terminées en pointe, et en même temps sensiblement plus grandes, mesurant de 15 à 30 μ de largeur sur 25 à 75 μ de hauteur (fig. D ci-contre et fig. 1 *b*, Pl. XLVII).

L'examen d'échantillons plus nombreux, si l'on venait à en récolter d'autres, pourrait seul montrer si ces différences sont constantes ou si, au contraire, il y a passage d'une forme à l'autre; mais la dissemblance d'aspect du réseau épidermique donne lieu de croire qu'on a bien affaire là à deux formes spécifiques distinctes, et, quant à présent tout au moins, le *Pter. Fayoli* ne me paraît pas pouvoir être identifié au *Pter. Grand'Euryi*.

Le *Pter. Grand'Euryi* a été rencontré dans le bassin de Blanzy sur les deux points suivants :

Mines de *Montchanin* : région des amas.

Mines de *Blanzy* : région de Montmaillot, fonçage du puits Saint-Paul, à 19 m. 20 de profondeur.

Salisburiées.

Genre GINKGO Kæmpfer.

GINKGO(?) MARTENENSIS Renault.

Pl. XLVIII, fig. 3.

1888. **Ginkgo martenensis** Renault, *Les plantes fossiles*, p. 322, fig. 47 C; p. 323.

A raison de l'intérêt qu'offre la présence, dans des couches permiennes, du genre *Ginkgo*, encore vivant actuellement, j'ai cru devoir reproduire photographiquement sur la Pl. XLVIII la figure publiée par B. Renault de son *Ginkgo martenensis*, qu'il a rapproché du *Ginkgo integerrima* Schmalhausen[1], des couches très probablement permiennes plutôt que jurassiques de la Tongouska inférieure, et qui paraît en être, en effet, extrêmement voisin. J'aurais désiré pouvoir examiner et reproduire l'échantillon type lui-même, mais Renault, à qui j'en avais demandé communication, n'a pu malheureusement le retrouver, malgré les recherches qu'il a faites à cet effet avec la plus affectueuse obligeance.

D'après la figure qu'il en a donnée, la feuille qu'il a ainsi rapportée au genre *Ginkgo* offrirait une nervation nettement rayonnante et cycloptéroïde et ne posséderait pas les deux nervures basilaires marginales que l'on observe habituellement chez les *Ginkgo*, de telle sorte qu'on peut se demander si l'attribution générique est bien certaine et s'il ne s'agirait pas plutôt d'une feuille de Névroptéridée ou de Dolérophyllée. Il est vrai que, parmi les figures publiées par Schmalhausen de son *Ginkgo integerrima*, les unes offrent une nervation rayonnante tout à fait comparable à celle de la figure donnée par Renault, tandis qu'une autre (fig. 12) montre sur le côté droit du limbe une nervure basilaire marginale bien accentuée, de laquelle se détachent successivement plusieurs nervures secondaires dichotomes, et dont on ne retrouve d'ailleurs pas la symétrique du côté opposé; aussi convient-il peut-être de ne pas attacher trop d'importance à ce caractère.

(1) J. Schmalhausen, Beiträge zur Jura-Flora Russlands, p. 85, pl. XVI, fig. 12-14, (au fig. 15?) [*Mém. Acad. imp. St-Pétersbourg*, 7e sér., XXVII, n° 4].

IMPRIMERIE NATIONALE.

Il me paraît néanmoins prudent, jusqu'à plus ample informé, de faire quelques réserves sur l'attribution générique admise par Renault, et, sans prétendre la contester, je ne l'indique qu'ici avec un certain doute.

L'échantillon type du *Ginkgo* (?) *martenensis*, échantillon jusqu'à présent unique, a été trouvé par Renault dans les couches autuniennes de *Martenet*, près de Toulon-sur-Arroux.

Genre BAIERA F. Braun.

1843. **Baiera** F. Braun, *Münster's Beiträge*, VI^tes Heft, p. 20.

BAIERA RAYMONDI Renault.

Pl. XLVIII, fig. 1, 2.

1888. **Baiera Raymondi** Renault, *Les plantes fossiles*, p. 324; p. 325, fig. 48.

M. Raymond a eu l'extrême amabilité de me faire don, pour les collections de l'École des Mines, de quelques-uns des échantillons recueillis par lui de cette intéressante espèce, et je reproduis sur la Pl. XLVIII, fig. 1 et 2, les mieux conservés d'entre eux. Celui de la fig. 1 ne diffère guère de la figure type de Renault que par la symétrie plus complète des branches de ses bifurcations; il semble cependant que sur le bord externe de la branche de gauche, à 4 centimètres environ de l'extrême base du limbe, rétrécie en pétiole, il y ait un rudiment de lobe latéral semblable à ceux que Renault a signalés, ou du moins à ceux d'entre eux qui sont le moins développés; en tout cas il semble certain que cette sorte d'avortement de certaines branches de la bifurcation ne doit être tenue que pour accidentelle.

L'autre échantillon, celui de la fig. 2, offre également une série de bifurcations très régulières et très symétriques; on remarque sur cet échantillon que les derniers lobes sont parfois, du moins lorsqu'ils sont très courts, assez nettement divergents, alors que le plus habituellement la bifurcation n'a lieu que sous un angle excessivement aigu. D'autres échantillons montrent même les différentes branches de la bifurcation serrées les unes contre les autres en une sorte de faisceau compact, compris tout entier sous un angle à peine égal à 30°; mais il semble qu'un tel rapprochement soit imputable à des inflexions fortuites.

Quelques-unes des feuilles recueillies par M. Raymond offrent des dimensions un peu supérieures à celles de l'échantillon figuré par Renault et de ceux que je représente sur la Pl. XLVIII; la plus grande d'entre elles mesure 108 millimètres de longueur, dont 50 millimètres pour la partie inférieure, non divisée, du limbe, qui présente une largeur de 5 millimètres.

Sur tous ces échantillons, la nervation est à peu près indiscernable, le limbe ayant dû être assez épais. Sur celui de la fig. 2, le tissu est conservé sous la forme d'une lamelle charbonneuse d'épaisseur appréciable, ainsi qu'on peut le voir sur la figure grossie 2 *a*, mais je n'ai pu, par le traitement accoutumé à l'aide des réactifs oxydants et de l'ammoniaque, en obtenir de préparation convenable, la cuticule étant, à ce qu'il semble, fortement altérée.

Le *Baiera Raymondi* n'a été observé jusqu'ici que sur un seul point, à savoir dans les couches autuniennes de *Charmoy*, sur le bord de la route de Charmoy à Saint-Nizier, à une soixantaine de mètres au sud du pont de la Sorme.

Genre DICRANOPHYLLUM Grand'Eury.

1875. **Dicranophyllum** Grand'Eury, *Comptes rendus Acad. sc.*, LXXX, p. 1021; *Flore carb. du dép. de la Loire*, p. 272.

Je n'inscris ici qu'avec doute le genre *Dicranophyllum* parmi les Salisburiées, la constitution des appareils fructificateurs observés par Renault paraissant les éloigner de cette classe[1], mais n'étant pas cependant assez exactement connue pour permettre de fixer la place à leur donner dans la classification.

DICRANOPHYLLUM GALLICUM Grand'Eury.

1877. **Dicranophyllum gallicum** Grand'Eury, *Flore carb. du dép. de la Loire*, p. 273, pl. XIV, fig. 8-10; Zeiller, *Expl. Carte géol. Fr.*, IV, p. 158, pl. CLXXVI, fig. 1, 2. Renault, *Fl. foss. terr. houill. de Commentry*, 2e part., p. 626, pl. LXX, fig. 1-8; pl. LXXI, fig. 5 (*an* fig. 3, 4?); *Fl. foss. bass. houill. et perm. d'Autun*, 2e part., p. 374, pl. LXXXI, fig. 5, 6.

Le *Dicranophyllum gallicum* paraît rare dans le bassin de Blanzy et du Creusot, où il n'a été observé que sur deux points, et encore n'est-il pas absolument certain, mais seulement très probable que c'est lui que M. Grand'-Eury a signalé à *Montchanin-Longpendu*[2] comme *Dicranophyllum* non spécifié. En tout cas j'ai constaté sa présence, d'après des échantillons non douteux, aux mines de *Blanzy*, au puits Saint-Paul, à 55 mètres de profondeur.

[1] B. Renault, Flore fossile du terrain houiller de Commentry, 2e partie, p. 630-631, pl. LXXI, fig. 5.

[2] Grand'Eury, Flore carbonifère du département de la Loire, p. 509.

Conifères.

Genre WALCHIA Sternberg.

1826. **Walchia** Sternberg, *Ess. Fl. monde prim.*, I, fasc. 4, p. XXII.

WALCHIA PINIFORMIS Schlotheim (sp.).

Pl. L, fig. 3 et 5.

1820. **Lycopodiolithes piniformis** Schlotheim, *Petrefactenkunde*, p. 415, pl. XXIII, fig. 1 *a*; pl. XXV, fig. 1.

1826. **Walchia piniformis** Sternberg, *Ess. Fl. monde prim.*, I, fasc. 4, p. XXII. Schimper, *Trait. de pal. vég.*, II, p. 236, pl. LXXIII, fig. 1, 2. Weiss, *Foss. Fl. d. jüngst. Steinkohl.*, p. 179, pl. XVII, fig. 1, 2. Zeiller, *Expl. Carte géol. Fr.*, IV, p. 154, pl. CLXXVI, fig. 3; *Fl. foss. bass. houiller et permien de Brive*, p. 97, pl. XV, fig 1. Bergeron, *Bull. Soc. Géol. Fr.*, 3e sér., XII, p. 534, pl. XXVII, XXVIII.

Le *Walchia piniformis* s'est montré çà et là dans les couches houillères du bassin de Blanzy et du Creusot, ainsi que l'indique la liste ci-après; mais il paraît y être toujours rare, tandis qu'il abonde dans les couches autuniennes, notamment à Charmoy, où j'en ai recueilli, en compagnie de M. Raymond, de nombreux échantillons, parfois accompagnés de cônes.

L'un de ces derniers (Pl. L, fig. 3) est constitué par un ramule encore garni de feuilles, et par conséquent bien déterminable, portant à son extrémité un cône de 25 millimètres de longueur sur 10 millimètres de largeur, formé de bractées manifestement aiguës à leur sommet, semblable de tout point à quelques-uns de ceux qu'a figurés M. Bergeron[1]. Il est au moins possible, sinon probable, que les cônes des fig. 2 et 4 de la Pl. L appartiennent aussi à la même espèce; mais en l'absence de feuilles sur le pédoncule de celui de la fig. 2, l'attribution demeure forcément incertaine. Quant à celui qu'on voit à gauche de la fig. 5, à côté d'un rameau feuillé bien caractérisé de *W. piniformis*, je serais disposé à le rapporter également à cette espèce, malgré ses dimensions notablement plus grandes : les figures publiées par M. Bergeron prouvent en effet que la taille de ces cônes pouvait varier dans des limites assez étendues, et l'une d'elles montre notamment un cône long

[1] J. Bergeron, Note sur les strobiles du *Walchia piniformis* (*Bull. Soc. Géol. Fr.*, 3e sér., XII, pl. XXVII, et pl. XXVIII, fig. 1).

de près de 10 centimètres sur 13 à 15 millimètres de largeur, qui semble, d'après la comparaison des bractées du sommet avec celles de la base, n'être pas encore arrivé à son complet développement[1]. Celui de la fig. 5, Pl. L, offre seulement un diamètre un peu plus considérable, atteignant 22 millimètres; il est, d'ailleurs, formé de bractées effilées en pointe aiguë à leur sommet, et ne différant, semble-t-il, que par leur largeur plus grande de celles de l'échantillon fig. 3, Pl. L, qui représente vraisemblablement un cône encore jeune et non parvenu à sa taille.

Je signalerai en passant, à propos de ces cônes de *W. piniformis*, un échantillon de Lodève, qui fait partie des collections de l'École des Mines, et sur lequel plusieurs cônes se montrent encore en place à droite et à gauche d'un rameau garni au-dessus d'eux de ramules feuillés normaux, comme dans le principal échantillon figuré par M. Bergeron; mais, contrairement à ce qui a lieu chez ce dernier, ces cônes, longs de 10 centimètres sur 10 à 12 millimètres de largeur, sont absolument sessiles.

Aucun des échantillons de Charmoy n'a offert, malheureusement, pas plus que ceux de Lodève, une conservation assez bonne pour qu'on pût se rendre compte de leur constitution; il est même impossible de savoir si tous sont bien des cônes femelles, plus ou moins inégalement développés, ou si une partie d'entre eux ne seraient pas des cônes mâles.

Le *W. piniformis* a été observé dans le bassin sur les points suivants :

Mines de *Montchanin :* puits Wilson, fonçage du puits, et galerie de roulage de l'étage de 170 mètres.

Mines de *Blanzy :* puits Sainte-Eugénie, étage de 380 mètres, traversbancs de la faille de l'Est; région de Lucy[2], schiste bitumineux supérieur.

Mines du *Creusot*[3].

PERMIEN.

Autunien : *Charmoy; Courmarcou;* digue de l'*étang du Martenet;* domaine du *Buisson* (commune de Marly); *Rô-le-Pu*, entre Toulon et Gueugnon; *Vendenesse.*

Mines de *Bert :* puits des Mandins; schistes du plateau[4].

Saxonien inférieur : *Courmarcou*, au bord de la route.

(1) J. Bergeron, *loc. cit.*, p. 535, pl. XXVIII, fig. 3.
(2) Grand'Eury, Flore carbonifère du département de la Loire, p. 508.
(3) *Ibid.*, p. 510.
(4) *Ibid.*, p. 519.

WALCHIA LINEARIFOLIA Gœppert.

1865. **Walchia linearifolia** Gœppert, *Foss. Fl. d. perm. Form.*, p. 242, pl. LI, fig. 7-9, (*an* fig. 10, 11 ?). Weiss, *Foss. Fl. d. jüngst. Steinkohl.*, p. 182, pl. XVI, fig. 7. Potonié, *Fl. d. Rotlieg. v. Thüringen*, p. 219, pl. XXXI, fig. 5.

Cette espèce, voisine du *W. piniformis*, dont elle se différencie par ses feuilles plus fines, plus molles, moins arquées en faux en avant, paraît fort rare dans le bassin, où je ne l'ai pas observée personnellement; mais elle y a été signalée par M. Grand'Eury, qui en a reconnu la présence dans les couches autuniennes de *Charmoy*[1], d'une part, et de *Bert*, d'autre part[2].

WALCHIA SCHNEIDERI n. sp.

Pl. XLVIII, fig. 4, 5.

Axe des rameaux large de 6 à 8 millimètres, garni de feuilles dressées. Ramules étalés-dressés, espacés d'un même côté de 15 à 30 millimètres, atteignant 15 centimètres de longueur et davantage, à axe épais de 2 à 3 millimètres. *Feuilles serrées, très étroites, presque capillaires*, larges de $0^{mm},60$ à $0^{mm},75$ à leur base, longues de 12 à 20 millimètres, *effilées en pointe vers le sommet*, décurrentes à leur base, étalées-dressées ou dressées, *droites ou faiblement courbées en avant.*

Cette belle espèce s'est montrée représentée, notamment à Charmoy, par d'assez nombreux fragments de ramules, mais tous incomplets et détachés de l'axe qui les avait portés. Le seul échantillon qui les ait offerts encore en place le long d'un rameau est celui qui est représenté sur la fig. 5 de la Pl. XLVIII et qui a été recueilli, à la fois en empreinte et en contre-empreinte, à l'étang du Martenet par M. Raymond; les ramules qui occupent la partie droite de la figure 5 se suivent, sur la contre-empreinte, jusqu'à 16 centimètres de leur origine, sans qu'aucun d'eux soit terminé; mais à cette distance les feuilles n'offrent plus qu'une longueur de 10 millimètres, et il est probable que le sommet était peu éloigné; la longueur totale des ramules devait donc être d'environ 18 à 20 centimètres. Cette longueur devait, d'ailleurs, être dépassée sur d'autres échantillons, des ramules tels que celui de la fig. 4,

[1] Grand'Eury, Flore carbonifère du département de la Loire, p. 511.
[2] *Ibid.*, p. 519.

qui porte des feuilles sensiblement plus longues que ceux de la fig. 5, ayant dû offrir en même temps une longueur plus considérable.

On remarque, sur l'échantillon de la fig. 5, que les feuilles qui garnissent l'axe du rameau étaient étroitement dressées, tandis que celles des ramules s'étalent sous des angles beaucoup plus ouverts; mais quelques-uns des ramules détachés recueillis à Charmoy présentent eux-mêmes des feuilles fortement dressées, faisant à peine un angle de 15° avec l'axe sur lequel elles s'insèrent.

Ces feuilles paraissent avoir dû être tétragones, car il est impossible d'en trouver aucune offrant un véritable limbe pourvu d'une nervure médiane, ainsi qu'on l'observe parfois chez le *W. piniformis;* il semble qu'en même temps elles aient été relativement molles, à en juger par leur allure et par les variations d'obliquité qu'elles présentent souvent d'un point à l'autre d'un même échantillon.

Il n'est pas douteux qu'on ait affaire là à une espèce distincte des précédentes, se rapprochant plus peut-être du *W. linearifolia* que du *W. piniformis* par ses feuilles plus fines et moins raides que celles de cette dernière espèce, mais différant de l'une et de l'autre par ses feuilles beaucoup plus longues et en même temps plus serrées. A ce double point de vue elle n'est pas sans analogie avec le *W. foliosa* Eichwald [1], du Permien de la Russie; mais chez celui-ci les feuilles sont moins fines, elles offrent un limbe linéaire-lancéolé, de largeur appréciable, muni d'une nervure médiane nette, visiblement rétréci vers sa base, tandis que celles des échantillons que je viens de décrire paraissent aller en se rétrécissant graduellement depuis leur base jusqu'à leur sommet; en outre, sur le ramule détaché figuré par Eichwald, les feuilles iraient en se raccourcissant notablement vers la base du ramule, caractère qui, soit dit en passant, ne laisse pas d'inspirer quelques doutes sur la légitimité de l'attribution générique.

L'espèce étant nouvelle, je me suis fait un plaisir de la dédier à M. Schneider, que je suis heureux de remercier personnellement du don qu'il a bien voulu faire à l'École des Mines, de tant de beaux échantillons de plantes fossiles du bassin.

Le *Walchia Schneideri* a été observé dans les couches autuniennes de *Charmoy*, ainsi que de l'*étang du Martenet* entre Perrecy et Toulon-sur-Arroux.

[1] E. d'Eichwald, Lethæa Rossica ou Paléontologie de la Russie, I, p. 235, pl. XIX, fig. 1.

WALCHIA HYPNOIDES Brongniart.

Pl. L, fig. 9 ; Pl. LI, fig. 1.

1828. **Fucoides hypnoides** Brongniart, *Hist. végét. foss.*, I, p. 84, pl. IX *bis*, fig. 1, 2.

1849. **Walchia hypnoides** Brongniart, *Tabl. des genres de végét. foss.*, p. 71, p. 100. Zeiller, *Expl. Carte géol. Fr.*, IV, p. 155, pl. CLXXVI, fig. 4. Renault, *Cours de Bot. foss.*, IV, p. 86, pl. 8, fig. 5 (*an* fig. 6 ?).

Comme le *W. piniformis*, le *W. hypnoides* a été observé dans le bassin de Blanzy et du Creusot, non seulement dans les couches permiennes, mais dans les couches houillères, où il paraît, d'ailleurs, des plus rares : je n'en ai vu qu'un seul échantillon de ce niveau, bien caractérisé par la petitesse de ses feuilles, et c'est à raison de cette rareté même qu'il m'a paru intéressant de le figurer sur la Pl. L, fig. 9.

J'en ai, par contre, observé d'assez nombreux spécimens dans les couches autuniennes, particulièrement à Charmoy ; j'en ai recueilli en outre à Courmarcou, au bord du ruisseau de Boivin, en même temps que des échantillons normaux, un échantillon remarquable par l'anomalie de ramification qu'il présente : ainsi qu'on le voit sur la fig. 1 de la Pl. LI, il offre un axe de 1mm,5 de largeur et de 25 millimètres de longueur, sur le côté gauche duquel s'attachent successivement trois ramules de 20 à 25 millimètres de longueur, qui, au lieu d'être simples comme le sont les ramules de *Walchia*, sont eux-mêmes ramifiés suivant le mode penné, portant de chaque côté de leur axe trois ou quatre ramuscules simples longs de 6 à 8 millimètres, étalés eux-mêmes dans le plan de l'axe principal et des ramules latéraux. Un quatrième ramule, également pinné, se voit en outre du côté droit de l'axe, à la partie supérieure de l'échantillon.

N'ayant pas connaissance qu'une anomalie semblable eût été constatée dans le genre *Walchia*, j'avais cherché à savoir si du moins elle ne s'observait pas quelquefois chez les *Araucaria* du groupe des *Eutassa*, en particulier chez l'*Ar. excelsa*, dont les rameaux sont constitués sur un plan si parfaitement semblable à ceux des *Walchia*, et qui, étant, comme on sait, largement cultivé comme plante d'appartement, se prête facilement à l'observation; mais les recherches personnelles que j'ai faites à cet égard aussi bien que les renseignements recueillis auprès de quelques-uns des principaux producteurs de cette plante ont abouti à un résultat négatif, et il semble que l'*Ar. excelsa* n'offre jamais de rameaux ainsi bipinnés. J'en étais donc venu à me demander si une telle anomalie était réellement admissible et si, au lieu de rapporter l'échantillon en question au genre *Walchia*, il ne faudrait pas voir plutôt en lui un *Sphenolepidium*, analogue, par exemple, au *Sphenol. Choffati* Saporta[1], ce qui eût fait remonter à l'époque paléozoïque l'apparition du genre, connu seulement à partir de l'Infralias. Mais la ramification paraît ici plus régulière que chez les *Sphenolepidium*, et d'ailleurs la comparaison avec des échantillons normaux de *W. hypnoides* montre une identité si parfaite sous le rapport de la forme et de la disposition des feuilles, qu'il est impossible de n'en pas revenir à l'idée d'un échantillon anomal de cette espèce. Au surplus, en faisant de nouvelles recherches, j'ai reconnu que Weiss avait signalé déjà cette même anomalie chez le *W. piniformis*, dont il mentionne[2] un échantillon, qu'il n'a malheureusement pas figuré, présentant deux rameaux pinnés étalés parallèlement l'un à côté de l'autre dans un même plan et attachés sur un axe commun. Le *W. linearifolia* lui a offert également deux rameaux pinnés semblablement disposés, mais qui ne se suivent pas jusqu'à leur base, de sorte qu'on peut seulement présumer qu'il s'agit encore là d'un cas de ramification bipinnée[3].

Il ne me paraît pas douteux, étant donné l'excessive rareté de tels échantillons, qu'ils représentent des cas tératologiques; en tout cas l'observation de Weiss fait disparaître toute incertitude quant à l'interprétation de l'échantillon recueilli à Courmarcou et vient en confirmer l'attribution au *W. hypnoides*.

J'ai constaté la présence du *W. hypnoides* sur les points suivants du bassin :

Mines du *Creusot* : puits Saint-Paul, au toit de la Grande couche, vers l'extrémité ouest des travaux.

PERMIEN.

Autunien : *Charmoy*; *Courmarcou*; digue de l'*étang du Martenet*; *Vendenesse*.

[1] Marquis de Saporta, Flore fossile du Portugal, Nouvelles contributions à la flore mésozoïque, pl. VIII, fig. 7-11.

[2] C. E. Weiss, Fossile Flora der jüngsten Steinkohlenformation und des Rothliegenden im Saar-Rhein-Gebiete, p. 180.

[3] *Ibid.*, p. 182.

IMPRIMERIE NATIONALE.

WALCHIA IMBRICATA Schimper.

Pl. XLIX, fig. 3.

1870. **Walchia imbricata** Schimper, *Trait. de pal. vég.*, II, p. 239, pl. LXXIII, fig. 3. Renault, *Fl. foss. bass. houill. et perm. d'Autun*, 2e part., p. 358, pl. LXXX, fig. 1.

1893. Cf. **Walchia imbricata** Potonié, *Fl. d. Rothlieg. v. Thüringen*, p. 225, pl. XXX, fig. 1-7.

Le *W. imbricata* n'ayant été rencontré qu'assez rarement et n'étant encore qu'imparfaitement connu, j'ai cru devoir en figurer un bel échantillon recueilli aux mines de Blanzy, et qui offre des ramules un peu plus forts, étant garni de feuilles un peu plus grandes, que les spécimens figurés jusqu'à présent. On voit sur la fig. 3 de la Pl. XLIX que les divers ramules de cet échantillon se montrent quelque peu inégaux comme diamètre, suivant que les feuilles sont plus ou moins étroitement appliquées sur l'axe dont elles dépendent, les uns mesurant seulement 5 à 6 millimètres de diamètre comme sur les échantillons représentés par Schimper et par Renault, d'autres, à feuilles plus écartées, atteignant 8 et 10 millimètres. J'avais d'ailleurs observé déjà des ramules aussi larges, atteignant même jusqu'à 12 millimètres, sur des échantillons de cette même espèce recueillis à La Vaysse, dans l'Aveyron, et que j'avais jadis mentionnés [1].

Les feuilles sont pourvues, ainsi que le montrent les fig. 3 et 3 *a*, d'un limbe relativement large, et munies sur le dos d'une carène saillante, ainsi que l'indiquent la description et les figures de Schimper; l'espèce est ainsi bien caractérisée, et ses ramules offrent une ressemblance marquée avec ceux de l'*Araucaria Rulei*.

Je n'ai constaté la présence du *W. imbricata* que dans les deux seules localités suivantes :

Mines de *Blanzy* : région des Porrots, puits Ramus, à 42 mètres de profondeur.

PERMIEN.

Charmoy (Autunien).

[1] R. Zeiller, Explication de la Carte géologique de la France, IV, 2e partie, p. 156.

WALCHIA FILICIFORMIS SCHLOTHEIM (sp.).

Pl. XLIX, fig. 1, 2.

1820. **Lycopodiolithes filiciformis** Schlotheim, *Petrefactenkunde*, p. 414, pl. XXIV.

1826. **Walchia filiciformis** Sternberg, *Ess. Fl. monde prim.*, I, fasc. 4, p. XXII. Gutbier, *Verst. d. Rothlieg. in Sachsen*, p. 22, pl. X, fig. 1, 2. Weiss, *Foss. Fl. d. jüngst. Steinkohl.*, p. 181, pl. XVI, fig. 4, 5. Potonié, *Fl. d. Rotlieg. v. Thüringen*, p. 218, pl. XXVII, fig. 12; pl. XXXI, fig. 1, 2.

1826. **Walchia affinis** Sternberg, *Ess. Fl. monde prim.*, I, fasc. 4, p. XXII.

Dans le bassin de Blanzy et du Creusot comme ailleurs, le *W. filiciformis* s'est montré jusqu'à présent exclusivement cantonné dans les dépôts permiens, et il n'en a pas été trouvé trace dans les couches houillères. Il abonde, du reste, dans l'Autunien de la région, notamment à Charmoy, où j'en ai récolté, en compagnie de M. Raymond, de très nombreux échantillons. Quelques-uns de ceux-ci affectent un aspect assez particulier, les ramules latéraux offrant au premier coup d'œil l'apparence de cônes étroits ou de longs épis plutôt que de ramules feuillés, ainsi que le montrent les fig. 1 et 2 de la Pl. XLIX, qui reproduisent deux portions d'un même rameau : on voit que ces ramules tranchent sur le reste de la roche, comme s'il s'agissait d'organes pleins sans interposition de matière minérale; un examen un peu attentif montre cependant qu'ils sont composés en réalité, ainsi qu'on peut le voir sur la figure grossie 2 *a*, de simples feuilles, très rapprochées, épaissies à leur base, étroitement imbriquées, relevées en crochet à leur extrémité, et ne laissant entre elles que d'étroits intervalles; mais ceux-ci n'en sont pas moins remplis par des sédiments, d'un grain peut-être un peu plus fin comme s'ils avaient été en quelque sorte tamisés par l'espèce de cuirasse formée par l'extrémité relevée des feuilles, et en même temps d'une couleur plus foncée, ce qui semble devoir être attribué à la décomposition partielle de la matière végétale qui a en grande partie disparu, si bien qu'on n'a affaire, pour la plupart des feuilles et pour l'axe même des ramules, qu'à un simple moulage. Ces échantillons se présentent ainsi sous un aspect assez insolite pour qu'il m'ait paru intéressant de les figurer.

Le *W. filiciformis* se montre, d'ailleurs, représenté à Charmoy par des rameaux de toute taille, dont l'axe peut atteindre jusqu'à 10 millimètres de largeur, comme sur les échantillons figurés par Gutbier; on trouve en outre parmi eux tous les intermédiaires entre les formes à grandes feuilles et les formes à petites feuilles en crochet que Sternberg avait cru devoir distinguer sous les noms respectifs de *W. filiciformis* et de *W. affinis*.

J'ai observé le *Walchia filiciformis* dans les localités suivantes, qui appartiennent toutes à l'Autunien :

Charmoy; Courmarcou; digue de l'*étang du Martenet; Vendenesse.*

CÔNES DE WALCHIA.

Pl. L, fig. 2 à 5.

J'ai déjà, en parlant du *Walchia piniformis*, mentionné les deux cônes représentés sur les fig. 3 et 5 de la Pl. L, dont le premier, encore attaché à l'extrémité d'un ramule feuillé, appartient sans doute possible à cette espèce, et dont le second peut lui être rapporté avec beaucoup de probabilité.

Peut-être, ainsi que je l'ai dit, les deux cônes fig. 2 et fig. 4 proviennent-ils également du *W. piniformis*, mais l'attribution demeure indécise en ce qui les concerne. Celui de la fig. 2 offre cette particularité, qu'il est porté à l'extrémité d'une sorte de pédoncule de 6 centimètres de longueur qui paraît absolument nu; mais en l'examinant avec attention on distingue à sa surface de petites saillies longitudinales discontinues, dans lesquelles il est naturel de voir des cicatrices, peut-être sous-corticales, correspondant à des insertions de feuilles; on aurait donc affaire ici, comme c'est le cas habituel pour les cônes de *Walchia*, et malgré la dissemblance apparente d'aspect, à un cône porté à l'extrémité d'un ramule feuillé, mais qui aurait perdu ses feuilles, et peut-être aussi son écorce externe. Les écailles qui constituent ce cône sont rétrécies en pointe plus ou moins aiguë vers le sommet et ne diffèrent de celles des cônes des fig. 3 et 5 que par leur taille, intermédiaire entre les unes et les autres.

Le cône de la fig. 4 s'est détaché de lui-même de la roche sur toute son étendue, à l'exception de l'extrême base et du sommet, qui se sont brisés; les écailles, autant qu'on en peut juger sur les bords, où elles sont moins imparfaitement conservées que sur les deux faces antérieure et postérieure, sont également effilées vers le haut en pointe assez aiguë, comme celles des trois autres échantillons, mais on n'en saurait conclure avec certitude à l'identité spécifique, le *W. filiciformis* ayant offert, à l'extrémité de ramules feuillés déterminables, de petits cônes ovoïdes ou cylindriques qui ne diffèrent pas sensiblement d'aspect de ceux du *W. piniformis*.

M. Potonié a figuré un de ces cônes[1], long de 25 millimètres sur 10 à 12 millimètres de largeur, attaché au bout d'un ramule feuillé incomplet, mais garni des feuilles en crochet caractéristiques du *W. filiciformis*, et j'en ai observé d'absolument semblables sur un rameau de cette même espèce recueilli à Lodève par M. R. Nicklès et donné par lui à l'École des Mines, sur lequel un certain nombre de ramules portent chacun à leur extrémité un cône de 15 à 20 millimètres de longueur sur 8 à 10 millimètres de largeur. Les uns et les autres ressemblent à s'y méprendre, sauf leur taille plus réduite, à ceux du *W. piniformis;* leurs bractées paraissent toutefois un peu plus étroites. Je dois ajouter que ces cônes semblent assez différents de celui que j'ai figuré jadis, du Permien des environs de Brive, comme appartenant, d'après la forme en crochet des feuilles du ramule dont il dépendait, au *W. filiciformis*, et sur lequel j'ai signalé la présence d'une graine sur chaque écaille[2]. Cette différence d'aspect peut tenir, soit à une différence d'âge et de développement, soit à une différence de sexe; peut-être encore l'identité de feuillage, si complète qu'elle soit, n'est-elle pas une garantie absolue de l'identité spécifique. Pour le moment, et dans l'état actuel de nos connaissances, encore si imparfaites, l'interprétation de semblables différences d'aspect demeure conjecturale, et malheureusement aucun des cônes de *Walchia* recueillis à Charmoy ne s'est trouvé assez bien conservé pour qu'il fût possible d'en tirer quelque renseignement utile sur leur constitution.

Genre GOMPHOSTROBUS Marion.

1890. **Gomphostrobus** Marion, *Comptes rendus Acad. sc.*, CX, p. 892.

GOMPHOSTROBUS BIFIDUS E. Geinitz (sp.).

Pl. L, fig. 6 à 8.

1873. **Sigillariostrobus bifidus** E. Geinitz, *Neues Jahrb. f. Min.*, 1873, p. 700, pl. III, fig. 5-7.
1892. **Gomphostrobus bifidus** Zeiller, *Fl. foss. bass. houiller et permien de Brive*, p. 101, pl. XV, fig. 12. Potonié, *Fl. d. Rotlieg. v. Thüringen*, p. 197, pl. XXVII, fig. 7, 8; pl. XXVIII, fig. 1-7; pl. XXXIII, fig. 5.
1890. **Gomphostrobus heterophylla** Marion, *Comptes rendus Acad. sc.*, CX, p. 892.

J'ai observé dans les couches autuniennes du bassin de Blanzy et du Creusot un certain nombre d'écailles détachées appartenant à cette espèce, et qui

[1] H. Potonié, Die Flora des Rotliegenden von Thüringen, pl. XXVII, fig. 12.
[2] R. Zeiller, Note sur quelques plantes fossiles du terrain permien de la Corrèze (*Bull. Soc.*

offrent, ainsi que le montrent les fig. 6 à 8 de la Pl. L, des variations considérables, tant au point de vue de la largeur du limbe que de la disposition des deux pointes divergentes qu'elles présentent à leur sommet : c'est ainsi que les deux écailles fig. 6 et 7 sont pourvues d'un limbe très développé, tandis que celle de la fig. 8 est formée d'un limbe excessivement étroit, un peu élargi seulement à sa base, où l'on distingue un léger renflement ovoïde, correspondant sans doute à la présence d'une petite graine, peut-être arrêtée dans son développement. On voit en même temps que les pointes apicales divergeaient tantôt sous un angle de moins de 90°, et tantôt sous un angle presque égal à 180°, parfois même un peu supérieur. Les figures antérieurement publiées montraient déjà, du reste, combien ces écailles avaient été variables de forme et de dimensions.

Bien qu'elles ne soient pas très rares à Charmoy, elles ne s'y sont pas montrées jusqu'ici attachées sur un axe commun et constituant des cônes, comme Marion a eu la bonne fortune d'en trouver à Lodève, les cônes recueillis à Charmoy paraissant tous formés de bractées à sommet entier et non bifurqué. L'aspect des cônes décrits par Marion[1], et dont M. Potonié a publié ultérieurement les figures[2], est, d'ailleurs, notablement différent de celui de tous les cônes, beaucoup plus cylindriques et plus compacts, qui ont été trouvés à Charmoy.

J'ai reconnu la présence du *Gomph. bifidus* dans les deux localités suivantes, appartenant l'une et l'autre à l'Autunien :

Charmoy; domaine du *Buisson* (commune de Marly).

Genre ARAUCARITES Sternberg.

1838. **Araucarites** Sternberg, *Ess. Fl. monde prim.*, II, fasc. 7-8, p. 203.

J'emploie ici le nom générique d'*Araucarites*, ainsi qu'on l'a fait souvent, non pour des rameaux feuillés, mais pour des écailles de cônes détachées ressemblant à des écailles de cônes d'*Araucaria*, sans vouloir toutefois, par l'emploi de ce nom, préjuger des affinités formelles avec le genre vivant.

Géol. Fr., 3ᵉ sér., VIII, p. 203, pl. IV, fig. 6; 1880); Flore fossile du bassin houiller et permien de Brive, p. 99, pl. XV, fig. 3; 1892.

(1) Marion, Sur le *Gomphostrobus heterophylla*, Conifère prototypique du Permien de Lodève (*Comptes rendus Acad. sc.*, CX, p. 892-894, 28 avril 1890).

(2) H. Potonié, Die Flora des Rothliegenden von Thüringen, pl. XXVIII, fig. 1-3.

ARAUCARITES DELAFONDI n. sp.

Pl. L, fig. 1.

Écailles détachées, *à contour ovale-triangulaire*, longues de 10 à 12 millimètres sur 8 à 10 millimètres de largeur, *rétrécies en coin* brièvement *tronqué vers la base, échancrées en cœur au sommet*, portant l'empreinte d'*une seule graine ovoïde allongée*, longue de 8 à 10 millimètres, large d'environ 2 millimètres.

J'ai recueilli dans les schistes autuniens de Charmoy, lors de l'exploration que j'ai faite de ce gisement avec M. Raymond et M. Delafond, deux écailles de cônes, dont l'une est représentée sur la fig. 1 de la Pl. L et offre suivant son axe, comme on le voit surtout sur la figure grossie 1 *a*, l'empreinte d'un corps ovale allongé qui paraît avoir été étroitement appliqué sur elle, et qu'il semble naturel d'interpréter comme une graine; à droite et à gauche de cette dépression axiale, on distingue en outre, principalement du côté droit, un contour intermédiaire entre son bord et le bord même de l'écaille, comme si la graine avait été munie de deux ailes latérales d'environ 2 millimètres de largeur, ou plutôt comme si elle avait fait corps avec une lame ovale triangulaire de même longueur qu'elle, mais plus large, superposée à l'écaille.

La graine ayant ainsi disparu en ne laissant que son empreinte en creux, il est clair qu'il ne s'agit pas là simplement d'une graine entourée d'une aile plane à contour cordiforme susceptible d'être classée comme *Cardiocarpus*, mais bien d'une écaille ayant servi de support à une graine et ayant dû, suivant toute probabilité, faire partie d'un cône.

L'autre échantillon ne diffère que par la moindre largeur de l'écaille à sa base et par la distinction moins nette entre la graine et la lame dont elle paraît avoir dépendu, la dépression la mieux accusée correspondant au contour de celle-ci, et la graine axiale, plus étroite, étant moins bien marquée.

Il n'est évidemment pas possible, sur des écailles ainsi conservées en empreintes, de se rendre compte avec une certitude absolue de leur constitution; il semble cependant que cette constitution ait été semblable ou tout au moins très analogue à celle des écailles de cônes d'*Araucaria* et qu'on ait affaire là à une graine unique, faisant corps avec une écaille ovulifère à peine plus longue qu'elle, mais plus large, et étroitement appliquée sur une bractée-mère, celle-ci à la fois plus large et plus longue que l'écaille ovulifère, rétrécie en coin vers sa base et échancrée en cœur à son sommet. Toutefois il semblerait qu'il n'y ait pas eu, comme chez les *Araucaria*, soudure intime entre la bractée-mère et l'écaille ovulifère, car celle-ci paraît s'être détachée avec la graine qu'elle portait et n'avoir laissé que son empreinte en creux sur la bractée-mère. Malgré cette différence, il m'a paru que la ressemblance avec des écailles de cônes d'*Araucaria* était assez marquée pour légitimer l'emploi du nom générique d'*Araucarites*, souvent appliqué déjà à des écailles plus ou moins analogues.

On pourrait être tenté, à première vue, de rapprocher ces écailles de celles qui ont été observées par Geinitz dans les schistes cuivreux de Trebnitz, et qu'il a rapportées à l'*Ullmannia frumentaria*[1]; mais ces dernières sont terminées en pointe aiguë à l'une de leurs extrémités, qui paraît être, non leur base d'insertion, mais leur extrémité apicale, et elles semblent avoir porté comme graines de véritables *Cardiocarpus*, munis d'une aile membraneuse bien nette, que Geinitz avait décrits antérieurement sous le nom de *Cardiocarpon triangulare*[2]; ces graines sont en effet nettement cordiformes, et l'aile qui les borde se rétrécit et s'effile en bec vers le sommet. Il n'y a donc pas d'assimilation possible avec les échantillons de Charmoy, où la graine est beaucoup plus allongée, et munie d'appendices latéraux plus épais ne se rétrécissant pas en pointe aiguë vers l'extrémité amincie de la graine. Il ne semble d'ailleurs guère douteux qu'ici l'orientation soit inverse de celle que semblent avoir eue les écailles et les graines en question du Permien de la Saxe.

Quant à l'appareil végétatif qui correspondait à ces écailles, il est impossible de faire à son sujet autre chose que des conjectures : on serait tenté de penser qu'elles ont pu appartenir à un *Walchia*, étant donné l'abondance des espèces de ce genre dans les couches autuniennes de Charmoy; mais tous les cônes trouvés jusqu'ici en rapport direct avec des branches de *Walchia* ayant offert des écailles effilées en pointe plus ou moins aiguë vers le sommet, il paraît douteux qu'on puisse attribuer à ce genre des écailles affectant, avec leur troncature et leur échancrure apicales, une forme aussi différente; il n'y a cependant pas là, il faut le reconnaître, une impossibilité absolue, la forme des écailles ayant pu varier d'une espèce à l'autre.

(1) H.-B. Geinitz, Nachtræge zur Dyas, I, p. 22, pl. III, fig. 11-15. 1880.
(2) H.-B. Geinitz, Dyas, II, p. 145, pl. XXXI, fig. 11', 12-15. 1862.

On pourrait aussi songer à l'*Ullmannia frumentaria*, dont j'ai observé des rameaux dans le même gisement; mais les cônes qui lui ont été rapportés, en particulier celui qu'a figuré le Comte de Solms-Laubach, porté à l'extrémité d'un rameau feuillé[1], offrent, eux aussi, des écailles terminées en pointe, ce qui serait de nature à faire repousser l'idée de cette attribution et concorderait mieux avec celle qu'a admise Geinitz, qui regarde comme appartenant à cette espèce les écailles dont j'ai parlé tout à l'heure et qui, d'après l'orientation qu'il semble naturel de leur donner, seraient en effet terminées en pointe à leur sommet. Il est vrai que, comme l'a fait remarquer le Comte de Solms, il se peut que ces « cônes » d'*Ullmannia frumentaria* ne soient que des bourgeons végétatifs et non de véritables appareils fructificateurs.

Il est malheureusement à craindre que l'attribution de ces écailles demeure toujours énigmatique, car elles devaient être, suivant toute vraisemblance, assez rapidement caduques, et l'on ne saurait espérer les trouver en rapport direct avec des rameaux feuillés, ainsi qu'il serait nécessaire pour être éclairé à ce sujet.

Ces écailles me paraissant constituer un type spécifique nouveau, j'ai été heureux d'appliquer à ce type le nom de mon camarade et ami M. Delafond, Inspecteur Général des Mines, qui a fait une si belle étude stratigraphique du bassin de Blanzy et du Creusot.

Les deux seuls échantillons jusqu'ici rencontrés proviennent, ainsi que je l'ai dit, de l'Autunien de *Charmoy*.

ÉCAILLE D'ATTRIBUTION INCERTAINE.

Pl. L, fig. 10.

A la suite des écailles détachées de *Gomphostrobus* et d'*Araucarites* que je viens de mentionner, je signalerai une écaille d'un type différent, que j'ai également recueillie à Charmoy : elle affecte, ainsi qu'on le voit sur les fig. 10 et 10 *a* de la Pl. L, la forme d'un triangle à peu près équilatéral, à côtés d'environ 6 millimètres de longueur, curvilignes et convexes vers l'extérieur; l'un des sommets, prolongé en coin plus aigu, paraît correspondre à la base d'attache, tandis que le côté qui lui est opposé offre six ou sept dents faible-

[1] H. Graf zu Solms-Laubach, Die Coniferenformen des deutschen Kupferschiefers und Zechsteins, pl. I, fig. 9 (*Palæontologische Abhandlungen*, II, Heft 2; 1884).

ment saillantes et représente évidemment le bord externe. Cette écaille, marquée de très fines stries dirigées du point d'attache vers le bord opposé, paraît avoir été assez épaisse; la face visible ne porte aucune trace de graines; peut-être n'en serait-il pas de même si l'on avait affaire à l'autre face.

Il semble naturel de voir dans cet échantillon une écaille de cône, et les crénelures de son bord ne laissent pas de faire songer à celles qu'on observe sur les écailles des cônes de Taxodinées. Des crénelures presque identiques s'observent sur les écailles des cônes du Zechstein que Gœppert avait rapportés à son *Ullmannia Bronni*[1] et que le Comte de Solms a désignés, l'attribution aux *Ullmannia* lui paraissant douteuse, sous le nom de *Strobilites Bronni*[2]; mais ces écailles étaient peltées, et leurs crénelures occupaient le pourtour d'un écusson elliptique ou circulaire, de sorte qu'il n'y a pas de rapprochement possible avec celle que je viens de décrire.

L'attribution et même la signification de celle-ci demeurent, en somme, des plus incertaines, et il n'y a évidemment pas lieu de proposer pour elle une dénomination spécifique, non plus que générique; mais elle m'a semblé néanmoins mériter d'être signalée ou figurée, ne serait-ce que pour appeler l'attention sur les échantillons similaires qui pourraient être rencontrés ultérieurement.

Cette écaille a été trouvée dans les schistes autuniens de *Charmoy*.

Genre ULLMANNIA Gœppert.

1850. **Ullmannia** Gœppert, *Monogr. d. foss. Coniferen*, p. 185.

Les échantillons que je vais signaler sont les premiers de ce genre qui aient été observés en France, du moins à ma connaissance.

[1] H. R. Gœppert, Monographie der fossilen Coniferen, p. 187-188, pl. 20, fig. 25, 26. 1850.

[2] H. Graf zu Solms-Laubach, Die Coniferenformen des deutschen Kupferschiefers und Zechsteins, p. 37, pl. II, fig. 2-9. 1884.

ULLMANNIA FRUMENTARIA Schlotheim (sp.).

Pl. L, fig. 11 à 13.

1820. **Carpolithes frumentarius** Schlotheim, *Petrefactenkunde*, p. 419, pl. XXVII, fig. 1.
1850. **Ullmannia frumentaria** Gœppert, *Monogr. d. foss. Coniferen*, p. 189, pl. 21, fig. 2, 3, (*non* fig. 1?). Geinitz, *Nachtr. zur Dyas*, I, p. 20, pl. III, fig. 1-7, 10, (*an* fig. 8, 9?). Solms-Laubach, *Die Coniferenformen d. deutsch. Kupfersch. u. Zechsteins*, p. 8, 11, 30-32, pl. I, fig. 2, 4, 7-9; pl. III, fig. 2, 3, 5.
1862. **Ullmannia Bronni** Geinitz, *Dyas*, p. 154 (*pars*), pl. XXX, fig. 2 *a*; pl. XXXI, fig. 21-25, 28-30.

La comparaison des échantillons des fig. 11 à 13 de la Pl. L avec les figures de rameaux d'*Ullmannia frumentaria* publiées par Geinitz, d'abord en 1862 dans le *Dyas* sous le nom, ultérieurement rectifié par lui, d'*Ullm. Bronni*, puis en 1880 dans les *Nachtræge zur Dyas*, ne peut laisser aucun doute sur leur identification : ce sont exactement les mêmes feuilles, à limbe lancéolé, aigu au sommet, décurrentes à la base, plus ou moins falciformes quand elles sont vues de côté; sur quelques-unes de celles des échantillons fig. 12 et 13 on distingue en outre à la loupe, bien que peu visibles, les fines stries longitudinales qui ont été plus d'une fois signalées sur la face dorsale des feuilles de cette espèce.

Ces échantillons, que j'ai recueillis dans les couches autuniennes de *Charmoy* en compagnie de MM. Delafond et Raymond, sont les seuls représentants, non seulement de l'*Ullm. frumentaria*, mais même du genre *Ullmannia*, que j'aie vus jusqu'ici du Permien français, et ils me paraissent, à ce titre, dignes de fixer l'attention.

Genre PAGIOPHYLLUM Heer.

1870. **Pachyphyllum** Saporta (*non* Kunth), *in* Schimper, *Trait. de pal. vég.*, II, p. 249.
1881. **Pagiophyllum** Heer, *Contrib. à la flore foss. du Portugal*, p. 11.

PAGIOPHYLLUM PEREGRINUM Lindley et Hutton (sp).

Pl. LI, fig. 2, 3.

1833. **Araucaria peregrina** Lindley et Hutton, *Foss. Fl. Gr. Brit.*, II, p. 19, pl. 88.
1870. **Pachyphyllum peregrinum** Schimper, *Trait. de pal. vég.*, II, p. 250. Saporta, *Plantes jurass.*, III, p. 383, 653; pl. CLXXIII, fig. 9, 10; pl. CLXXIV; pl. CLXXV, fig. 1, 2; pl. CLXXVI, fig. 1-3; pl. CCXXV, fig. 3, 4.
1884. **Pagiophyllum peregrinum** Schenk, *Handb. der Palæont.*, Abth. II, p. 276, fig. 192 *a*.

Bien qu'il n'appartienne pas à la flore houillère ou permienne, mais à la flore secondaire, j'ai cru devoir comprendre le *Pagiophyllum peregrinum* dans le présent travail, plusieurs échantillons en ayant été trouvés aux mines de Blanzy, au début du fonçage du puits Ramus de la concession des Porrots, et ayant été pris tout d'abord pour des rameaux d'*Ullmannia* comparables à l'*Ullm. Bronni* Gœppert, auquel en effet le *Pagioph. peregrinum* ne laisse pas de ressembler. Une comparaison attentive montre toutefois qu'il s'agit ici de ce dernier, les échantillons recueillis offrant des feuilles plus grandes, plus longues surtout par rapport à leur largeur et par suite mieux dégagées que celles de l'*Ullm. Bronni;* un certain nombre d'entre elles sont en outre plus aiguës au sommet que ne le sont jamais celles de cette dernière espèce. Les couches qui ont fourni ces échantillons, et qui sont constituées par des argiles marneuses grises, d'aspect bien différent des roches houillères et permiennes du bassin, reposant d'ailleurs en stratification discordante sur le Stéphanien, doivent donc être rapportées à la base de la formation jurassique, sans qu'il soit possible toutefois d'en préciser exactement le niveau : le *Pagioph. peregrinum* étant connu depuis le Rhétien jusque dans le Lias inférieur, on peut seulement conclure de sa présence, à défaut d'autres renseignements, qu'il s'agit là de couches appartenant au Lias inférieur ou à l'Infralias.

On voit sur les fig. 2 et 3 combien la forme des feuilles est susceptible de varier, les deux rameaux situés à droite de la fig. 3 étant garnis l'un de feuilles tout à fait arrondies au sommet, et l'autre de feuilles franchement aiguës, conformes à celles de la figure type de Lindley et Hutton. En général ces feuilles présentent, en outre de leur carène dorsale, deux carènes latérales et une carène antérieure moins saillante, accusant un contour transversal tétragone. Quelquefois, mais rarement, la carène ventrale s'efface et la feuille affecte alors dans sa partie libre une section triangulaire à base droite ou même concave; dans ce cas, la face ventrale est dépourvue de stomates, ainsi qu'on peut le constater sur la fig. 2 *b,* qui montre la cuticule de la face ventrale d'une feuille avec sa base d'attache en forme d'arc circulaire : on voit qu'elle est constituée par des cellules toutes semblables, à peu près isodiamétriques, sans aucune ouverture stomatique, tandis que sur la cuticule de la face dorsale, repliée vers la gauche, mais très incomplètement représentée sur la figure, se montrent des stomates disposés en files longitudinales. Les feuilles à section tétragone sont, au contraire, pourvues de stomates sur tout leur pourtour, ainsi qu'on peut le constater sur les préparations obtenues à l'aide des réactifs oxydants et de l'ammoniaque; c'est ce que l'on reconnait notamment sur la préparation fig. 2 *c*, prise au voisinage immédiat du sommet sur une feuille à terminaison obtuse, et qui offre des files de stomates sur toute son étendue. On distingue, du reste, sur les feuilles, avant toute préparation, de fines stries longitudinales saillantes, visibles à la loupe sur la fig. 2 *a*, et qui correspondent évidemment aux intervalles des files de stomates, lesquelles étaient placées dans de fines gouttières longitudinales.

Ces files de stomates se montrent, suivant les échantillons, distantes les unes des autres de $0^{mm},10$ à $0^{mm},20$, leur écartement moyen étant de $0^{mm},12$ à $0^{mm},16$. L'écartement de deux files voisines n'est, d'ailleurs, pas toujours constant, à raison de leur discontinuité assez fréquente : on voit, en effet, de temps en temps une file s'interrompre pour reparaître un peu plus loin, légèrement déplacée vers la droite ou vers la gauche, ou quelquefois dédoublée; on peut constater, du reste, sur la fig. 2 *c* des irrégularités de ce genre. Sur une même file, l'espacement relatif des stomates est habituellement compris entre $0^{mm},12$ et $0^{mm},15$, mais il varie parfois d'une façon assez irrégulière, se réduisant jusqu'à $0^{mm},8$, et atteignant exceptionnellement $0^{mm},20$ et même $0^{mm},24$. Le plus généralement, ainsi que le montrent les figures grossies 2 *d* et 2 *e*, l'ouverture stomatique est orientée en travers, normalement à la direction de la file, c'est-à-dire de l'axe de la feuille; quelquefois cependant on observe des stomates à ouverture dirigée obliquement ou même longitudinalement.

Ces échantillons de *Pagioph. peregrinum*, les seuls que j'aie vus de la région, ont été trouvés aux mines de *Blanzy*, au cours du fonçage du puits Ramus, à 9 m. 20 de profondeur, dans des argiles que leur présence conduit, comme je l'ai dit, à rapporter au Lias inférieur ou à l'Infralias, et qui se trouvent sur ce point en contact immédiat avec les couches houillères.

Graines de Gymnospermes.

J'ai cru devoir réunir ici en un même groupe, rapprochées les unes des autres suivant leurs caractères extérieurs, les différentes formes de graines qui ont été observées dans le bassin de Blanzy et du Creusot, plutôt que de mentionner à la suite immédiate des feuilles ou frondes auxquelles elles paraissent devoir correspondre celles d'entre elles dont on a pu préciser l'attribution. Sans doute pour certains types l'hésitation n'est-elle plus permise, et il semble bien, notamment, que les *Cardiocarpus* puissent, dans leur ensemble, être rapportés aux Cordaïtées, mais on ne saurait affirmer cependant que certains d'entre eux ne fassent point exception et qu'à ce point de vue le genre soit absolument homogène. Il ne faut pas oublier, en effet, que si une partie des *Samaropsis*, par exemple, paraissent bien appartenir aux *Dorycordaites*, on peut également classer sous cette même appellation générique les petites graines que M. Grand'Eury a trouvées attachées aux pennes du *Pecopteris Pluckeneti*, et il ressort en même temps de cette observation, ainsi que de celles de M. David White sur les *Aneimites*, que, pour fréquente que soit la symétrie rayonnée chez les graines de Ptéridospermées, elle ne constitue pas un caractère constant et que certaines plantes de cette classe possédaient des graines à symétrie bilatérale, tout aussi bien que les Cordaïtées et autres plantes affines.

Il convient donc de se garder des généralisations trop hâtives, et il m'a paru prudent, dans cette énumération des espèces observées, de suivre, pour les graines, les mêmes idées qui m'ont déjà conduit à maintenir dans un seul et même groupe toutes les frondes filicoïdes, Fougères et Ptéridospermées, en me contentant d'indiquer dans chaque cas l'attribution qui semble ressortir des observations les plus sûres.

Je n'ai, d'ailleurs, à mentionner ici qu'un nombre relativement restreint de formes spécifiques non plus que génériques, les graines paraissant peu communes dans le bassin houiller de Blanzy et du Creusot : sans doute leur rareté dans les collections que j'ai consultées est-elle imputable en partie à ce qu'elles n'ont pas autant fixé l'attention que les restes de frondes, de tiges ou de rameaux, qui frappent davantage les yeux; mais dans les explorations que j'ai faites sur le terrain, je n'en ai observé moi-même que fort peu d'échantillons, et il faudrait sans doute des recherches prolongées, spécialement dirigées dans ce sens, pour compléter nos connaissances en ce qui les concerne.

Genre CARDIOCARPUS Brongniart.

1828. **Cardiocarpon** Brongniart, *Prodr.*, p. 87.

Les *Cardiocarpus* paraissent, comme on le sait et comme je l'ai rappelé, être les graines des Cordaïtes, et l'attribution ne laisse aucun doute pour les petites formes du genre, identiques aux graines observées encore en place sur des épis attachés eux-mêmes directement à des rameaux feuillés de *Cordaites;* si les formes plus grosses n'ont pas été trouvées en rapport immédial avec des fragments déterminables d'appareils végétatifs, ainsi que l'a rappelé M. Grand'Eury[1], et si par conséquent on n'a pas la preuve directe de leur dépendance, il semble pourtant qu'on puisse également les rapporter aux Cordaïtes avec une presque complète certitude. On ne saurait toutefois méconnaître que cette attribution peut comporter des exceptions, et il est possible notamment qu'il faille en faire une pour le *Cardiocarpus triangularis* Geinitz, qui sera mentionné plus loin et dont j'ai, du reste, déjà parlé.

A l'énumération qui va suivre il faudrait ajouter un « *Cardiocarpus rotundatus* » que M. Grand'Eury a signalé aux mines de *Bert*, dans la couche des Mandins[2], ayant évidemment en vue, d'après cette appellation, une graine à forme générale arrondie, mais dont il s'est borné à annoncer le nom sans le définir.

Il a en outre mentionné à *Charmoy*[3] un « *Cardiocarpus suborbicularis* », dont le nom seul indique une forme voisine du *Cardiocarpus orbicularis* Ettingshausen[4], mais dont il n'a pas précisé davantage la définition.

CARDIOCARPUS GUTBIERI Geinitz.

1855. **Cardiocarpon Gutbieri** Geinitz, *Verst. d. Steink. in Sachsen*, p. 39, pl. XXI, fig. 23-25. Potonié, *Fl. d. Rothlieg. v. Thüringen*, p. 254, pl. XXXI, fig. 15-19.
1877. **Cordaicarpus Gutbieri** Grand'Eury, *Flore carb. du dép. de la Loire*, p. 236, pl. XXVI, fig. 19.

Cette espèce s'est montrée représentée dans le bassin de Blanzy par un certain nombre d'échantillons, trouvés sur les points suivants :

Mines de *Longpendu* : couche supérieure.

Mines de *Montchanin* : puits des Mésarmes.

Mines de *Blanzy* : découverts Saint-François et Maugrand[5]; — région des Porrots : puits Ramus, à 300 mètres.

(1) Grand'Eury, Sur les *Rhabdocarpus*, les graines et l'évolution des Cordaïtées (*Comptes rendus Acad. sc.*, CXL, p. 996, 10 avril 1905).

(2) Grand'Eury, Flore carbonifère du département de la Loire, p. 519.

(3) *Ibid.*, p. 511.

(4) C. v. Ettingshausen, Die Steinkohlenflora von Stradonitz in Böhmen, p. 16, pl. VI, fig. 4. — H. R. Gœppert, Die fossile Flora der permischen Formation, p. 174, pl. XXVI, fig. 7-11 (an fig. 12-18, 21-23?).

(5) Grand'Eury, Flore carbonifère du département de la Loire, p. 508.

CARDIOCARPUS OTTONIS Gutbier.

1849. **Cardiocarpon Ottonis** Gutbier, *Verst. d. Rothlieg. in Sachs.*, p. 27, pl. IX, fig. 7. Geinitz, *Leitpfl. d. Rothlieg.*, p. 18, pl. II, fig. 17, 18.

Cette espèce, voisine de la précédente, a été signalée par M. Grand'Eury dans l'Autunien des mines de *Bert*, dans la couche des Mandins[1].

CARDIOCARPUS CORDAI Geinitz (sp.).

1855. **Carpolithes Cordai** Geinitz, *Verst. d. Steink. in Sachs.*, p. 41, pl. XXI, fig. 7-16.
1862. **Cordaicarpon Cordai** Geinitz, *Dyas*, p. 150.

J'ai reconnu la présence de cette espèce, représentée parfois par de très nombreux spécimens accumulés les uns à côté des autres, dans les localités suivantes :

Mines de *Saint-Bérain* : puits Saint-Léger n° 1, couches supérieures au faisceau du Bois-Perrot; puits Saint-Léger n° 2, faisceau du Bois-Perrot.

Mines de *Blanzy* : découvert du Magny.

CARDIOCARPUS TRIANGULARIS Geinitz.

1862. **Cardiocarpon triangulare** Geinitz, *Dyas*, p. 145, pl. XXXI, fig. 12-15.

Ainsi que je l'ai dit plus haut, cette espèce est de celles dont on peut douter qu'elles appartiennent aux Cordaïtes, les graines qui la constituent paraissant avoir été fixées sur des écailles épaisses et plus larges qu'elles, que Geinitz a attribuées à l'*Ullmannia frumentaria*[2], et non placées à l'aisselle de simples bractées de dimensions relativement réduites, comme cela a lieu dans les inflorescences authentiques des *Cordaïtes*.

M. Grand'Eury en a signalé la présence, sous le nom de *Carpolithes triangularis*, aux mines de *Bert*, dans les schistes du plateau[3].

[1] Grand'Eury, Flore carbonifère du département de la Loire, p. 519.
[2] H.-B. Geinitz, Nachträge zur Dyas, I, p. 22, pl. III, fig. 11-15.
[3] Grand'Eury, Flore carbonifère du département de la Loire, p. 519.

CARDIOCARPUS PEDICELLATUS Gœppert.

1864. **Cardiocarpus pedicellatus** Gœppert, *Foss. Fl. d. perm. Form.*, p. 176, pl. XXVIII, fig. 3.

Cette espèce a été mentionnée par M. Grand'Eury, sous le nom de *Carpolithes pedicellatus*, comme observée par lui dans l'Autunien des mines de *Bert*, dans les schistes du plateau[1].

Genre RHABDOCARPUS Gœppert et Berger.

1848. **Rhabdocarpus** Gœppert et Berger, *De fruct. et sem. ex form. lithanthracum*, p. 20.

D'après des observations récentes de M. Grand'Eury[2], les *Rhabdocarpus* appartiendraient aux végétaux que Renault a désignés, d'après les caractères observés par lui sur des tiges à structure conservée, sous le nom générique de *Poroxylon*, et qui auraient porté de très grandes feuilles cordaïtiformes, atténuées en pétiole à leur base et à limbe parcouru par des nervures remarquablement égales.

RHABDOCARPUS SUBTUNICATUS Grand'Eury.

1877. **Rhabdocarpus tunicatus** Grand'Eury (*non* Gœppert et Berger), *Flore carb. du dép. de la Loire*, p. 206, pl. XV, fig. 12, 12'. Renault, *Fl. foss. terr. houill. de Commentry*, 2e part., p. 638, pl. LXXII, fig. 19.

1877. **Rhabdocarpus subtunicatus** Grand'Eury, *Flore carb. du dép. de la Loire*, p. 313; *Géol. et paléont. du bass. houill. du Gard*, p. 328, pl. VI, fig. 6. Zeiller, *Fl. foss. bass. houiller et permien de Brive*, p. 93, pl. XV, fig. 11.

Je n'ai pas constaté par moi-même la présence du *Rhabdocarpus subtunicatus* dans le bassin de Blanzy et du Creusot, mais M. Grand'Eury l'a observé, d'une part aux mines de *Saint-Bérain*[3], et d'autre part dans les couches autuniennes de *Charmoy*[4].

(1) Grand'Eury, Flore carbonifère du département de la Loire, p. 519.
(2) Grand'Eury, Sur les *Rhabdocarpus*, les graines et l'évolution des Cordaïtées (*Comptes rendus Acad. sc.*, CXL, p. 995, 10 avril 1905).
(3) Grand'Eury, Flore carbonifère du département de la Loire, p. 510.
(4) *Ibid.*, p. 511.

IMPRIMERIE NATIONALE.

Genre SAMAROPSIS Gœppert.

1864. **Samaropsis** Gœppert, *Foss. Fl. d. perm. Form.*, p. 177.

Les *Samaropsis*, ou tout au moins une partie d'entre eux, paraissent, d'après les observations de M. Grand'Eury, représenter les graines des *Dorycordaites;* mais, comme je l'ai rappelé, les petites graines ailées que le même savant a trouvées attachées aux pinnules du *Pecopteris Pluckeneti* se rangeraient également dans ce genre, d'après leurs caractères extérieurs, et il faut admettre que sous ce même nom générique de *Samaropsis* peuvent ainsi se trouver réunies des graines appartenant à des groupes bien différents de Gymnospermes.

SAMAROPSIS cf. FLUITANS Dawson (sp.).

1866. **Cardiocarpum fluitans** Dawson, *Quart. Journ. Geol. Soc.*, XXII, p. 165, pl. XII, fig. 74; *Acad. Geol.*, 2^d ed., p. 460, fig. 173 I, p. 491.

1871. **Samaropsis fluitans** Weiss, *Foss. Fl. d. jüngst. Steinkohl.*, p. 209, pl. XVIII, fig. 24-30. Grand'Eury, *Flore carb. du dép. de la Loire*, p. 280, pl. XXXIII, fig. 3.

Je n'ai pas vu dans le bassin de Blanzy et du Creusot de représentants de ce type spécifique, mais M. Grand'Eury a signalé aux mines de *Bert* une « sorte de *Samaropsis fluitans*[(1)] », qui doit être ici mentionnée.

SAMAROPSIS cf. DUBIA Grand'Eury.

1877. **Samaropsis dubia** Grand'Eury, *Flore carb. du dép. de la Loire*, p. 281, pl. XXXIII, fig. 6.

M. Grand'Eury a également observé à *Bert* une autre forme de *Samaropsis*, qu'il indique simplement comme « *Samaropsis* rappelant le *dubia*[(2)] », et que je mentionne en conséquence ici comme à comparer avec cette espèce.

(1) Grand'Eury, Flore carbonifère du département de la Loire, p. 519.

(2) *Ibid.*, p. 519.

SAMAROPSIS MORAVICA Helmhacker (sp.).

1871. **Jordania moravica** Helmhacker, *Sitzungsber. d. k. böhm. Gesellsch. d. Wiss.*, 1871, p. 81. Geinitz, *Neues Jahrb. f. Min.*, 1875, p. 11, pl. I, fig. 10, 11.

1892. **Samaropsis moravica** Zeiller, *Fl. foss. bass. houiller et permien de Brive*, p. 95, pl. XV, fig. 8-10.

1893. **Samaropsis Crampii** Potonié (*an* Hartt sp.?), *Fl. d. Rotlieg. v. Thüringen*, p. 253, pl. XXXII, fig. 12, 13.

Bien que cette espèce ressemble beaucoup au *Samaropsis Crampii*, du Dévonien supérieur du Canada, il me paraît au moins douteux qu'elle doive lui être identifiée, celui-ci présentant quelques différences et, en particulier, offrant fréquemment une échancrure apicale assez profonde, de part et d'autre de laquelle chacune des ailes latérales se termine en pointe aiguë[1], ce qui ne semble jamais avoir lieu chez l'espèce permienne; la différence de niveau me paraît en outre bien considérable pour qu'on puisse croire à l'identité de ces deux formes.

J'ai observé le *Samaropsis moravica*, bien semblable aux échantillons authentiques de Moravie et à ceux du bassin de Brive qui se trouvent les uns et les autres dans les collections de l'École des Mines, dans les couches autuniennes de l'*étang du Martenet*.

Genre CODONOSPERMUM Brongniart.

1877. **Codonospermum** Brongniart, *in* Grand'Eury, *Flore carb. du dép. de la Loire*, p. 184. Brongniart, *Recherches s. les graines foss. silic.*, p. 28.

CODONOSPERMUM ANOMALUM Brongniart.

1877. **Codonospermum anomalum** Brongniart, *in* Grand'Eury, *Flore carb. du dép. de la Loire*, p. 184, pl. XV, fig. 5. Renault, *Fl. foss. terr. houill. de Commentry*, 2e part., p. 661, pl. LXXIII, fig. 12-14, 18, 19, 22-26.

M. Grand'Eury, après avoir été tenté de rapprocher ce curieux type de graines des *Daubreeia*[2], le considère aujourd'hui comme devant appartenir

[1] *Cardiocarpum Crampii* Hartt, *in* J. W. Dawson, Acadian Geology, 2nd edit., p. 554; p. 555, fig. 194 C (1868); The fossil plants of the Devonian and Upper Silurian Formations of Canada, p. 60, pl. XIX, fig. 220-222 (1871).

[2] Grand'Eury, Géologie et paléontologie du bassin houiller du Gard, p. 311.

aux *Doleropteris*[1], et de fait j'en ai observé de très nombreux spécimens à Saint-Bérain, où le *Doleropteris pseudopeltata* s'est montré lui-même relativement fréquent.

J'ai constaté la présence du *Codonospermum anomalum* sur les deux points suivants :

Mines de *Saint-Bérain :* galerie d'écoulement des puits Jumeaux.

Mines de *Blanzy :* découvert du Magny.

Genre TRIPTEROSPERMUM Brongniart.

1877. **Tripterospermum** Brongniart, *in* Grand'Eury, *Flore carb. du dép. de la Loire*, p. 186, pl. XV, fig 4. Brongniart, *Recherches s. les graines foss. silic.*, p. 25.

M. Grand'Eury a signalé[2] aux mines de *Bert*, en les désignant sous le nom de « *Tripterocarpus* », la présence de graines de ce genre, que ses dernières observations le conduisent à considérer comme correspondant aux *Callipteridium*[3].

Genre PACHYTESTA Brongniart.

1877. **Pachytesta** Brongniart, *in* Grand'Eury, *Flore carb. du dép. de la Loire*, p. 203. Brongniart, *Recherches s. les graines foss. silic.*, p 23.

PACHYTESTA GIGANTEA Grand'Eury.

1877. **Pachytesta gigantea** Grand'Eury, *Flore carb. du dép. de la Loire*, p. 204, pl. XVI, fig. 5. Renault, *Fl. foss. terr. houill. de Commentry*, 2e part., p. 657, pl. LXXIII, fig. 5-9.

Ces grosses graines doivent, d'après M. Grand'Eury[4], être rapportées à l'*Alethopteris Grandini*, avec les frondes duquel il avait signalé depuis longtemps leur fréquente association[5].

[1] Grand'Eury, Sur les graines de *Sphenopteris*, sur l'attribution des *Codonospermum* et sur l'extrême variété des « graines de fougères » (*Comptes rendus Acad. sc.*, CXLI, p. 813, 20 novembre 1905).

[2] Grand'Eury, Flore carbonifère du département de la Loire, p. 519.

[3] Grand'Eury, Sur les graines des Névroptéridées (*Comptes rendus Acad. sc.*, CXXXIX, 14 novembre 1904, p. 784).

[4] Grand'Eury, Sur les rhizomes et les racines des Fougères fossiles et des Cycadofilices (*Comptes rendus Acad. sc.*, CXXXVIII, p. 610, 7 mars 1904); Sur les graines des Névroptéridées (*ibid.*, CXXXIX, 4 juillet 1904, p. 25; 14 novembre 1904, p. 784).

[5] Grand'Eury, Flore carbonifère du département de la Loire, p. 565; Géologie et paléontologie du bassin houiller du Gard, p. 307.

Il en a été observé des spécimens sur les points suivants :

Mines de *Montchanin* : fonçage du puits Ségur, à 373 mètres.

Mines de *Blanzy*[1].

Genre CARPOLITHES Schlotheim.

1820. **Carpolithes** Schlotheim, *Petrefactenkunde*, p. 418.

Aux deux formes que je vais mentionner, il faut ajouter un « *Carpolithes variabilis* », que M. Grand'Eury a signalé[2] comme observé par lui dans les couches autuniennes de *Charmoy* et de *Bert*, mais qu'il n'a pas défini; d'après un renseignement qu'il a bien voulu me donner, il avait en vue de « très petites graines elliptiques, qui lui paraissent devoir appartenir aux *Callipteris* »; ce sont évidemment ces mêmes graines qu'il a indiquées, dans une note récente, comme « ressemblant à de très petites baies ellipsoïdales », et comme se trouvant associées, dans la couche du plateau des mines de Bert, au *Callipteris conferta*[3], auquel il les rapporte.

CARPOLITHES DISCIFORMIS Sternberg.

1826. **Carpolithes disciformis** Sternberg, *Ess. Fl. monde prim.*, I, fasc. 4, p. XL, pl. VII, fig. 13. Grand'Eury, *Flore carb. du dép. de la Loire*, p. 240, pl. XXIV, fig. 7.

1871. **Rhabdocarpus disciformis** Weiss, *Foss. Fl. d. jüngst. Steinkohl.*, p. 205, pl. XI, fig. 4 A; pl. XVIII, fig. 2-8, 15, 16.

M. Grand'Eury a reconnu la présence, aux mines de *Saint-Bérain*[4], de nombreuses graines appartenant à ce type spécifique, qu'il rattache au *Poacordaites linearis*[5].

(1) Grand'Eury, Flore carbonifère du département de la Loire, p. 508.

(2) *Ibid.*, p. 511, 519.

(3) Grand'Eury, Sur les mutations de quelques plantes fossiles du terrain houiller (*Comptes rendus Acad. sc.*, CXLII, p. 27, 2 janvier 1906).

(4) Grand'Eury, Flore carbonifère du département de la Loire, p. 510.

(5) Grand'Eury, *ibid.*, p. 240; Géologie et paléontologie du bassin houiller du Gard, p. 334.

CARPOLITHES sp.

Il me reste à mentionner une graine que j'ai recueillie à *Charmoy*, représentée par une empreinte à contour ovoïde, longue de 3 centimètres sur 15 millimètres de largeur, sillonnée de stries longitudinales entrecroisées comme on en observe chez les *Rhabdocarpus*, et très analogue, en somme, au *Rhabdocarpus ovoideus* Renault (*non* Gœppert et Berger) de Commentry[1]; si je ne la range pas dans le genre *Rhabdocarpus*, c'est parce que celui-ci semble devoir être réservé aux graines plus ou moins aplaties, à symétrie bilatérale, tandis qu'ici rien n'indique que la section n'ait pas été circulaire; en outre on ne distingue aucune trace de noyau, comme on en voit, sous l'enveloppe fibreuse, chez la plupart des *Rhabdocarpus*. Cet échantillon ressemble en même temps beaucoup à quelques-unes des graines de *Nevropteris heterophylla* qu'a figurées M. Kidston[2] et qu'il était disposé à classer comme *Rhabdocarpus* ou, peut-être, comme *Pachytesta*.

Il me paraît probable, à raison de cette ressemblance, qu'on a affaire là à une graine de Ptéridospermée; j'inclinerais même, tant les analogies avec ces graines de *Nevropteris* me semblent marquées, à penser qu'il s'agit d'une graine de Névroptéridée, pour laquelle je serais tenté de songer au *Mixoneura subcrenulata*, si fréquent dans ce même gisement; mais il n'est possible de former à cet égard que des conjectures, auxquelles il n'y a pas lieu de s'arrêter davantage.

(1) B. Renault, Flore fossile du terrain houiller de Commentry, 2e part., p. 639, pl. LXXII, fig. 20.

(2) R. Kidston, On the fructification of *Neuropteris heterophylla*, Brongniart, pl. I, fig. 3 et fig. 5 (*Phil. Trans. Roy. Soc. London*, Ser. B, vol. 197, p. 1-5, pl. I; 1904).

CHAPITRE III.

RÉSULTATS GÉOLOGIQUES.

Si l'on se reporte aux listes de provenance données successivement pour les différentes espèces qui viennent d'être passées en revue, on constate que les diverses mines du bassin y sont représentées assez inégalement, et que ce sont celles de Blanzy qui y tiennent la première place. Il devait forcément, du reste, en être ainsi, étant donnée d'une part la facilité plus grande que présentent les travaux à ciel ouvert, si développés à Blanzy, pour la récolte des empreintes végétales, et d'autre part la continuité avec laquelle, depuis bien des années, on s'est attaché, sur ces mines, à la recherche des plantes fossiles. C'est donc dans les couches de Blanzy que la flore fossile peut être le plus complètement étudiée, grâce à la richesse des matériaux recueillis, et c'est par elles que je commencerai l'examen des renseignements que peut fournir la constitution de la flore pour la détermination des niveaux.

Je résume, d'ailleurs, tout d'abord la composition de la flore de chaque groupe de couches dans le tableau suivant, qui indique, pour chaque espèce, au moyen du signe *, les points où sa présence a été constatée; ce signe a été remplacé par un ? dans les quelques cas où il y avait doute, soit sur la provenance exacte des échantillons, soit sur leur attribution spécifique.

J'ai groupé dans une même colonne les diverses localités appartenant au groupe des dépôts autuniens, tels que ceux de Charmoy, en désignant chacune d'elles par ses initiales, ainsi que le précise la note infrapaginale.

Enfin je dois ajouter que je me suis abstenu de faire figurer dans ce tableau, pour ne pas le surcharger inutilement, les quelques localités, telles que les mines des Petits-Châteaux ou de Granchamp, qui n'ont fourni qu'un nombre trop restreint d'échantillons, me réservant, lorsque j'en viendrai à leur examen, d'énoncer les espèces qui y ont été recueillies.

TABLEAU RÉCAPITULATIF DES PROVENANCES DES ESPÈCES OBSERVÉES.

ESPÈCES OBSERVÉES.	MINES de SAINT-BÉRAIN.		MINES de MONTCHANIN et LONGPENDU.		MINES DE BLANZY.					MINES de PERRECY.		MINES DU CREUSOT.	MINES DE BERT.	DÉPÔTS AUTUNIENS[1].
	Faisceau inférieur.	Faisceaux intermédiaire et supérieur.	Longpendu.	Montchanin.	Zone supérieure de Montceau et de Montmaillot.	Puits du Magny, travers-bancs de l'étage 427.	Groupe des couches n° 1 et n° 2.	Au-dessous de la couche n° 2.	Région de Blanzy, des Crépins et du Bagny.	Couches houillères.	Couches permiennes du puits de Romagne.			
Sphenopteris cristata	″	″	″	″	*	″	*	″	″	*	″	*	″	″
— *Matheti*	″	″	*	″	*	″	*	″	″	″	″	″	″	″
Zygopteris pinnata	*	″	″	″	*	*	″	″	″	″	″	″	″	″
Diplotmema Busqueti	*	″	*	″	*	*	″	″	″	*	*	*	″	″
— *Ribeyroni*	″	″	″	″	*	″	″	″	″	″	″	″	″	″
Pecopteris arborescens	″	″	″	″	″	″	″	″	″	″	″	*	″	″
— *cyathea*	*	*	*	*	*	*	*	″	*	″	*	*	*	″
— *Candollei*	″	*	*	″	*	″	*	″	″	″	*	*	*	″
— *cuneura*	″	″	*		″	″	*	″	″	″	″	″	″	″
— *alethopteroides*	*		″	″	″	″	″	″	″	″	″	*	″	″
— *hemitelioides*	″	″	*	*	*	*	*	″	*	*	″	*	*	″
— *oreopteridia*	″	″	*		*	*	*	″	″	″	″	″	″	Ch.
— *Daubreei*	″	″	″	*	*	″	″	″	″	″	″	*	″	″
— *truncata*	″	″	″	″	*	″	″	″	″	″	″	″	″	″
— *densifolia*	″	″	*	″	*	″	″	″	″	″	″	″	*	″
— *polymorpha*	*	*	*	*	*	*	*	″	*	*	*	″	*	″
— *pseudo-Bucklandi*	″	″	″	″	″	″	″	″	″	″	″	″	*	″
— *integra*	″	″	″	″	″	*	″	″	″	″	″	″	″	″
— cf. *grandifolia*	″	″	″	″	″	″	″	″	″	″	″	″	″	Ch.
— *unita*	*		*	*	*	*	*	″	*	*	″	″	″	″
— *clavcrica*	″	″	*	″	″	″	″	″	″	″	″	″	″	″
— *feminæformis*	″	*	*	*	*	*	*	″	″	*	″	″	″	″
— *Bioti*	″	″	″	*	*	″	*	″	″	″	″	*	″	″
— *Gruneri*	″	″	″	″	*	″	″	″	″	″	″	″	″	″
— *Sterzeli*	″	″	*	*	*	*	*	″	*	″	″	″	″	″
Callipteridium pteridium	*	″	*	″	*	″	*	*	*	*	*	″	″	″
— *gigas*	*	″	*	″	*	″	*	″	*	*	″	″	*	″
— *Rochei*	″	″	″	″	″	″	″	″	″	″	″	″	*	″
Callipteris conferta	″	″	″	″	″	″	″	″	″	″	*	″	*	Ch.,
— *pseudo-britannica*	″	″	″	″	″	″	″	″	″	″	*	″	″	″
— *Martinsi*	″	″	″	″	″	″	″	″	″	″	*	″	″	″

[1] B. = le Buisson; Ch. = Charmoy; Co. = Cournarcou; L. = les Lolliers; M. = étang du Martenet; V. = Vendenesse.

ESPÈCES OBSERVÉES.	MINES de SAINT-BÉRAIN.		MINES de MONTCHANIN et LONGPENDU.		MINES DE BLANZY.					MINES de PERRECY.		MINES DU CREUSOT.	MINES DE BERT.	DÉPÔTS AUTUNIENS [1].
	Faisceau inférieur.	Faisceaux intermédiaire et supérieur.	Longpendu.	Montchanin.	Zone supérieure de Montceau et de Montmaillot.	Puits du Magny, travers-bancs de l'étage 427.	Groupe des couches n° 1 et n° 2.	Au-dessous de la couche n° 2.	Région de Blanzy, des Crépins et du Regny.	Couches houillères.	Couches permiennes du puits de Romagne.			
Callipteris Naumanni	"	"	"	"	"	"	"	"	"	"	"	"	"	Ch.
— *Raymondi*	"	"	"	"	"	"	"	"	"	"	"	"	"	Ch.
Alethopteris Grandini	*	*	*	*	*	*	*	*	*	"	"	*	"	"
— *Costei*	"	"	"	"	*	"	"	"	"	"	"	"	"	"
— *minuta*	"	"	"	"	"	"	"	"	"	"	"	"	"	Ch.
Odontopteris Brardi	*		"	"	"	"	"	"	"	"	"	"	"	"
— *Reichiana*	"	"	*	*	"	"	*	"	"	*	"	"	"	"
— *minor*	*	*	*	*	*	*	*	*	"	*	*	"	"	"
— *catadroma*	"	"	"	"	"	"	"	"	"	"	*	"	"	"
— *genuina*	"	"	*	"	*	"	"	"	"	"	"	"	"	"
Mixoneura subcrenulata	*		"	"	*	*	"	"	"	"	*	"	"	B., Ch., Co., M., V.
— *neuropteroides*	"	"	"	"	"	*	"	"	"	"	"	"	"	"
— *auriculata*	"	"	"	"	"	*	"	"	"	"	"	"	*	Ch.
Nevropteris crenulata	"	"	"	"	*	"	"	"	"	*	"	"	"	"
— *pseudo-Blissi*	"	"	"	"	*	"	"	"	"	"	"	"	"	"
— *cordata*	"	"	*	*	*	*	*	"	"	"	"	"	"	"
— *Zeilleri*	"	"	"	"	"	"	"	"	"	"	"	"	"	Ch.
— *Planchardi*	"	"	"	"	"	*	"	"	"	"	"	"	*	"
Linopteris Brongniarti	"	"	*	*	"	*	*	"	"	"	"	"	"	"
— *Germari*	*	*	*	*	*	*	"	"	"	*	"	*	*	"
Tæniopteris jejunata	"	"	"	"	*	"	"	"	"	"	"	"	"	"
— *multinervis*	"	"	"	"	"	"	"	"	"	"	"	"	*	Ch.
Lesleya Cocchii	"	"	"	"	"	"	"	"	"	"	"	*	"	"
Aphlebia Germari	"	"	"	"	"	"	*	"	"	"	"	"	"	"
— *acanthoides*	"	"	"	"	*	"	"	"	"	"	"	"	"	"
— *fasciculata*	"	"	"	"	?	"	"	"	"	"	"	"	"	"
Caulopteris peltigera	"	"	"	"	"	"	"	*	"	"	"	"	"	"
— *grandis*	"	"	"	"	"	"	*	"	"	"	"	"	"	"
Sphenophyllum verticillatum	"	"	"	"	"	"	"	"	*	"	"	"	"	"
— *oblongifolium*	"	*	*	*	*	"	*	"	*	*	"	*	*	"
— *angustifolium*	"	"	"	"	*	"	"	"	"	"	"	"	*	"
— *longifolium*	"	"	"	"	*	"	*	"	"	"	"	"	"	"
— *Thoni*	"	"	"	"	"	"	"	"	"	"	"	"	*	"
Calamites Suckowi	"	"	"	"	*	"	*	"	*	"	"	*	"	"
— *Cisti*	"	"	"	"	*	"	*	"	*	*	"	*	"	"

[1] B. = le Buisson; Ch. = Charmoy; Co. = Cournarcou; L. = les Lolliers; M. = étang du Martenet; V. = Vendenesse.

IMPRIMERIE NATIONALE.

ESPÈCES OBSERVÉES.	MINES de SAINT-BÉRAIN.		MINES de MONTCHANIN et LONGPENDU.		MINES DE BLANZY.					MINES de PERRECY.		MINES DU CREUSOT.	MINES DE BERT.	DÉPÔTS AUTUNIENS [1].
	Faisceau inférieur.	Faisceaux intermédiaire et supérieur.	Longpendu.	Montchanin.	Zone supérieure de Montceau et de Montmaillot.	Puits du Magny, travers-bancs de l'étage 427.	Groupe des couches nº 1 et nº 2.	Au-dessous de la couche nº 2.	Région de Blanzy, des Crépins et du Ragny.	Couches houillères.	Couches permiennes du puits de Romagne.			
Calamites leioderma	//	//	//	//	//	//	//	//	//	//	//	//	*	//
— *major*	//	//	//	//	*	//	//	//	//	//	*	//	//	//
— *gigas*	//	//	//	//	*	//	//	//	//	//	//	//	*	L.
— *cannæformis*	//	//	//	//	*	*	//	//	*	//	//	*	//	//
— *pachyderma*	//	//	//	//	*	//	//	//	//	//	//	//	//	//
— *approximatus*	*		//	//	*	//	//	//	//	//	//	*	//	//
— *cruciatus*	*	//	*		*	//	*	*	//	//	//	//	*	//
— *infractus*	//	//	//	//	//	//	//	//	//	//	*	//	//	//
Arthropitys gallica	//	//	//	//	*	//	//	//	//	//	//	//	//	//
Calamodendron sp.	*		//	//	*	//	//	//	//	//	//	//	*	//
Calamophyllites subcommunis	//	//	//	//	*	//	//	//	//	//	//	//	//	//
Asterophyllites equisetiformis	*	//	*	*	*	//	*	//	//	//	*	*	//	//
Annularia stellata	*	*	*	*	*	*	*	*	*	*	*	*	*	Ch.,
— *sphenophylloides*	*	*	*	*	*	//	*	*	*	*	//	*	//	//
— *spicata*	//	//	//	//	//	//	*	//	//	//	*	//	//	Ch.
Macrostachya carinata	*	*	*	*	*	*	*	//	//	//	//	*	//	//
Selaginellites Suissei	//	//	//	//	*	//	//	//	//	//	//	//	//	//
Lepidodendron sp.	//	//	//	//	//	//	//	//	?	//	//	//	//	//
Lepidostrobus Gaudryi	//	//	//	//	//	//	*	//	//	//	//	//	//	//
Lepidophloios sp.	*		//	//	//	//	//	//	//	//	//	//	//	//
— cf. *macrolepidotus*	//	//	//	//	//	//	//	//	//	//	//	//	*	//
Lepidophyllum acuminatum	//	//	//	//	//	//	//	//	//	//	//	//	*	//
Knorria sp.	//	//	//	//	//	//	//	//	//	//	//	//	*	//
Asolanus camptotænia	//	//	//	//	//	//	*	//	//	//	//	*	//	//
Sigillaria (Rhytidolepis) sp.	//	//	//	//	//	*	//	//	//	//	//	//	//	//
Sigillaria Brardi	*	//	*	*	*	//	*	//	//	*	//	//	*	//
Syringodendron	*		//	*	*	*	*	//	//	*	//	//	*	//
Sigillariostrobus sp.	//	//	//	//	*	//	//	//	//	//	//	//	*	//
— *major*	//	//	//	//	*	//	//	//	//	//	//	//	//	//
— *spectabilis*	//	//	//	//	*	//	//	//	//	//	//	//	//	//
Stigmaria ficoides	//	//	*	*	*	//	//	//	//	//	//	*	*	//
Cordaites angulosostriatus	//	//	//	*	*	//	*	//	//	//	//	//	//	//
— *lingulatus*	*	*	*	*	*	*	*	//	*	*	//	//	//	//
— *platynervis*	//	//	//	//	//	//	//	//	//	//	//	//	*	Ch.
— cf. *borassifolius*	//	//	//	//	//	//	*	//	//	//	//	*	//	//
Dorycordaites palmæformis	//	//	//	//	//	//	*	//	//	//	//	//	*	//

[1] B. = le Buisson; Ch. = Charmoy; Co. = Courmarcou; L. = les Lolliers; M. = étang du Martenet; V. = Vendenesse.

ESPÈCES OBSERVÉES.	MINES de SAINT-BÉRAIN.		MINES de MONTCHANIN et LONGPENDU.		MINES DE BLANZY.					MINES de PERRECY.		MINES DU CREUSOT.	MINES DE BERT.	DÉPÔTS AUTUNIENS [1].
	Faisceau inférieur.	Faisceaux intermédiaire et supérieur.	Longpendu.	Montchanin.	Zone supérieure de Montceau et de Montmaillot.	Puits du Magny, travers-bancs de l'étage 427.	Groupe des couches n° 1 et n° 2.	Au-dessous de la couche n° 2.	Région de Blanzy, des Crépins et du Ragny.	Couches houillères.	Couches permiennes du puits de Romagne.			
Poacordaites linearis	*	″	″	″	″	″	?	″	″	″	″	*	?	Ch.?
Artisia transversa	″	″	*		*	″	*	″	″	″	″	″	″	″
— *approximata*	″	″	″	″	*	″	*	″	″	″	″	″	″	″
— *costata*	″	″	″	″	*	″	″	″	″	″	″	″	″	″
Doleropteris pseudopeltata	*	*	″	″	″	″	″	″	″	?	″	″	″	″
Plagiozamites Planchardi	″	″	*	″	″	″	″	″	″	″	″	″	″	″
Pterophyllum Grand'Euryi	″	″	″	*	*	″	″	″	″	″	″	″	″	″
Ginkgo (?) *martenensis*	″	″	″	″	″	″	″	″	″	″	″	″	″	M.
Baiera Raymondi	″	″	″	″	″	″	″	″	″	″	″	″	″	Ch.
Dicranophyllum gallicum	″	″	?		*	″	″	″	″	″	″	″	″	″
Walchia piniformis	″	″	″	*	″	″	*	″	″	″	″	*	*	B., Ch., Co., M., V.
— *linearifolia*	″	″	″	″	″	″	″	″	″	″	″	″	*	Ch.
— *Schneideri*	″	″	″	″	″	″	″	″	″	″	″	″	″	Ch., M.
— *hypnoides*	″	″	″	″	″	″	″	″	″	″	″	*	″	Ch., Co., M., V.
— *imbricata*	″	″	″	″	*	″	″	″	″	″	″	″	″	Ch.
— *filiciformis*	″	″	″	″	″	″	″	″	″	″	″	″	″	Ch., Co., M., V.
Gomphostrobus bifidus	″	″	″	″	″	″	″	″	″	″	″	″	″	B., Ch.
Araucarites Delafondi	″	″	″	″	″	″	″	″	″	″	″	″	″	Ch.
Ullmannia frumentaria	″	″	″	″	″	″	″	″	″	″	″	″	″	Ch.
Cardiocarpus Gutbieri	″	″	*	*	*	″	″	″	″	″	″	″	″	″
— *Ottonis*	″	″	″	″	″	″	″	″	″	″	″	″	*	″
— *Cordai*	*	*	″	″	″	″	*	″	″	″	″	″	″	″
— *triangularis*	″	″	″	″	″	″	″	″	″	″	″	″	*	″
— *pedicellatus*	″	″	″	″	″	″	″	″	″	″	″	″	*	″
Rhabdocarpus subtunicatus	*		″	″	″	″	″	″	″	″	″	″	″	Ch.
Samaropsis cf. *fluitans*	″	″	″	″	″	″	″	″	″	″	″	″	*	″
— cf. *dubia*	″	″	″	″	″	″	″	″	″	″	″	″	*	″
— *moravica*	″	″	″	″	″	″	″	″	″	″	″	″	″	M.
Codonospermum anomalum	*		″	″	″	″	*	″	″	″	″	″	″	″
Tripterospermum sp.	″	″	″	″	″	″	″	″	″	″	″	″	*	″
Pachytesta gigantea	″	″	″	*	?	″	″	″	″	″	″	″	″	″
Carpolithes disciformis	*		″	″	″	″	″	″	″	″	″	″	″	″
— sp.	″	″	″	″	″	″	″	″	″	″	″	″	″	Ch.

[1] B. = le Buisson; Ch. = Charmoy; Co. = Cournarcou; L. = les Lolliers; M. = étang du Martenet; V. = Vendenesse.

§ 1er. FORMATION STÉPHANIENNE.

A. Mines de Blanzy.

Zone supérieure. — A raison des facilités qu'offrent pour les récoltes, ainsi que je le disais tout à l'heure, les exploitations à ciel ouvert, c'est dans les découverts des mines de Blanzy qu'il a été recueilli le plus grand nombre d'empreintes, particulièrement dans ceux de la région de Montceau, découverts Saint-François, Sainte-Eugénie, Maugrand et Sainte-Hélène, qui portent les uns et les autres sur les assises les plus élevées de la formation, supérieures à la première grande couche. Ces mêmes assises ont, d'ailleurs, été recoupées par la plupart des puits de la région, dont plusieurs ont également fourni des empreintes, et par ceux de la région de Montmaillot et de la région des Porrots, notamment par le puits Saint-Amédée et le puits Ramus, dans lesquels ont été recueillis de même de nombreux matériaux paléobotaniques.

La flore ainsi reconnue dans la zone supérieure se compose, en laissant de côté pour le moment les échantillons rencontrés dans le travers-bancs de l'étage de 427 mètres du puits du Magny et dans le travers-bancs de la faille de l'Est du puits Sainte-Eugénie, des 62 espèces suivantes :

Sphenopteris cristata, Sphen. Matheti; Zygopteris pinnata; Diplotmema Busqueti, Dipl. Ribeyroni; Pecopteris cyathea, Pec. Candollei, Pec. hemitelioides, Pec. oreopteridia, Pec. Daubreei, Pec. truncata, Pec. densifolia, Pec. polymorpha, Pec. unita, Pec. feminæformis, Pec. Bioti, Pec. Gruneri, Pec. Sterzeli; Callipteridium pteridium, Call. gigas; Alethopteris Grandini, Aleth. Costei; Odontopteris minor, Od. genuina; Mixoneura subcrenulata; Nevropteris crenulata, Nevr. pseudo-Blissi, Nevr. cordata; Linopteris Germari; Tæniopteris jejunata; Aphlebia acanthoides;

Sphenophyllum oblongifolium, Sphen. angustifolium, Sphen. longifolium;

Calamites Suckowi, Cal. Cisti, Cal. major, Cal. gigas, Cal. cannæformis, Cal. pachyderma, Cal. approximatus, Cal. cruciatus; Arthropitys gallica; Calamophyllites subcommunis; Asterophyllites equisetiformis; Annularia stellata, Ann. sphenophylloides; Macrostachya carinata;

Selaginellites Suissei; Sigillaria Brardi; Sigillariostrobus major; Sigillariostr. spectabilis; Stigmaria ficoides;

Cordaites angulosostriatus, Cord. lingulatus; Artisia transversa, Art. approximata, Art. costata;

Pterophyllum Grand'Euryi;

Dicranophyllum gallicum;

Walchia imbricata;

Cardiocarpus Gutbieri.

Dans son ensemble, cette flore offre une ressemblance frappante avec celle de Commentry, avec laquelle elle possède en commun, notamment, et pour ne parler que des formes les plus significatives : *Sphenopteris cristata, Sphen. Matheti; Zygopteris pinnata; Diplotmema Busqueti, Dipl. Ribeyroni; Pecopteris Daubreei, Pec. densifolia, Pec. feminæformis, Pec. Bioti, Pec. Gruneri, Pec. Sterzeli; Callipteridium gigas; Odontopteris minor, Od. genuina; Nevropteris crenulata, Nevr. pseudo-Blissi, Nevr. cordata; Linopteris Germari; Tæniopteris jejunata; Aphebia acanthoides;* — *Sphenophyllum angustifolium, Sphen. longifolium;* — *Calamites gigas;* — *Sigillaria Brardi;* — *Artisia costata;* — *Dicranophyllum gallicum.*

La concordance est trop complète pour qu'on puisse douter de l'identité de niveau, et d'ailleurs la fréquence de l'*Odontopteris minor*, à l'exclusion de l'*Od. Reichiana*, la présence d'espèces telles que *Diplotmema Busqueti, Pecopteris densifolia, Callipteridium gigas, Calamites major, Calam. gigas, Pterophyllum Grand'Euryi, Walchia imbricata*, l'abondance et la diversité des Equisétinées à tige ligneuse, conduisent, en dehors de toute comparaison avec la flore de Commentry, à classer, d'accord avec M. Grand'Eury [1], cette zone supérieure de Blanzy dans l'étage des Calamodendrées, auquel, précisément, nous avons été conduits, B. Renault et moi, à rapporter les dépôts houillers de Commentry [2].

Question de l'attribution au Houiller ou au Permien. — J'ai déjà discuté, à propos de ceux-ci, la question de savoir si cet étage des Calamodendrées devait être placé à la partie la plus élevée du Stéphanien, ainsi que l'a pensé M. Grand'Eury, ou classé déjà dans le Permien, conformément à l'idée mise

(1) Grand'Eury, Flore carbonifère du centre de la France, p. 509, 510.

(2) B. Renault et R. Zeiller, Flore fossile du terrain houiller de Commentry, 3e partie, p. 713-727. — R. Zeiller, Sur l'âge des dépôts houillers de Commentry (*Bull. Soc. Géol. Fr.*, 3e série, XXII, p. 252-278).

en avant par M. Potonié[1] et M. Sterzel[2], et j'ai fait valoir, à l'encontre de cette dernière idée, l'absence, dans les couches de cet étage, des espèces les plus caractéristiques du Permien, telles que *Callipteris conferta*, *Tæniopteris multinervis*, *Walchia filiciformis*, qui se montrent, aux environs d'Autun notamment, dans des couches que tous les géologues, allemands aussi bien que français, s'accordent à considérer comme formant l'extrême base du Permien; il faut ajouter à cela que, comme je l'ai fait également remarquer, bon nombre des espèces qui ont été observées à Commentry, et qui se retrouvent à Blanzy, n'ont jamais été rencontrées dans des couches vraiment reconnues comme permiennes, et je citerai en particulier *Zygopteris pinnata*, *Pecopteris Bioti*, *Odontopteris genuina*, *Nevropteris crenulata*, *Sphenophyllum longifolium*.

Il y a, il est vrai, dans la flore de l'étage des Calamodendrées, ainsi que dans celle de l'étage des Filicacées, que M. Sterzel voudrait ranger l'un et l'autre dans le Permien, un certain nombre de types qui ne sont pas connus plus bas et qui passent ensuite dans le Permien, de sorte que, suivant qu'on attribue une importance prédominante à l'un ou à l'autre d'entre eux, on peut faire varier à volonté la limite entre le Houiller et le Permien, en définissant cette limite d'après l'apparition de tel ou tel type choisi comme critérium. On pourrait même aller plus loin que M. Sterzel, en considérant, par exemple, le genre *Tæniopteris* comme caractéristique du Permien, ce qui conduirait à rapporter à ce terrain non plus seulement les deux étages des Filicacées et des Calamodendrées, mais l'étage des Cordaïtées, dans lequel le *Tæniopteris jejunata* se montre déjà représenté par quelques spécimens[3], et tout le système des couches de Saint-Étienne passerait ainsi dans le Permien. Si c'était le genre *Walchia* que l'on prît pour guide, ainsi que M. Potonié semblait porté à le faire, il faudrait reporter la limite encore plus bas, puisque M. Grand'Eury signale le *W. piniformis* dans les couches de Communay, assimilées par lui, d'autre part, avec celles de Rive-de-Gier[4], et alors il ne resterait plus rien du Stéphanien, le Permien faisant désormais suite immédiate au Westphalien.

[1] H. Potonié, Die Flora des Rothliegenden von Thüringen, p. 224; Lehrbuch der Pflanzenpalaeontologie, p. 377.

[2] J. T. Sterzel, Die Flora des Rothliegenden im Plauenschen Grunde bei Dresden, p. 157, 159 (*Abhandl. d. math.-phys. Cl. d. k. sächs. Gesellsch. d. Wissenschaften*, XIX); Die Flora des Rotliegenden von Oppenau im badischen Schwarzwalde, p. 339-351 (*Mitteil. d. Grossh. Badischen Geol. Landesanstalt*, III, Heft 2).

[3] Grand'Eury, Flore carbonifère du centre de la France, p. 591.

[4] *Ibid.*, p. 277, p. 578-579.

Ce ne sont là, sans doute, peut-on dire, que des questions d'accolades, ainsi qu'il ressort du tableau même de succession des couches donné, d'après M. Grand'Eury, par M. Sterzel[1], qui se borne, en le reproduisant sans y rien modifier, à déplacer la limite commune du Houiller et du Permien pour la mettre, non plus entre l'étage des Calamodendrées et les couches autuniennes typiques d'Autun, mais entre l'étage des Cordaïtées et celui des Filicacées, et qui semble vouloir englober dans le Permien une partie au moins de l'étage d'Ottweiler du bassin de la Sarre, généralement considéré pourtant comme houiller. Cependant le choix de la limite ne saurait être ainsi arbitraire, et un tel déplacement irait à l'encontre des données stratigraphiques tant en ce qui regarde le bassin de la Sarre que les bassins du centre de la France, où les limites admises jusqu'ici répondent à des changements de régime dont on ne peut méconnaître l'importance.

Aussi bien les différences d'appréciation à ce point de vue entre paléobotanistes français et paléobotanistes allemands me paraissent-elles tenir à ce que le Stéphanien, tel qu'on l'observe et qu'on le définit en France, étant imparfaitement représenté en Allemagne, c'est nécessairement, pour nos confrères d'outre-Rhin, le Westphalien qui constitue le type essentiel du Houiller, et c'est ainsi que M. Sterzel fait valoir, à l'appui de l'attribution au Permien des couches de Commentry, l'absence, dans ces couches, « de toutes les Sphénoptéridées et de toutes les Sigillaires typiques du Houiller »[2], telles, d'une part, que *Sphenopteris obtusiloba* Brongniart et autres espèces affines, d'autre part, que *Sigillaria elliptica* Brongniart, *Sig. mamillaris* Brongniart, *Sig. elegans* Brongniart, et autres formes du groupe des Sigillaires cannelées, toutes espèces qui sont, en fait, caractéristiques de la flore westphalienne, mais dont le plus grand nombre pénètrent à peine dans le Stéphanien, et dont quelques-unes même, comme *Sig. elegans*, n'arrivent même pas jusqu'au sommet du Westphalien. On ne peut donc tirer de l'absence de ces espèces que des arguments contre l'attribution au Westphalien, mais non contre l'attribution au Stéphanien.

Il semble, au surplus, que le désaccord ne soit pas absolu, les géologues allemands paraissant unanimes à reconnaître comme appartenant encore au Houiller les couches de Wettin[3], dont la flore a, en fait, la plus grande res-

[1] J.-T. Sterzel, Die Flora des Rotliegenden von Oppenau, p. 349, 350.
[2] J.-T. Sterzel, *ibid.*, p. 344.
[3] J.-T. Sterzel, Die Flora der Rotliegenden von Oppenau, p. 337. — H. Potonié, Lehrbuch

semblance avec celle de la zone supérieure de Blanzy comme avec celle des couches de Commentry, renfermant notamment[1] *Pecopteris truncata*, *Pec. integra*[2], *Pec. unita*, *Pec. feminæformis* f. *spectabilis* (*Pec. elegans* Germar), *Callipteridium pteridium*, *Mixoneura subcrenulata*, *Mix. auriculata*[2], *Linopteris Germari*[3], *Aphlebia Germari*; *Sphenophyllum oblongifolium*, *Sphen. angustifolium*, *Sphen. longifolium*; *Macrostachya carinata*; *Sigillaria Brardi*, *Sigillariostrobus major*; auxquels il faut en outre ajouter, suivant toute vraisemblance, *Zygopteris pinnata* et *Pecopteris Sterzeli*, les échantillons figurés par Germar sous les noms d'*Araucarites spicæformis* et de *Pecopteris Pluckeneti* me paraissant devoir être rapportés respectivement à l'une et à l'autre de ces deux espèces. Sans doute on n'a pas observé à Wettin, jusqu'à présent du moins, certaines formes, telles que *Pecopteris densifolia*, *Callipteridium gigas*, *Odontopteris minor*, *Calamites gigas*, *Pterophyllum Grand'Euryi* ou *Pteroph. Fayoli*, qui indiquent, pour les couches de Blanzy dont il est en ce moment question et pour celles de Commentry, un niveau particulièrement élevé, et l'on peut, dans la comparaison entre les couches de Wettin et les étages distingués par M. Grand'Eury dans le Stéphanien français, se demander si l'on doit les paralléliser avec l'étage des Calamodendrées ou seulement avec celui des Filicacées, mais on ne saurait en tout cas les placer plus bas que ce dernier, la présence à Wettin de formes comme *Pecopteris feminæformis* f. *spectabilis*, qui semble, ainsi que je l'ai dit plus haut, cantonnée à l'extrême sommet du Stéphanien et à la base du Permien, comme *Pec. Bredovi* et *Pec. pseudo-Bucklandi*, que je n'ai observés en France que dans des couches autuniennes, me semble d'ailleurs plaider plutôt, entre ces deux étages, en faveur de l'attribution au plus élevé.

Au reste, la distinction entre l'étage des Calamodendrées et l'étage des Filicacées n'est qu'une question de détail, et ils sont trop étroitement liés l'un à l'autre à tous les points de vue pour qu'on puisse songer à faire passer entre eux la ligne de démarcation du Houiller et du Permien; aussi, qu'on mette les couches de Wettin un peu au-dessus ou un peu au-dessous de la

der Pflanzenpalaeontologie, p. 375. — F. Beyschlag und K. von Fritsch, Das Jüngere Steinkohlengebirge und das Rothliegende in der Provinz Sachsen und den angrenzenden Gebieten, p. 162 (*Abhandl. d. k. Preuss. Geol. Landesanstalt*, Neue Folge, Heft 10; 1900).

[1] E.-F. Germar, Die Versteinerungen des Steinkohlengebirges von Wettin und Löbejün im Saalkreise.

[2] Observé à Blanzy au puits du Magny, dans le travers-bancs de l'étage de 427 mètres.

[3] C. Giebel, Palæontologische Untersuchungen (*Zeitschr. f. die gesammten Naturwissenschaften*, X, p. 301; 1857).

limite commune de ces deux étages, il faut nécessairement, si l'on classe ces couches dans le Houiller, y classer en même temps l'étage des Calamodendrées, qui a avec elles, par la constitution de sa flore, des affinités beaucoup plus étroites qu'avec les couches permiennes inférieures qui leur font suite et dans lesquelles apparaissent, comme dans le Rothliegende inférieur de la Sarre ou de la Thuringe, les types vraiment caractéristiques de la flore permienne, tels que *Callipteris conferta* et *Walchia filiciformis* [1], qu'on n'a jamais rencontrés dans l'étage des Calamodendrées.

Je ne puis donc que maintenir les conclusions que j'avais formulées jadis lorsque j'avais discuté l'âge des dépôts houillers de Commentry, et c'est, comme pour eux, à la partie la plus élevée du Stéphanien que je crois devoir, en la rangeant dans l'étage des Calamodendrées, placer la zone supérieure de Blanzy.

Travers-bancs de l'étage de 427 mètres du puits du Magny. — On s'est demandé, ainsi que je l'ai dit plus haut [2], si les assises recoupées par le travers-bancs de l'étage de 427 mètres du puits du Magny, au delà de la faille du Magny, n'appartiendraient pas déjà au Permien, et peut-être au Saxonien inférieur plutôt qu'à l'Autunien, ce travers-bancs étant passé, sans accident visible, à 590 mètres environ de la faille, de ces couches à facies houiller, dans des grès rouges, qui paraissent devoir être tenus pour saxoniens; mais la constitution de la flore observée ne permet pas, à mon avis, de classer ces couches autrement que comme houillères : elle comprend, en effet, *Zygopteris pinnata, Diplotmema Busqueti, Pecopteris cyathea, Pec. hemitelioides, Pec. oreopteridia, Pec. polymorpha, Pec. unita, Pec. feminæformis, Pec. Sterzeli, Alethopteris Grandini, Odontopteris minor, Mixoneura subcrenulata, Nevropteris cordata, Linopteris Germari, Calamites cannæformis, Annularia stellata, Macrostachya carinata, Cordaites lingulatus;* toutes espèces connues et fréquentes dans la zone supérieure, et, en outre, *Pecopteris integra, Mixoneura neuropteroides, Mix. auriculata, Nevropteris Planchardi* et *Linopteris Brongniarti*, ainsi que quelques tronçons décortiqués de Sigillaires à côtes, non déterminables. De ces cinq dernières Fougères ou Ptéridospermées, le *Mix. auriculata* est la seule espèce qui n'ait pas été observée à Commentry, mais c'est, de même que le *Pec.*

[1] F. Beyschlag und K. von Fritsch, Das Jüngere Steinkohlengebirge und das Rothliegende in der Provinz Sachsen, p. 213, 214.

[2] Voir *supra*, p. 96.

IMPRIMERIE NATIONALE.

integra, une forme stéphanienne normale, signalée, ainsi que cette dernière, à Wettin comme à Saint-Étienne. Seul le *Mix. neuropteroides* pourrait être invoqué en faveur de l'attribution au Permien, n'étant connu en Allemagne que dans des couches généralement réputées permiennes; mais il n'est pas certain que les couches d'Oppenau, dans la Forêt-Noire, où il est abondant, doivent réellement être rapportées au Permien, et M. F. von Sandberger, qui cependant aurait voulu classer comme permiens les étages français des Filicacées et des Calamodendrées, a insisté[1] pour l'attribution de ces couches au Stéphanien, en se fondant notamment sur la fréquence, à Oppenau, des *Dicranophyllum gallicum* et *Dicr. lusitanicum*, qui me paraît, en effet, comme je l'ai dit ailleurs[2], de nature à lui donner raison.

Au surplus, je n'ai pas à revenir sur les motifs que j'ai déjà fait valoir et que j'ai exposés à nouveau tout à l'heure pour justifier l'attribution au Stéphanien plutôt qu'au Permien de l'étage des Calamodendrées et, avec lui, des couches de Commentry, dans lesquelles le *Mix. neuropteroides* s'est montré également représenté, mais, comme dans le travers-bancs du puits du Magny, par un seul échantillon; c'est là, du reste, à mon sens, une de ces espèces qui, à l'instar de quelques autres, telles, par exemple, que *Pecopteris densifolia, Nevropteris Planchardi, Plagiozamites Planchardi*, ne paraissent pas s'élever bien haut dans la formation permienne et dont il est dès lors naturel que l'origine soit quelque peu antérieure au début de celle-ci. Peut-être, probablement même, les couches traversées par le travers-bancs du puits du Magny entre la faille et les grès rouges représentent-elles la partie la plus élevée de la zone supérieure de Blanzy, mais la présence de formes telles que *Zygopteris pinnata* et *Linopteris Brongniarti*, ainsi que de Sigillaires à côtes, me paraît attester qu'il s'agit encore là de dépôts d'âge stéphanien.

Travers-bancs de la faille de l'Est du puits Sainte-Eugénie. — Un problème semblable à celui de l'âge des couches recoupées par ce travers-bancs du puits du Magny se pose pour le travers-bancs de l'étage de 380 mètres du puits Sainte-Eugénie, qui occupe une situation homologue par rapport à la faille

[1] F. von Sandberger, Nachträgliche Bemerkungen zu meiner Abhandlung « Ueber Steinkohlenformation und Rothliegendes im Schwarzwald. » (*Verhandl. d. k. k. geol. Reichsanstalt*, 1891, p. 83-85).

[2] R. Zeiller, Sur l'âge des dépôts houillers de Commentry (*Bull. Soc. Géol. de France*, 3e sér., XXII, p. 273).

de l'Est : ce travers-bancs a, en effet, après avoir dépassé la faille, rencontré d'abord à son toit une série de couches avec quelques passées charbonneuses, dont il n'y a pas lieu de douter qu'elles appartiennent à la formation houillère, et ensuite des conglomérats suivis de grès et de schistes, dont on n'a pu encore préciser s'ils sont d'âge stéphanien ou permien. Cette dernière série d'assises n'a fourni malheureusement que des ramules détachés de *Walchia piniformis*, recueillis dans les schistes gris les plus voisins de l'extrémité du travers-bancs, et comme cette espèce, commune dans le Permien, a été en outre observée plus d'une fois dans le Stéphanien, et jusque dans sa région inférieure, ainsi que je l'ai rappelé plus haut, on ne peut conclure, de sa seule présence, à l'attribution au Permien des couches où on la rencontre.

Il est donc possible qu'on ait affaire là à des couches encore stéphaniennes; mais il se peut également qu'on soit passé, comme au travers-bancs de l'étage de 427 mètres du puits du Magny, du Stéphanien dans le Permien, ainsi que pourrait le donner à penser la présence, parmi ces couches d'âge indécis, de petits bancs de grès rouges ainsi que d'imprégnations d'huile; pour le moment, les matériaux paléobotaniques dont on dispose sont impuissants à résoudre la question du niveau à leur attribuer.

Zone médiane. — La zone médiane de Blanzy, définie par M. Delafond[1] comme allant de la couche n° 1 à la couche n° 4, a été, malheureusement, moins complètement explorée au point de vue paléobotanique que la zone supérieure.

Il a cependant été recueilli un assez grand nombre d'empreintes au toit même de la couche n° 1 ou entre la couche n° 1 et la couche n° 2 dans les travaux du puits Saint-Amédée, et au toit de la couche n° 2 dans les découverts de Lucy et du Magny. La flore ainsi reconnue dans l'intervalle compris entre les toits respectifs de ces deux couches comprend : *Sphenopteris cristata*, *Sphen. Matheti*; *Pecopteris cyathea*, *Pec. Candollei*, *Pec. cuneura*, *Pec. hemitelioides*, *Pec. oreopteridia*, *Pec. polymorpha*, *Pec. unita*, *Pec. feminæformis*, *Pec. Bioti*, *Pec. Sterzeli*; *Callipteridium pteridium*, *Call. gigas*; *Alethopteris Grandini*; *Odontopteris Reichiana*, *Odont. minor*; *Nevropteris cordata*; *Linopteris Brongniarti*; *Aphlebia Germari*; *Caulopteris grandis*;

Sphenophyllum oblongifolium, *Sphenoph. longifolium*;

[1] F. Delafond, Bassin houiller et permien de Blanzy et du Creusot, Fasc. I, Stratigraphie, p. 49.

Calamites Suckowi, Cal. Cisti, Cal. cruciatus; Asterophyllites equisetiformis; Annularia stellata, Ann. sphenophylloides, Ann. spicata; Macrostachya carinata;

Lepidostrobus Gaudryi; Asolanus camptotænia; Sigillaria Brardi;

Cordaites angulosostriatus, Cord. lingulatus, Cord. cf. *borassifolius; Dorycordaites palmæformis; Poacordaites; Artisia transversa, Art. approximata;*

Walchia piniformis;

Cardiocarpus Cordai; Codonospermum anomalum.

Cette flore n'est, on le voit, pas sensiblement différente de celle de la zone supérieure; il y a lieu d'y signaler cependant l'*Odont. Reichiana*, observé par M. Grand'Eury au toit de la couche n° 1 et dans les schistes bitumineux de la région de Lucy, dont la présence pourrait indiquer un horizon un peu plus bas et donner à penser qu'on passe là à la partie supérieure de l'étage des Filicacées, ou du moins qu'on en approche; il paraît trop rare, il est vrai, pour qu'on puisse attribuer grand poids à sa présence, mais c'est là cependant un indice qu'il y a intérêt à noter. On pourrait également remarquer l'absence d'un certain nombre de formes de la zone supérieure, telles, par exemple, que *Pecopteris densifolia, Nevropteris crenulata, Tæniopteris jejunata*, si le peu d'abondance des récoltes ne diminuait singulièrement la valeur des observations négatives.

Au surplus, la fréquence relative du *Callipteridium gigas* et de l'*Odontopteris minor*, la présence de l'*Annularia spicata*, reconnu par M. Grand'Eury au toit de la couche n° 1, accusent encore un horizon élevé, et tout au plus peut-on se demander si l'on ne se trouve pas là au voisinage de la limite entre les deux étages des Calamodendrées et des Filicacées, mais sans qu'il soit possible de rien préciser.

En tout cas, il me paraît impossible de rapporter cette zone à l'étage des Cordaïtées, comme l'avait admis M. Grand'Eury[1], d'après des matériaux évidemment insuffisants, qui semblaient accuser une prédominance des Cordaïtées que les récoltes ultérieures n'ont pas confirmée; il serait résulté d'ailleurs de cette assimilation, ainsi qu'il en faisait lui-même la remarque, une lacune assez singulière, correspondant à l'étage des Filicacées, à l'appui de laquelle il n'était possible d'invoquer aucun indice de discontinuité dans la sédimentation.

Quant aux couches inférieures à la couche n° 2, elles n'ont fourni qu'un

[1] Grand'Eury, Flore carbonifère du centre de la France, p. 509.

nombre d'échantillons des plus restreints. On avait cru longtemps, ainsi que l'a indiqué M. Delafond[1], que les gîtes de la région de Blanzy, des Crépins et du Ragny représentaient la partie inférieure de la formation, et c'est ainsi que quelques échantillons de *Sphenophyllum oblongifolium*, de *Calamites Suckowi*, de *Cal. Cisti*, recueillis, par exemple, au puits Trémeau, au puits des Crépins ou au puits de la Chassagne, avaient été notés comme provenant de la 4e grande couche[2]; on a reconnu plus tard que les gîtes en question devaient correspondre au groupe des couches n° 1 et n° 2, et la composition de la flore observée dans les puits de cette région n'a rien qui soit en contradiction avec cette assimilation : on y remarque, en effet, au milieu d'un ensemble d'espèces qui se retrouvent à peu près à tous les niveaux du Stéphanien (*Pecopteris cyathea*, *Pec. polymorpha*, *Pec. unita*, *Callipteridium pteridium*, *Alethopteris Grandini; Sphenophyllum verticillatum*, *Sphenoph. oblongifolium; Calamites Suckowi*, *Cal. Cisti*, *Cal. cannæformis*, *Annularia stellata*, *Ann. sphenophylloides; Cordaites lingulatus*), quelques types comme *Pecopteris hemitelioides*, surtout *Pec. Sterzeli* et *Callipteridium gigas*, qui plaident en faveur d'un niveau élevé, mais qui ne sauraient toutefois permettre de fixer plus étroitement l'âge de ces couches.

En fait, les quelques espèces provenant réellement de niveaux inférieurs à la couche n° 2 ont été fournies exclusivement par les puits Saint-Louis et Sainte-Hélène, où l'on a récolté, soit entre les couches n° 2 et n° 4, soit dans cette dernière : *Callipteridium pteridium*, *Alethopteris Grandini*, *Caulopteris peltigera*, *Calamites cruciatus*, *Annularia stellata* et *Ann. sphenophylloides*, qui ne sont pas de nature à préciser un horizon; mais on a observé, en outre, au puits Saint-Louis, à 492 mètres de profondeur, c'est-à-dire à près de 60 mètres au-dessous de la couche n° 4, l'*Odontopteris minor*, qui fournit une indication intéressante, car il n'apparaît à Saint-Étienne que dans la moitié supérieure de l'étage des Filicacées, et l'on peut conclure de sa présence que le niveau d'où il provient n'est pas inférieur au milieu de cet étage.

Résumé. — En résumé, la zone supérieure de Blanzy a seule été assez complètement explorée au point de vue paléobotanique pour que l'on puisse tirer de l'examen des échantillons qui y ont été recueillis des conclusions certaines en ce qui touche le niveau à lui attribuer : elle vient nettement se classer,

(1) F. Delafond, *loc. cit.*, p. 58.
(2) Voir *supra*, p. 121, 127, 128.

d'après la constitution de sa flore, dans l'étage des Calamodendrées, c'est-à-dire vers le sommet du Stéphanien supérieur. Quant aux couches sous-jacentes, c'est-à-dire à la zone médiane composée des couches n° 1 à n° 4 et à la zone inférieure à cette dernière, les documents qu'on possède à leur sujet ne permettent pas des conclusions de détail bien précises : sans doute, la présence de l'*Odontopteris minor* jusque dans cette dernière zone autorise à ranger toute cette succession de couches dans le Stéphanien supérieur, mais sans qu'il soit possible de dire si une partie d'entre elles appartient à l'étage des Filicacées plutôt qu'à celui des Calamodendrées. Il semble cependant qu'on soit fondé à présumer que l'étage des Calamodendrées n'est pas seul représenté aux mines de Blanzy, à raison tant de l'épaisseur de la formation que de la présence, au voisinage de la couche n° 1, de l'*Odontopteris Reichiana*, qui, s'il n'indique pas positivement l'étage des Filicacées, donne du moins à penser qu'on n'en est pas très éloigné; mais il est impossible de rien affirmer et de se rendre compte de la place qu'il faudrait assigner à la limite respective de ces deux étages.

B. Mines de Montchanin et Longpendu.

Bien qu'elles n'aient pas été extrêmement nombreuses, les récoltes faites aux mines de Montchanin et de Longpendu ont fourni, particulièrement pour ces dernières, des documents intéressants.

Mines de Longpendu. — Je citerai seulement, comme observées à Longpendu, les espèces ci-après, laissant de côté celles qui, à raison de leur grande extension verticale, ne méritent pas de fixer l'attention au même degré : *Sphenopteris Matheti; Diplotmema Busqueti,* dans les 2ᵉ et 4ᵉ couches; *Pecopteris hemitelioides,* couche supérieure, et 2ᵉ et 4ᵉ couches; *Pec. densifolia,* 4ᵉ et 6ᵉ couches; *Pec. claverica,* 5ᵉ couche; *Pec. Sterzeli,* 2ᵉ couche; *Callipteridium gigas; Odontopteris Reichiana,* 4ᵉ et 6ᵉ couches; *Odont. minor,* 4ᵉ couche; *Odont. genuina; Nevropteris cordata,* 2ᵉ couche; *Linopteris Brongniarti,* 5ᵉ couche; *Lin. Germari,* 5ᵉ et 6ᵉ couches; et *Plagiozamites Planchardi,* dans la couche supérieure.

On retrouve là, on le voit, une bonne partie des espèces typiques de Commentry, dont quelques-unes même, à savoir *Pecopteris claverica* et *Plagiozamites Planchardi,* n'ont pas été rencontrées encore à Blanzy, et cet ensemble conduit à considérer tout le faisceau des couches de Longpendu comme appartenant, de même que la zone supérieure de Blanzy avec laquelle il présente, au point de vue de la constitution de la flore, une ressemblance indéniable, à l'étage des Calamodendrées. Mais il y a lieu d'y remarquer la présence de l'*Odontopteris Reichiana*, qui, ainsi que je l'ai dit plus haut, semble annoncer le voisinage de l'étage des Filicacées, et qui vient à l'appui de l'assimilation qui a été faite de ce faisceau des couches de Longpendu avec le groupe constitué par les couches n° 1 et n° 2 de Blanzy [1], auquel M. Grand'-Eury l'indiquait, du reste, dès 1877 comme paraissant devoir être rattaché à raison de l'analogie de la flore [2].

Mines de Montchanin. — L'examen des échantillons recueillis à Montchanin conduit aux mêmes conclusions pour les couches de ce gisement, qui ont été d'ailleurs reconnues comme n'étant que la suite de celles de Longpendu : on y a observé en effet l'*Odontopteris Reichiana* et l'*Odont. minor*, et, avec ce dernier, diverses autres espèces accusant également un niveau élevé, telles que *Pecopteris hemitelioides, Pec. Daubreei, Pec. feminæformis, Pec. Bioti, Pec. Sterzeli, Nevropteris cordata, Linopteris Germari*, et surtout *Pterophyllum Grand'Euryi*, de la zone supérieure de Montmaillot.

C. Mines de Saint-Bérain.

Aux mines de Saint-Bérain, c'est dans le faisceau inférieur des couches de la Charbonnière ou du Bois-Perrot qu'il a été recueilli le plus grand nombre d'échantillons; on y remarque, comme types spécifiques significatifs au point de vue du niveau : *Zygopteris pinnata, Diplotmema Busqueti, Callipteridium gigas, Odontopteris minor, Linopteris Germari*, qui permettent de rapporter à l'étage des Calamodendrées les couches de ce faisceau, et avec elles celles du faisceau supérieur, de Saint-Léger, dont la flore ne diffère guère que par l'absence d'un petit nombre d'espèces, imputable à la moindre abondance des récoltes. Pas plus que M. Grand'Eury, qui avait déjà rapporté les couches houillères de Saint-Bérain à ce même étage des Calamodendrées [3], je n'y ai vu l'*Odontopteris Reichiana*, dont l'absence, si elle était définitivement établie, tendrait à faire paralléliser ces couches avec la zone supérieure de

[1] F. Delafond, *loc. cit.*, p. 71.
[2] Grand'Eury, Flore carbonifère du département de la Loire, p. 509.
[3] *Ibid.*, p. 510.

Montceau plutôt qu'avec le faisceau des grandes couches n° 1 et n° 2. On peut noter, il est vrai, la présence, dans ces gisements de Saint-Bérain, de *l'Odont. Brardi,* qui, s'il monte sur certains points jusqu'à la base du Permien [1], paraît tendre dans la Loire à disparaître vers le haut du Stéphanien [2], et qui, s'il en était de même dans le bassin de Blanzy, où il est d'ailleurs singulièrement rare, contrebalancerait en quelque sorte l'absence de l'*Odont. Reichiana* et pourrait faire rapprocher les gisements de Saint-Bérain de ceux de Montchanin et de Longpendu, conformément à ce qu'a présumé M. Delafond [3]; mais les documents paléobotaniques dont on dispose actuellement ne sont pas assez abondants pour permettre de préciser ainsi dans le détail les relations mutuelles de ces gisements.

D. Mines de Perrecy.

Laissant de côté pour le moment les couches permiennes rencontrées au puits de Romagne, je signalerai la présence, parmi les espèces recueillies dans les couches stéphaniennes des mines de Perrecy, des formes suivantes : *Sphenopteris cristata; Diplotmema Busqueti; Pecopteris hemitelioides, Pec. feminæformis; Callipteridium gigas; Odontopteris Reichiana* et *Odont. minor,* observés l'un et l'autre au toit de la grande couche d'anthracite; *Nevr. crenulata; Linopteris Germari.* Il faut, d'après cela, rapporter encore les couches houillères de Perrecy à l'étage des Calamodendrées, comme celles de la majeure partie des autres gisements déjà examinés; quant à leurs relations avec celles de Blanzy, il serait évidemment nécessaire de connaître plus complètement la constitution de leur flore pour tenter une assimilation précise; cependant la présence, dans la grande couche d'anthracite, de l'*Odontopteris Reichiana,* à côté de l'*Odont. minor,* semble venir assez nettement à l'appui de l'assimilation qui a été faite [4] du faisceau des couches anthraciteuses de Perrecy avec le groupe des couches n° 1 et n° 2 de Blanzy.

Quant aux couches permiennes du puits de Romagne, rapportées par M. Delafond au Saxonien inférieur, j'indiquerai plus loin la constitution de la flore qui y a été observée, et j'en étudierai la signification.

[1] R. Zeiller, Flore fossile du bassin houiller et permien de Brive, p. 41, 121, 122.
[2] Grand'Eury, Flore carbonifère du département de la Loire, p. 499, 595.
[3] F. Delafond, *loc. cit.*, p. 82.
[4] F. Delafond, *loc. cit.*, p. 86.

E. MINES DU CREUSOT.

Les mines du Creusot ont fourni les espèces suivantes, recueillies les unes et les autres au voisinage de la Grande couche, la plupart à son toit ou à son mur, quelques-unes au toit de l'une ou de l'autre des veines du mur, c'est-à-dire à peu de distance en contrebas : *Sphenopteris cristata; Diplotmema Busqueti; Pecopteris arborescens, Pec. cyathea, Pec. Candollei, Pec. alethopteroides, Pec. hemitelioides, Pec. Daubreei, Pec. Bioti; Alethopteris Grandini; Linopteris Germari; Lesleya Cocchii; — Sphenophyllum oblongifolium; — Calamites Suckowi, Cal. Cisti, Cal. cannæformis, Cal. approximatus; Asterophyllites equisetiformis; Annularia stellata, Ann. sphenophylloides; Macrostachya carinata; — Asolanus camptotænia; Stigmaria ficoides; — Cordaites* cf. *borassifolius; Poacordaites linearis; — Walchia piniformis; W. hypnoides.*

Il est assez curieux de noter que je n'ai, pas plus que M. Grand'Eury, observé au Creusot ni *Callipteridium*, ni *Odontopteris*, non plus que divers *Pecopteris* qu'on devait s'attendre à y rencontrer; on ne peut sans doute affirmer définitivement leur absence, et il est fort possible que des récoltes plus complètes eussent fait disparaître ces lacunes; mais tout au moins ne peut-on contester leur rareté, qui contraste avec leur fréquence dans les dépôts appartenant à la bande Sud-Est, c'est-à-dire au bassin de Blanzy. Il y a là un argument de plus à l'appui de l'indépendance de ces bassins, de Blanzy d'une part, et du Creusot d'autre part. On ne saurait, en effet, imputer l'absence ou la rareté de ces espèces à une différence d'âge tant soit peu importante, bon nombre des types spécifiques que j'ai cités tout à l'heure attestant que les dépôts du Creusot occupent une place élevée dans la série houillère : tels sont *Sphenopteris cristata, Diplotmema Busqueti, Pecopteris Candollei, Pec. hemitelioides, Pec. Daubreei, Pec. Bioti; Linopteris Germari; Walchia piniformis, W. hypnoides;* qui, s'ils n'excluent pas l'attribution à l'étage des Filicacées, constituent un ensemble de nature à faire rapporter plutôt ces dépôts à l'étage des Calamodendrées. Le *Lesleya Cocchii*, observé seulement jusqu'ici dans le Permien inférieur de la Toscane, voisin, d'ailleurs, du *Lesleya ensis* de Commentry, plaide également en faveur de cette attribution.

M. Grand'Eury avait, on se le rappelle, indiqué[1] les gîtes du Creusot comme

[1] GRAND'EURY, Flore carbonifère du département de la Loire, p. 510.

pouvant peut-être correspondre à ceux d'Épinac, mais il reconnaissait que le peu de documents qu'il avait eus en mains ne permettait guère de déterminer l'âge de ces gîtes, de sorte qu'il n'y a pas lieu de s'étonner si l'examen de matériaux plus nombreux m'a conduit à une conclusion différente.

F. Mines des Petits-Châteaux, de Pully et de Grandchamp.

A la mine des Petits-Châteaux, je n'ai trouvé que le *Callipteridium pteridium*, et avec lui de très nombreuses pinnules de *Linopteris Germari* dont l'abondance donne lieu de penser qu'on a affaire là à des dépôts appartenant, comme les autres gisements similaires de la même région, à la partie la plus élevée de la formation stéphanienne.

Quant à la mine de Pully, malgré toutes les recherches que j'ai faites en compagnie de M. Delafond dans les déblais extraits du puits foncé par MM. Campionnet et Cie, je n'ai pu y découvrir aucune empreinte, et il est en conséquence impossible de déterminer l'âge des gîtes compris dans la concession de ce nom.

A la concession de Grandchamp, j'ai pu recueillir, dans les déblais provenant des puits les plus récents, *Linopteris Germari* en abondance, *Annularia stellata, Ann. sphenophylloides* représenté par plusieurs échantillons, ainsi qu'un *Pecopteris* indéterminable, et beaucoup d'écailles de Poissons. La fréquence de ces dernières, qui rappelle ce qu'on observe dans certains schistes de l'Autunois, pourrait même, ainsi que l'a fait remarquer M. Delafond [1], suggérer l'idée de dépôts permiens. Je crois cependant qu'on doit avoir encore affaire là, comme dans les précédents gisements, à la portion tout à fait supérieure du Stéphanien, étant donnée l'abondance relative de l'*Annularia sphenophylloides,* qui est, en général, fort rare dans le Permien. Mais il est clair qu'avec une documentation aussi insuffisante on ne saurait formuler de conclusions définitives.

[1] F. Delafond, *loc. cit.*, p. 104.

§ 2. FORMATION PERMIENNE.

A. Mines de Bert.

Dès 1877, M. Grand'Eury avait, comme on sait, établi l'âge permien des dépôts charbonneux des mines de Bert [1], considérés jusqu'alors comme houillers; un peu plus tard, les récoltes faites par M. Manigler, à la profondeur de 500 mètres, au puits des Mandins, n'ayant fourni que des espèces houillères, on avait pu penser que la portion inférieure de ces dépôts appartenait encore au Stéphanien; depuis lors, la découverte, au même puits et au même niveau, du *Tæniopteris multinervis*, la constatation que nous avons faite sur place, M. Delafond et moi, de la présence de nombreux débris de *Callipteris conferta* dans les schistes situés à la partie la plus inférieure de la formation [2], ont confirmé, pour tout ce petit bassin de Bert, l'attribution au Permien indiquée par M. Grand'Eury.

Les observations personnelles que j'ai pu faire n'ajoutent, d'ailleurs, à la liste fort complète qu'il avait donnée qu'un très petit nombre d'espèces, à savoir seulement *Pecopteris pseudo-Bucklandi*, *Callipteridium gigas*, *Nevropteris Planchardi*; *Lepidophloios* cf. *macrolepidotus*, *Lepidophyllum acuminatum*.

La flore des gîtes de Bert apparait, dans son ensemble, composée d'un fond considérable d'espèces à la fois stéphaniennes et permiennes, les unes à extension verticale plus ou moins considérable, telles que *Pecopteris cyathea*, *Pec. Candollei*, *Pec. hemitelioides*, *Pec. polymorpha*, *Mixoneura auriculata*, *Linopteris Germari*; *Sphenophyllum oblongifolium*, *Sphenoph. angustifolium*; des Calamodendrées, *Annularia stellata*; *Sigillaria Brardi*; diverses Cordaïtées; *Walchia piniformis*; les autres n'apparaissant que dans la région la plus élevée du Stéphanien, comme *Pecopteris densifolia*, *Pec. pseudo-Bucklandi*, *Callipteridium gigas*, *Nevropteris Planchardi*; *Sphenophyllum Thoni*; *Calamites gigas*; auxquelles viennent s'ajouter quelques types appartenant en propre et exclusivement à la flore permienne, qui sont : *Callipteridium Rochei*, *Callipteris conferta* sous ses diverses formes et largement représenté, *Tæniopteris multinervis*, et *Walchia linearifolia*.

(1) Grand'Eury, Flore carbonifère du département de la Loire, p. 518-520.
(2) F. Delafond, *loc. cit.*, p. 39.

Il n'y a donc aucun doute possible sur l'âge de ces couches, et l'abondance du *Callipteris conferta* ainsi que son polymorphisme déjà très accentué permet de conclure qu'on se trouve là à un niveau relativement élevé, plus haut certainement que la base de l'Autunien. Il y a lieu toutefois de remarquer l'absence des autres formes spécifiques du même genre, dont un certain nombre se montrent déjà dans l'Autunien moyen; M. Grand'Eury a, il est vrai, signalé à Bert un « *Sphenopteris* rappelant le *Sph. tridactylites*, mais avec des pinnules de décurrence sur le rachis[1] », qui est vraisemblablement, d'après cette dernière indication, un *Callipteris* sphénoptéroïde; mais ces formes sphénoptéroïdes de *Callipteris* paraissent être singulièrement rares à Bert, car je n'en ai vu moi-même aucun spécimen. De même les *Walchia* semblent assez peu diversifiés. Aussi serais-je disposé à placer les couches de Bert un peu plus bas que ne l'a fait M. Grand'Eury, qui, en les rapportant au Rothliegende moyen, les assimilait aux couches de Lebach[2], dans le bassin de la Sarre, lesquelles semblent correspondre, en partie du moins, à l'étage de Millery, près d'Autun, c'est-à-dire à l'Autunien supérieur.

Je les considérerais donc comme appartenant à l'Autunien moyen, à l'étage des couches de Muse et de la Comaille, et plutôt, peut-être, à sa portion inférieure.

B. Dépôts autuniens.

Des empreintes végétales ont été recueillies, principalement par M. Raymond, dans presque tous les dépôts autuniens de la région, à Charmoy, près du Creusot, où ont été faites les récoltes les plus riches, à Courmarcou, à l'étang du Martenet, au Buisson près de Saint-Romain-sous-Versigny, et à Vendenesse.

Prise dans son ensemble, la flore de ces couches, constituées principalement par des schistes micacés, comprend : *Pecopteris oreopteridia, Pec.* cf. *grandifolia; Callipteris conferta* abondant et de formes variées, *Call. Naumanni, Call. Raymondi; Alethopteris minuta; Mixoneura subcrenulata* représenté surtout par la forme à pinnules à peu près aussi larges que hautes désignée par Naumann sous le nom d'*Odontopteris obtusiloba, Mix. auriculata; Nevropteris Zeilleri; Tæniopteris multinervis;* — *Calamites gigas; Annularia stellata, Ann. spicata;* — *Cordaites platynervis; Poacordaites;* — *Ginkgo* (?) *martenensis; Baiera*

[1] Grand'Eury, Flore carbonifère du département de la Loire, p. 519.

[2] *Ibid.*, p. 457.

Raymondi; — *Walchia piniformis, W. linearifolia, W. Schneideri, W. hypnoides, W. imbricata, W. filiciformis; Gomphostrobus bifidus; Araucarites Delafondi; Ullmannia frumentaria;* et diverses graines, notamment *Samaropsis moravica.*

L'abondance des *Callipteris* et des *Walchia*, et la diversité de leurs formes spécifiques attestent qu'on a affaire là à un niveau permien assez élevé, ainsi que l'avait indiqué déjà M. Grand'Eury[1]. Il semble naturel, à raison de la similitude de flore, de paralléliser ces dépôts avec ceux de Millery, d'une part, et de Lodève, d'autre part, et de les ranger par conséquent dans l'Autunien supérieur. J'ajoute que la présence de l'*Ullmannia frumentaria*, du Zechstein, qui n'avait pas encore été observé en France, tend à les faire placer tout à fait au sommet de cet étage.

C. Dépôts saxoniens.

Les grès saxoniens de la région de Blanzy et du Creusot ne renferment pas, en général, d'empreintes végétales. On en trouve cependant sur quelques points, et j'ai pu récolter près de Courmarcou, au bord de la route, dans des grès blancs qui paraissent bien appartenir au Saxonien inférieur, des fragments de rameaux de *Walchia piniformis,* ainsi que des ramules feuillés d'*Annularia stellata;* peut-être aussi est-ce au Saxonien inférieur plutôt qu'à l'Autunien qu'il faudrait rapporter les couches des Lolliers, entre Charmoy et Courmarcou, où M. Raymond a récolté le *Calamites gigas.* Mais on a rencontré en deux points, à Montchanin et à Perrecy, dans les travaux souterrains, des schistes à empreintes et même, dans ces dernières mines, des couches de charbon, intercalées au milieu de grès qui paraissent, d'après leur position stratigraphique comme d'après leurs caractères lithologiques, appartenir à cette même formation du Saxonien inférieur. Je vais rappeler les espèces qui y ont été récoltées.

Mines de Montchanin. — Ainsi que l'a indiqué M. Delafond[2], le Houiller se montre à Montchanin déversé au Nord-Ouest sur le Grès rouge : le puits Wilson a ainsi passé, vers 158 mètres de profondeur, du Stéphanien dans le Saxonien inférieur et a recoupé, à 163 m. 50, un banc de schistes d'allure irrégulière qui a été retrouvé, à l'étage de 170 mètres, dans la galerie allant du puits Wilson au puits Soret. Ce banc de schistes renfermait, en ce dernier point,

[1] Grand'Eury, Flore carbonifère du département de la Loire, p. 511.
[2] F. Delafond, *loc. cit.*, p. 70, 75.

d'assez nombreuses empreintes végétales, consistant d'ailleurs exclusivement en fragments de pennes de *Callipteris conferta*. On avait donc bien affaire là à du Permien, mais cette seule espèce n'aurait pas permis de préciser le niveau, si les observations stratigraphiques ne l'avaient nettement déterminé.

Mines de Perrecy. — Il semble bien que ce soit également au Saxonien inférieur que doivent être rapportés les grès et les poudingues, avec intercalation de schistes noirs et de schistes rouges, qui ont été traversés par le puits de Romagne entre 55 mètres et 300 mètres de profondeur, et sous lesquels le travers-bancs allant au puits n° 2 a retrouvé le Houiller normal, en stratification non concordante. Deux couches de charbon s'étaient montrées comprises dans cette formation de grès et de schistes, l'une à 186 mètres, l'autre à 292 mètres de profondeur[1]. Un certain nombre d'empreintes y ont été trouvées, au cours de l'exploitation à laquelle elles ont donné lieu, et la présence de nombreux débris de *Callipteris* a montré qu'il s'agissait bien là d'une formation permienne. D'après les observations faites par M. Grand'Eury[2] sur une série d'échantillons récoltés, pour la majeure partie, vers 100 mètres de profondeur au cours du fonçage du puits, et d'après celles que j'ai pu faire moi-même tant sur les échantillons envoyés au Muséum de Paris que sur ceux qu'avait recueillis M. Raymond, la flore de cette série d'assises comprend : *Diplotmema Busqueti; Pecopteris cyathea, Pec. Candollei, Pec. polymorpha; Callipteridium pteridium; Callipteris conferta*, fréquent et représenté par des formes très variées, *Call. pseudo-britannica*, qui n'est sans doute qu'une forme du précédent, *Call. Martinsi; Odontopteris minor, Odont. catadroma; Mixoneura subcrenulata; — Calamites major; Cal. infractus; Asterophyllites equisetiformis; Annularia stellata, Ann. spicata.*

C'est là, à en juger par la fréquence des *Callipteris*, une flore nettement permienne, et la présence du *Call. Martinsi*, des schistes bitumineux du Mansfeld, peut être invoquée comme indiquant un niveau particulièrement élevé. D'un autre côté, on remarque dans cette flore certains types stéphaniens qu'on ne serait pas attendu à voir monter aussi haut, étant donné qu'ils semblent, en général, ne pas atteindre le sommet de l'Autunien : tels sont *Odontopteris minor* et *Diplotmema Busqueti*, rencontrés tous deux, représentés chacun par un seul échantillon, dans la couche inférieure du puits de

[1] F. Delafond, *loc. cit.*, p. 31, 84, 85.

[2] Grand'Eury, *in* F. Delafond, *loc. cit.*, p. 34.

Romagne, et dont le premier ne paraît pas s'élever, dans l'Autunois, au-dessus de l'étage moyen des schistes bitumineux, tandis que le second n'avait jusqu'ici jamais été rencontré dans des couches permiennes. On serait tenté, dans ces conditions, de penser qu'on a attribué aux couches dont provient cet ensemble d'espèces un niveau un peu trop élevé, et qu'il conviendrait de les rapporter à l'Autunien plutôt qu'au Saxonien, le *Callipteris Martinsi* étant, d'ailleurs, étroitement allié à certaines formes de l'Autunien supérieur.

On peut se demander toutefois si la provenance des deux échantillons précités, *Diplotmema Busqueti* et *Odontopteris minor*, est bien certaine, et s'il n'a pas pu y avoir confusion avec des échantillons provenant des couches houillères supérieures rencontrées par le travers-bancs allant du puits de Romagne au puits n° 2. D'autre part, la flore autunienne et surtout la flore saxonienne ne sont pas assez parfaitement connues pour qu'on puisse affirmer l'impossibilité de rencontrer les deux espèces en question à un niveau aussi élevé : il convient de tenir compte, notamment, de ce que la végétation palustre qui a donné naissance à des couches de houille a pu, a dû même, être quelque peu différente de celle dont les débris venaient, à la même époque ou du moins à une époque peu différente, s'enfouir dans des dépôts d'une autre nature tels que ceux de Charmoy ou de Lodève, et qui, avec ses multiples espèces de *Walchia*, non représentées à Perrecy, devait avoir plutôt le caractère d'une végétation forestière.

On ne saurait donc, dans l'état actuel de nos connaissances et d'après ces seuls matériaux, formuler des conclusions formelles tendant à reporter les couches en question du Saxonien dans l'Autunien; il semble cependant qu'il y ait là, entre les indications stratigraphiques et les indications paléobotaniques, une légère discordance, sur laquelle il m'a paru utile d'appeler l'attention, mais que des récoltes plus complètes, confirmant ou démentant la présence des espèces en question, permettraient seules d'apprécier, et encore sous les réserves que suggère la possibilité d'une différence, d'un point à l'autre, dans la nature de la végétation.

Je n'insisterai donc pas davantage sur cette question, m'en tenant à l'attribution au Saxonien inférieur qui paraît ressortir des observations stratigraphiques.

INDEX ALPHABÉTIQUE

DES GENRES ET DES ESPÈCES DÉCRITS OU CITÉS[1].

[1] Les noms en caractères **gras** sont ceux des genres et des espèces observés dans le bassin de Blanzy et du Creusot, et décrits ou signalés dans le présent travail; les chiffres en caractères gras renvoient aux pages où s'en trouve la description ou la principale mention. Les noms en caractères ordinaires sont ceux des genres et des espèces considérés comme synonymes ou simplement cités.

IMPRIMERIE NATIONALE.

TABLE DES MATIÈRES.

IMPRIMERIE NATIONALE.

MINISTÈRE DES TRAVAUX PUBLICS

ÉTUDES

DES

GÎTES MINÉRAUX
DE LA FRANCE

PUBLIÉES SOUS LES AUSPICES DE M. LE MINISTRE DES TRAVAUX PUBLICS
PAR LE SERVICE DES TOPOGRAPHIES SOUTERRAINES

BASSIN HOUILLER ET PERMIEN
DE BLANZY ET DU CREUSOT

FASCICULE II

FLORE FOSSILE

PAR

R. ZEILLER
INSPECTEUR GÉNÉRAL DES MINES, MEMBRE DE L'INSTITUT

ATLAS

PLANCHES PHOTOTYPIQUES DE L. SOHIER

PARIS
IMPRIMERIE NATIONALE

MDCCCCVI

BASSIN HOUILLER ET PERMIEN

DE BLANZY ET DU CREUSOT

MINISTÈRE DES TRAVAUX PUBLICS

ÉTUDES
DES
GÎTES MINÉRAUX
DE LA FRANCE

PUBLIÉES SOUS LES AUSPICES DE M. LE MINISTRE DES TRAVAUX PUBLICS
PAR LE SERVICE DES TOPOGRAPHIES SOUTERRAINES

BASSIN HOUILLER ET PERMIEN
DE BLANZY ET DU CREUSOT

FASCICULE II

FLORE FOSSILE

PAR

R. ZEILLER
INSPECTEUR GÉNÉRAL DES MINES, MEMBRE DE L'INSTITUT

ATLAS

PLANCHES PHOTOTYPIQUES DE L. SOHIER

PARIS
IMPRIMERIE NATIONALE

MDCCCCVI

TABLE ALPHABÉTIQUE

DES ESPÈCES FIGURÉES.

PLANCHE I

IMPRIMERIE NATIONALE.

PLANCHE I.

EXPLICATION DES FIGURES.

Fig. 1. — **Sphenopteris (Discopteris) cristata** Brongniart (sp.). — Fragment de penne primaire, stérile.

Mines de Blanzy, découvert Sainte-Hélène.

Fig. 1*a*.— Portion de penne secondaire du même échantillon, grossie deux fois et demie.

Fig. 2. — **Sphenopteris (Discopteris) cristata** Brongniart (sp.). — Fragment de penne primaire, stérile.

Mines de Blanzy, découvert Sainte-Hélène.

Pl. I.

Clichés et Phototypie Sohier et Cie, à Champigny-sur-Marne

PLANCHE II

PLANCHE II.

EXPLICATION DES FIGURES.

Fig. 1. — **Sphenopteris (Discopteris) cristata** Brongniart (sp.). — Fragment de penne primaire, fertile, vu par sa face inférieure.

Mines de Blanzy, découvert Sainte-Hélène.

Fig. 1*a*. — Portion d'une des pennes secondaires du même échantillon, montrant deux pennes de dernier ordre chargées de fructifications, grossie quatre fois.

Fig. 1*b*. — Penne basilaire de la penne secondaire la plus élevée de la fig. 1, en partie stérile, grossie quatre fois.

Fig. 1*b'*. — Portion inférieure, fertile, de la même penne basilaire, grossie dix fois.

Fig. 1*c*. — Portion d'un sore du même échantillon, grossie cinquante fois.

Fig. 2. — **Sphenopteris (Discopteris) cristata** Brongniart (sp.). — Fragment de penne secondaire, fertile, vu par sa face supérieure.

Mines de Blanzy, découvert Sainte-Hélène.

Fig. 2*a*. — Portion d'une des pennes de dernier ordre du même échantillon, grossie cinq fois.

Clichés et Phototypie Sohier et Cie, à Champigny-sur-Marne

PLANCHE III

PLANCHE III.

EXPLICATION DES FIGURES.

Fig. 1. — **Sphenopteris (Discopteris) karwinensis** Stur. — Portion de penne primaire fertile, vue par sa face inférieure : reproduction, en grandeur naturelle, de l'échantillon type figuré par Stur au grossissement de deux fois dans la *Carbon-Flora der Schatzlarer Schichten*, pl. LIV, fig. 2.

Mine Agnès-Amanda, entre Kattowitz et Janow (Haute-Silésie).

Fig. 1*a*. — Partie supérieure de la penne de dernier ordre du même échantillon indiquée sur la fig. 1 par une flèche blanche à gauche du numéro 234, grossie douze fois.

Fig. 1 *b*, 1 *b'*. — Sores du même échantillon, grossis vingt fois.

Fig. 1 *c*. — Sore de la fig. 1 *b*, grossi quarante-quatre fois.

Fig. 1*c'*. — Portion d'un autre sore du même échantillon, grossie quarante-quatre fois.

Fig. 2. — **Sphenopteris (Discopteris) Schumanni** Stur. — Fragments de pennes fertiles, vues par leur face inférieure.

Mine Gustave, puits Pauline, à Rothenbach, près Schwarzwaldau (Basse-Silésie).

Fig. 2*a*. — Groupes de sores du même échantillon, grossis douze fois.

Fig. 2*b*. — Sore du même échantillon, grossi vingt fois.

Fig. 2*c*. — Portion d'un sore du même échantillon, grossie quarante-quatre fois.

Fig. 3*a*. — **Sphenopteris (Discopteris) cristata** Brongniart (sp.). — Portion d'une penne fertile de l'échantillon fig. 1, Pl. II, grossie douze fois.

Fig. 3*b*, 3*b'*. — Sores du même échantillon, grossis vingt fois.

Fig. 3*c*. — Sore de la fig. 3*b*, grossi quarante-quatre fois.

Fig. 3*c'*. — Portion d'un autre sore du même échantillon, grossie quarante-quatre fois.

Fig. 3*c''*. — Sporange de l'un des sores du même échantillon, grossi quarante-quatre fois.

Fig. 3*d*. — Contenu d'un sporange du même échantillon, grossi deux cents fois.

Pl. III.

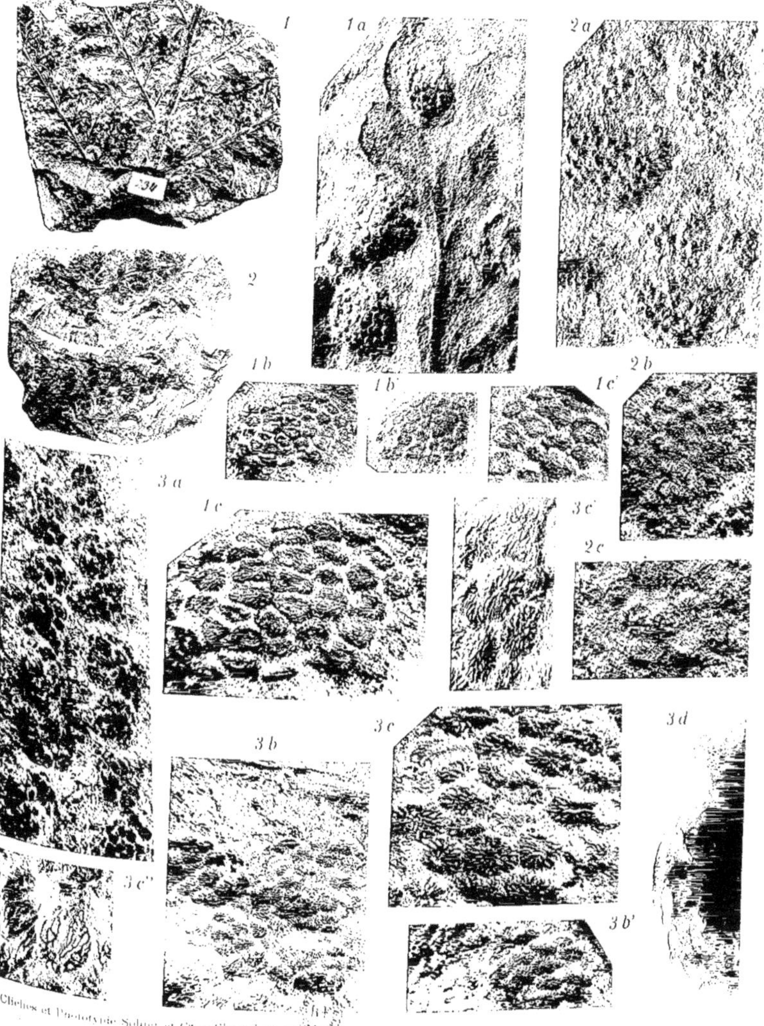

Clichés et Phototypie Sohier et Cie, à Champigny-sur-Marne

PLANCHE IV

PLANCHE IV.

EXPLICATION DES FIGURES.

FIG. 1. — **Sphenopteris Matheti** ZEILLER. — Fragment de penne primaire.

Mines de Blanzy, découvert Sainte-Hélène.

FIG. 2. — **Sphenopteris Matheti** ZEILLER. — Fragment de penne primaire appartenant à la région supérieure de la fronde.

Mines de Blanzy, découvert Sainte-Hélène.

FIG. 3. — **Sphenopteris Matheti** ZEILLER. — Fragment de penne primaire.

Blanzy, découvert Sainte-Hélène.

FIG. 3a. — Pennes de dernier ordre du même échantillon, grossies deux fois et demie.

FIG. 4. — **Sphenopteris Matheti** ZEILLER. — Fragment de penne primaire.

Mines de Blanzy, découvert Sainte-Hélène (Collections du Muséum d'histoire naturelle de Paris).

FIG. 5. — **Sphenopteris Matheti** ZEILLER. — Penne de dernier ordre de l'échantillon figuré dans la *Flore fossile du terrain houiller de Commentry*, pl. I, fig. 3, grossie deux fois et demie.

Mines de Commentry, tranchée de l'Espérance, banc des Roseaux.

FIG. 6. — **Sphenopteris Matheti** ZEILLER. — Pennes de dernier ordre de l'échantillon figuré dans la *Flore fossile du terrain houiller de Commentry*, pl. I, fig. 5, grossies deux fois.

Mines de Commentry, puits Forêt, 8e étage, banc des Roseaux.

Pl. IV.

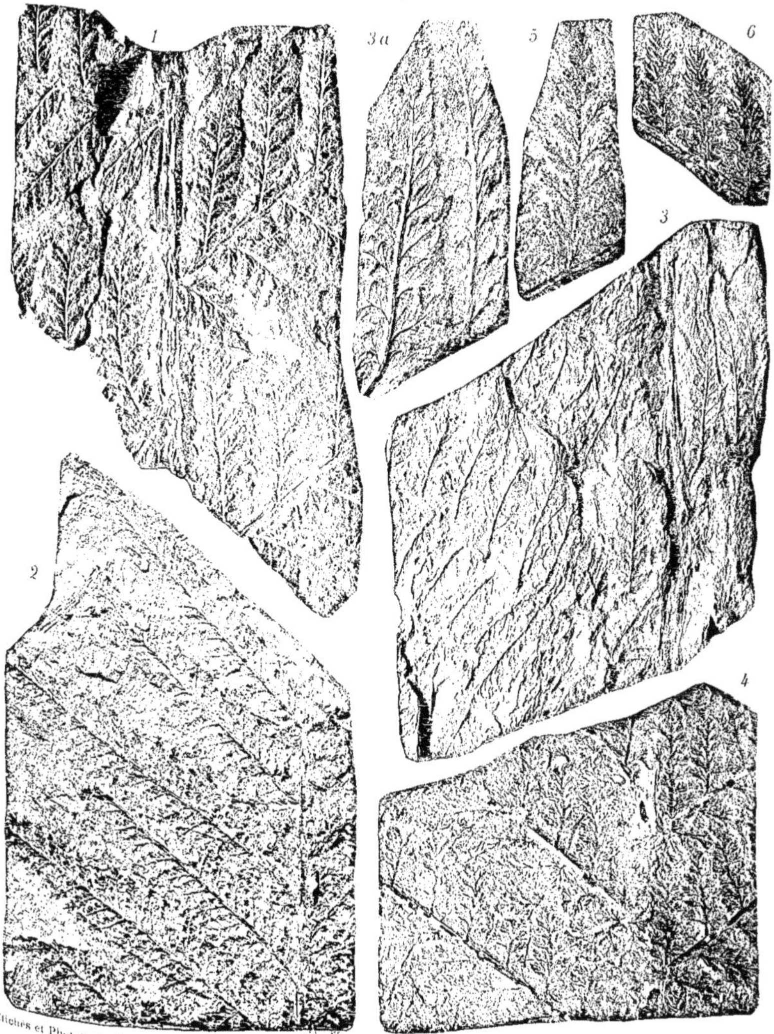

1 3 a 5 6

3

2

4

Clichés et Phototypie Sohier et Cie, à Champigny-sur-Marne

PLANCHE V

IMPRIMERIE NATIONALE.

PLANCHE V.

EXPLICATION DES FIGURES.

Fig. 1. — **Sphenopteris Matheti** Zeiller. — Portion de fronde, composée d'un f ment du rachis principal portant deux pennes primaires consécuti dont une seule est comprise dans la figure.

Mines de Blanzy, découvert Sainte-Hélène.

Fig. 2. — **Sphenopteris Matheti** Zeiller. — Portion de fronde, composée d'un fragn du rachis principal portant deux pennes primaires opposées.

Mines de Blanzy, puits Saint-Paul.

Pl. V.

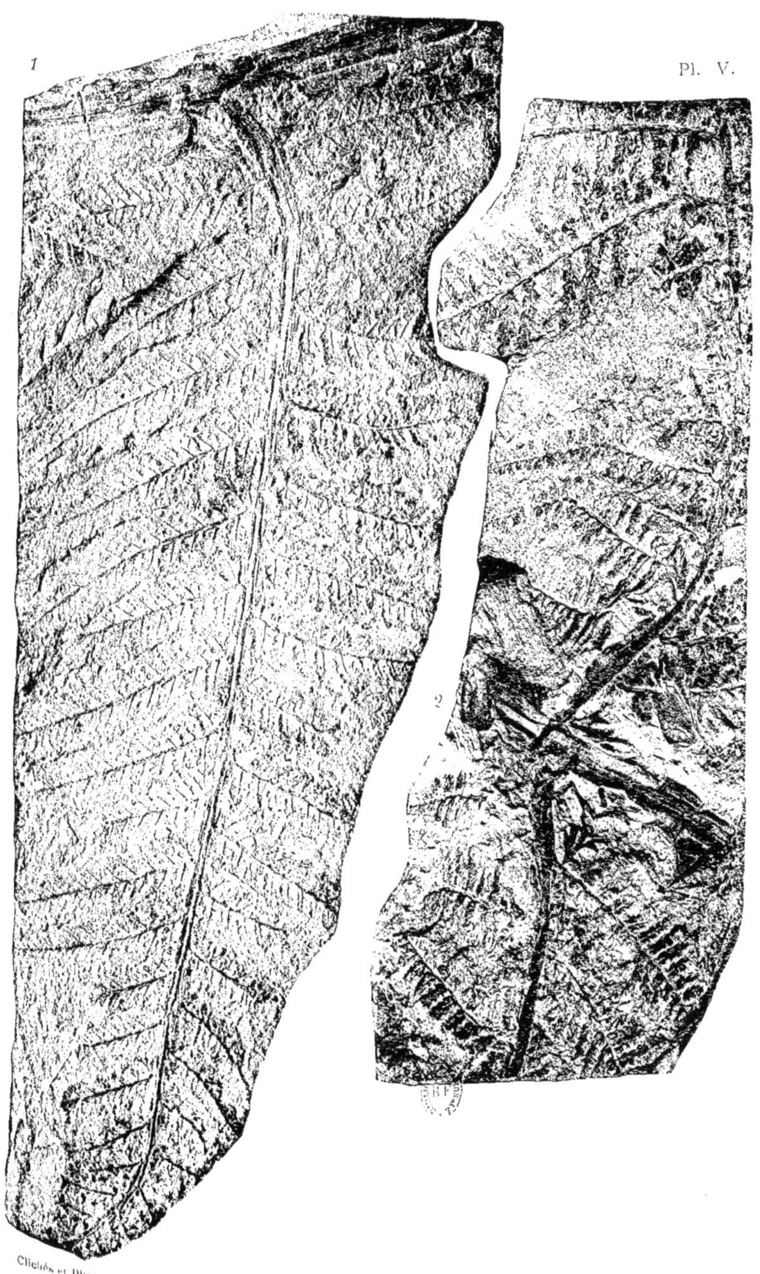

Clichés et Phototypie Sohier et Cie, à Champigny-sur-Marne

PLANCHE VI-VII

PLANCHE VI-VII.

EXPLICATION DES FIGURES.

Fig. 1. — **Sphenopteris Matheti** Zeiller. — Portion d'une grande penne primaire longue de 0 m. 62, offrant de chaque côté du rachis 19 pennes consécutives, représentée en partie seulement sur la figure.

Mines de Blanzy, découvert Sainte-Hélène.

Fig. 1*a*. — Portion inférieure d'une des pennes secondaires du même échantillon, grossie deux fois.

Pl. VI-VII.

Clichés et Phototypie Sohier et Cie, à Champigny-sur-Marne

PLANCHE VIII

PLANCHE VIII.

EXPLICATION DES FIGURES.

Fig. 1. — **Diplotmema Busqueti** Zeiller. — Penne primaire bipartite, formée de deux sections divergentes portées par un rachis secondaire nu, inséré lui-même à sa base sur un fragment de rachis primaire qui s'enfonce obliquement dans la roche et se suit sur l'autre face de l'échantillon, où une deuxième penne primaire semblable à la première vient s'insérer sur lui. Cette prolongation du rachis primaire et cette deuxième penne primaire sont représentées par un tracé en pointillé blanc.

Mines de Blanzy, découvert Sainte-Hélène.

Fig. 2. — Portion de la contre-empreinte de la face postérieure du même échantillon montrant une partie de cette deuxième penne primaire, et, en outre, à la partie supérieure, des pennes secondaires terminées par une longue pointe nue.

Fig. 3 et 4. — **Diplotmema Busqueti** Zeiller. — Fragments de pennes empruntés à d'autres régions des deux mêmes échantillons, et grossis une fois et demie.

Pl. VIII.

Clichés et Phototypie Sohier et Cie, à Champigny-sur-Marne

PLANCHE IX

PLANCHE IX.

EXPLICATION DES FIGURES.

Fig. 1. — **Pecopteris (Asterotheca) Daubreei** Zeiller. — Fragment d'une penne primaire, vue par sa face inférieure.

Mines de Blanzy, découvert Sainte-Hélène.

Fig. 2. — **Pecopteris (Asterotheca) Daubreei** Zeiller. — Empreinte de la face supérieure de la portion terminale d'une penne primaire appartenant à la région moyenne ou inférieure de la fronde.

Mines du Creusot, puits Chaptal, étage de 170 mètres, toit de la petite veine du mur.

Fig. 2*a*. — Portion du même échantillon, grossie trois fois et quart.

Fig. 3. — **Pecopteris (Asterotheca) Daubreei** Zeiller. — Portion de penne primaire de l'échantillon figuré dans la *Flore fossile du terrain houiller de Commentry*, pl. XV, fig. 4.

Mines de Commentry, tranchée de l'Espérance, banc des Roseaux.

Fig. 3*a*. — Portion du même échantillon, grossie trois fois et quart.

Fig. 4. — **Pecopteris (Asterotheca) Daubreei** Zeiller. — Portion de penne primaire appartenant à la région inférieure de la fronde, empruntée à l'échantillon figuré dans la *Flore fossile du terrain houiller de Commentry*, pl. XV, fig. 3.

Mines de Commentry, puits Forêt, 8e étage, banc des Roseaux.

Fig. 4*a*. — Portion du même échantillon, grossie trois fois,

Pl. IX.

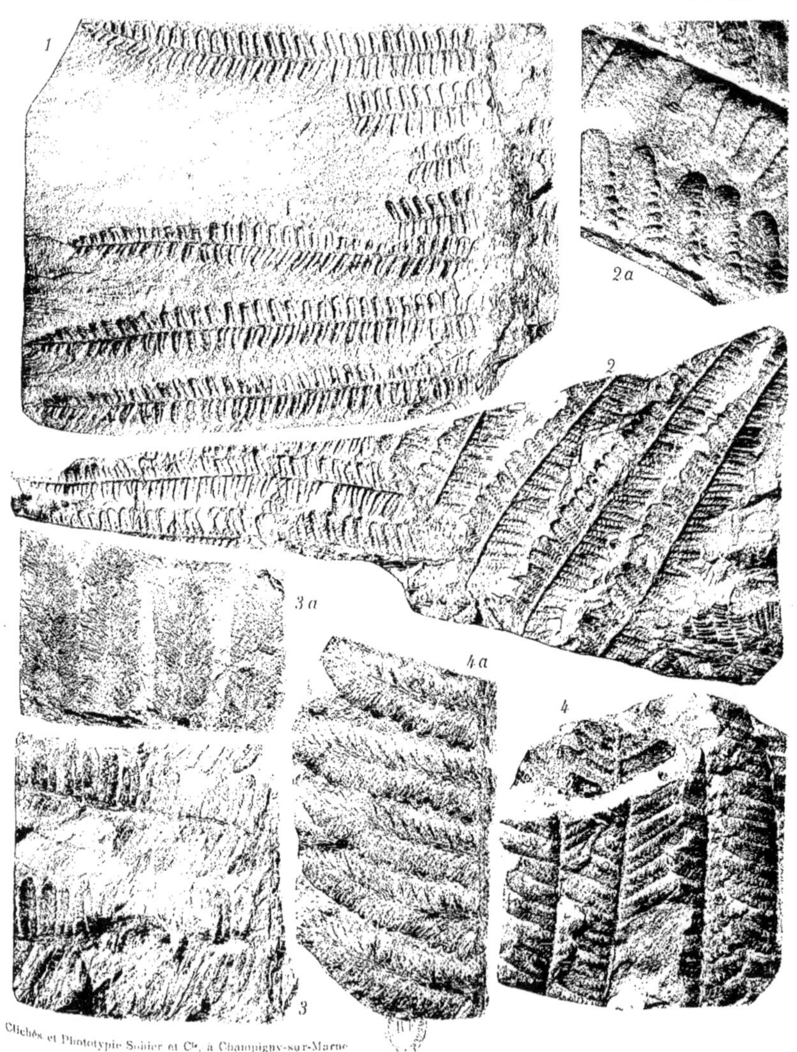

Clichés et Phototypie Sohier et Cie, à Champigny-sur-Marne

PLANCHE X

IMPRIMERIE NATIONALE.

PLANCHE X.

EXPLICATION DES FIGURES.

Fig. 1. — **Pecopteris (Asterotheca) truncata** Rost. — Fragment d'une fronde fertile vue par sa face inférieure.

Mines de Blanzy, découvert Sainte-Hélène.

Fig. 1*a*. — Portion terminale de la penne inférieure, du côté droit, du même échantillon, grossie deux fois.

Fig. 1*b*. — Portion de la penne supérieure, du côté gauche, du même échantillon, grossie deux fois.

Fig. 1*c* et 1*d*. — Pinnules de la région moyenne de la penne inférieure, du côté droit, du même échantillon, situées de part et d'autre d'un même rachis latéral, grossies dix fois.

Pl. X.

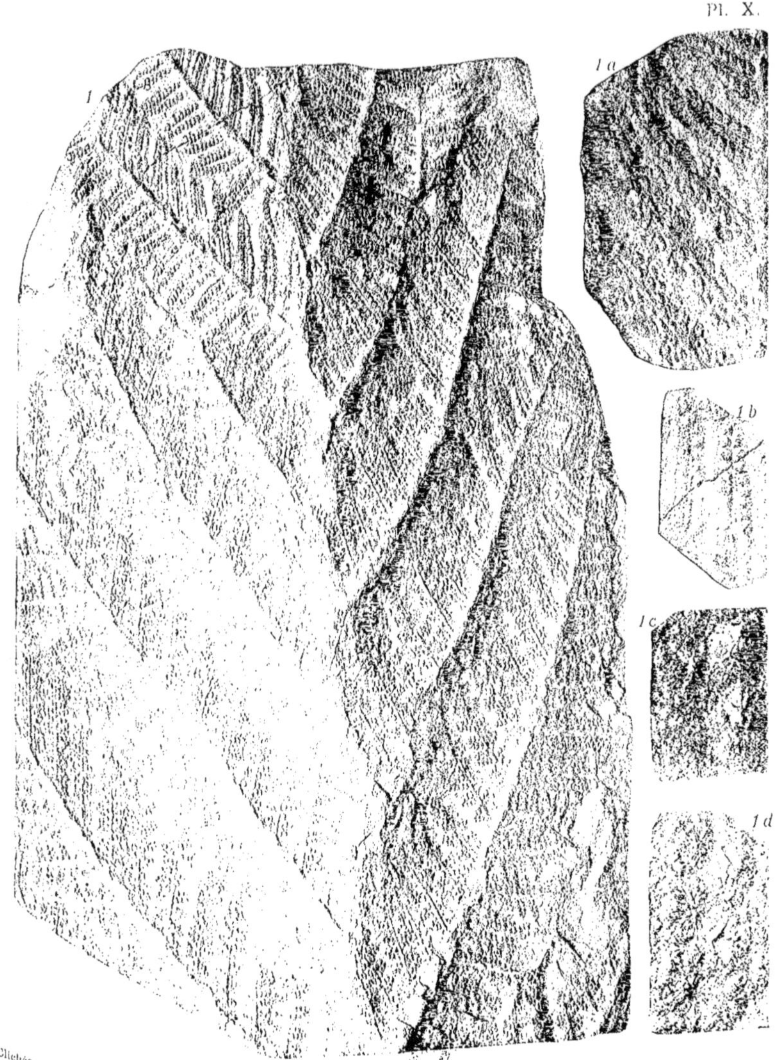

Clichés et Phototypie Sohier et Cie, à Champigny-sur-Marne

PLANCHE XI

3.

PLANCHE XI.

EXPLICATION DES FIGURES.

FIG. 1. — **Pecopteris elaverica** ZEILLER. — Fragment de fronde montrant des portions de deux pennes primaires consécutives dépendant d'un même rachis.

Mines de Longpendu, parties droites, niveau de 110 mètres, toit de la 5e couche.

FIG. 1a. — Portion de la penne la plus basse, à droite, du même échantillon, grossie quatre fois.

FIG. 2. — **Pecopteris elaverica** ZEILLER. — Sommet d'une penne primaire, ou d'une fronde.

Mines de Longpendu, parties droites, niveau de 110 mètres, toit de la 5e couche.

FIG. 2a. — Portion du même échantillon, grossie trois fois et quart.

FIG. 3. — **Pecopteris elaverica** ZEILLER. — Fragment de penne primaire.

Mines de Longpendu, parties droites, niveau de 110 mètres, toit de la 5e couche.

FIG. 3a. — Portion du même échantillon, grossie trois fois et quart.

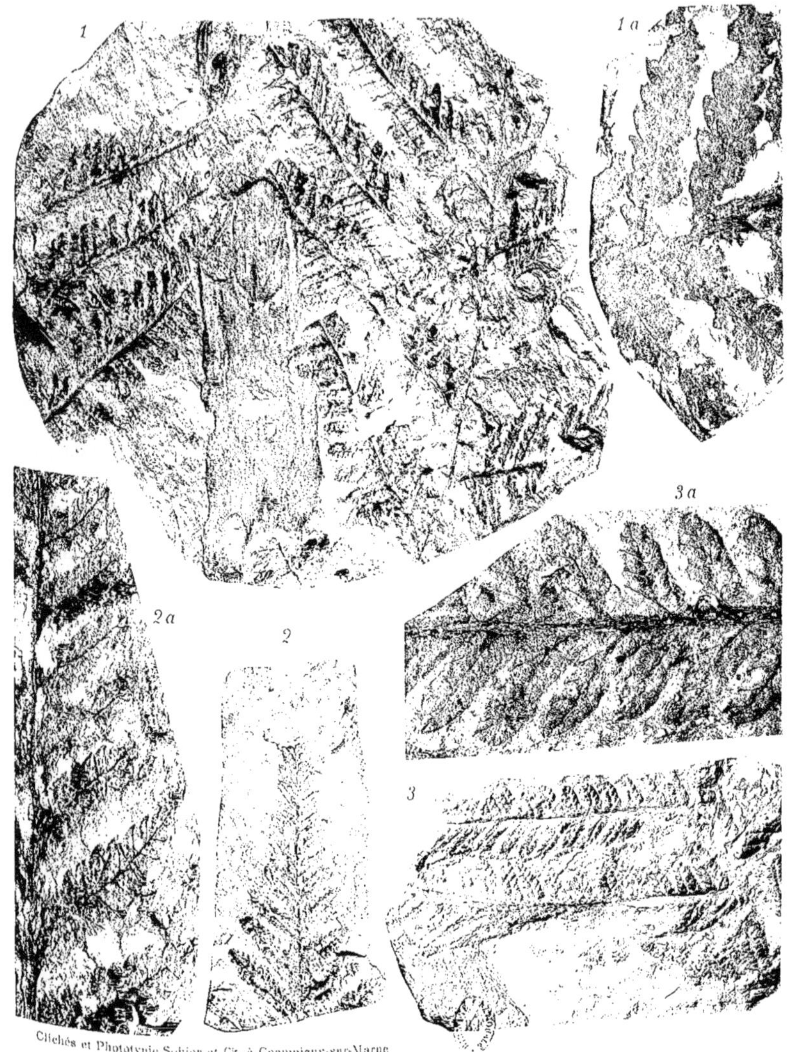

Clichés et Phototypie Sohier et Cie, à Champigny-sur-Marne

PLANCHE XII

PLANCHE XII.

EXPLICATION DES FIGURES.

FIG. 1. — **Pecopteris feminæformis** SCHLOTHEIM (sp.), forme *spectabilis* WEISS. — Fragment de penne primaire, montrant la dyssymétrie d'inclinaison des pennes secondaires d'un côté à l'autre du rachis.

Mines de Blanzy, découvert Saint-François.

FIG. 1*a*. — Portion du même échantillon, grossie une fois et demie.

FIG. 2. — **Pecopteris feminæformis** SCHLOTHEIM (sp.). — Fragment de penne primaire, montrant la dyssymétrie d'inclinaison des pennes secondaires d'un côté à l'autre du rachis.

Mines de Saint-Bérain, puits Saint-Léger n° 1, 1re couche intermédiaire.

FIG. 2*a*. — Portion du même échantillon, grossie une fois et demie.

FIG. 3. — **Pecopteris feminæformis** SCHLOTHEIM (sp.). — Fragment d'une grande plaque montrant deux pennes primaires orientées de même et ayant probablement dépendu d'un même rachis.

Mines de Blanzy, découvert Saint-Hélène.

FIG. 3*a*. — Portion du même échantillon, grossie une fois et demie.

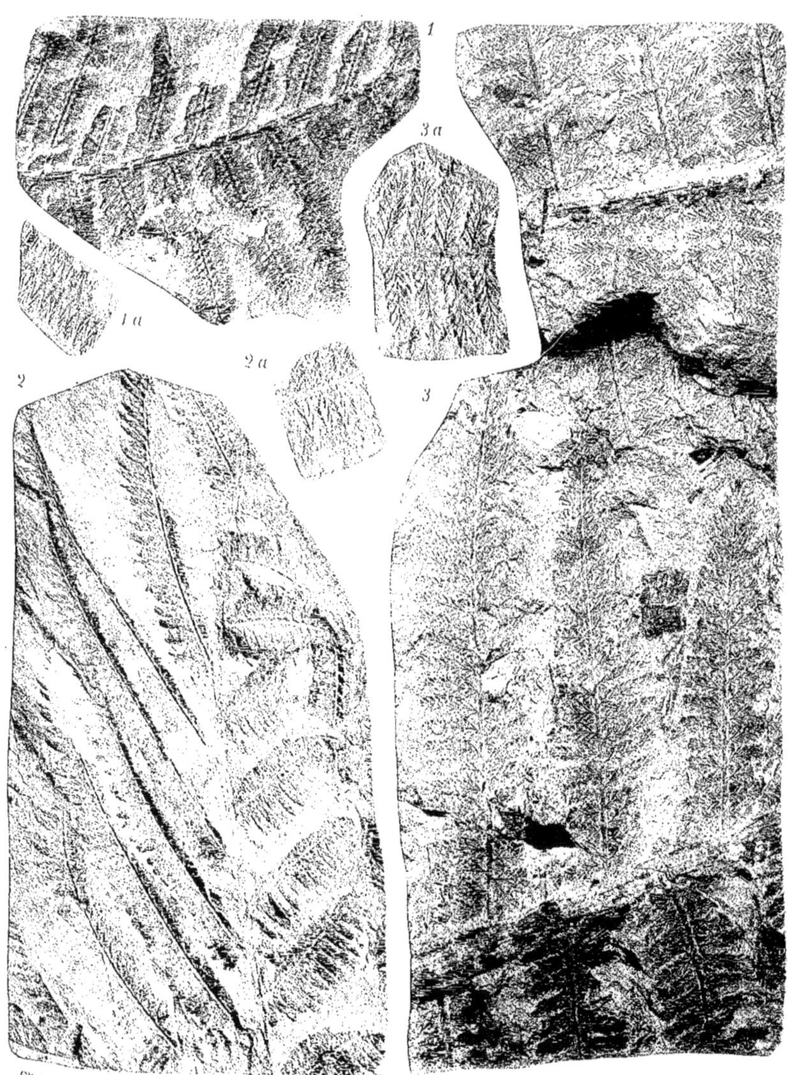

Clichés et Phototypie Sohier et Cie, à Champigny-sur-Marne

PLANCHE XIII

PLANCHE XIII.

EXPLICATION DES FIGURES.

Fig. 1. — **Pecopteris Sterzeli** Zeiller. — Fragment de fronde, vu par sa face inférieure, comprenant une portion du rachis principal et des fragments de trois pennes primaires, dont deux montrent leur insertion sur le rachis.

Mines de Blanzy, découvert Saint-François.

Fig. 1*a*. — Portion du même échantillon, grossie une fois et demie, et montrant le bourgeon situé dans l'angle compris entre le rachis principal et le rachis secondaire correspondant à la penne primaire inférieure.

Fig. 1*b*. — Portion de penne du même échantillon, grossie une fois et demie.

Clichés et Phototypie Sohier et Cie, à Champigny-sur-Marne

PLANCHE XIV

IMPRIMERIE NATIONALE.

PLANCHE XIV.

EXPLICATION DES FIGURES.

Fig. 1. — **Pecopteris pseudo-Bucklandi** Andræ. — Fragment de penne.
Mines de Bert (Allier).

Fig. 1*a*. — Portion du même échantillon, grossie trois fois et demie.

Fig. 2. — **Pecopteris integra** Andræ (sp.). — Partie terminale d'une penne primaire.
Mines de Blanzy, puits du Magny, travers-bancs de l'étage de 427 mètres.

Fig. 2*a*. — Portion du même échantillon, grossie trois fois et demie.

Fig. 3. — **Alethopteris minuta** n. sp. — Fragment de penne primaire.
Charmoy, dans les schistes autuniens, au bord de la route de Saint-Nizier, à 63 mètres au sud du pont de la Sorme.

Fig. 3*a*, 3*b*. — Portions de pennes de dernier ordre du même échantillon, grossies un peu moins de trois fois et demie (3,45 : 1).

Pl. XIV.

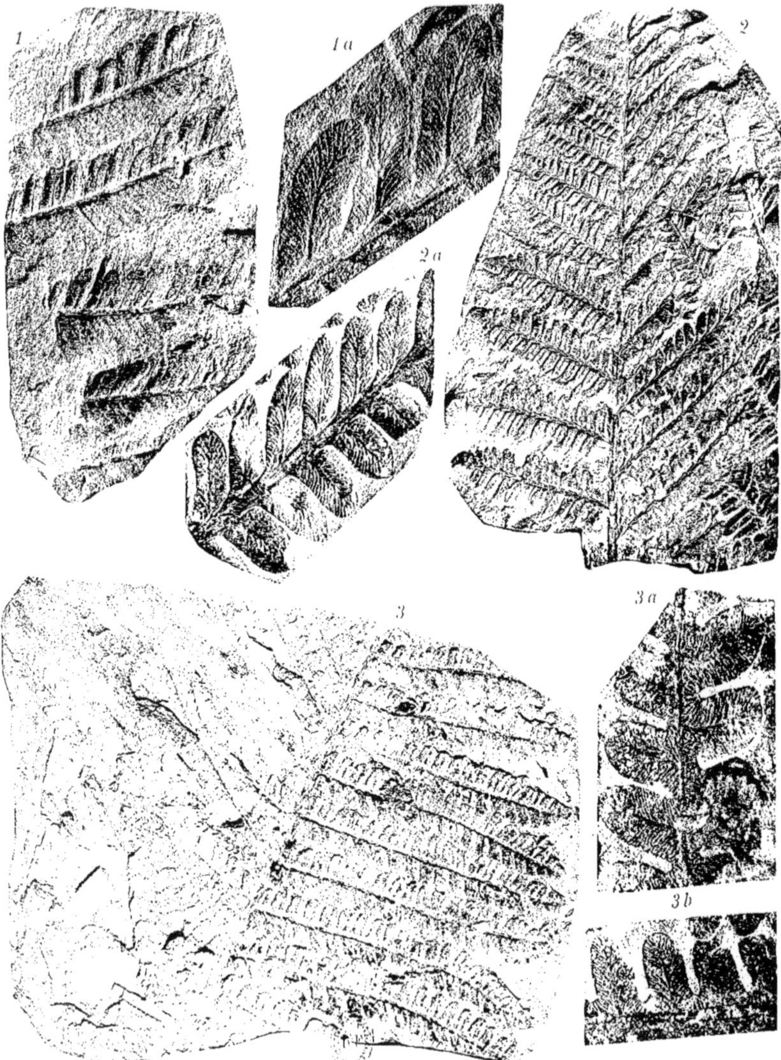

Clichés et Phototypie Sohier et Cie, à Champigny-sur-Marne

PLANCHE XV

PLANCHE XV.

EXPLICATION DES FIGURES.

Fig. 1. — **Alethopteris Costei** n. sp. — Fragment d'une penne primaire appartenant à la région inférieure de la fronde.
Mines de Blanzy, découvert Sainte-Hélène.

Fig. 1*a*, 1*b*. — Pinnules du même échantillon, grossies une fois et demie.

Pl. XV.

Clichés et Phototypie Sohier et Cie, à Champigny-sur-Marne

PLANCHE XVI

PLANCHE XVI.

EXPLICATION DES FIGURES.

FIG. 1. — **Alethopteris Costei** n. sp. — Fragment de fronde voisin de la région supérieure de celle-ci, montrant le rachis principal avec deux pennes primaires subopposées (la base de la fronde serait vers la gauche et le sommet vers la droite).

Mines de Blanzy, découvert Saint-François.

FIG. 1*a*, 1*b*. — Portions de pennes du même échantillon, grossies deux fois.

Pl. XVI.

Clichés et Phototypie Sohier et Cie, à Champigny-sur-Marne

PLANCHE XVII

PLANCHE XVII.

EXPLICATION DES FIGURES.

Fig. 1. — **Callipteridium gigas** Gutbier (sp.). — Portion terminale d'une penne primaire, et fragments de pennes de dernier ordre.

Mines de Blanzy, découvert du Magny.

Fig. 2. — **Callipteris conferta** Sternberg (sp.). — Fragment de fronde.

Mines de Montchanin, galerie allant du puits Soret au puits Wilson, étage de 170 mètres, dans les schistes du Saxonien inférieur.

Fig. 3 et 4. — **Callipteris Raymondi** n. sp. — Fragments de pennes primaires.

Charmoy, dans les schistes autuniens, à 63 mètres au sud du pont de la Sorme.

Fig. 3*a* et 4*a*. — Portions des mêmes échantillons, grossies trois fois et demie.

Fig. 5. — **Callipteris Raymondi** n. sp. — Fragment de fronde.

Charmoy, dans les schistes autuniens.

Fig. 5*a*. — Portion du même échantillon, grossie trois fois et demie.

Fig. 6. — **Pecopteris** *cf.* **grandifolia** Fontaine et White (sp.). — Fragment de penne.

Charmoy, talus de la route au sud du pont sur la Sorme, dans les schistes autuniens.

Fig. 6*a*. — Portion du même échantillon, grossie trois fois et demie.

Pl. XVII.

Clichés et Phototypie Sohler et Cie, à Champigny-sur-Marne

PLANCHE XVIII

IMPRIMERIE NATIONALE

PLANCHE XVIII.

EXPLICATION DES FIGURES.

Fig. 1. — **Callipteris conferta** Sternberg (sp.). — Fragment de fronde.
Mines de Bert, puits des Mandins, faisceau du mur, toit de la veine du toit (couche n° 3).

Fig. 2. — **Callipteris conferta** Sternberg (sp.). — Fragment de penne.
Mines de Bert, terris du puits des Fraîchers.

Fig. 3*a*. — **Callipteris conferta** Sternberg (sp.). — Pinnule détachée de la roche, vue en dessus, grossie trois fois et quart.
Mines de Bert, puits des Mandins.

Fig. 3*b*. — La même pinnule, vue par sa face inférieure, au même grossissement, montrant le bord du limbe replié en dessous.

Fig. 4. — **Callipteris conferta** Sternberg (sp.). — Fragment de fronde.
Mines de Bert, terris du puits Saint-Louis.

Pl. XVIII.

Clichés et Phototypie Sohier et Cie, à Champigny-sur-Marne

PLANCHE XIX

PLANCHE XIX.

EXPLICATION DES FIGURES.

FIG. 1. — **Odontopteris minor** BRONGNIART. — Portion inférieure d'un grand fragment de penne montrant un rachis garni de folioles hétéromorphes et bifurqué à son extrémité supérieure en deux branches symétriques, munies sur leur bord interne de pennes simplement pinnées et sur leur bord externe de pennes bipinnées.

Mines de Blanzy, découvert Sainte-Hélène.

FIG. 1'. — Le même échantillon, vu dans son entier, réduit à la *moitié de la grandeur naturelle.*

FIG. 1*a*. — Folioles hétéromorphes du même échantillon, grossies une fois et demie.

Pl. XIX.

Clichés et Phototypie Sohier et Cie, à Champigny-sur-Marne

PLANCHE XX-XXI

PLANCHE XX-XXI.

EXPLICATION DES FIGURES.

Fig. 1. — **Odontopteris minor** Brongniart. — Fragment de fronde montrant, vers la droite, un rachis nu bifurqué à son extrémité supérieure en deux branches symétriques, munies sur leur bord interne de pennes simplement pinnées et sur leur bord externe de pennes bipinnées.

Mines de Blanzy, découvert Sainte-Hélène.

Fig. 2. — **Odontopteris minor** Brongniart. — Fragment de fronde montrant une portion de branche de bifurcation munie du côté interne de pennes simplement pinnées, et du côté externe de pennes bipinnées.

Mines de Blanzy, puits Saint-Paul, travers-bancs à l'étage de 40 mètres.

Fig. 2*a*. — Portions de pennes simplement pinnées du côté interne du même échantillon, grossies une fois et trois quarts.

Fig. 2*b*. — Portion de penne bipinnée du côté externe du même échantillon, grossie une fois et trois quarts.

Pl. XX-XXI.

Clichés et Phototypie Sohier et Cie, à Champigny-sur-Marne

PLANCHE XXII

PLANCHE XXII.

EXPLICATION DE LA FIGURE.

Fig. 1. — **Odontopteris minor** Brongniart. — Fragment de fronde, montrant la région supérieure d'une branche de bifurcation, munie du côté interne de pennes simplement pinnées, et du côté externe de pennes d'abord bipinnées, puis simplement pinnées.

Mines de Blanzy, découvert Sainte-Hélène.

Pl. XXII.

Clichés et Phototypie Sohier et Cie, à Champigny-sur-Marne

PLANCHE XXIII

IMPRIMERIE NATIONALE.

PLANCHE XXIII

IMPRIMERIE NATIONALE.

PLANCHE XXIII.

EXPLICATION DES FIGURES.

Fig. 1. — **Odontopteris genuina** Grand'Eury. — Portion d'une grande plaque montrant trois fragments de fronde, dont l'un, situé plus à gauche et entièrement semblable à celui de droite, n'a pas été représenté sur la figure.

Mines de Blanzy, découvert Sainte-Hélène.

Fig. 2. — **Odontopteris genuina** Grand'Eury. — Fragment de rachis portant de grandes pinnules cycloptéroïdes.

Mines de Blanzy, découvert Sainte-Hélène.

Clichés et Phototypie Sohier et Cie, à Champigny-sur-Marne

PLANCHE XXIV

PLANCHE XXIV.

EXPLICATION DES FIGURES.

Fig. 1. — **Odontopteris genuina** Grand'Eury. — Fragments de pennes correspondant, à n'en pas douter, aux deux branches issues d'une bifurcation du rachis (échantillon déjà figuré dans la *Flore fossile du terrain houiller de Commentry*, pl. XXV, fig. 1).

Mines de Blanzy, découvert Sainte-Hélène.

Fig. 2. — **Odontopteris genuina** Grand'Eury. — Fragment de penne à pinnules de taille très réduite.

Mines de Blanzy.

Fig. 2*a*. — Portion de penne de dernier ordre du même échantillon, grossie environ deux fois et trois quarts (2, 8 : 1).

Fig. 3. — **Odontopteris genuina** Grand'Eury. — Fragment de fronde composé d'un rachis bifurqué en deux branches garnies de courtes pennes à larges pinnules.

Mines de Blanzy, découvert Sainte-Hélène.

Pl. XXIV.

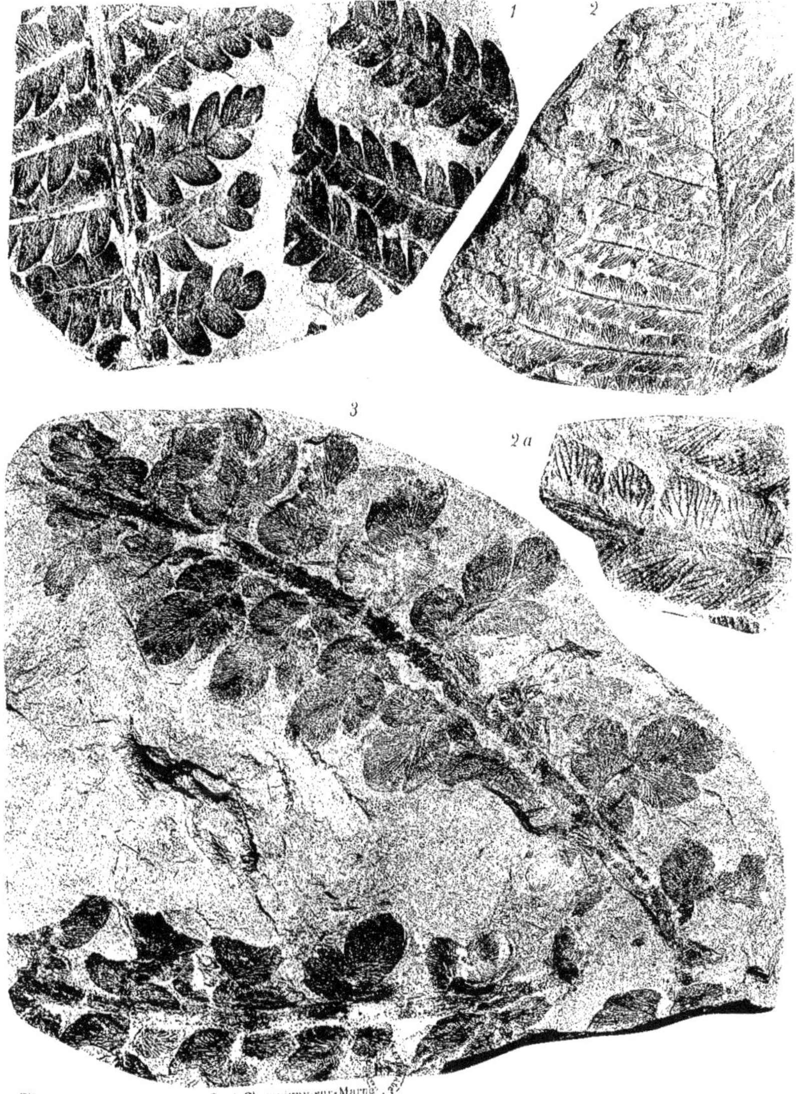

Clichés et Phototypie Sohier et Cie, à Champigny-sur-Marne.

PLANCHE XXV

PLANCHE XXV.

EXPLICATION DES FIGURES.

Fig. 1. — **Mixoneura subcrenulata** Rost (sp.). — Fragment de fronde.
Mines de Blanzy, puits Ramus, entre 115 et 118 mètres.

Fig. 1*a*. — Pennes de dernier ordre du même échantillon, grossies une fois et trois quarts.

Fig. 2. — **Mixoneura neuropteroides** Goeppert (sp.). — Fragment de fronde.
Mines de Blanzy, puits du Magny, travers-bancs de l'étage de 427 mètres, au delà de la faille de Magny.

Fig. 2*a*. — Portion terminale d'une penne de dernier ordre du même échantillon, grossie une fois et demie.

Fig. 2*b*. — Portion inférieure d'une penne de dernier ordre du même échantillon, grossie une fois et demie.

Pl. XXV.

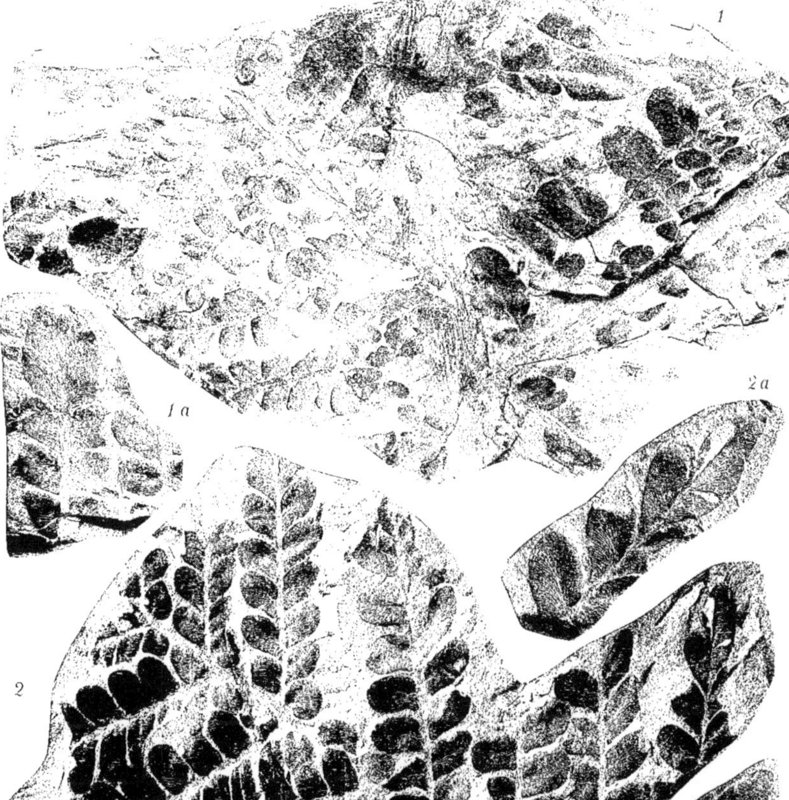

Clichés et Phototypie Sohier et Cie, à Champigny-sur-Marne

PLANCHE XXVI

PLANCHE XXVI.

EXPLICATION DE LA FIGURE.

Fig. 1. — **Nevropteris crenulata** Brongniart. — Fragment de fronde, correspondant apparemment à l'une des divisions extrêmes du rachis.

Mines de Blanzy, découvert Saint-François.

Pl. XXVI.

Cliché et Phototypie Sohier et Cie, à Champigny-sur-Marne

PLANCHE XXVII

IMPRIMERIE NATIONALE.

PLANCHE XXVII.

EXPLICATION DES FIGURES.

Fig. 1. — **Nevropteris cordata** Brongniart. — Fragment de fronde montrant deux paires de pennes attachées à un même rachis.

Mines de Blanzy, découvert Saint-François.

Fig. 2. — Portion supérieure de la penne de droite du même échantillon.

Fig. 3. — **Nevropteris cordata** Brongniart. — Fragments de deux pennes parallèles, dépendant probablement d'un même rachis.

Mines de Blanzy, puits Saint-Paul, travers-bancs à l'étage de 40 mètres.

Pl. XXVII.

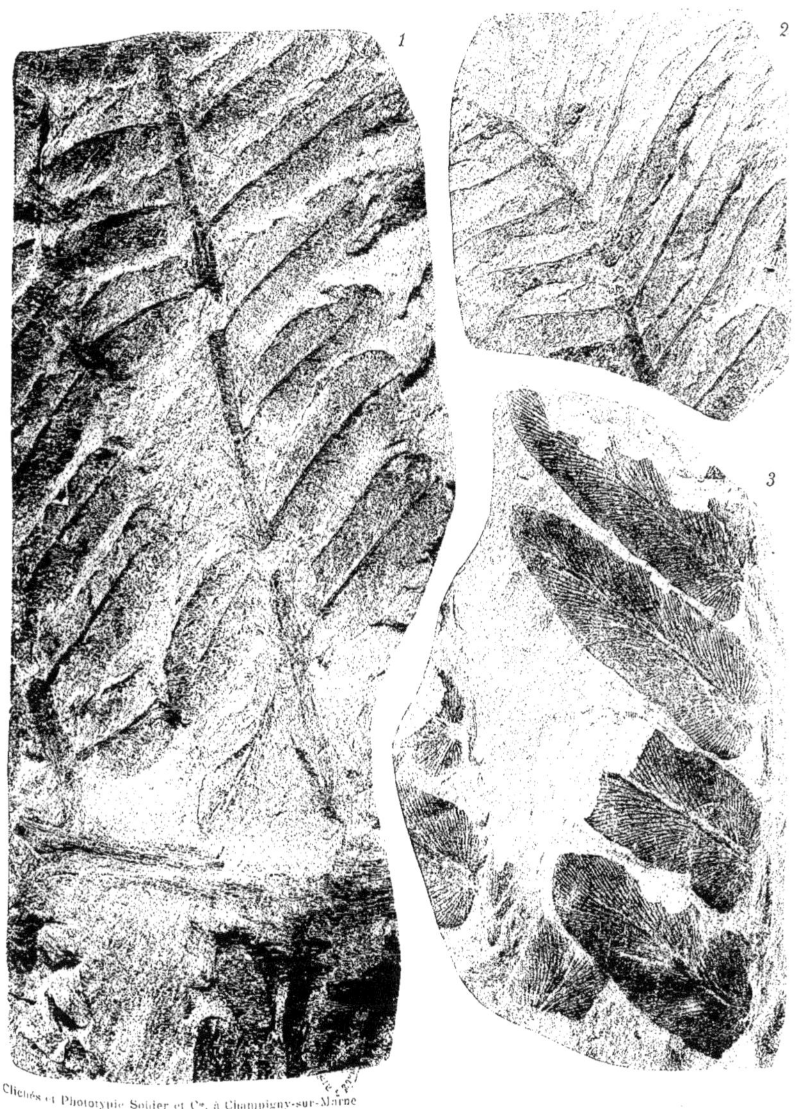

Clichés et Phototypie Sohier et Cie, à Champigny-sur-Marne

PLANCHE XXVIII

PLANCHE XXVIII.

EXPLICATION DES FIGURES.

FIG. 1. — **Nevropteris cordata** BRONGNIART. — Région terminale d'une penne de dernier ordre.

Mines de Blanzy, provenance incertaine (découvert Saint-François, probablement).

FIG. 2 et 3. — **Nevropteris cordata** BRONGNIART. — Portions supérieure et inférieure d'un grand échantillon montrant un rachis très épais portant d'un même côté deux pennes, distantes de 0 m. 17.

Mines de Blanzy, provenance incertaine (découvert Saint-François, probablement).

Pl. XXVIII.

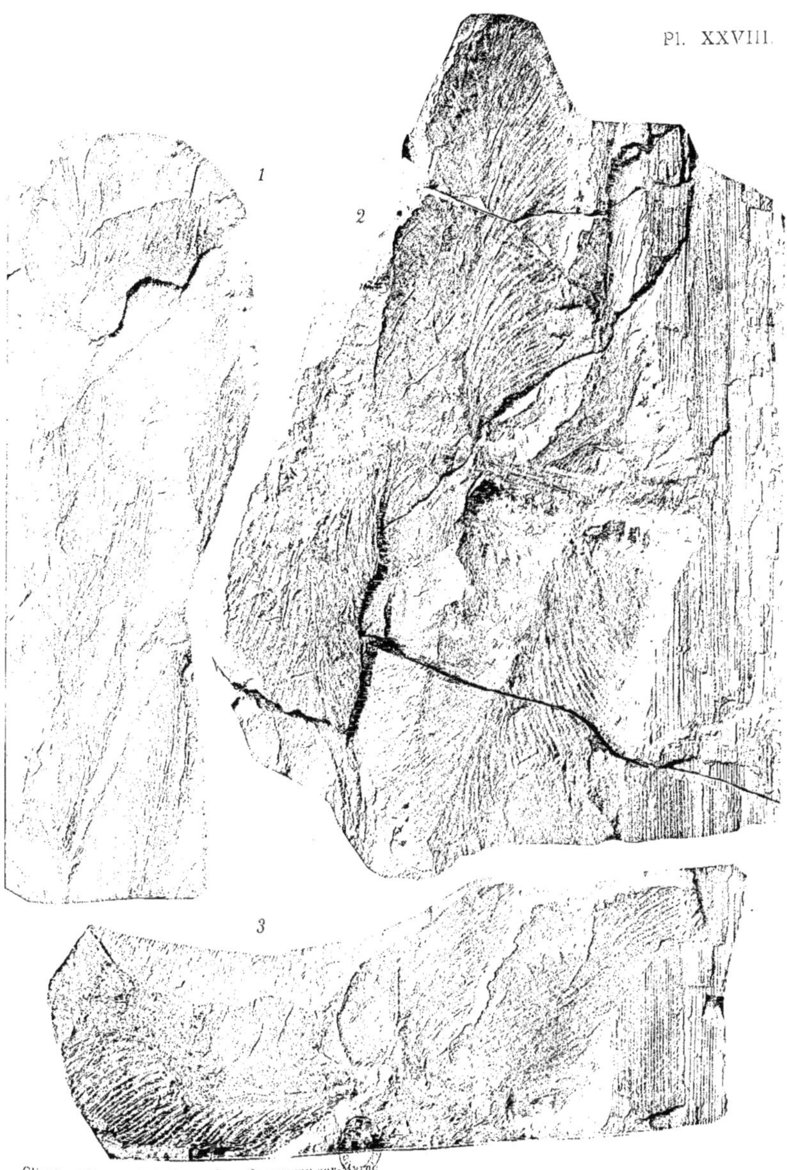

Clichés et Phototypie Sohier et Cie, à Champigny-sur-Marne

PLANCHE XXIX

PLANCHE XXIX.

EXPLICATION DES FIGURES.

Fig. 1. — **Nevropteris pseudo-Blissi** Potonié. — Fragment de fronde composé d'un gros rachis portant deux paires de pennes, et une troisième penne située un peu plus bas, non visible sur cette figure. (L'échantillon est représenté dans son entier, à échelle réduite, sur la fig. 1, Pl. XXIX *bis*.)

Mines de Blanzy, provenance incertaine (découvert Saint-François probablement).

Fig. 2. — **Nevropteris pseudo-Blissi** Potonié. — Portion terminale de la penne la plus inférieure du même échantillon, non représentée sur la fig. 1.

Fig. 2*a*. — Pinnule du même échantillon, grossie une fois et demie.

Pl. XXIX.

Clichés et Phototypie Sohier et Cie, à Champigny-sur-Marne.

PLANCHE XXIXBIS

PLANCHE XXIX *bis*.

EXPLICATION DES FIGURES.

FIG. 1. — **Nevropteris pseudo-Blissi** POTONIÉ. — Fragment de fronde, *réduit aux 46 centièmes* (0,46) de la grandeur naturelle. (Certaines parties de l'échantillon sont représentées en vraie grandeur sur la Pl. XXIX.)

Mines de Blanzy, provenance incertaine (découvert Saint-François, probablement).

FIG. 1*a*. — Pinnules de la penne supérieure de gauche du même échantillon, montrant les crénelures des bords du limbe dans la région supérieure; grandeur naturelle.

FIG. 1*b*. — Pinnule terminale de la penne inférieure de gauche du même échantillon, grossie environ une fois et trois quarts (1,85 : 1).

FIG. 1*c*. — Pinnule appartenant à la penne inférieure de gauche du même échantillon, grossie une fois et trois quarts.

Pl. XXIX *bis*.

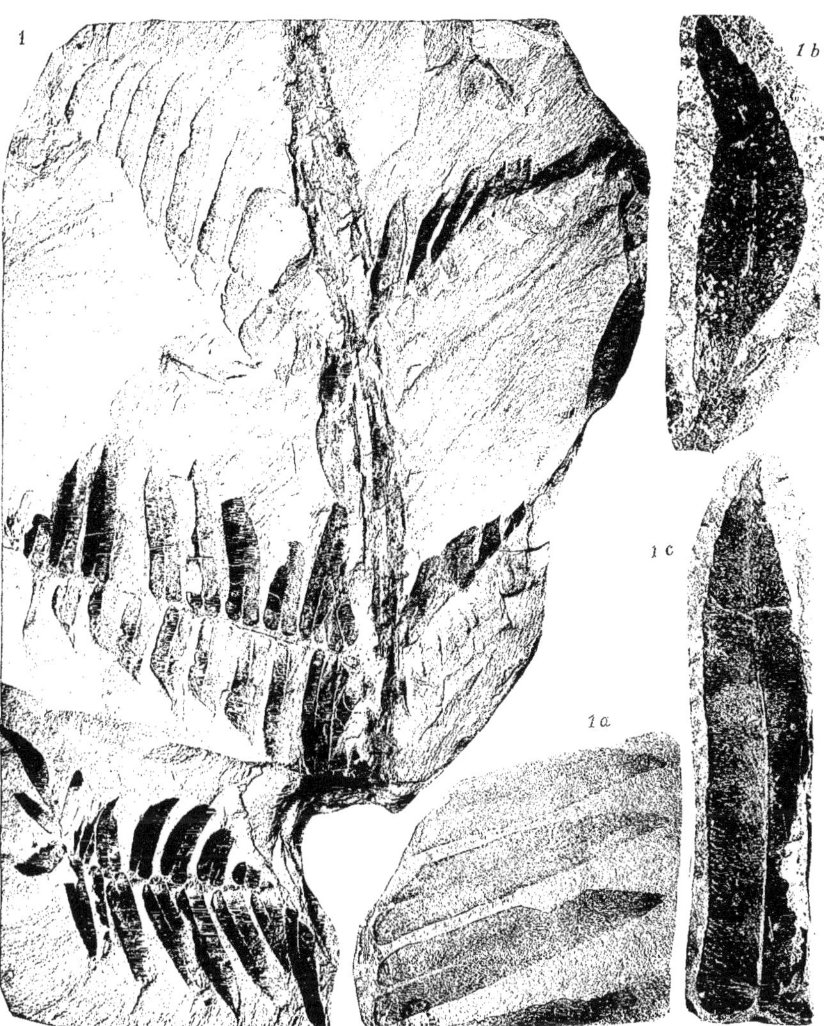

Clichés et Phototypie Sohier et Cie, à Champigny-sur-Marne

PLANCHE XXX

IMPRIMERIE NATIONALE.

PLANCHE XXX.

EXPLICATION DE LA FIGURE.

Fig. 1. — **Nevropteris Planchardi** Zeiller. — Portion de penne bipinnée, faisant partie d'un fragment de fronde d'étendue considérable, représenté à échelle réduite sur la figure 1, Pl. XXXI.

Mines de Blanzy, puits du Magny, travers-bancs de l'étage de 427 mètres, au delà de la faille du Magny.

Pl. XXX.

1

Cliché et Phototypie Sohier et Cie, à Champigny-sur-Marne

PLANCHE XXXI

PLANCHE XXXI.

EXPLICATION DES FIGURES.

FIG. 1. — **Nevropteris Planchardi** ZEILLER. — Fragment de fronde, comprenant des portions étendues de deux pennes bipinnées consécutives, *réduit au tiers* de la grandeur naturelle. (Une partie de la penne inférieure est représentée en vraie grandeur sur la Pl. XXX.)

Mines de Blanzy, puits du Magny, travers-bancs de l'étage de 427 mètres, au delà de la faille du Magny.

FIG. 1*a*.— Portion de penne de dernier ordre du même échantillon, grossie deux fois.

Pl. XXXI.

Clichés et Phototypie Sohier et Cie, à Champigny-sur-Marne

PLANCHE XXXII

PLANCHE XXXII.

EXPLICATION DES FIGURES.

FIG. 1. — **Nevropteris Zeilleri** DE LIMA. — Fragment de penne.
Charmoy, dans les schistes autuniens.

FIG. 2. — **Linopteris Brongniarti** GUTBIER (sp.). — Pinnules détachées.
Mines de Blanzy, puits du Magny, travers-bancs de l'étage de 427 mètres, au delà de la faille du Magny.

FIG. 2a. — L'une des pinnules du même échantillon, grossie deux fois.

FIG. 3. — **Linopteris Brongniarti** GUTBIER (sp.). — Pinnule détachée.
Mines de Blanzy, puits du Magny, travers-bancs de l'étage de 427 mètres, au delà de la faille du Magny.

FIG. 4. — **Linopteris Germari** GIEBEL (sp.). — Fragments de pennes.
Mines de Blanzy, découvert Saint-François.

FIG. 4a. — Portion d'une des pinnules du même échantillon, grossie trois fois et quart.

FIG. 5. — **Tæniopteris multinervis** WEISS. — Fragment de fronde.
Mines de Bert, puits des Mandins.

FIG. 6. — **Tæniopteris multinervis** WEISS. — Fragment de fronde.
Charmoy, dans les schistes autuniens, à 63 mètres au sud du pont de la Sorme.

FIG. 7. — **Lesleya Cocchii** DE STEFANI. — Fragment de fronde.
Mines du Creusot, puits Saint-Paul, extrémité ouest des travaux, au toit de la couche.

FIG. 7a. — Portion du même échantillon, grossie deux fois et un huitième (2,125 : 1).

Pl. XXXII.

Clichés et Phototypie Sohier et Cie, à Champigny-sur-Marne

PLANCHE XXXIII

PLANCHE XXXIII.

EXPLICATION DES FIGURES.

Fig. 1 et 2. — **Tæniopteris jejunata** Grand'Eury. — Faces antérieure et postérieure d'une même plaque, montrant des fragments de frondes (ou de pennes primaires?) à folioles encore attachées sur le rachis commun.

Mines de Blanzy, découvert Sainte-Hélène.

Fig. 2*a*, 2*b*. — Portions de folioles de l'échantillon fig. 2, grossies trois fois et quart.

Fig. 3. — **Aphlebia fasciculata** n. sp. — Portion de fronde divisée en étroits segments dressés.

Mines de Blanzy.

Pl. XXXIII.

Clichés et Phototypie Sohier et Cie, à Champigny-sur-Marne

PLANCHE XXXIV

9
IMPRIMERIE NATIONALE.

PLANCHE XXXIV.

EXPLICATION DES FIGURES.

Fig. 1. — **Caulopteris grandis** n. sp. — Empreinte d'un fragment d'écorce montrant une cicatrice foliaire à peu près complète et trois autres incomplètes.

Mines de Blanzy, puits Sainte-Marie, au mur de la première Grande couche.

Fig. 2. — **Caulopteris grandis** n. sp. — Empreinte d'un autre lambeau d'écorce, appartenant à la même plaque.

Pl. XXXIV.

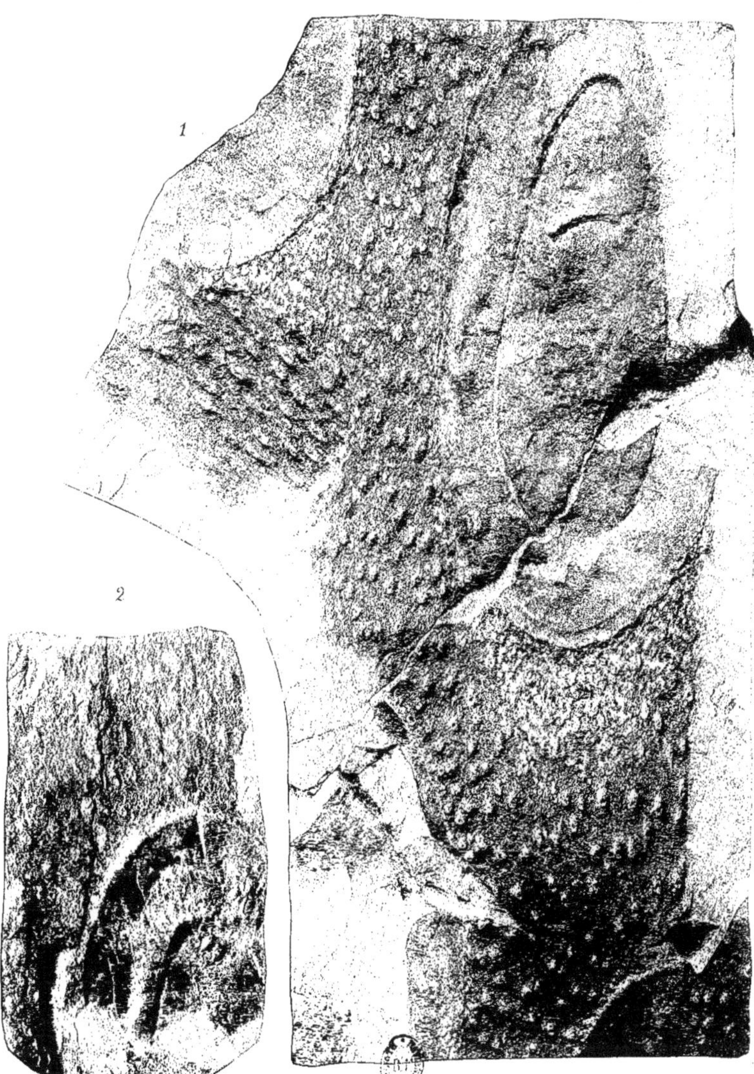

Clichés et Phototypie Sohier et Cie, à Champigny-sur-Marne

PLANCHE XXXV

PLANCHE XXXV.

EXPLICATION DES FIGURES.

FIG. 1. — **Sphenophyllum oblongifolium** GERMAR et KAULFUSS (sp.). — Fragment d'une tige ou d'un fort rameau émettant, vers la gauche, un rameau latéral plusieurs fois ramifié et portant à sa base des feuilles simples ou bifurquées dès leur base en lanières linéaires.

Mines de Blanzy, découvert Sainte-Hélène.

FIG. 1*a*. — Région inférieure du même rameau, grossie deux fois.

FIG. 2. — **Sphenophyllum oblongifolium** GERMAR et KAULFUSS (sp.). — Rameaux garnis de feuilles de forme normale, groupées en trois paires inégales.

Mines de Blanzy, découvert Sainte-Hélène.

FIG. 2*a*. — Portion de rameau du même échantillon, grossie deux fois.

FIG. 3 et 4. — **Sphenophyllum oblongifolium** GERMAR et KAULFUSS (sp.). — Rameaux à feuilles plus ou moins inégales, plus ou moins étalées, vus en dessus.

Mines de Blanzy, découvert Sainte-Hélène.

FIG. 5. — **Sphenophyllum oblongifolium** GERMAR et KAULFUSS (sp.). — Rameau vu en dessous, par sa face dorsale, ne montrant que les deux paires latérales de feuilles, la paire antérieure étant masquée par le rameau et engagée dans la roche.

Mines de Blanzy, puits Saint-Amédée.

FIG. 6. — **Sphenophyllum oblongifolium** GERMAR et KAULFUSS (sp.). — Fragment de rameau à feuilles étalées, nettement groupées en trois paires inégales.

Mines de Blanzy, découvert Saint-François.

Pl. XXXV.

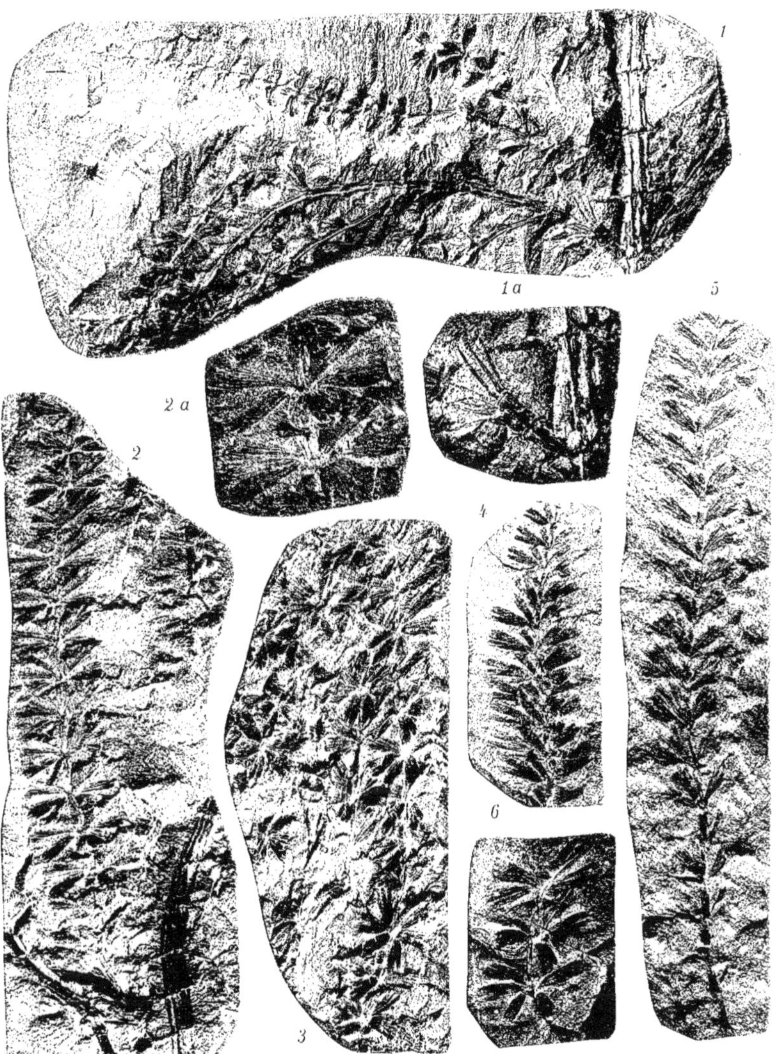

Clichés et Phototypie Sohier et Cie, à Champigny-sur-Marne

PLANCHE XXXVI

PLANCHE XXXVI.

EXPLICATION DES FIGURES.

FIG. 1. — **Sphenophyllum longifolium** GERMAR. — Fragment de rameau.
Mines de Blanzy, découvert Sainte-Hélène.

FIG. 1 *a*, 1 *b*. — Feuilles du même échantillon, grossies une fois et demie.

FIG. 2. — **Sphenophyllum longifolium** GERMAR. — Fragments de rameaux.
Mines de Blanzy, découvert Sainte-Hélène.

FIG. 3. — **Spenophyllum longifolium** GERMAR. — Fragment d'une tige ou d'un gros rameau.
Mines de Blanzy, découvert Sainte-Hélène.

Pl. XXXVI.

Clichés et Phototypie Sohier et Cie, à Champigny-sur-Marne

PLANCHE XXXVII

PLANCHE XXXVII.

EXPLICATION DE LA FIGURE.

Fig. 1. — **Calamites Suckowi** Brongniart. — Fragment d'une grosse tige, large de 18cm,5, et qui n'a pu être représentée sur toute sa largeur.

Mines de Blanzy, découvert Saint-François, au toit de la 1re grande couche.

PL. XXXVII.

1

Clichés et Phototypie Sohier et Cie, à Champigny-sur-Marne

PLANCHE XXXVIII

IMPRIMERIE NATIONALE.

PLANCHE XXXVIII.

EXPLICATION DES FIGURES.

Fig. 1. — **Annularia stellata** Schlotheim (sp.). — Fragment d'une grande plaque montrant un rameau primaire garni de ramules distiques, avec verticilles de feuilles étalées dans le plan du rameau et des ramules.

Mines de Blanzy, découvert Sainte-Hélène.

Fig. 2. — **Annularia stellata** Schlotheim (sp.). — Fragment de tige portant plusieurs verticilles d'épis de fructification.

Mines de Blanzy, découvert Saint-François.

Fig. 2 *a*. — Portion d'un des épis du même échantillon, grossie une fois et demie.

Pl. XXXVIII.

Clichés et Phototypie Sohier et Cie, à Champigny-sur-Marne

PLANCHE XXXIX

PLANCHE XXXIX.

EXPLICATION DES FIGURES.

FIG. 1. — **Selaginellites Suissei** ZEILLER. — Rameau feuillé, plusieurs fois ramifié par dichotomie.

Mines de Blanzy, découvert Sainte-Hélène.

FIG. 2. — **Selaginellites Suissei** ZEILLER. — Fragments de rameaux.

Mines de Blanzy, découvert Sainte-Hélène.

FIG. 2 *a*.— Feuille du même échantillon, grossie quatre fois.

FIG. 3. — **Selaginellites Suissei** ZEILLER. — Rameau vu par sa face inférieure, avec ramules latéraux portant des épis de fructification.

Mines de Blanzy, découvert Sainte-Hélène.

FIG. 4. — **Selaginellites Suissei** ZEILLER. — Portion d'une plaque portant plusieurs épis de fructification.

Mines de Blanzy, découvert Sainte-Hélène.

FIG. 4 *a*.— Bractées supérieures du principal épi du même échantillon, grossies trois fois.

FIG. 5. — **Selaginellites Suissei** ZEILLER. — Deux épis de fructification, incomplets, orientés en sens inverse l'un de l'autre.

Mines de Blanzy, découvert Saint-François.

FIG. 5 *a* à 5 *c*. — Portions d'un des épis du même échantillon, grossies deux fois.

Pl. XXXIX.

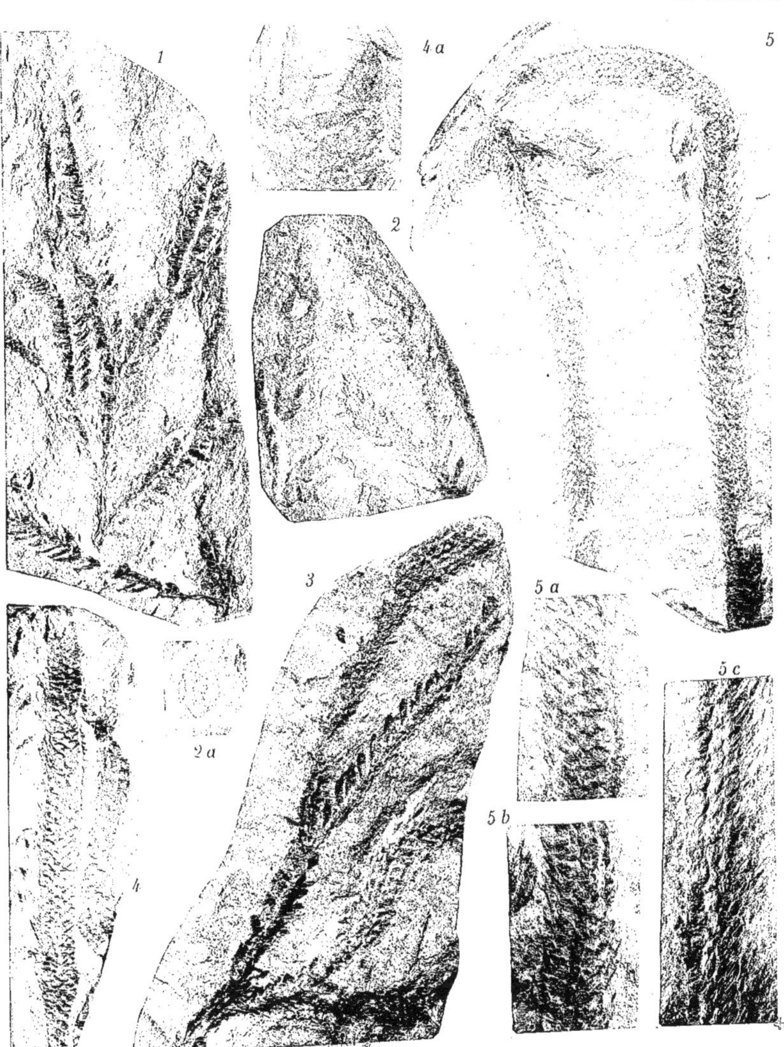

Clichés et Phototypie Sohier et Cie, à Champigny-sur-Marne

PLANCHE XL

PLANCHE XL.

EXPLICATION DES FIGURES.

Fig. 1. — **Selaginellites Suissei** Zeiller. — Contenu d'un microsporange d'un des épis de l'échantillon fig. 5, Pl. XXXIX, grossi vingt-deux fois (22 : 1).

Fig. 2. — Portion d'un microsporange du même épi, avec lambeaux de son enveloppe, et microspores encore agglomérées en masse compacte; grossie quarante fois (40 : 1).

Fig. 3. — Microspores provenant du même épi, moins fortement agglomérées, grossies quarante fois (40 : 1).

Fig. 4. — Microspores provenant du même épi, agglomérées en masse moins épaisse, grossies soixante-quatorze fois (74 : 1).

Fig. 5. — Microspores isolées, provenant du même épi, grossies soixante-quatorze fois (74 : 1).

Fig. 6 et 7. — Microspores provenant du même épi, grossies cent quatre-vingt-cinq fois (185 : 1).

Fig. 8. — Microspore provenant du même épi, fortement attaquée, réduite à son corps sphérique central, la collerette et les crêtes, ainsi que les aspérités dont il était muni, ayant disparu; grossie cent quatre-vingt-cinq fois (185 : 1).

Fig. 9. — **Selaginellites Suissei** Zeiller. — Contenu, légèrement incomplet, d'un macrosporange d'un des épis de l'échantillon, fig. 3, Pl. XXXIX, grossi vingt-deux fois (22 : 1).

Fig. 10. — Macrospore isolée, provenant d'un autre macrosporange du même échantillon, grossie quarante-trois fois (43 : 1).

(Clichés Monpillard.)

Pl. XL.

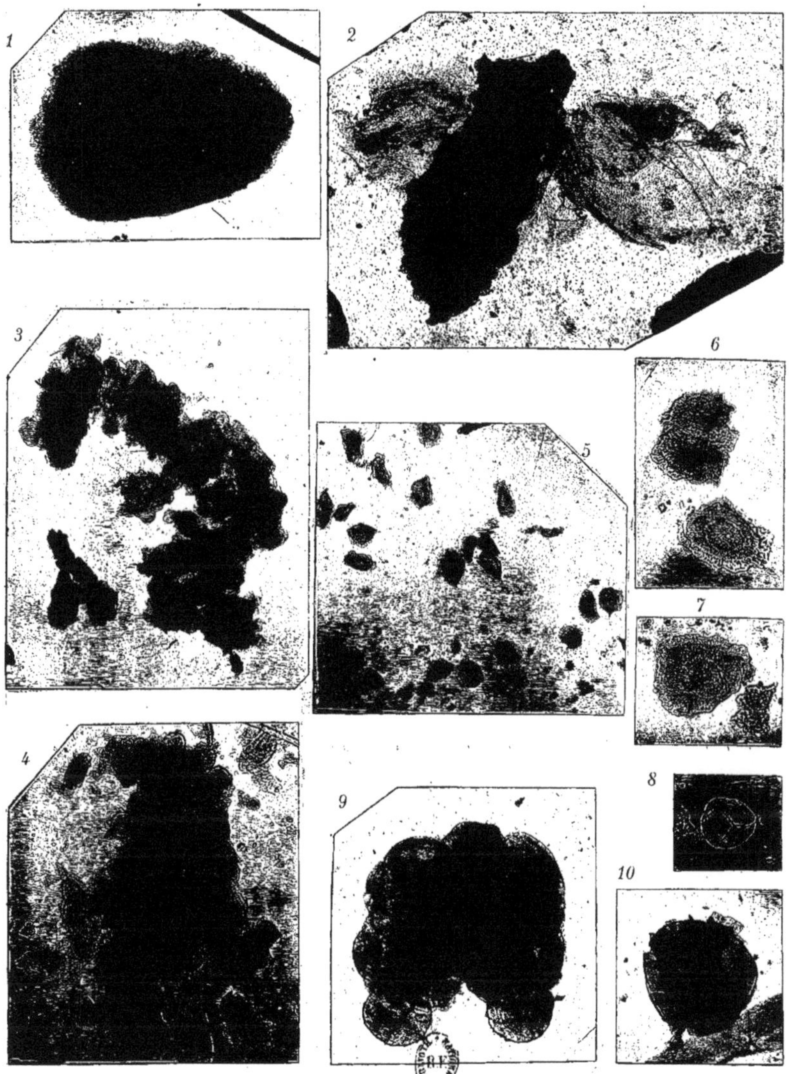

1

2

3

5

6

7

4

9

8

10

Clichés et Phototypie Sohier et Cie, à Champigny-sur-Marne

PLANCHE XLI

PLANCHE XLI.

EXPLICATION DES FIGURES.

Fig. 1. — **Lepidophyllum acuminatum** Lesquereux. — Bractées détachées.
Mines de Bert, puits des Mandins.

Fig. 2. — **Lepidophloios** cf. **macrolepidotus** Goldenberg. — Fragment de rameau feuillé.
Mines de Bert, puits des Mandins.

Fig. 2 *a*. — Portion du même échantillon, grossie deux fois et demie.

Fig. 3. — **Asolanus camptotænia** Wood. — Fragment de tige.
Mines de Blanzy, couche supérieure du Magny.

Fig. 3 *a*, 3 *b*. — Cicatrices foliaires du même échantillon, grossies trois fois et quart.

Fig. 4 à 6. — **Selaginellites Suissei** Zeiller. — Macrospores, provenant d'un macrosporange d'un des épis de l'échantillon fig. 3, Pl. XXXIX, grossies trente-huit fois (38 : 1).

Pl. XLI.

Clichés et Phototypie Sohier et Cie, à Champigny-sur-Marne

PLANCHE XLII

11
IMPRIMERIE NATIONALE.

PLANCHE XLII.

EXPLICATION DES FIGURES.

Fig. 1. — **Sigillaria Brardi** Brongniart. — Empreinte d'un fragment de tige encore garni de feuilles à sa partie supérieure.

Mines de Blanzy, découvert Sainte-Hélène.

Fig. 1 *a*.— Portion de la région supérieure du même échantillon, grossie un peu moins d'une fois et demie (1, 4 : 1), montrant les feuilles encore en place et les cicatrices foliaires très rapprochées, avec coussinets foliaires très peu développés.

Fig. 1 *b*.— Portion de la région moyenne du même échantillon, au même grossissement, montrant des coussinets foliaires très développés, nettement délimités, allongés dans le sens vertical, comme dans la forme *urceolata* Weiss et Sterzel.

Fig. 1 *c*.— Portions de la région tout à fait inférieure du même échantillon, grossie une fois et demie, montrant l'effacement presque complet des coussinets et le passage à la forme *spinulosa* Germar.

Pl. XLII.

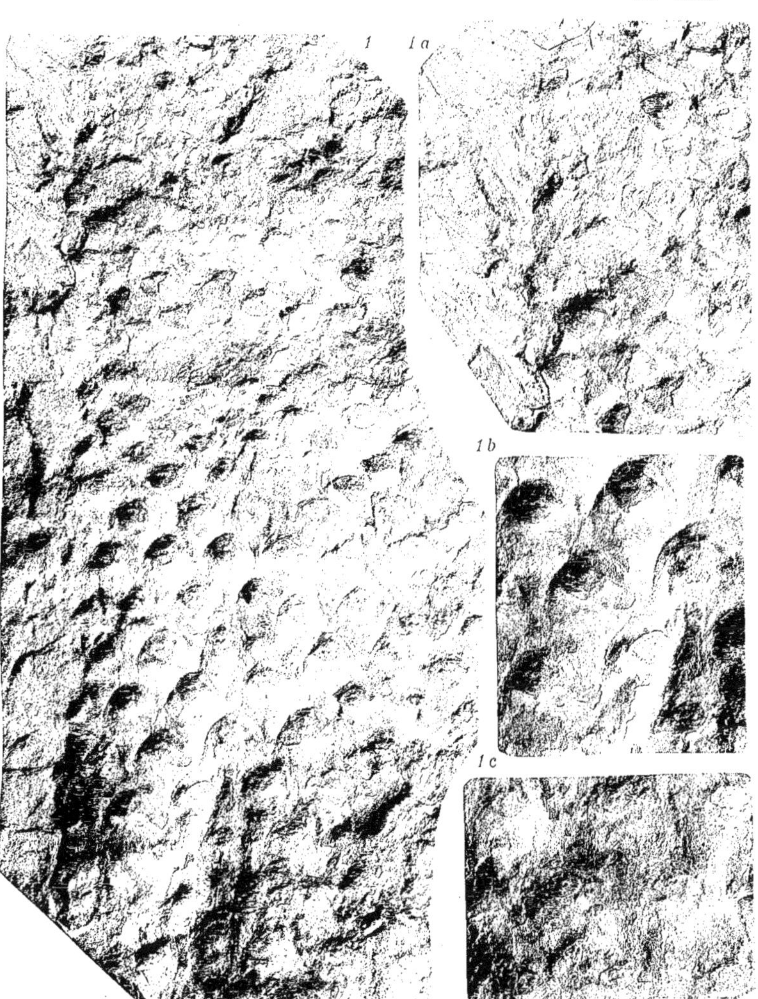

Clichés et Phototypie Sohier et Cie, à Champigny-sur-Marne

PLANCHE XLIII

PLANCHE XLIII.

EXPLICATION DES FIGURES.

Fig. 1. — **Sigillaria Brardi** Brongniart. — Fragment d'une tige ou d'une branche se bifurquant en deux rameaux divergents, celui de droite portant plusieurs verticilles de cicatrices d'épis.

Mines de Blanzy, découvert Sainte-Hélène.

Fig. 1'. — Fragment emprunté à la région supérieure du même rameau de droite.

Fig. 1' *a*, 1' *b*. — Portions du même fragment, grossies une fois et demie.

Fig. 2. — **Sigillaria Brardi** Brongniart. — Tronçon d'un autre rameau montrant un verticille de cicatrices d'épis.

Mines de Blanzy, découvert Saint-Hélène.

Fig. 2 *a*.— Portion du même tronçon, grossie une fois et demie.

Pl. XLIII.

Clichés et Phototypie Sohier et Cie, à Champigny-sur-Marne

PLANCHE XLIV

PLANCHE XLIV.

EXPLICATION DES FIGURES.

FIG. 1. — **Sigillaria Brardi** BRONGNIART. — Empreinte d'un fragment de tige appartenant à la forme *spinulosa* Germar, et présentant, sur une partie de son étendue, de fortes rides verticales comme dans la variété ou forme *rectestriata* Weiss, avec des ondulations longitudinales pouvant presque faire croire à des côtes.

Mines de Blanzy, découvert Saint-François.

FIG. 2. — **Sigillaria Brardi** BRONGNIART. — Fragment de tige appartenant à la forme *spinulosa*, et présentant de fortes rides longitudinales légèrement ondulées, comme dans la variété ou forme *subcurvistriata* Weiss.

Mines de Saint-Bérain, descenderie de la Vigne, couche des Carrières.

FIG. 3. — **Sigillaria Brardi** BRONGNIART. — Empreinte d'un fragment de tige appartenant à la forme *spinulosa*, mais à écorce très faiblement chagrinée.

Mines de Blanzy, puits Ramus.

FIG. 4. — **Syringodendron**. — Moule sous-cortical correspondant vraisemblablement à une base de tige âgée de Sigillaire, et probablement de *Sigillaria Brardi*.

Mines de Blanzy, découvert Sainte-Hélène.

Pl. XLIV.

Clichés et Phototypie Sohier et Cie. à Champigny-sur-Marne

PLANCHE XLV

PLANCHE XLV.

EXPLICATION DES FIGURES.

FIG. 1. — **Sigillariostrobus major** GERMAR (sp.). — Cône presque complet.
Mines de Blanzy, découvert Sainte-Hélène.

FIG. 1 *a*.— Portion de la région supérieure du même échantillon, grossie trois fois et demie.

FIG. 1 *b*.— Tronçon de la partie centrale du même cône, entièrement formé de macrospores agglomérées, détaché de la base de la région supérieure, et traité par les réactifs oxydants et par l'ammoniaque pour enlever toute trace charbonneuse; grossi trois fois et demie.

FIG. 1 *c*.— Portion du même tronçon, grossie douze fois.

FIG. 1 *d* à 1 *h*.— Macrospores du même échantillon, isolées par traitement par les réactifs oxydants et par l'ammoniaque; grossies onze fois.

FIG. 1 *i* à 1 *k*.— Macrospores du même échantillon, regonflées sous l'action des réactifs oxydants; grossies douze fois.

Fig. 2. — **Sigillariostrobus spectabilis** RENAULT. — Cône incomplet, fendu suivant son axe : reproduction de l'échantillon type figuré par B. Renault.
Mines de Blanzy, région de Montceau. (Collections du Muséum d'histoire naturelle de Paris.)

FIG. 2 *a*.— Région inférieure du même échantillon, grossie trois fois.

FIG. 2 *b*.— Portion de la même région inférieure, grossie six fois.

FIG. 2 *c* à 2 *f*.— Macrospores du même échantillon, grossies douze fois.

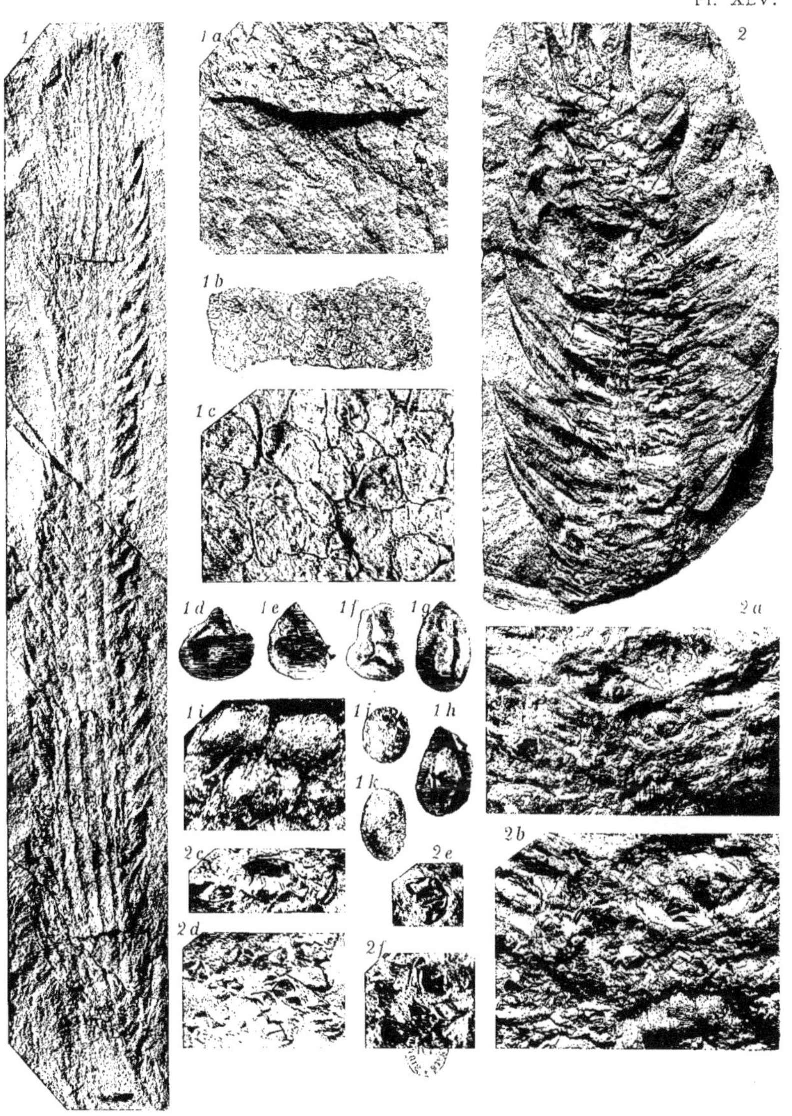

Clichés et Phototypie Sohier et Cie, à Champigny-sur-Marne

PLANCHE XLVI

IMPRIMERIE NATIONALE.

PLANCHE XLVI.

EXPLICATION DES FIGURES.

Fig. 1. — **Cordaites lingulatus** Grand'Eury. — Feuilles détachées. Échantillon réduit à *moitié de la grandeur naturelle.*

Mines de Blanzy, puits Sainte-Barbe, au toit de la Grande couche.

Fig. 1 *a*. — Portion de la feuille de droite du même échantillon, prise un peu au-dessus du tiers inférieur, grossie trois fois et demie (par rapport à la grandeur naturelle).

Fig. 2. — **Cordaites lingulatus** Grand'Eury. — Bouquet de feuilles encore en place à l'extrémité d'un rameau.

Mines de Blanzy.

Fig. 2 *a*. — Portion de la feuille de gauche du même échantillon, prise dans la région inférieure, grossie trois fois.

Fig. 2 *b*. — Portion de la même feuille, prise dans la région supérieure, grossie un peu plus de trois fois (3,2 : 1).

Fig. 2 *c*. — Portion de la feuille la plus voisine de celle de gauche du même échantillon, prise vers son milieu, grossie trois fois.

Pl. XLVI.

Clichés et Phototypie Sohier et Cie, à Champigny-sur-Marne

PLANCHE XLVII

PLANCHE XLVII.

EXPLICATION DES FIGURES.

FIG. 1. — **Pterophyllum Grand'Euryi** SAPORTA et MARION. — Fragment de fronde.

Mines de Blanzy, région de Montmaillot, puits Saint-Paul, à 19 m. 20 de profondeur.

FIG. 1 *a*. — Portion du même échantillon, grossie deux fois.

FIG. 1 *b*. — **Pterophyllum Fayoli** RENAULT. — Fragment de cuticule de la face supérieure d'une foliole provenant de l'échantillon type de l'espèce, grossi cent quatre-vingts fois (180 : 1). [Cliché Monpillard.]

Mine de Montvicq, près Commentry, tranchée du puits Pochin.

FIG. 2. — **Plagiozamites Planchardi** RENAULT (sp.). — Fragment de fronde (échantillon type du *Nœggerathia Schneideri* Renault et Zeiller).

Mine de Longpendu, couche supérieure. (Collection de MM. Schneider et Cie.)

FIG. 2 *a*. — Portion du même échantillon, grossie deux fois.

Pl. XLVII.

1 1a 1b 2a 2

Clichés et Phototypie Sohier et Cie, à Champigny-sur-Marne

PLANCHE XLVIII

PLANCHE XLVIII.

EXPLICATION DES FIGURES.

FIG. 1. — **Baiera Raymondi** RENAULT. — Feuille presque complète.

Charmoy, dans les couches autuniennes, route de Saint-Nizier, à une soixantaine de mètres au Sud du pont de la Sorme.

FIG. 2. — **Baiera Raymondi** RENAULT. — Feuille incomplète ne montrant que la région supérieure.

Charmoy, dans les couches autuniennes, route de Saint-Nizier, à une soixantaine de mètres au Sud du pont de la Sorme.

FIG. 2 *a*.— Portion du même échantillon, grossie deux fois.

FIG. 3. — **Ginkgo** (?) **martenensis** RENAULT. — Feuille isolée : reproduction de la figure type de l'espèce.

Martenet, près de Toulon-sur-Arroux, dans les couches autuniennes.

FIG. 4. — **Walchia Schneideri** n. sp. — Ramule détaché.

Couches autuniennes de la digue de l'étang du Martenet.

FIG. 5. — **Walchia Schneideri** n. sp. — Fragment de rameau avec ses ramules encore en place.

Couches autuniennes de la digue de l'étang du Martenet.

Pl. XLVIII.

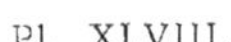

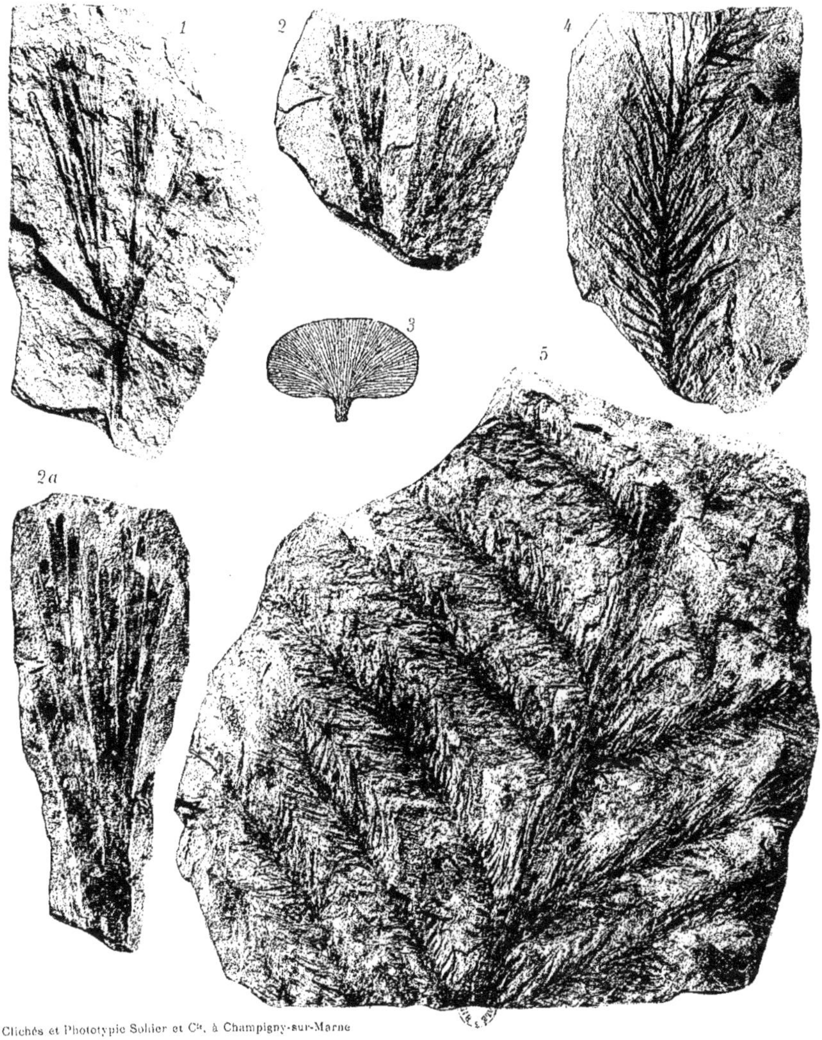

Clichés et Phototypie Sohier et Cie, à Champigny-sur-Marne

PLANCHE XLIX

PLANCHE XLIX.

EXPLICATION DES FIGURES.

Fig. 1 et 2. — **Walchia filiciformis** Schlotheim (sp.). — Portions inférieure et moyenne d'un même rameau.
Charmoy, dans les couches autuniennes.

Fig. 2 *a*.— Ramules du même rameau, grossis deux fois.

Fig. 3. — **Walchia imbricata** Schimper. — Fragment de rameau.
Mines de Blanzy, puits Ramus, à 42 mètres de profondeur.

Fig. 3 *a*.— Portion de ramule du même échantillon, grossie deux fois.

Clichés et Phototypie Sohier et Cie, à Champigny-sur-Marne.

PLANCHE L

IMPRIMERIE NATIONALE.

PLANCHE L.

EXPLICATION DES FIGURES.

Fig. 1. — **Araucarites Delafondi** n. sp. — Écaille détachée portant l'empreinte d'une graine.
Charmoy, dans les couches autuniennes.

Fig. 1 *a*. — La même écaille, grossie deux fois et quart.

Fig. 2. — **Walchia** sp. — Cône porté à l'extrémité d'un ramule dépouillé de ses feuilles.
Charmoy, dans les couches autuniennes.

Fig. 3. — **Walchia piniformis** Schlotheim (sp.). — Cône porté à l'extrémité d'un ramule feuillé et spécifiquement déterminable.
Charmoy, dans les couches autuniennes.

Fig. 4. — **Walchia** sp. — Cône détaché de la roche.
Charmoy, dans les couches autuniennes.

Fig. 5. — **Walchia piniformis** Schlotheim (sp.). — Fragment de rameau voisin du sommet. A gauche, un cône détaché appartenant peut-être à la même espèce.
Charmoy, dans les couches autuniennes.

Fig. 6 à 8. — **Gomphostrobus bifidus** E. Geinitz (sp.). — Écailles détachées.
Charmoy, dans les couches autuniennes.

Fig. 9. — **Walchia hypnoides** Brongniart. — Fragment de rameau.
Mines du Creusot, puits Saint-Paul, au toit de la Grande couche, vers l'extrémité Ouest des travaux.

Fig. 10. — Écaille détachée, d'attribution incertaine.
Charmoy, dans les couches autuniennes.

Fig. 10 *a*. — La même écaille, grossie trois fois et demie.

Fig. 11. — **Ullmannia frumentaria** Schlotheim (sp.). — Fragment de rameau.
Charmoy, dans les couches autuniennes.

Fig. 12 et 13. — **Ullmannia frumentaria** Schlotheim (sp.). — Fragments de rameaux.
Charmoy, dans les couches autuniennes.

Fig. 12 *a* et 13 *a*. — Portions des mêmes échantillons, grossies deux fois et quart.

Pl. L.

Clichés et Phototypie Sohier et Cie, à Champigny-sur-Marne

PLANCHE LI

PLANCHE LI.

EXPLICATION DES FIGURES.

FIG. 1. — **Walchia hypnoides** BRONGNIART. — Fragment de rameau à ramification anormale, portant des ramules latéraux munis eux-mêmes de ramuscules distiques.

Courmarcou, dans les couches autuniennes.

FIG. 1 *a*.— Portion du même échantillon, grossie deux fois et demie.

FIG. 2. — **Pagiophyllum peregrinum** LINDLEY et HUTTON (sp.). — Fragments de trois rameaux, celui du milieu dirigé en sens inverse des deux autres.

Mines de Blanzy, puits Ramus, à 9 m. 20 de profondeur, dans les argiles du Lias inférieur ou de l'Infralias.

FIG. 2 *a*.— Portion du rameau de droite du même échantillon, grossie deux fois et demie.

FIG. 2 *b*.— Cuticule de la portion terminale d'une feuille aiguë du même échantillon, à section transversale triangulaire, montrant la face ventrale, à contour triangulaire, dépourvue de stomates, et, à gauche, une portion de la face dorsale rabattue latéralement; grossie trente-trois fois (33 : 1).

FIG. 2 *c*.— Cuticule de la portion terminale d'une feuille obtuse du même échantillon, à section transversale tétragone, présentant sur toute sa surface des stomates disposés en files longitudinales; grossie trente-huit fois (38 : 1).

FIG. 2 *d*.— Cuticule d'une feuille du même échantillon, vue par sa face externe; grossie cent fois (100 : 1).

FIG. 2 *e*.— Cuticule d'une feuille du même échantillon, vue par sa face interne, montrant l'orientation transversale des fentes stomatiques; grossie cent fois (100 : 1).

FIG. 3. — **Pagiophyllum peregrinum** LINDLEY et HUTTON. — Fragments de rameaux.

Mines de Blanzy, puits Ramus, à 9 m. 20 de profondeur, dans les argiles du Lias inférieur ou de l'Infralias.

Clichés et Phototypie Sohier et Cie, à Champigny-sur-Marne.

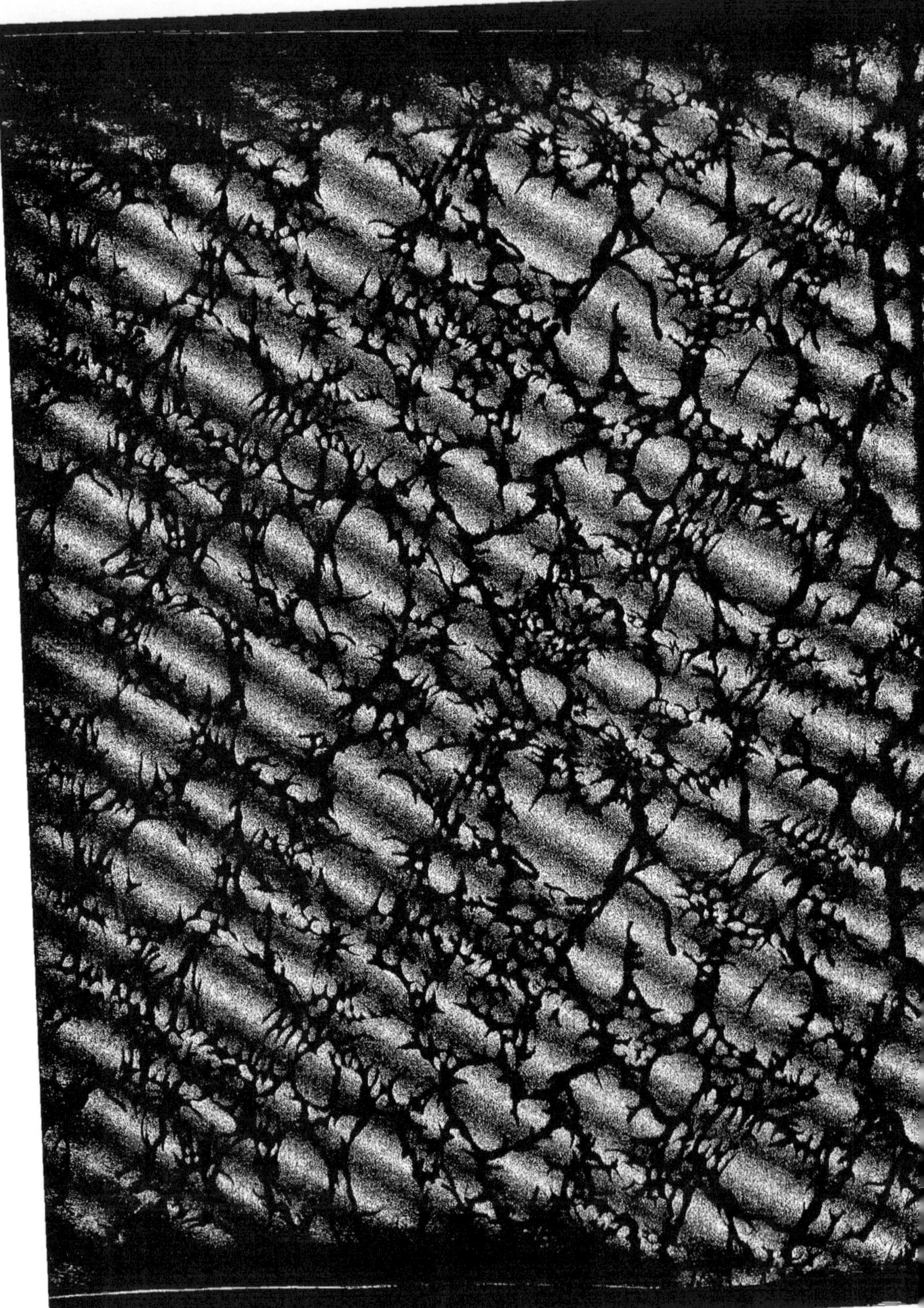

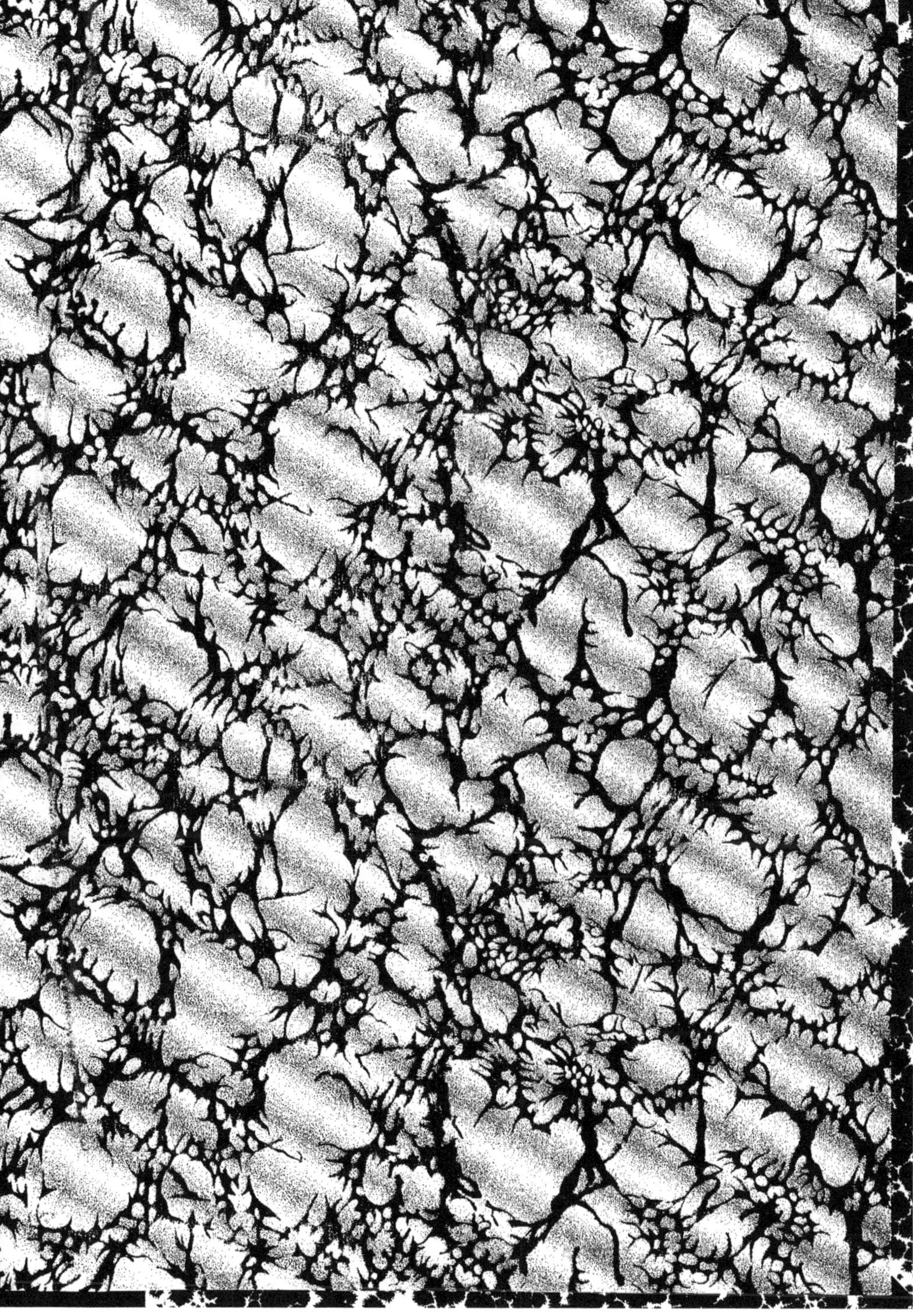

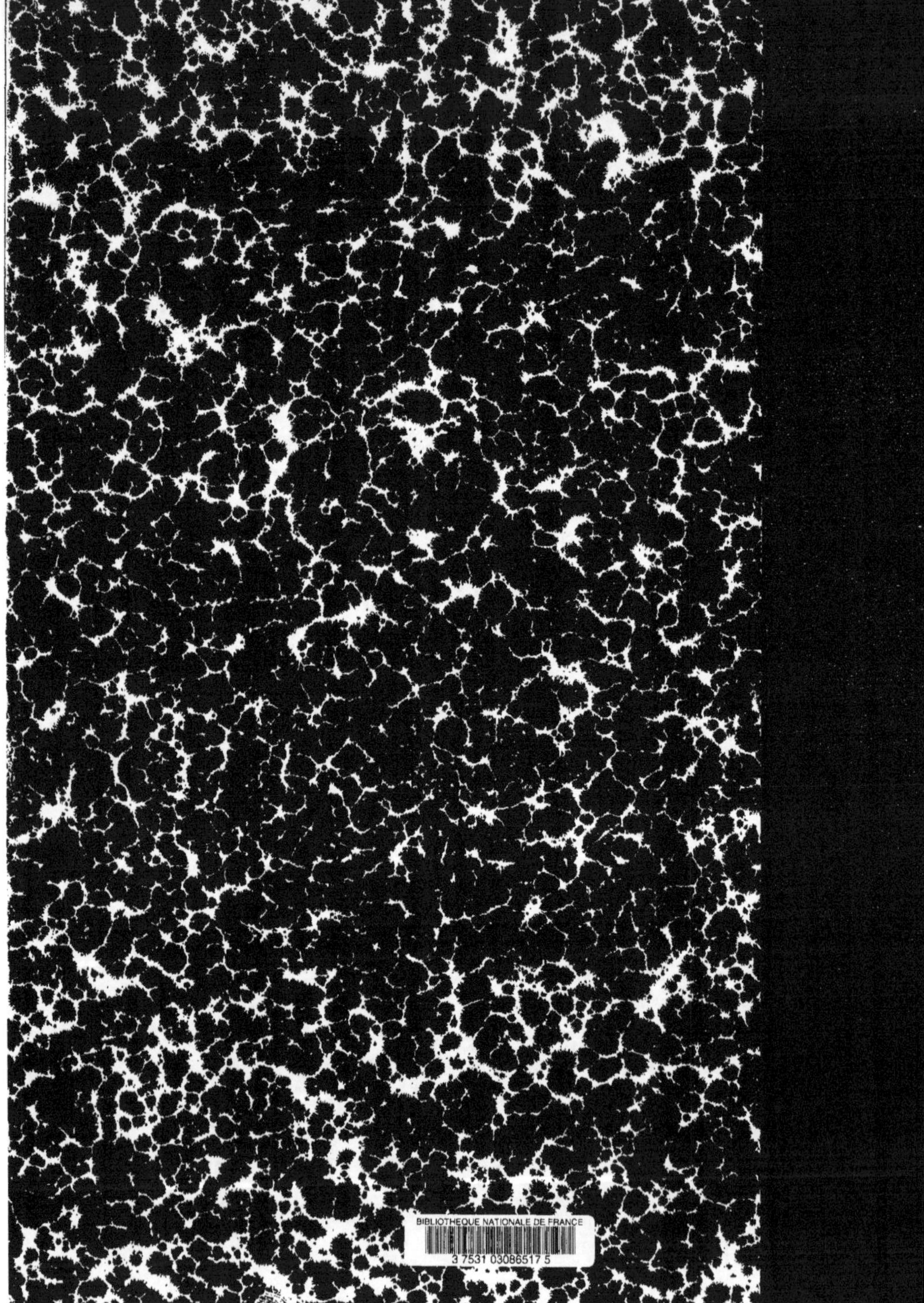

www.ingramcontent.com/pod-product-compliance
Ingram Content Group UK Ltd.
Pitfield, Milton Keynes, MK11 3LW, UK
UKHW020310200726
13857UKWH00001B/135